工作导向创新实践教材

基于 ARM Cortex-M3 的 STM32 系列嵌入式微控制器应用实践
（第 2 版）

彭　刚　秦志强　姚　昱　编著

武汉原创嵌入式工作室
深圳市中科鸥鹏智能科技有限公司　审校

電子工業出版社·

Publishing House of Electronics Industry

北京 · BEIJING

内 容 简 介

　　本书介绍了意法半导体（STMicroelectronics，ST）公司的 32 位基于 ARM Cortex-M3 内核的 STM32 单片机应用与实践。通过"学中做、做中学"，即 DIY（Do It Yourself）和 LBD（Learning By Doing）的方式，按照工作导向的思路展开教学与实践学习，循序渐进地介绍和构建若干典型 STM32 单片机应用系统的硬件和软件，以及相关传感器电路，将 STM32 单片机的外围引脚特性、内部结构原理、片上外设资源、开发设计方法和应用软件编程等知识传授给学生，对传统的教学方法和教学体系进行创新，力求解决嵌入式系统课程抽象与难学的问题。

　　全书通俗易懂、内容丰富，可作为高等本科院校和职业技术学院的计算机、电子信息、自动化、电力电气、电子技术及机电一体化等相关专业的"32 位高级单片机原理与应用"、"基于 ARM Cortex 内核的单片机系统开发"等课程的教材和教学参考书，也可以作为工程实训、电子制作与竞赛的实践教材和实验配套教材，同时还可以供广大从事自动控制、智能仪器仪表、电力电子、机电一体化等系统开发和设计的工程技术人员、教师或者个人参考自学使用，并可作为 ARM 相关应用与培训课程的参考书。如需本书配套的 STM32 微控制器教学实验开发板及各种器件可与深圳市中科鸥鹏智能科技有限公司（www.szopen.cn）联系。

图书在版编目（CIP）数据

基于 ARM Cortex-M3 的 STM32 系列嵌入式微控制器应用实践 / 彭刚，秦志强，姚昱编著. —2 版. —北京：电子工业出版社，2017.1

ISBN 978-7-121-30435-4

Ⅰ. ①基… Ⅱ. ①彭… ②秦… ③姚… Ⅲ. ①微控制器—高等学校—教材 Ⅳ. ①TP332.3

中国版本图书馆 CIP 数据核字（2016）第 284525 号

策划编辑：王昭松
责任编辑：王昭松
印　　刷：北京虎彩文化传播有限公司
装　　订：北京虎彩文化传播有限公司
出版发行：电子工业出版社
　　　　　北京市海淀区万寿路 173 信箱　邮编　100036
开　　本：787×1092　1/16　印张：23.75　字数：608 千字
版　　次：2011 年 1 月第 1 版
　　　　　2017 年 1 月第 2 版
印　　次：2021 年 7 月第 7 次印刷
定　　价：55.00 元

第 2 版前言

"工作导向创新实践教材"系列丛书距今已出版十年，得到了许多高等本科院校和职业技术学院的关心与厚爱，在此感谢所有使用过此系列丛书的读者。

工作导向的概念，不只是一个简单的概念游戏，而是包含了深刻的哲理。学习的目的，特别是对于未来想从事工程师职业的学生而言，不仅仅是学习某一个知识体系，如单片机的知识体系或者 C 语言的知识体系，而是应该更进一步，是要获得如何利用这些知识去解决实际工程问题的能力，也就是动手实践能力。《论工程教育的科学主导与工程回归》（秦志强著，高等工程教育研究，2005 年 5 期）一文中指出：抽象的"道"（知识）必须与实际的系统结合，才能发挥其作用。本书编著者经与多位企业经理探讨，总结出如图 0.1 所示的"嵌入式与电子工程师能力与素质培养体系架构图"。

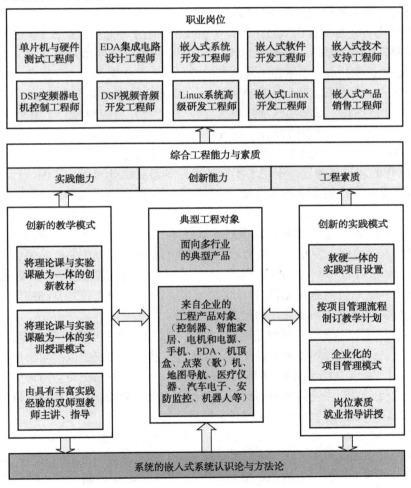

图 0.1 嵌入式与电子工程师能力与素质培养体系架构图

传统的嵌入式系统教材，基本上都是为了给学生建立知识体系，教学的结果却是不仅知识体系建立不起来，动手能力就更不用提了。工程师是为了解决问题，这种解决问题的能力只有从实践中才能获得。同时，单纯的实践也无法获得真正的能力，关键是如何从实践的经验和体会中，归纳出共性的知识，建立起知识体系，然后再将这些知识重新应用到新的实践中去。这也是当今的大学生要在未来的实际工作（无论是在企业研发还是在高校做研究）中所必须采取的学习和工作方法。因此，如何在大学三年或者四年中，掌握这种自我学习和提高的方法，是高等教育和工程教育改革的根本目的。而相应教材的编写，就是应该按照这种在未来的实际工作中学习和工作的方法来编写。做到了这一点，才是真正实践了工作导向的哲学理念：实践、归纳、总结和再实践。

因此，在使用"工作导向创新实践教材"系列丛书时，可以围绕典型的"工程对象或产品"，采用"基于工作过程"的教学法，按照"任务驱动－实践－归纳－总结－再实践"的教学模式进行教学，打破"讲课＋实验"的传统教学模式，使学生在"学中做、做中学"，这样才能归纳、理解、总结出共性的知识，并建立起某个领域的知识体系。

单片机和 C 语言是目前嵌入式技术、计算机技术、电子信息、自动控制、工业电气、机电一体化等工程教育中最为基本，也是最为核心的课程。要学会利用单片机和 C 语言去解决实际问题，掌握核心知识和技能，单单靠一两本好的教材是无法实现的。学习基于 ARM Cortex-M3 内核的 32 位 STM32 单片机，对于单片机和 C 语言基础较弱的同学或者个人而言，也许会感觉比较困难。这时建议你先学习和实践本系列教材的《C51 单片机应用与 C 语言程序设计》或《单片机嵌入式系统编程与接口设计实践》。掌握好编程的基本思路和方法，并了解单片机的输入和输出接口特性，然后再使用本教材学习。同时，本系列教材还有《AVR 单片机与小型机器人制作》。对于同样的项目和课题，采用了不同的微控制器或微处理器去实现，让你能够从中掌握和理解分析问题和解决问题的根本方法，让教师和同学可以根据教学安排和自己的需要选择硬件平台。

只有学习完单片机和 C 语言并已经很好地掌握其中的知识点，才有可能进一步学习 ARM、Linux 等高级嵌入式课程。为此，在这套"工作导向创新实践教材"系列丛书中，形成从电子技术和 C 语言基础入门，到 8 位 AVR 或者 51 单片机，再到传感器应用，最后到 32 位 ARM 单片机等高端嵌入式系统的系列化教材，让同学们可以从一个没有任何基础的学生循序渐进地成长为可以进行复杂嵌入式系统设计和开发的工程师。

本书可作为具有单片机和 C 语言基础的大学三年级以上学生学习用书，还可以供其他希望学习嵌入式系统设计的工程师和爱好者使用。因为是工作导向，我们以两轮小型移动机器人的构思（Conceive）、设计（Design）、实施（Implement）、运行（Operate）为典型项目，所以每套教材最好配套相应的硬件设备方能达到最佳的教学和学习效果。一些拓展项目需要用到电子元器件和传感器，详细的清单可参考本书最后的附录 D。

从我接触 ARM 开始，就非常喜欢这个嵌入式处理器，从 ARM7，到 ARM9 和 ARM11，以及后来的 ARM Cortex，并切身参与和体会到 ARM 技术在我们身边的应用：消费电子、手机、工业测控、机器人控制、无人机、智能硬件、可穿戴设备、新能源、汽车电子、智能家居、物联网、无线传感器网络、医疗电子和航空航天系统。2008 年暑期，在华中科技大学召开的嵌入式技术研讨会上，时任 ARM 中国总裁的谭军博士与笔者交流了 ARM Cortex 内核在 MCU 方面的应用情况，笔者感觉到这个内核的广阔前景，因为越来越多的 MCU 应用对信号采集、人机界面、通信接口提出了更高的要求。这些年越来越多地发现：大多数学习 ARM 处理器的学生或者个人上手较困难。个人感觉其中一个原因可能是 ARM 嵌入式处理器将内部总线分为不同速度总线：AHB 和 APB，即高速的系统总线和慢速的外设总线，其实这相当于 PC 主板中的北桥芯片所外接的高速系统总线和南桥芯片所接的外设总线。基于 ARM Cortex 内核的 MCU 内部结构与普通的 8/16 位单片机在系统结构上最大的区别就在这里。一般的单片机只有 1 个系统时钟频率，而基于 ARM Cortex 的 MCU 可以给内核和不同外设模块提供不同的时钟频率，加上片内各种外设众多（集成度高），于是多了很多在普通的 8/16 位单片机领域中没有的内容（如 DMA 等），造成了难学的局面。笔者建议读者可以先尝试简单了解一下 ARM7 或 ARM9 的体系结构，毕竟 Cortex 内核是基于 ARMv7 的，而 ARM7 嵌入式处理器使用的是 ARMv4，ARM9 嵌入式处理器使用的是 ARMv4 或者 ARMv5 体系结构，ARM10 嵌入式处理器使用的是 ARMv5，ARM11 嵌入式处理器使用的是 ARMv6 体系结构，因此，ARM Cortex 内核要先进和复杂些。

为了降低学习难度，本书各章节在讲述具体内容时，以任务为驱动，通过"学中做、做中学"，即 DIY（Do It Yourself）和 LBD（Learning By Doing）的方式，介绍和讲解所需要用到的新知识、新技能，按照认识论的规律学习和掌握基于 ARM Cortex-M3 内核的 STM32 单片机技术及其应用编程。有别于数据手册式的教材，本书将 ARM Cortex-M3 内核介绍、STM32 单片机的内部结构等原理性的内容列出在附录 B 中，各个章节也没有繁冗的寄存器说明（参见 ST 公司网页上的数据手册或本书配套资料），旨在突出重点。每章都有一些读者可能在学习过程中涉及的相关知识的讲解，希望读者能掌握一些背景知识；并且每章最后都有工程素质和技能归纳，启发学生进行知识的归纳和系统化。同时，附录 B 中也对 STM32 单片机原理性的内容做了进一步的解释和归纳，其内容很重要，务必引起注意。

无论是大学本科还是高职院校，都可以采用本书，具体的教学安排完全可以根据学校原有的教学计划，只是对上课的方式要进行调整，不必再单独开设理论和实验课程，项目拓展课程可以根据每个学校的情况灵活设置，没有必要统一。教师可在教学过程中增加一系列竞赛环节，使整个教学和学习过程充满挑战和乐趣，提高学习效果，并培养每个学生的理论联系实际、科学主导工程的系统世界观和方法论。

另外，书中各章有关内容有意将中文和英文进行对照，同时部分表格采用英文（参考芯片英文数据手册），一是为了让读者准确知道其含义，并掌握一定的嵌入式系统专业术语；二是希望读者在编程时不要用"汉语拼音"来定义变量和函数名，养成良好的编码风格，毕竟程序是用英文写的。本书例程文件名及代码也是如此。在帮助读者循序渐进地掌握 STM32 单片机原理与应用的同时，笔者也希望通过这种"任务驱动"的方式，引导读者了解如何去探索并学习新的技术，可能是你在学校里没有学到的，因为在这个技术发展迅速的世界，今后你自己可能会接触到各种最新的技术，资料是中文或英文的。这样做也是作为教师的一份责任：不仅仅授人以鱼，更要授人以"渔"。

本书的内容主要包括 STM32 单片机的时钟、I/O、中断、定时器、串口、显示接口、ADC、DMA、RTC、电源控制、看门狗、DAC 等，但没有涉及 CAN、USB、uCOS 移植等方面的内容（包含在高级实践教材中）。读者从本书中掌握了 STM32 单片机的基本原理后，加上良好的编程基础和学习方法，可以进一步学习这些内容。本书提供了基于 V1.0 版和 V2.0 版 STM32 固件库（FWLib）的参考例程，书中各章例程基于 V1.0 版固件库，但由于 STM32 固件库的优秀架构，使得用户应用程序的代码无须修改或少量修改，就可以在这两个版本固件库下运行。目前（2016 年 9 月，STM32 单片机最新版本的固件库为 V4.0 版，相比 V1.0 版和 V2.0 版，从

V3.0 版开始，固件库改动较大。若要升级到目前常用的 V3.5 版或 V4.0 版固件库，可参考 ST 公司的在线资料（www.stmcu.com.cn 和 www.st.com），以及关注微信号：STM32 单片机。

同时，本书大量参考和引用了 ARM 公司（www.arm.com）的技术参考手册和 ST 公司的芯片数据手册，这些已经得到了 ARM 公司和 ST 公司的授权。所附配套资源包含开发工具、教学开发板硬件资料、基于 V1.0 版和 V2.0 版 FWLib 的各章例程源码、原版中英文数据手册、本书涉及的部分 STM32 微控制器寄存器说明，以及第三方软件和工具等，读者可以从华信教育资源网（http://www.hxedu.com.cn）或 www.szopen.cn 或 www.embedhr.org 网站免费下载。

本书由彭刚、秦志强和姚昱编著，华中科技大学自动化学院的研究生王中南、程小科、杜兵，武汉原创嵌入式工作室（www.embedhr.org）及深圳市中科鸥鹏智能科技有限公司（www.szopen.cn）的多位工程师参加了本书所用 STM32 单片机教学开发板的代码验证、电路绘制与测试等工作。还要特别感谢 ST 意法半导体公司的梁平经理、ARM 公司的赵慧波经理和电子工业出版社的编辑们，给予本书的支持。

感谢华中科技大学的黄心汉教授，也是我读博士时的导师，是他引导我进入机器人这门学科。机器人是一个很好的教学与科研平台，非常适合以它为工程对象，来学习和掌握软件编程、嵌入式技术、控制技术、传感器技术、无线数据通信、机电一体化、图像处理与模式识别及人工智能等专业知识。机器人已广泛地应用于工业、医学、农业、建筑业及军事等领域，本书采用机器人作为项目实践内容，寓教于乐，兴趣为先，非常容易引起学生的兴趣和学习热情，也希望读者能对机器人技术产生浓厚的兴趣，正如电影《I, Robot》中的那样，让机器人成为人类的伙伴，实现人和机器人和谐相处的社会。

限于写作时间和作者水平，以及 ST 技术文档本身也在不断修订，书中难免有错误和不妥之处，敬请批评指正。作者联系邮箱：eepenggang@hotmail.com。

登楼高望，滚滚长江，时间如水，奔流不息。白驹过隙，岁月无痕，逝者如斯，不舍昼夜。伴随着微控制器技术的快速发展，生活在这个技术发展迅速的世界，科学、正确、高效、主动地学习才是积累知识和财富的法宝。

谨以此书献给我的家人！

编　者
2017 年 1 月

序

意法半导体（STMicroelectronics）有限公司于 2007 年 6 月发布了 STM32 系列单片机，目前，STM32 已经成为业界最宽广的基于 ARM Cortex-M3 内核的微控制器系列，带有丰富多样和功能灵活齐全的外设，并保持全产品系列上的引脚兼容，为用户提供了非常丰富的选型空间，为释放广大工程设计人员的创造力提供了更大的自由度。

广义地讲，微控制器产品（MCU，俗称单片机）的作用是，通过预先编制的程序，接收特定的环境参数或用户操作，按照一定的规则控制电信号的变化，再通过各种转换机制把电信号转换成诸如机械动作、光信号、声音信号、显示图像等形式的变化，从而达到智能化控制的目的。随着人们对智能化产品的需求不断地增加，内嵌微控制器产品的应用领域也越来越多，典型的应用方向包括工业控制、公共交通、汽车电子、智能家电、办公设备、医疗器械、安全防护等各个领域。

按照应用方向的不同，微控制器产品有专用产品和通用产品之分。专用产品是用于特定应用的微控制器产品，通常是为特定的应用而专门设计的产品，在指定的应用中达到了最大的集成度，并且没有或只有很少的冗余部件，如应用于电视机、机顶盒、玩具、USB 存储（U 盘）等；专用产品的特点是它所适用的产品面较小，但单一应用方向的用量巨大，并且对成本和性能的要求较高。通用微控制器产品则不是为特定应用而设计的，通常可以适用于多个应用领域和多种应用场合；通用产品的特点是它所适用的产品品种众多，同时每一种（类）产品的产量并不是很大；因为这一特点，通用微控制器产品集成了大量常用的部件，种类繁多配置各异，可以满足多种应用领域的需要。

STM32 是一个通用微控制器产品系列，为了适应众多的应用需求和低成本的要求，在产品的规划和设计上遵循了灵活多样、配置丰富和合理提供多种选项的原则，如齐全的闪存容量配置；每一个外设都拥有多种配置选项，使用者可以按照具体需要做出合适的选择，如 USART 模块可以实现普通的异步 UART 通信，还可以实现 LIN 通信协议、智能卡 ISO7816-3 协议、IrDA 编解码、同步的 SPI 通信，以及进行简单的多机通信等。考虑到用户应用的多样性和大跨度的需要，STM32 很好地在整个系列保持了引脚的兼容性及外设配置的兼容性。

STM32 的成功得益于很多优良的特性和很高的性价比，正是由于它的成功，很多人都想学习它、应用它；功能的灵活多样性是 STM32 广受青睐的优势，同时也让不少初学者或从其他简单单片机产品转过来的工程师感到下手比较困难，不知道应该从哪里入手。另外，目前已有的关于 STM32 单片机教材，多以芯片的手册为基础，较多地涉及芯片内部的功能机制，而较少涉及实际使用的分析与案例，对于初学者来说学起来困难相对较大，不利于 STM32 单片机的普及；彭刚博士、秦志强博士和姚昱博士编著的这本书，从分析实际需求出发，推导出操作控制的基本动作、策略和基本算法，再具体结合 STM32 功能部件的特点，最终归纳总结出具体实现的方案与方法。这种以工作导向的概念，基于工作过程的教学方法，非常适合 STM32 的学习，以点带面地帮助学习者逐步地建立起相应的知识体系，在"学中做、做中学"，使得学习的过程中既涉及大量的基础和理论知识，又很好地结合了具体问题的分析和解决，做到了理论和实践的完美结合，是学习使用 STM32 的一本很好的教材。

最后，我要非常感谢彭刚博士、秦志强博士和姚昱博士为本书的编撰所付出的辛勤劳动，也非常感谢其他为本书的出版做出卓越贡献的各位同行，感谢他们为推动 STM32 微控制器产品的应用向高端迈进、向普及迈进所做出的贡献。

意法半导体有限公司大中华区
通用单片机和存储器产品部、应用部经理

梁平

目　录

第 **1** 章

ARM Cortex-M3 处理器编程环境与嵌入式系统

🛩 1.1 单片机与 ARM Cortex-M3 处理器

什么是单片机

一台能够工作的计算机包含这样几个部分：CPU（Central Processing Unit，中央处理单元：进行运算、控制）、RAM（Random Access Memory，随机存储器：数据存储）、ROM（Read Only Memory，只读存储器：程序存储）、输入/输出设备（串行口、并行口等）。在个人计算机上这些部分被分成若干块芯片或者插卡，安装在一个被称为主板的印制电路板上。而在单片机中，这些部分全部被做到一块集成电路芯片中，所以就称为单片机。

单片机的用途

与个人计算机、笔记本电脑相比，单片机的功能显然很小，那学它干什么呢？实际生活中并不是任何需要计算机的场合都要求计算机有很高的性能，如空调温度的控制、冰箱温度的控制等都不需要很复杂、很高级的计算机。应用的关键是看是否够用，是否有很好的性能价格比。

单片机凭借体积小、质量轻、价格便宜等优势，已经渗透到我们生活的各个领域：导弹的导航装置、飞机上各种仪表的控制、工业自动化过程的实时控制和数据处理、广泛使用的各种智能 IC 卡、小汽车的安全保障系统、录像机、摄像机、全自动洗衣机、程控玩具、电子宠物等，更不用说自动控制领域的机器人、智能仪表和医疗器械了。因此，单片机的学习、开发与应用将造就一批计算机应用、嵌入式系统设计与智能化控制的科学家、工程师，是成为电子与嵌入式系统工程师必须掌握的基本技能。

> ### ➕ 嵌入式系统
>
> 嵌入式系统是指嵌入到工程对象中能够完成特定功能的计算机系统。嵌入式系统嵌入到对象系统中，并在对象环境下运行。与对象领域相关的操作主要是对外界物理参数进行采集、处理，对对象实现控制，并与操作者进行人机交互等。
>
> 与通用计算机系统相比，嵌入式系统有其功能的特殊要求和成本的特殊考虑，从而决定

了嵌入式系统在高、中、低端系统三个层次共存的局面。在低端嵌入式系统中，8 位单片机从 20 世纪 70 年代初期诞生至今还一直在工业生产和日常生活中广泛使用。近些年，中端的 16 位单片机已应用于汽车电子、工业自动化等领域。鉴于嵌入式应用对象的响应要求、嵌入式系统应用的巨大市场，以及单片机价格的不断下降，目前 32 位单片机已经大量应用于消费电子、工业测控、机器人控制、无人机、智能硬件、可穿戴设备、新能源、汽车电子、智能家居、物联网、医疗电子和航空航天系统等领域。

ARM Cortex-M3 系列处理器

ARM 即 Advanced RISC Machines 的缩写，既可以认为是一个公司的名字，也可以认为是对一类微处理器的统称，还可以认为是一种技术的名字。1985 年 4 月 26 日，第一个 ARM 原型在英国剑桥的 Acorn 计算机有限公司诞生，由美国加州 San Jose VLSI 技术公司制造。20 世纪 80 年代后期，ARM 很快开发成 Acorn 的台式机产品。20 世纪 90 年代初，ARM 公司成立于英国剑桥，设计了大量高性能、廉价、耗能低的 RISC（Reduced Instruction Set Computer）处理器及相关技术和软件。ARM 公司既不生产芯片也不销售芯片，它只出售芯片技术授权，因此叫做 Chipless 公司。

世界各大半导体生产商从 ARM 公司购买其设计的 ARM 微处理器核，根据各自不同的应用领域，加入适当的外围电路，从而形成自己的 ARM 微处理器芯片进入市场。利用这种合伙关系，ARM 很快成为全球性 RISC 标准的缔造者。目前，采用 ARM 技术知识产权（Intellectual Property，IP）核的微处理器，已遍及工业控制、消费类电子产品、通信系统、网络系统、DSP、无线移动应用等各类产品市场，在低功耗、低成本和高性能的嵌入式系统应用领域中处于领先地位。

ARM Cortex 系列处理器是基于 ARMv7 架构的，分为 Cortex-A、Cortex-R 和 Cortex-M 三类。在命名方式上，基于 ARMv7 架构的 ARM 处理器已经不再沿用过去的数字命名方式，如 ARM7、ARM9、ARM11，而是冠以 Cortex 的代号。基于 v7A 的称为 "Cortex-A 系列"，基于 v7R 的称为 "Cortex-R 系列"，基于 v7M 的称为 "Cortex-M 系列"。

其中，ARM Cortex-A 系列主要用于高性能（Advance）场合，一般针对日益增长的，运行包括 Linux、Windows CE 和 Symbian 操作系统在内的消费者娱乐和无线产品设计与实现；ARM Cortex-R 系列主要用于实时性（Real time）要求高的场合，针对的是需要运行实时操作系统来进行控制应用的系统，包括汽车电子、网络和影像系统等；ARM Cortex-M 系列则主要用于微控制器单片机（MCU）领域，是为那些对功耗和成本非常敏感，同时对性能要求不断增加的嵌入式应用（如微控制器系统、汽车电子与车身控制系统、各种家电、工业控制、医疗器械、玩具和无线网络等）所设计与实现的。随着在各种不同领域应用需求的增加，微处理器市场也在趋于多样化。为了适应市场的发展变化，基于 ARMv7 架构的 ARM 处理器系列将不断拓展自己的应用领域。

Cortex-M3 是一个 32 位的单片机核，在传统的单片机领域中，有一些不同于通用 32 位 CPU 应用的要求。例如，在工控领域，用户要求具有更快的中断速度，Cortex-M3 采用了抢占（Pre-emption）、尾链（Tail-chaining）、迟到（Late-arriving）中断技术，对中断事件的响应更加迅速。比如，尾链技术完全基于硬件进行中断处理，最多可减少 12 个时钟周期数，背对背中断之间的延时时间、从低功耗模式唤醒的时间只有 6 个时钟周期，特别适用于汽车电子和无线通信领域。

　　ARM Cortex-M3 处理器结合了多种创新性突破技术，使得芯片供应商可以提供超低费用的芯片。仅有 33000 门的 M3 内核，其性能可达 1.25 DMIPS/MHz，如主频为 72MHz 的 M3 处理器性能可达 90DMIPS。M3 处理器还集成了许多紧耦合系统外设，合理利用了芯片空间，使系统能满足下一代产品的控制需求。

　　Cortex 的优势在于将低功耗、低成本与高性能完美结合。

处理器性能

　　DMIPS（Dhrystone Million Instructions executed Per Second）主要用于测整数计算能力。其中，MIPS（Million Instructions executed Per Second），每秒百万条指令，用来计算同一秒内系统的处理能力，即每秒执行了多少百万条指令。D 是 Dhrystone 的缩写，Dhrystone 是测量处理器运算能力的最常见基准程序之一，常用于处理器的整数运算性能的测量，程序是用 C 语言编写的。

　　Dhrystone 的计量单位为每秒计算多少次 Dhrystone，后来把在 VAX-11/780 机器上的测试结果 1757 Dhrystones/s 定义为 1 Dhrystone MIPS（百万条指令每秒）。DMIPS 表示了在 Dhrystone 这样一种测试方法下的 MIPS。例如，一个处理器达到 200DMIPS 的性能，是指这个处理器测整数计算能力为（200×100 万）条指令/秒。

　　Cortex-M3 处理器包括处理器内核、嵌套向量中断控制器（Nested Vectored Interrupt Controller，NVIC）、存储器保护单元、总线接口单元和跟踪调试单元等，为微控制器应用而开发的 ARM Cortex-M3 拥有以下性能：

- Cortex-M3 内核使用 3 级流水线哈佛架构，运用分支预测、单周期乘法和硬件除法功能实现了 1.25DMIPS/MHz 出色的运算效率（与 0.9DMIPS/MHz 的 ARM7 和 1.1DMIPS/MHz 的 ARM9 相比），而功耗仅为 0.19mW/MHz。
- 采用专门面向 C 语言设计的 Thumb-2 指令集，最大限度地降低了汇编语言的使用。而且 Thumb-2 指令集允许用户在 C 代码层面维护和修改应用程序，C 代码部分非常易于重用。可以这么说，没有必要使用任何汇编语言，这样新产品的开发将更易于实现，上市时间也大为缩短。
- Thumb-2 指令集免去了 Thumb 和 ARM 代码的互相切换，性能得到了提高。结合非对齐数据存储和原子位处理等特性，可在一个单一指令中实现读取/修改/编写，轻而易举地以 8 位、16 位器件所需的存储空间就实现了 32 位性能。
- 单周期乘法和乘法累加指令、硬件除法。
- 准确快速地进行中断处理，不超过 12 个周期，最快仅 6 个周期。内置的 NVIC 通过末尾连锁，即尾链（Tail-chaining）技术提供了确定的、低延迟的中断处理，并可以设置带有多达 240 个中断，可为中断较为集中的汽车应用领域实现可靠的操作。
- 对于工业控制应用，存储器保护单元（Memory Protection Unit，MPU）通过使用特权访问模式可以实现安全操作。
- Flash 修补和断点（Flash Patch and Breakpoint-unit）单元、数据观察点和跟踪（Data

Watchpoint and Trace-DWT）单元、仪器测量跟踪宏单元（Instrumentation Trace Macrocell-ITM）和嵌入式跟踪宏单元（Embedded Trace Macrocell- ETM）为嵌入式器件提供了廉价的调试和跟踪技术。

● 扩展时钟门控技术和内置睡眠模式适用于低功耗的无线设计领域，具有低功耗时钟门控（Clock Gating）3 种睡眠模式。

因此，ARM Cortex-M3 处理器是专门为那些对成本和功耗非常敏感但同时对性能要求又相当高的应用而设计的。凭借缩小的内核尺寸、出色的中断延迟、集成的系统部件、灵活的硬件配置、快速的系统调试和简易的软件编程，Cortex-M3 处理器将成为广大嵌入式系统（从复杂的片上系统到低端微控制器）的理想解决方案，基于 Cortex-M3 处理器的系统设计可以更快地投入市场。

STM32F103 系列微控制器

STM32 系列微控制器是由 ST 意法半导体有限公司以 ARM Cortex-M3 为内核开发生产的 32 位微控制器（单片机），专为高性能、低成本、低功耗的嵌入式应用设计。分成几个不同系列：STM32F100 为“超值型”，STM32F101 为“基本型”，STM32F102 为“USB 基本型”，STM32F103 为“增强型”，STM32F105 或 107 为“互联型”，STM32L 为“超低功耗型”。例如，基本型时钟频率为 36MHz，以 16 位产品的价格得到比 16 位产品更好的性能，是 16 位产品用户的最佳选择；增强型系列时钟频率达到 72MHz，是同类产品中性能最高的。这些系列都内置 16KB 到 512KB 的闪存，不同的是 SRAM 的最大容量和外设接口的组合。STM32 系列微控制器具有很高的集成度，除丰富的接口外，还内置复位电路、低电压检测、调压器、精确的 RC 振荡器等。STM32 系列微控制器时钟频率为 72MHz 时，从闪存执行代码，功耗为 36mA（所有外设处于工作状态），是 32 位市场上功耗最低的，相当于 0.5mA/MHz。而待机时，功耗下降到 2μA。

STM32F103xx 增强型系列使用高性能的 ARM Cortex-M3 32 位的 RISC 内核，其工作频率为 72MHz，内置高速存储器（最高可达 512KB 的闪存和 64KB 的 SRAM），具有丰富的增强型 I/O 端口和连接到两条高性能外设总线（Advanced Peripheral Bus，APB）的外设。STM32F103Vx 系列都至少包含 2 个 12 位的 ADC、1 个高级定时器、3 个通用 16 位定时器（具有 PWM 输出功能），还包含标准和先进的通信接口：2 个 I^2C（SMBus/PMBus）、2 个 SPI 同步串行接口（18Mb/s）、3 个 USART 异步串行接口（4.5Mb/s）、1 个 USB 全速接口和一个 CAN（2.0B）接口。I/O 翻转速度可达 18MHz。

2010 年年底，意法半导体有限公司（ST）推出全新的 STM32F2 系列微控制器，时钟频率达到了 120MHz，处理性能高达 150 DMIPS。该系列整合了更多的定时器、串行接口、ADC、DAC、CAN 等外设，还增加了对视频、音频、设备互连、安全加密等的支持，并提供最高 1MB 的闪存和 128KB 的 SRAM。同时，F2 系列与 F1 系列微控制器的引脚和软件相互兼容。

图 1.1 是基于 ARM Cortex-M3 内核的 STM32F10x 系列微控制器的外观（LQFP100 封装）。表 1.1 是 STM32F103xx 增强型微控制器（Flash 不超过 128KB 的中小容量）各系列的外设资源。大容量的 STM32F10x 系列单片机外设资源和芯片编号详细说明见附录 B。

（a）STM32F103VB　　　　　　（b）STM32F103VC　　　　　　（c）STM32F107VC

图 1.1　基于 ARM Cortex-M3 内核的 STM32F10x 系列微控制器的外观

表 1.1　STM32F103xx 增强型微控制器各系列的外设资源

外设		STM32F103Tx		STM32F103Cx			STM32F103Rx			STM32F103Vx	
闪存（KB）		32	64	32	64	128	32	64	128	64	128
RAM（KB）		10	20	10	20	20	10	20		20	
定时器	通用	2	3	2	3	3	2	3		3	
	高级	1		1			1			1	
通信	SPI	1	2	1	2	2	1	2		2	
	I²C	1	2	1	2	2	1	2		2	
	USART	2	3	2	3	3	2	3		3	
	USB	1	1	1	1	1	1	1		1	
	CAN	1	1	1	1	1	1	1		1	
通用 I/O 端口		26		32			51			80	
12 位同步 ADC		2 10 通道		2 10 通道			2 16 通道				
CPU 频率		72MHz									
工作电压		2.0～3.6V									
工作温度		−40～+85℃/−40～+105℃									
封装		VFQFPN36		LQFP48			LQFP64			LQFP100, BGA100	

1.2　基于 ARM Cortex-M3 的 STM32 单片机教学开发板

本书除了介绍基于 ARM Cortex-M3 的 STM32F103xx 微控制器单片机原理与应用开发外，还将引导你如何运用 STM32F103xx 微控制器开发板控制机器人运动与感知周边环境，并采用 C 语言对 STM32F103xx 进行编程，使机器人实现下述 4 个基本智能任务。

（1）安装传感器以探测周边环境。

（2）基于传感器信息做出决策。

（3）控制机器人运动（通过操作带动轮子旋转的电机）。

（4）与用户交换信息。

通过这些任务的完成，使大家在无限的乐趣之中，不知不觉地掌握基于 ARM Cortex-M3 的 STM32F103xx 微控制器（32 位单片机）原理与应用开发技术，以及 C 语言程序设计技术，轻松走上基于 ARM Cortex-M3 的 STM32 微控制器（32 位单片机）嵌入式系统开发与设计之路。本书所用教学开发板如图 1.2 所示。由于 STM32F103xx 系列微控制器具有全兼容性，因此可以选用 STM32F103VB、STM32F103VC、STM32F103VD、STM32F103VE，以获得更多存储空间和片上资源。

图 1.2　STM32F103xx 增强型微控制器单片机教学开发板

图 1.3 所示的是本书使用的机器人工程对象，它采用 ARM Cortex-M3 处理器作为大脑，通过教学（开发）板安装在机器人底盘上。本书将以此机器人作为典型工程对象，引导大家学习 STM32F103xx 微控制器单片机原理与应用开发技术，并完成一个简单机器人所需具备的四种基本能力，使机器人具有基本的智能。

本章首先通过以下步骤告诉你如何安装和使用基于 ARM Cortex-M3 的 STM32 微控制器单片机的编程开发环境，并用 C 语言开发一个简单的程序。具体任务包括：

- 安装开发编程软件；
- 连接教学（开发）板到供电电源或者电池；
- 连接教学（开发）板 ISP 接口到计算机，以便编程；
- 连接教学（开发）板串行接口到计算机，以便调试和交互；

（a）安装伺服舵机的机器人小车　　　　　　　（b）安装直流电机的机器人小车

图 1.3　基于 ARM Cortex-M3 处理器的 STM32 机器人小车

● 用 C 语言编写程序，编译生成可执行文件，然后下载到单片机上，观察执行结果；

● 完成后断开电源。

任务一　获得软件

在本课程的学习中，你将反复用到几款软件：RealView MDK（Microcontroller Development Kit）集成开发环境、串口调试软件等。集成开发环境允许你在计算机上编写程序，并编译生成可执行文件，然后下载到单片机上；串口调试软件则是让你知道单片机微控制器在做什么，观察执行结果。

1．RealView MDK 集成开发环境

RealView MDK 开发套件源自德国 Keil 公司，是 ARM 公司目前最新推出的针对各种嵌入式处理器的软件开发工具。RealView MDK 集成了业内最领先的技术，包括 µVision 3 集成开发环境与 RealView 编译器。支持 ARM7、ARM9 和最新的 Cortex-M3 核处理器，自动配置启动代码，集成 Flash 烧写模块、强大的 Simulation 设备模拟、性能分析等功能，与 ARM 之前的工具包 ADS 等相比，RealView 编译器的最新版本 RVCT 3.1 可将性能改善超过 20%。你可以在 Keil 公司的官方网站 www.keil.com 网站上获得该软件的安装包，安装后包含 STM32F10x 系列处理器片上外围接口固件库（Fireware Library）。

另外一个常见的集成开发环境是 IAR EWARM，它是 IAR Systems 公司针对各种嵌入式处理器设计的软件开发工具，涉及嵌入式系统设计、开发和测试的每一个阶段，包括带有 C/C++编译器和调试器的集成开发环境、实时操作系统和中间件、开发套件、硬件仿真器，以及状态机建模工具。其最著名的产品是 C 编译器——IAR Embedded Workbench，支持众多知名半导体公司的微处理器，包括 ARM、8051、AVR32、MSP430 等内核和 MCU。

2．串口调试软件

该软件用于显示单片机与计算机的交互信息。在硬件上，要求计算机至少要有串口或 USB 接口来与单片机教学开发板的串口连接。

任务二　安装软件

到目前为止，你已获得了软件安装包，包括某个版本的 MDK 安装包、串口调试终端、STM32 库文件和本书例程的源码。软件的安装与其他软件安装过程一样。先安装 MDK：

（1）执行 MDK 安装程序，双击 MDK 安装文件图标，进行安装。

（2）在后续出现的窗口中依次单击【Next】按钮，将程序安装在 C:\Keil MDK***文件目录下（***：表示版本号，默认安装路径是 C:\Keil，建议换个路径名，以防与 51 单片机开发环境冲突）。安装好以后，查看安装路径下 ARM 子目录的结构。

- BIN 目录下面一般是一些动态链接文件；
- BINxx 目录下面放置的是一些编译器和链接器；
- Boards 和 Examples 目录下面放置的是一些例程：Boards 目录下放置的是根据一些厂商所设计的开发板例子，而 Examples 下面则是一些更大众化的例程。
- Flash 目录下面放置的是一些厂商的 Flash 芯片所用到的驱动程序，可以以其中的例程为模板，来添加自己的驱动。
- HLP 目录下面是一些帮助文档。
- INC 目录下存放的是支持 ST 公司、Philips 公司、Atmel 公司等基于 ARM Cortex-M3 的各种微控制器的头文件，如在 ST 公司目录下有 STM32F10X 系列微控制器的固件库头文件。

图 1.4 【File】菜单下的 License Management 子菜单

- RL 和 RT Agent 两个目录下面是一些免费的操作系统，如果想编写实时操作系统，可以参考这两个文件夹里面的资料。
- RV31 目录里面是 RealView 编译器所使用的一些库文件；RV31\LIB 目录下存放的是固件库源代码。可以打开文件，查看 MDK 自带的 STM32F10x 固件库版本。
- Segger 和 Signum 两个目录下面是 USB 驱动。如果使用 ULink 进行硬件仿真时，找不到硬件，那么可以在这里面重新安装驱动。
- Startup 目录下面放置的是各个芯片厂商的各种启动代码，在创建工程的时候编译器会提示是否要添加启动文件到工程下面。
- Utilities 目录下面放置的是 PC 工具软件，用于调试人机接口（HID）和网络接口。

（3）输入 License：运行 Keil RealView MDK，选择【File】菜单下的 License Management 子菜单，如图 1.4 所示。

将 License 序列号复制到 License Management 中的 New License ID Code（LIC）中，单击【Add LIC】按钮完成，如图 1.5 所示。

New License ID Code (LIC): [　　　　　　　　　]　　Add LIC

图 1.5　输入 License 序列号

任务三　硬件连接

基于 ARM Cortex-M3 的 STM32F103 微控制器单片机教学开发板（或者说机器人大脑）需要连接电源才能运行，同时也需要连接到 PC 或笔记本电脑以便编程和交互。以上接线完成后，你就可以用编辑器软件来对系统进行开发与测试了。下面将告诉你如何完成上述硬件连接任务。

串口线连接

STM32F103 微控制器单片机教学开发板通过串口电缆连接到 PC 或笔记本电脑上以便与用户交互，如图 1.6（a）所示。如果你的计算机有串行接口，直接使用串口连接电缆。如果没有，此时需要使用 USB 转串口适配器，如图 1.6（b）所示。将一端的串口连接到你的教学开发板上，而另一端连接到计算的 USB 口上，并安装对应的 USB 驱动程序。

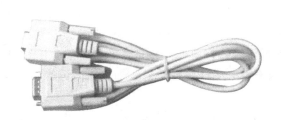

（a）串口电缆　　　　　　　　　　　　　　（b）USB 转串口适配器

图 1.6　串口线连接

基于 ULink 的 JTAG 下载线连接

程序是通过连接到 PC 或者笔记本电脑 USB 口的 ULink 来下载到教学开发板上的单片机内。如图 1.7 所示为 ULink 下载工具。下载线一端通过 USB 线连接到 PC 或者笔记本电脑的 USB 口上，而另一端连接到教学开发板上的 JTAG 口上。

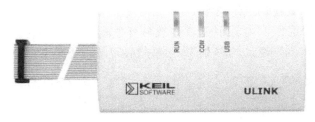

图 1.7　ULink 下载工具

如图 1.8 所示，这里用的 USB 线一端是扁形（A 型），另一端是方形（B 型），如图 1.8（a）所示。扁形口接计算机，方形口接 ULink。USB 线一般分为不带屏蔽的 USB 线和带屏蔽的 USB 线，外表有屏蔽层的就是带屏蔽的 USB 线，如图 1.8（b）所示，右边

的 USB 线是带屏蔽的，左边的 USB 线是不带屏蔽的。建议用于程序下载使用的 USB 线
为带屏蔽的。

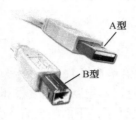

（a）USB 线两端形状　　　　（b）不带屏蔽的 USB 线和带屏蔽的 USB 线

图 1.8　USB 线

电源和电池的安装

教学开发板可以使用从计算机 USB 口引出的 5V 电源。使用图 1.8（b）左边不带屏蔽
的 USB 线，扁形口接计算机，方形口接教学开发板。但需注意计算机引出的 USB 电源供
电电流最大只有 500mA，当给电机（舵机）供电时可能会由于供电电流不足，导致电机（舵
机）不能正常工作。

教学开发板也可使用电池供电。本书使用的机器人采用 4 节五号碱性电池给机器人电机
和教学开发板供电，可将电池盒引出的电源线插入电源插座（ϕ2.5 细针）。在继续下面的任
务前，请先检查机器人底部电池盒内是否已经装好电池，并是否有正常的电压输出。如果没
有，请更换新的电池。更换过程中，确保每颗电池都按照塑料盒子里面标记的电池极性（"+"
和 "−"）方向装入。

当然，教学开发板也可以使用外接的 5V 或 6V 输出的电源适配器供电。

给教学开发板进行通电检查

教学开发板上有一个电源三位开关。如图 1.9（a）所示，当开关拨到 "0" 位时则断开教
学开发板电源。无论你是否将电池组或者其他电源连接到教学开发板上，只要三位开关位于
"0" 位，那么设备就处于关闭状态。

将三位开关由 "0" 位拨至 "1" 位，可打开教学开发板电源，如图 1.9（b）所示。检查
教学开发板上的 LED 电源指示灯是否变亮。如果没有，检查 USB 供电线缆或者电池盒的接
头是否已经插到教学开发板的电源插座上。

将开关拨至 "2" 位后，电源不仅要给教学开发板供电，同时还会给机器人的执行机
构——伺服电机供电，同样地，此时 LED 电源指示灯仍然会变亮。

（a）处于关闭状态的三位开关　　　　（b）处于 "1" 位状态的三位开关

图 1.9　电源三位开关

1.3　创建工程和执行程序

你编写和执行的第一个 C 语言程序将告诉 STM32 微控制器，让它发送一条消息给 PC 或笔记本电脑。

任务四　你的第一个工程

双击 Keil μVision3 的图标，启动 Keil μVision3 程序，你会得到如图 1.10 所示的 Keil μVision3 的 IDE 主界面。IDE 表示 Integrated Development Environment，即集成开发环境。Keil 提供了包括 C 编译器、宏汇编、连接器、库管理及一个功能强大的仿真调试器在内的完整开发方案，通过一个集成开发环境将这些部分组合在一起，其软件开发逻辑结构如图 1.11 所示。掌握这一软件的使用，对于进行单片机或 ARM 系统开发者来说是十分必要的，如果你使用 C 语言编程，那么 Keil 是你的不二之选，即使不使用 C 语言而仅用汇编语言编程，其方便易用的集成环境、强大的软件仿真调试工具也会令你事半功倍。

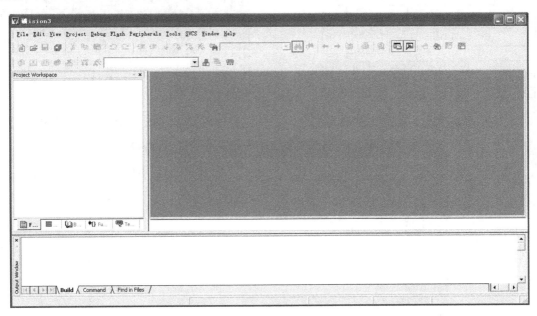

图 1.10　Keil μVision3 的 IDE 主界面

集成开发环境

早期的程序设计各个阶段都要用不同的软件来进行处理，如先用字处理软件编辑源程序，然后用链接程序进行函数、模块连接，再用编译程序进行编译，开发者必须在几种软件间来回切换操作。现在的编程开发软件将编辑、编译、调试等功能集成在一个桌面环境中，这样就大大方便了用户，这就是集成开发环境（简称 IDE）。IDE 是一个用于程序开发的应用程序，一般包括代码编辑器、编译器、调试器和图形用户界面工具等一体化的开发软件服务套件。所有具备这一特性的软件或者软件套件（组）都可以叫做集成开发环境。例如，微软的 Visual Studio.Net 系列，可以称为 C++、VB、C#等语言的集成开发环境。

通过【Project】菜单中的【New Project】命令建立项目文件（工程文件），具体过程如下：

（1）创建 HelloRobot 文件夹，将提供的 library 文件夹、stm32f10x_heads.h 文件和 HelloRobot.h 文件复制到此目录下。library 文件夹里面的文件是 STM32 库文件。

（2）单击【Project】，会出现图 1.12 所示的画面，然后选择【New μVision Project】，弹出"Create New Project"对话框，找到刚才建立好的 HelloRobot 目录，如图 1.13 所示。

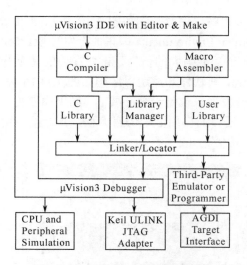

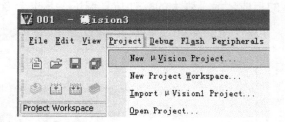

图 1.11　Keil 软件开发逻辑结构图　　　　　　　　图 1.12　Keil μVision3 工程菜单画面

图 1.13　"Create New Project"对话框

（3）双击 HelloRobot 文件夹，在文件名中输入工程文件名：HelloRobot（可不用加后缀名），保存在此目录下，如图 1.14 所示。之后单击【保存】按钮出现图 1.15 所示的窗口。

图 1.14　创建 HelloRobot 工程

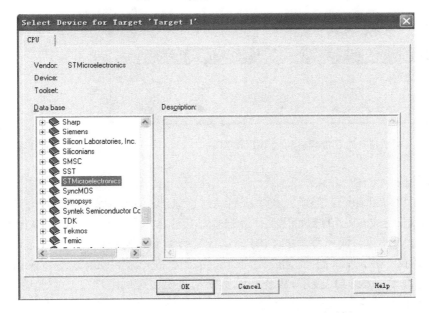

图 1.15　"Select Device for Target 'Target 1'" 对话框

　　(4) 这里要求选择芯片的类型, 双击"STMicroelectronics", 在弹出的下拉菜单中选择 "STM32F103xx"(与教学开发板一致), 就会出现相关介绍信息。例如选择"STM32F103VB", 如图 1.16 所示。看看选择不同的 STM32F103xx 单片机, 所显示的资源有哪些不同。

　　(5) 单击【OK】按钮, 出现图 1.17 所示窗口。询问是否加载启动代码, 在这里选择【否】, 不加载(后面将会手工装载启动代码: cortexm3_macro.s, stm32f10x_vector.s, 而不用系统提供的默认启动代码)。选择【否】后将出现图 1.18 所示窗口, 此时项目文件, 即工程文件就创建好了。

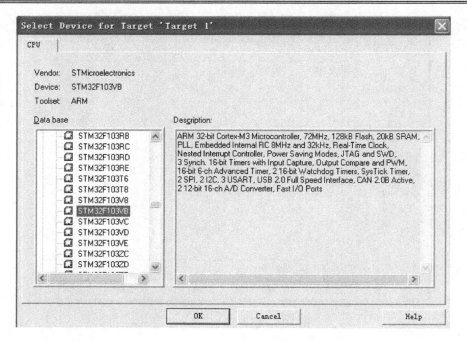

图 1.16　CPU 型号选择窗口

图 1.17　是否加载启动代码提示窗口

图 1.18　目标工程窗口

启动代码

　　启动代码（Bootloader）是嵌入式系统启动时常见的一小段代码，类似于启动计算机时的BIOS，一般用于完成 CPU 的初始化工作和自检。其他常见的启动代码还有 ARM 嵌入式系统中的 UBoot 或 Vivi 等。同一型号的 CPU 启动代码会随着开发板的设计不同而略有不同。

　　STM32 这两个启动代码主要完成处理器的初始化工作。其中，启动文件 cortexm3_macro.s 的作用是：定义 Cortex-M3 宏指令操作，这些宏指令操作可供用户在 C 中调用。如在 C 文件中有必要使用汇编指令和这些宏指令做预处理时，只要直接在 C 代码中使用 EXPORT 后面的宏指令操作就可以了（类似于在 C 中嵌入汇编的操作）；启动文件 stm32f10x_vector.s 的作用是：初始化堆栈，定义程序启动地址、中断向量表和中断服务程序入口地址，以及系统复位启动时，从启动代码跳转到用户 main 函数入口地址。

　　查看 HelloRobot 目录，你会发现 HelloRobot.uv2 工程文件。另外，opt 文件是关于工程开发环境的参数配置和选项设置文件（Option File）。plg 文件是编译日志文件（Compile Log File），存放编译器的编译结果、编译时采用的命令参数以及编译后得到的错误和警告信息。

项目文件（工程文件）

　　在当前的应用软件开发中，一个软件系统是由工程文件组成的，工程文件包含若干个程序文件、头文件，甚至库文件。类似一本书，有目录和各个章节；或者像一个公司，有好多部门。uv2 文件是 51、STM32 等单片机或者 ARM 的 Keil 项目文件（工程文件），打开它就打开了这个工程，即与应用程序相关的全部文件和相应的设置。它包括的文件有头文件、源文件、汇编文件、库文件、配置文件等。这些文件的有关信息就保存在称为"工程"的文件中，每次保存工程时，这些信息都会被更新。在 Keil 中使用工程文件来管理构成应用程序的所有文件，而且编译生成的可执行文件也与项目文件（工程文件）同名。

任务五　你的第一个程序

项目文件创建后，这时只有一个框架，紧接着需要向项目文件中添加程序文件内容。Keil μVision 支持 C 语言程序。可以是已经建立好的程序文件，也可以是新建的程序文件。如果是建立好了的程序文件，则直接用后面的方法添加；如果是新建立的程序文件，则先将程序文件.c 存盘后再添加。

首先，先添加启动代码（汇编文件）：cortexm3_macro.s，stm32f10x_vector.s。右键单击"Source Group 1"，单击"Add Files to Group 'Source Group 1'"，如图 1.19 所示。

在弹出的对话框中选择文件类型，然后选中两个启动代码，单击【Add】按钮添加进工程文件中，再单击【Close】按钮关闭此对话框，如图 1.20 所示。

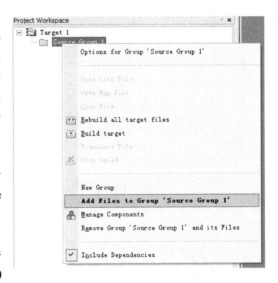

图 1.19　添加文件

（a）选择文件类型

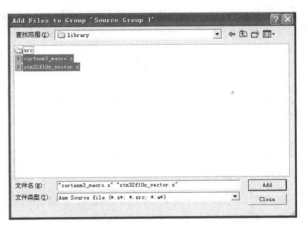

（b）选中 2 个启动代码

图 1.20　添加启动代码

文件添加到项目文件中后，"Source Group 1"的前面将出现一个"+"号。单击"+"号，展开"Source Group 1"目录，如图 1.21 所示。

这时可以添加已经建立好的程序文件。如果是新建立的程序文件，则先将程序文件.c 存盘后再添加，如图 1.22 所示。

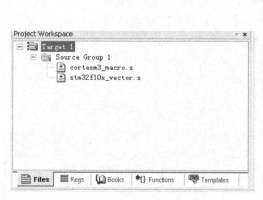

图 1.21　加入启动文件后的工程　　　　图 1.22　保存程序文件，再添加到工程中去

单击 按钮（或通过【File】→【New】操作）为该项目新建一个 C 语言程序文件。将该例程输入到 Keil μVision IDE 的编辑器中，并以文件名 HelloRobot.c 保存。

例程：HelloRobot.c

```c
#include "stm32f10x_heads.h"
#include "HelloRobot.h"

int main(void)
{
    BSP_Init();                 //开发板初始化
    USART_Configuration();      //串口 1（USART1)初始化

    printf("Hello Robot!\n");

    while (1);
}
```

将文件保存在项目文件夹 HelloRobot 中，在文件类型中填写.c（这里.c 为文件扩展名，表示此文件类型为 C 语言源文件），如图 1.23 所示。

下一步就是添加该文件到目标工程项目了，其具体添加过程如下。

（1）单击"+"号，展开"Source Group 1"目录，然后右键单击"Source　Group 1"，在出现的菜单下选择"Add File To Group　'Source Group 1'"，如图 1.24 所示。出现"Add Files to Group Source 'Group1'"对话框。在该对话框中

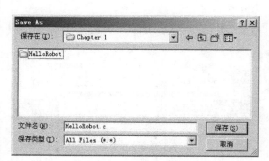

图 1.23　C 语言源文件保存对话框

选择需要添加的程序文件：HelloRobot.c，单击【Add】按钮，把所选文件添加到项目文件中。

一次可添加多个文件。

（2）程序文件添加到项目文件中去后，如图 1.25 所示（注意：图中显示的文件名是刚才输入的文件名）。

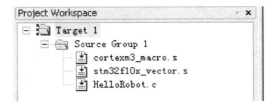

图 1.24　添加文件　　　　　　　　　　　图 1.25　添加 C 语言文件到目标工程中

双击源文件即可显示源文件的编辑界面，如图 1.26 所示。

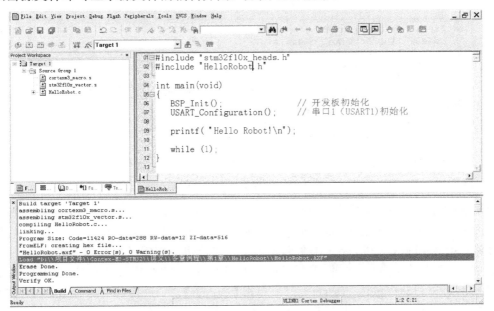

图 1.26　源文件的编辑界面

下面来产生下载需要的可执行文件。图 1.27 表示编译的几种方式，图 1.27（a）的"Translate current file"表示仅编译当前源文件；图 1.27（b）的"Build target"表示编译整个工程文件，编译时仅编译修改了的或新的源文件；图 1.27（c）的"Rebuild all target files"表示重新编译整个工程文件，工程中的文件不管是否修改，编译时都将重新编译。

一般地，我们单击 Keil μVision IDE 快捷工具栏中的 ⊞，编译整个工程文件，如图 1.28 所示。Keil 的 C 编译器根据要生成的目标文件类型对目标工程项目中的 C 语言源文件进行编译。编译过程中，可以观察到源文件中有没有错误产生，如果没有错误产生，在 IDE 主窗口的下面出现"0 Error(s)，0 Warning（s）"提示信息，表明已成功生成了可执行文件，并存储在 HelloRobot 目录中。

（a）编译当前文件

（b）编译工程文件

（c）重新编译工程文件

图 1.27　编译工程文件的几种方式

```
× Build target 'Target 1'
  assembling cortexm3_macro.s...
  assembling stm32f10x_vector.s...
  compiling HelloRobot.c...
  linking...
  Program Size: Code=11424 RO-data=288 RW-data=12 ZI-data=516
  FromELF: creating hex file...
  "HelloRobot.axf" - O Error(s), O Warning(s).

  ◄ ◄ ► ►  \ Build ∧ Command ∧ Find in Files /        ◄          ►
Ready
```

图 1.28　编译过程的输出信息

查看 HelloRobot 目录，你会发现生成了 HelloRobot.axf 文件。axf（arm excute file）是 ARM 芯片使用的文件格式，除包含 bin 代码外，还包括了调试信息。与 axf 文件一样，单片机系统开发经常也会用到 hex 文件，hex 文件包括地址信息，可直接用于烧写或下载。

如要产生可执行的.hex 文件，需要对目标工程"Target 1"进行编译设置，右键单击"Target 1"，选择"Option for target 'Target 1'"。单击【Output】项，选择其中的"Create HEX File"，如图 1.29 所示，单击【OK】按钮确定，关闭设置窗口。

再次单击 Keil μVision IDE 快捷工具栏中的 ，Keil 的 C 编译器开始根据要生成的目标文件类型对目标工程项目中的 C 语言源文件进行编译。这时 HelloRobot 目录中，你会发现生成了 HelloRoBot.hex 文件。

任务六　下载可执行文件到教学开发板

将 ULink 下载工具的一端通过 USB 线连接到计算机 USB 口上，另一端连接到教学开发板的 JTAG 口上。接好后，按图 1.30（a）～（c）所示过程依次配置，安装 ULink 驱动。

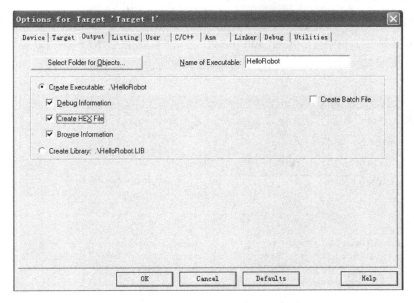

图 1.29　设置目标工程的编译输出文件类型

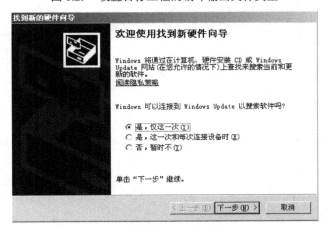

（a）ULink 驱动安装步骤 1

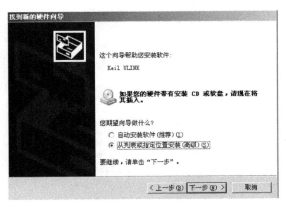

（b）ULink 驱动安装步骤 2

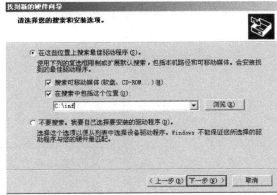

（c）ULink 驱动安装步骤 3

图 1.30　ULink 下载工具驱动的安装

将 ULink 和教学开发板连接好，打开教学开发板电源开关。单击【Project】下的"Options for Target"（工程属性），弹出"Options for Target"对话框。或者单击【Flash】菜单下的"Configure Flash Tools"，按照如图 1.31（a）～（f）所示进行配置。

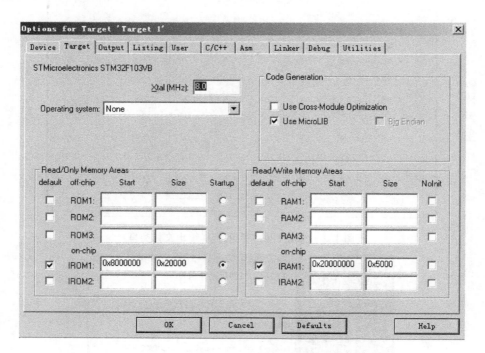

（a）配置 Target 页面，使用微库

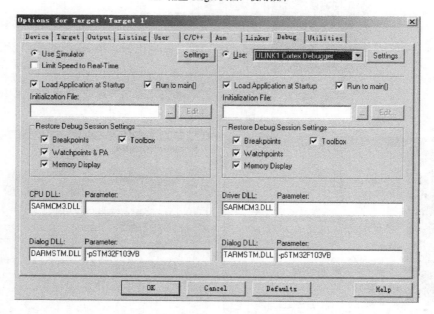

（b）配置 Debug 页面。如软件仿真，则选中"Use Simulator"

图 1.31　ULink 下载配置

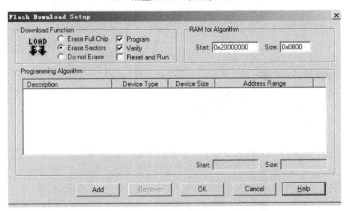

（c）配置 Utilities 页面步骤 1

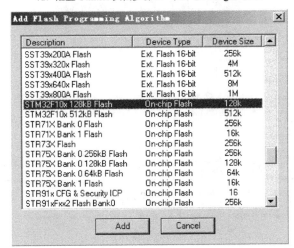

（d）配置 Utilities 页面步骤 2：单击【Settings】按钮

（e）配置 Utilities 页面步骤 3：单击【Add】按钮，添加相应的 STM32 芯片烧写算法

图 1.31 ULink 下载配置（续）

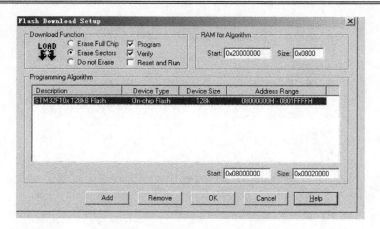

（f）配置 Utilities 页面步骤 4：单击【OK】按钮

图 1.31   ULink 下载配置（续）

这样 ULink 下载工具就配置好了。如图 1.32 所示，单击 图标（或通过【Flash】→【Download】操作），程序就开始下载了，下载结束如图 1.33 所示。

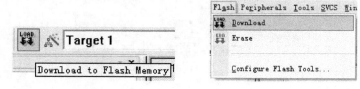

图 1.32   程序下载

图 1.33   程序下载结束

下载时，先擦除上次 Flash 存储器中的程序，再将刚才编译好的程序下载，最后经校验无误后，下载结束。此时，按教学开发板的 Reset 复位键，下载的程序开始运行。

Flash 存储器

Flash 是存储芯片的一种，通过特定的程序可以修改里面的数据。Flash 存储器又称闪存，它结合了 ROM 和 RAM 的长处，不仅具备电子可擦除可编程（EEPROM）的性能，还不会断电丢失数据，同时可以快速读取数据（NVRAM 的优势）。U 盘和 MP3 里用的就是这种存储器。嵌入式系统以前一直使用 ROM（EPROM）作为存储设备，20 世纪 90 年代中期开始，Flash 全面代替了 ROM（EPROM）在嵌入式系统中的地位，用做存储程序代码或者 Bootloader 及操作系统，现在则直接当 U 盘使用。

目前 Flash 主要有两种：NOR Flash 和 NAND Flash。NOR Flash 的读取和我们常见的 SDRAM 的读取是一样的，用户可以直接运行装载在 NOR Flash 里面的代码，这样可以减少 SRAM 的容量，从而节约了成本。NAND Flash 没有采取内存的随机读取技术，它的读取是以一次读取一块的形式来进行的，通常是一次读取 512 个字节，采用这种技术的 Flash 比较廉价。用户不能直接运行 NAND Flash 上的代码，因此使用 NAND Flash 的嵌入式系统开发板除了使用 NAND Flash 以外，还做上了一块小的 NOR Flash 来运行启动代码。

一般小容量的用 NOR Flash，因为其读取速度快，多用来存储操作系统等重要信息，而大容量的用 NAND Flash，最常见的 NAND Flash 应用是嵌入式系统采用的 DOC（Disk On Chip）和我们通常用的"闪盘"，可以在线擦除。目前市面上的 Flash 主要来自 Intel、AMD、Fujitsu 和 Mxic，而生产 NAND Flash 的主要厂家有 Samsung、Toshiba 及 Hynix。

SRAM 存储器

SRAM 是英文 Static RAM 的缩写，它是一种具有静止存取功能的内存，不需要刷新电路即能保存它内部存储的数据。而 DRAM（Dynamic Random Access Memory）每隔一段时间，要刷新充电一次，否则内部的数据即会消失，因此 SRAM 具有较高的性能，访问速度快。但是 SRAM 也有它的缺点，即价格高、集成度较低、功耗较大，相同容量的 DRAM 内存可以设计为较小的体积，但是 SRAM 却需要很大的体积。SRAM 只用来存储变量数据和提供给堆栈来使用。在嵌入式系统中，Flash 的容量一般要大于 SRAM 的容量，如 STM32F103VB 芯片，其 Flash 容量为 128KB，SRAM 容量为 20KB；STM32F103VE 芯片，其 Flash 容量为 512KB，SRAM 容量为 64KB。其他 8/16 位单片机、ARM9 或 ARM11 等嵌入式系统也是如此。

当生成的可执行文件大于 Flash 存储空间时，则不能被下载到 Flash 中。如果出现类似下面的错误，则表示生成的可执行文件大于 Flash 存储空间：

Error: L6406W: No space in execution regions with .ANY selector matching Section .text(***.o).

这时可以对程序进行优化，例如，减小缓存尺寸，减少全局变量，少定义尺寸大的数组而多用指针等方法。此外，合理调整 RealView MDK 的编译和链接配置，也可以减小生成的可执行文件大小。比如，在链接脚本中指定代码的存储布局，将代码段、只读数据段、可读写数据段分别存放，以减小生成的可执行文件大小。常有下面 3 种解决方法。

（1）使用微库：在图 1.31（a）所示的对话框中选中"Use MicroLIB"，以使代码减少。

（2）修改链接脚本：在"Options for Target 'Target1'"对话框的【Linker】页面，将

"Use Memory Layout from Target Dialog" 前面的复选框勾上，如图 1.34 所示。然后在【Target】页面（图 1.31（a）所示的对话框）中修改存储空间中只读部分（Read/Only Memory Areas）和可读/写部分（Read/Write Memory Areas）的起始和大小，一般来说加大只读部分大小（该部分存放程序中的指令），而减小可读写部分的大小（该部分存放堆栈、局部变量等）。

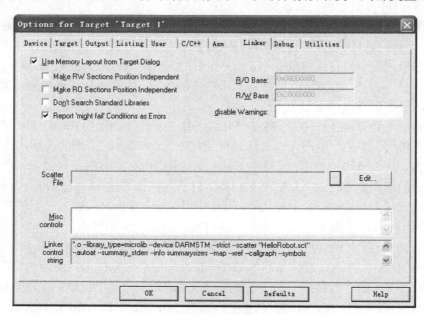

图 1.34　代码尺寸优化：配置【Linker】页面

（3）修改优化级别：在"Options for Target 'Target1'"对话框的【C/C++】页面，可使用编译选项"-Ospace"进行编译，将着重对空间进行优化，让编译器自动减小代码大小。另外，还可以选择更高的优化级别"Level 3(-O3)"，如图 1.35 所示。Level 3 的优化等级最高，最适合下载到最终的产品芯片中，而 Level 0 为不优化，这种模式最适合调试，因为它不会优化掉代码。在学习时，使用"Level 0(-O0)"以方便程序的调试。

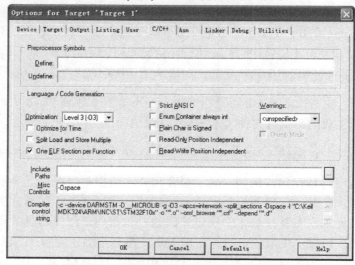

图 1.35　代码尺寸优化：配置【C/C++】页面

关于 MicroLib

使用微库，将以更精简短小的 C 库替代标准 C 库，减小代码大小。MicroLib 是默认 C 库的备选库。它主要用于内存有限的嵌入式应用程序中。这些应用程序不在操作系统中运行。

如果你发现在 Keil RealView MDK 中使用 printf 函数，不能向串口输出信息，或者今后发现可以软件仿真，不能硬件仿真，注意要在图 1.31（a）中的设置对话框选中"Use MicroLIB"。MicroLib 提供了一个有限的 stdio 子系统，它仅支持未缓冲的 stdin、stdout 和 stderr。这样，即可使用 printf() 来显示应用程序中的诊断消息。

要使用高级 I/O 函数，就必须提供自己实现的以下基本函数，以便与自己的 I/O 设备（如串口）配合使用。

为所有输出函数：fprintf()、printf()、fwrite()、fputs()、puts()、putc()和 putchar()等需要实现 fputc()函数。

为所有输入函数：fscanf()、scanf()、fread()、read()、fgets()、gets()、getc() 和 getchar()等需要实现 fgetc()函数。

由于 MicroLib 进行了高度优化，以使代码变得很小，因此，MicroLib 不完全符合 ISO C99库标准，仅提供有限的支持，不具备某些 ISO C 特性，并且其他特性具有的功能比默认 C 库少，MicroLib 与默认 C 库之间的主要差异是：

（1）MicroLib 不支持 IEEE 754 关于二进制浮点算法标准，否则会产生不可预测的输出结果，如 NaN、无穷大等。

（2）MicroLib 不支持的转换为%lc、%ls 和%a。

（3）MicroLib 进行了高度优化，以使代码变得很小。

（4）MicroLib 不支持与操作系统交互的所有函数，如 abort()、exit()、atexit()、clock()、time()、system()和 getenv()。不能将 main()声明为带参数的，并且不能返回内容。

（5）不支持与文件指针交互的所有 stdio 函数，否则将返回错误。仅支持三个标准流：stdin、stdout 和 stderr。即不完全支持 stdio，仅支持未缓冲的 stdin、stdout 和 stderr。

（6）MicroLib 不提供互斥锁来防止非线程安全的代码。

（7）MicroLib 不支持宽字符或多字节字符串。如果使用这些函数，则会产生链接器错误。

（8）与 stdlib 不同，MicroLib 不支持可选择的单或双区内存模型。MicroLib 只提供双区内存模型，即单独的堆栈和堆区。

该你了！——比较一下这几种优化方法所生成的可执行文件大小

任务七　用串口调试软件查看单片机输出信息

打开串口调试软件进行设置，如图 1.36 所示。一般地，若台式 PC（或笔记本电脑）有串口，则选择串口"COM1"；若使用的台式 PC（或笔记本电脑）没有串口，则使用 USB转串口适配器。安装好对应的 USB 驱动程序后，在"我的电脑"上执行右击→属性→硬件操作，查看"设备管理器"中的"端口（COM 和 LPT）"信息，如显示"通信端口（COM5）"，则将串口号设为 COM5 即可。

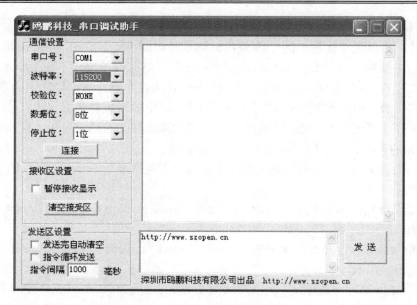

图 1.36　串口调试软件设置

单击【连接】按钮，串口连接成功，如图 1.37 所示。如串口没有连接成功，注意检查串口连接线是否连接正确，并关掉其他串口调试软件。

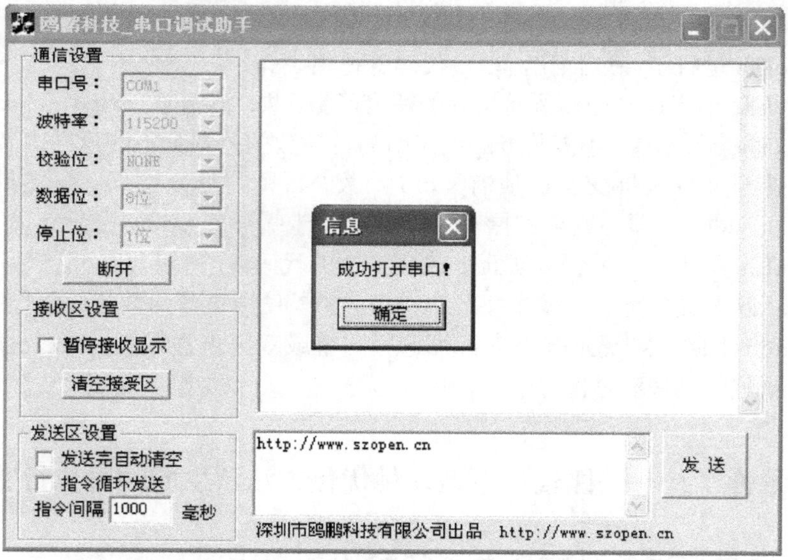

图 1.37　串口连接成功

这时，你在接收区看到了什么？什么也没有！为什么呢？因为从你把执行文件成功地下载到单片机的那个时刻开始，程序就开始运行了，单片机已经向 PC 发送了信息。你错过了接收，再按一下教学开发板上的"Reset"按键，你将看到调试软件上的接收区显示了一条信息，如图 1.38 所示。

图 1.38　串口调试终端显示的信息

恭喜你！

如果串口调试终端可以显示信息，则说明你的 STM32 开发环境已经成功建立，包括硬件连接和软件配置。

HelloRobot.c 是如何工作的？

例程中前两行代码是 HelloRobot.c 所包含的头文件："stm32f10x_heads.h"和"HelloRobot.h"。这两个头文件在本书的后续章节和任务中都要用到。

"stm32f10x_heads.h"文件主要包含 STM32 库文件的定义，它在编译过程中用来将程序需要用到的标准数据类型和一些标准函数、中断服务函数等包括进来，生成可执行代码。头文件中可以嵌套头文件，同时也可以直接定义一些常用的功能函数。

"HelloRobot.h"则包含了本例程及后面例程中都要用到的几个重要函数的定义和实现，在后面的章节中会进一步讲解，包括：

（1）数据结构的定义。

（2）系统时钟配置函数：RCC_Configuration。

（3）GPIO 模式配置函数：GPIO_Configuration。

（4）中断控制配置函数：NVIC_Configuration。

（5）串口 1 配置函数：USART_Configuration。

（6）将 C 语言 printf 库函数输出重定向到串口输出函数：fputc。

（7）开发板初始化函数：BSP_Init。

（8）微秒延时函数：delay_nus。

（9）毫秒延时函数：delay_nms。

main 函数的第一行语句是开发板初始化函数：BSP_Init，用来配置系统时钟、GPIO 模式和中断控制，分别是 RCC_Configuration()、GPIO_Configuration()、NVIC_Configuration()。这

几个函数将在后面的章节讲解。这行语句中"//"后的是注释。注释是一行会被编译器忽视的文字，注释是为了给人阅读，编译器不对其进行编译。

main 函数的第二行语句是串口 1 初始化配置函数：USART_Configuration，用来规定单片机串口是如何与 PC 通信的。串口配置函数将在后面的章节讲解。

第三行语句是 printf 函数：它使单片机通过串口向 PC 发送一条信息：Hello Robot!。

main 函数的第四行语句是"while(1)；"。编译好后的可执行文件是下载到单片机 Flash 存储器上的，并且是从头开始往下加载的。当你把可执行文件加载上去的时候，填满了整个 Flash 空间吗？当然没有！那么，当程序执行完 printf 函数之后，它还将向下继续执行，但后面的空间并没有存放程序代码，这时程序会乱运行，也就发生了"跑飞"现象。加上 while(1)；语句，让程序一直停止在这里，就是为了防止程序跑飞。

C 语言中的预处理

在本书各章节中，会多次使用以"#"号开头的预处理命令，如包含命令#include、宏定义命令#define 等，一般都放在源文件的前面，称为预处理部分。所谓预处理是指在进行编译的第一遍扫描（词法扫描和语法分析）之前所做的工作。预处理是 C 语言的一个重要功能，它由预处理程序负责完成。当对一个源文件进行编译时，将首先对源程序中的预处理部分作处理，处理完毕后再对源程序进行编译。

常用的预处理命令有：

（1）宏定义。

在 C 语言源程序中允许用一个标识符来表示一个字符串，称为"宏"。"define"为宏定义命令，被定义为"宏"的标识符称为"宏名"。在编译预处理时，对程序中所有出现的"宏名"，都用宏定义中的字符串去代换，这称为"宏代换"或"宏展开"。

（2）文件包含。

文件包含是 C 预处理程序的另一个重要功能。文件包含命令的功能是把指定的文件插入该命令行位置取代该命令行，从而把指定的文件和当前的源程序文件连成一个源文件。

在程序设计中，文件包含是很有用的。一个大的程序可以分为多个模块，由多个程序员分别编程。有些公用的符号常量或宏定义等可单独组成一个文件，在其他文件的开头用包含命令包含该文件即可使用。这样做可避免在每个文件开头都去书写那些公用量，从而节省时间，并减少出错。

包含命令中的文件名可以用双引号（""）括起来，也可以用尖括号（< >）括起来。使用尖括号表示在包含安装软件的目录中去查找（这个目录是安装软件时设置的安装路径），而不是在源文件目录中去查找，一般是安装路径（如 C:\Keil MDK***）下的 Include 目录；使用双引号则表示首先在当前的源文件目录中查找（即当前的 HelloRobot 目录），若未找到才到包含安装软件的目录中去查找。用户编程时可根据自己文件所在的目录来选择某一种命令形式。如"stm32f10x_heads.h"和"HelloRobot.h"2 个文件表示在当前源文件所在目录。

一个 include 命令只能指定一个被包含文件，若有多个文件要包含，则需用多个 include 命令。文件包含允许嵌套，即在一个被包含的文件中又可以包含另一个文件。

任务八　做完实验关断电源

把电源从教学开发板上断开很重要，原因有几点：首先，如果系统在不使用时没有消耗电能，电池可以用得更久；其次，在以后的学习中，你将在教学开发板上的面包板上搭建电路，搭建电路时，应使面包板断电。如果是在教室，教师可能会有额外的要求，如断开串口电缆，把教学开发板存放到安全的地方等。总之，做完实验后最重要的一步是断开电源。断开电源比较容易，只要三位开关拨到左边的 0 位即可，如图 1.9（a）所示。

提倡节约用电，实践低碳生活。

通过创建第一个程序，你可能感觉到了学习基于 ARM Cortex-M3 内核的 STM32 单片机不是很容易！没错，要学好单片机，还要有一定的 C 语言基础，嵌入式系统的开发确实是一项非常具有挑战性的任务。即使是一个简单的程序，也需要进行大量的准备，学习大量的计算机知识。万事开头难！

 ## 工程素质和技能归纳

（1）STM32 系列单片机硬件开发环境的建立和 Keil μVision IDE（集成开发环境）软件的安装。

（2）如何在集成开发环境中创建目标工程文件，并添加和编辑 C 语言源程序。

（3）STM32 单片机程序的编译和下载。

（4）串口调试终端的使用。

（5）C 语言知识的复习：数据类型、常量、变量、运算符、表达式等。

第2章

STM32 单片机 I/O 端口与伺服电机控制

本章教你如何用 STM32 单片机的输入/输出端口来控制发光二极管的闪烁，以及控制机器人小车伺服电机，让它运动起来。为此，你需要理解和掌握 STM32 输入/输出端口的配置方法，控制伺服电机方向、速度和运行时间的相关原理和编程技术。

2.1 STM32 单片机的输入/输出端口

控制机器人伺服电机以不同速度运动是通过让单片机的输入/输出（I/O）口输出不同的脉冲序列来实现的。STM32-M3 单片机有 5 个 16 位的并行 I/O 口：PA、PB、PC、PD 和 PE。这 5 个端口，既可以作为输入，也可以作为输出；可按 16 位处理，也可按位方式（1 位）使用。图 2.1 是基于 ARM Cortex-M3 内核的 STM32F103xx 单片机引脚定义图，这是一个标准的 100 引脚 LQFP 封装的芯片。

LQFP（Low-profile Quad Flat Package）也就是薄型 QFP，是指封装本体厚度为 1.4mm 的 QFP。QFP 封装的中文含义为方形扁平式封装技术（Quad Flat Package），该技术使得 CPU 芯片引脚之间距离很小，引脚很细，一般大规模或超大规模集成电路采用这种封装形式，其引脚数一般都在 100 以上。该技术封装 CPU（如 STM32F103xx）时操作方便，可靠性高，而且其封装外形尺寸较小，寄生参数减小，适合高频应用。该技术主要适用于用 SMT 表面安装技术在 PCB 上安装布线。本书所用教学开发板上还有 SOT 封装的稳压电源芯片、SOP 封装的 RS-232 通信芯片及 0603 封装的电阻和电容，这些都是 SMD 表面贴装器件。

任务一　认识封装

封装就是指把硅片上的电路引脚用导线接引到外部接头处，以便与其他器件连接。封装形式是指安装半导体集成电路芯片用的外壳。它不仅起着安装、固定、密封、保护芯片及增强电热性能等方面的作用，而且还通过芯片上的接点用导线连接到封装外壳的引脚上，这些引脚又通过印制电路板上的导线与其他器件相连接，从而实现内部芯片与外部电路的连接。芯片内部必须与外界隔离，以防止空气中的杂质对芯片电路的腐蚀而造成电气性能下降。另外，封装后的芯片也更便于安装和运输。由于封装技术的好坏还直接影响到芯片自身性能的发挥和与之连接的 PCB 的设计和制造，因此它是至关重要的。

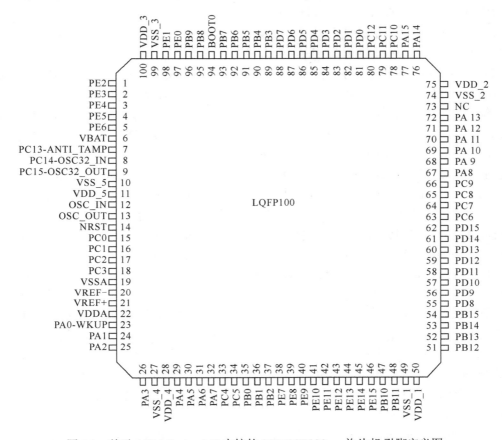

图 2.1　基于 ARM Cortex-M3 内核的 STM32F103xx 单片机引脚定义图

封装主要分为 DIP（Dual ln-line Package，双列直插式封装）和 SMD（Surface Mounted Devices，表面贴装器件封装）两种。其中，SMD 是 SMT（Surface Mounted Technology，表面贴片技术）元器件中的一种。当前，集成电路的装配方式从通孔插装（Plating Through Hole，PTH）逐渐发展到表面组装（SMT）。从结构方面，封装从最早期的晶体管 TO（如 TO-89、TO92）封装发展到了双列直插封装，随后由 PHILIP 公司开发出了 SOP 小外形封装；从材料介质方面，包括金属、陶瓷、塑料等。目前很多高强度工作条件需求的电路，如军工和宇航级别仍用大量的金属封装。封装大致经历了如下发展进程：

结构方面：TO→DIP→PLCC→QFP→BGA→CSP；

材料方面：金属、陶瓷→陶瓷、塑料→塑料；

引脚形状：长引线直插→短引线或无引线贴装→球状凸点。

几种常用封装

TO：Transistor Out-line，晶体管外形封装。这是早期的封装规格，如 TO-92、TO-220 等都是插入式封装设计。

SIP：Single In-line Package，单列直插式封装。引脚从封装一个侧面引出，排列成一条直线。当装配到印制基板上时封装呈侧立状。例如单排针座和单排孔座。

DIP：Dual ln-line Package，双列直插式封装，引脚从封装两侧引出，封装材料有塑料和陶瓷两种。DIP 是最普及的插装型封装，应用范围包括标准逻辑 IC、存储器等。

PLCC：Plastic Leaded Chip Carrier，带引线的塑料芯片载体。表面贴装型封装之一。

QFP：Quad Flat Package，四侧引脚扁平封装。表面贴装型封装之一，引脚从四个侧面引出呈海鸥翼（L）型。基材有陶瓷、金属和塑料三种。QFP 的缺点是，当引脚中心距小于 0.65mm 时，引脚容易弯曲。为了防止引脚变形，出现了几种改进的 QFP 品种。如 BQFP（Quad Flat Package with Bumper），带缓冲垫的四侧引脚扁平封装。在封装本体的四个角设置突起（缓冲垫）以防止在运送过程中引脚发生弯曲变形。

QFN（Quad Flat Non-leaded Package），四侧无引脚扁平封装。表面贴装型封装之一。现在多称为 LCC。QFN 是日本电子机械工业会规定的名称。封装四侧配置有电极触点，由于无引脚，贴装占用面积比 QFP 小，高度比 QFP 低，但是，当印刷基板与封装之间产生应力时，在电极接触处就不能得到缓解。因此电极触点难以做到 QFP 的引脚那样多，一般从 14～100。材料有陶瓷和塑料两种。当有 LCC 标记时基本上都是陶瓷 QFN。

BGA：Ball Grid Array，球形触点阵列，表面贴装型封装之一。

SOP：Small Out-line Package，小外形封装，是从 SMT 技术衍生出的，表面贴装型封装之一。引脚从封装两侧引出，呈海鸥翼状（L 字形）。材料有塑料和陶瓷两种。SOP 封装的应用范围很广，后来逐渐派生出 SOJ（Small Out-line J-lead，J 型引脚小外形封装）、TSOP（Thin SOP，薄小外形封装）、VSOP（Very SOP，甚小外形封装）、SSOP（Shrink SOP，缩小型 SOP）、TSSOP（Thin Shrink SOP，薄的缩小型 SOP）及 SOT（Small Out-line Transistor，小外形晶体管）、SOIC（Small Out-line Integrated Circuit，小外形集成电路）等，在集成电路中都起到了举足轻重的作用。

CSP（Chip Scale Package），是芯片级封装的意思。CSP 封装是最新一代的内存芯片封装技术，可以让芯片面积与封装面积之比超过 1∶1.14，已经相当接近 1∶1 的理想情况，绝对尺寸也仅有 32mm^2，约为普通 BGA 的 1/3，仅相当于 TSOP 内存芯片面积的 1/6。CSP 封装线路阻抗显著减小，芯片速度随之大幅提高，而且芯片的抗干扰、抗噪性能也能得到大幅提升，这也使得 CSP 的存取时间比 BGA 改善 15%～20%。CSP 技术是在电子产品的更新换代时提出来的，它的目的是在使用大芯片替代以前的小芯片时，其封装体占用印制板的面积保持不变或更小。正是由于 CSP 产品的封装体小且薄，因此它在手持式移动电子设备中迅速获得了应用。

STM32F103 引脚

STM32F103 系列微控制器随着后缀的不同，其引脚数量也不同，有 36、48、64、100、144 根引脚之分。图 2.1 所示的 STM32F103Vx 系列共有 100 个引脚，其中 80 个是 I/O 端口引脚，而 STM32F103Rx 系列有 64 个引脚，其中 51 个是 I/O 端口引脚。这些 I/O 引脚中的部分 I/O 口可以复用，将它配置成输入口、输出口、模/数转换口或者串口等。

与标准 51 单片机比较，一些高级的单片机或者微处理器，如基于 ARM Cortex-M3 的 STM32 系列单片机、基于 ARM9 的 S3C2410/2440 等都需要进行 I/O 口功能的配置。

对于 STM32F103xxyy 系列而言：

第一个 x 代表引脚数：T 代表 36 个引脚，C 代表 48 个引脚，R 代表 64 个引脚，V 代表 100 个引脚，Z 代表 144 个引脚。第二个 x 代表内嵌的 Flash 容量：6 代表 32KB，8 代表 64KB，B 代表 128KB，C 代表 256KB，D 代表 384KB，E 代表 512KB。

第一个 y 代表封装：H 代表 BGA 封装，T 代表 LQFP 封装，U 代表 QFN 封装。第二个 y 代表工作温度范围：6 代表-40～85℃，7 代表-40～105℃。

现在你明白 F103VB、VC、VE 等的含义了吧。这种组合不是任意的，如没有 STM32F103TC 等。更详细的 STM32 系列单片机的编号说明见附录 B。

讲到这里，你或许马上会问：处理器的这些引脚端口有什么作用，是作为输入还是输出，或者是其他什么功能呢？这与处理器各 I/O 端口的内部结构有关。后面的章节会根据不同的任务逐步介绍它们的原理和使用方法。本章主要介绍如何用 PA～PE 口来完成发光二极管的闪烁、机器人小车伺服电机的控制。如果将 PA～PE 口作为输出，则需要进行相关的配置，配置好后，只需向该端口的各个位输出你想输出的高低电平信号即可。

任务二　单灯闪烁控制

为了验证某个端口的输出电平是不是由你编写的程序输出的电平，可以采用一个非常简单有效的办法，就是在你想验证的端口位接一个发光二极管。当输出低电平时，发光二极管亮；当输出高电平时，发光二极管灭。电路图如图 2.2 所示。

在本任务中，使用 PC13 来控制发光二极管以 1Hz 的频率不断闪烁。

例程：Led_Blink.c

- 接通板上的电源；
- 输入、保存、下载并运行程序 Led_Blink.c（整个过程请参考第 1 章）；
- 观察与 PC13 连接的 LED 是否做周期性闪烁。

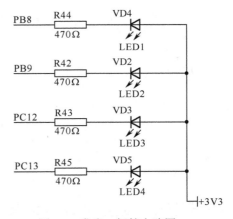

图 2.2　发光二极管电路图

```c
#include "stm32f10x_heads.h"
#include "HelloRobot.h"

int main(void)
{
    BSP_Init();  //开发板初始化函数
    USART_Configuration();
    printf("Program Running!\n");

    while (1)
    {
        GPIO_SetBits(GPIOC, GPIO_Pin_13);  //PC13 输出高电平
```

```
        delay_nms(500);                        //延时 500ms
        GPIO_ResetBits(GPIOC,GPIO_Pin_13);     //PC13 输出低电平
        delay_nms(500);                        //延时 500ms
    }
}
```

Led_Blink.c 是如何工作的？

先看 while（1）逻辑块中的语句，两次调用了延时函数，让单片机微控制器在给 PC13 引脚端口输出高电平和低电平之间都延时 500ms，即输出的高电平和低电平都保持 500ms，从而实现使发光二极管 LED 以 1Hz 的频率不断闪烁的效果。

头文件 HelloRobot.h 中定义了两个延时函数：void delay_nms(unsigned int i)与 void delay_nus(unsigned int i)。

```
void delay_nus(unsigned long n)  //延时 n μs: n>=6，最小延时单位 6μs
{
  unsigned long j;
  while(n--)                     //外部晶振：8M;PLL：9;8M*9=72MHz
  {
    j=8;                         //微调参数，保证延时的精度
    while(j--);
  }
}

void delay_nms(unsigned long n)  //延时 n ms
{
    while(n--)                   //外部晶振：8M;PLL：9;8M*9=72MHz
    delay_nus(1100);             //1ms 延时补偿
}
```

无符号长整型数据 unsigned long

与长整型数据 long 相比，无符号长整型数据 unsigned long 只有一个区别：数据的取值范围从-2147483648～+2147483647 变为 0～4294967295，也就是说它只能取非负整数。基于 ARM 内核的微处理器（S3C2410/2440）或者单片机（STM32 系列）是 32 位的，所以 Keil MDK 开发环境中整型 int 数据与长整型 long 数据相同，占用 4 字节；若在 Keil μVision3 中开发 8 位的 51 单片机程序，则整型 int 数据占用 2 字节，与短整型 short 数据相同。注意，它们的范围有所不同。

delay_nus( )是微秒级的延时，而 delay_nms( )是毫秒级的延时。如果你想延时 1s，可以使用语句 delay_nms(1000)；1ms 的延时则用 delay_nus(1000)来完成。

注意：上述的延时函数是在外部晶振为 8MHz、内部锁相环（Phase Lock Loop，PLL）设置为 9 倍频的情况下设计的，这两个函数所产生的延时都经过示波器测试过。如果外部晶振频率不是 8MHz，调用这两个函数所产生的真正延时就会发生变化。晶振电路如图 2.3 所示。图 2.3（a）是系统晶振电路。

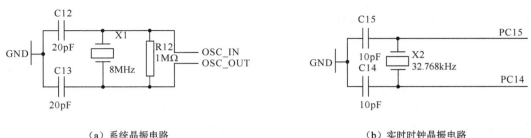

（a）系统晶振电路　　　　　　　　　　（b）实时时钟晶振电路

图 2.3　晶振电路

晶振的作用

　　单片机要能工作，就必须有一个标准时钟信号，而晶振就是为单片机提供标准时钟信号的。晶振的作用类似人的心跳，只有晶振起振了，嵌入式系统中的处理器才能工作、执行代码、实现特定功能，完成应用程序任务。因此，如果系统不工作，应注意查看晶振是否起振了。可以用示波器测量晶振引脚处是否有信号。

　　如果将晶振比作人的心跳，那么电源输出电流就类似于流经人全身的血液。因此晶振和电源在嵌入式系统中的作用，就相当于心脏和血液对于人的作用，十分重要！晶振不稳定就相当于心律不齐。没有电源，电源不能输出电流，就相当于没有血液，或血液不流动。在后面的实时时钟章节中，将会更详细地介绍晶振。

　　注意：STM32 上电默认是使用内部高速 RC 时钟（HIS），因此，判断 STM32 单片机最小系统是否工作用示波器检查 OSC 引脚是否有时钟信号是错误的。

如何选择晶振

　　对于一个高可靠性的系统设计，晶振的选择非常重要，尤其设计带有睡眠唤醒（往往用低电压以求低功耗）的系统。这是因为低供电电压使提供给晶振的激励功率减少，造成晶振起振很慢或根本就不能起振。这一现象在上电复位时并不特别明显，原因是上电时电路有足够的扰动，很容易建立起振荡。在睡眠唤醒时，电路的扰动要比上电时小得多，起振变得很不容易。在振荡回路中，晶振既不能过激励（容易振到高次谐波上）也不能欠激励（不容易起振）。晶振的选择至少必须考虑谐振频点、负载电容、激励功率、温度特性和长期稳定性。

如何选择晶振电容

　　（1）因为每一种晶振都有各自的特性，所以最好按芯片制造厂商所提供的数值选择外部元器件。

　　（2）电容值小，容易起振；但过小，振荡器容易不稳定。电容值大，有利于振荡器的稳定；但过大，将会增加起振时间，不容易起振。一般选择合适的中间值。

2.2 STM32 单片机的时钟配置

一般而言，嵌入式系统在正式工作前，都要进行一些初始化工作，我们常把这个阶段写成一个子函数的形式，称为 BSP_Init 函数（Board Support Package，BSP，板级支持包）。

开发板初始化函数 BSP_Init 会调用 3 个函数：RCC_Configuration（复位和时钟设置），GPIO_Configuration（I/O 口设置），NVIC_Configuration（中断设置）。这里先介绍了前两个函数，第 3 个函数在后面讲解中断时再介绍。

```
void BSP_Init()
{
    RCC_Configuration();        /* Configure the system clocks：系统时钟设置 */

    GPIO_Configuration();       /* GPIO Configuration：设置 I/O 口 */

    NVIC_Configuration();       /* NVIC Configuration：设置中断 */
}
```

我们先认识一下开发板初始化函数中的复位和时钟配置函数 RCC_Configuration（Reset and Clock Configuration，RCC），它与 STM32 系列微控制器中的时钟有关。

STM32 系列微控制器中的五个时钟源：HSI、HSE、LSI、LSE、PLL

① HSI（High Speed Internal）是高速内部时钟，RC 振荡器，频率为 8MHz（精度较差）。

② HSE（High Speed External）是高速外部时钟，可接石英/陶瓷谐振器，或者接外部时钟源，频率范围为 4～16MHz（精度高）。

③ LSI（Low Speed Internal）是低速内部时钟，RC 振荡器，频率为 30～60kHz。

④ LSE（Low Speed External）是低速外部时钟，接频率为 32.768kHz 的石英晶体，供实时时钟 RTC 使用。电路如图 2.3（b）所示。

⑤ PLL（Phase Lock Loop）为锁相环倍频输出，其时钟输入源可选择为 HSI/2、HSE 或者 HSE/2。倍频可选择为 2～16 倍，但是其输出频率最大不得超过 72MHz。

➕▶ 锁相环的基本组成

PLL（Phase Locked Loop）：锁相回路，也称锁相环。PLL 用于振荡器中的反馈技术。许多电子设备要正常工作，通常需要外部的输入信号与内部的振荡信号同步，利用锁相环路就可以实现这个目的。锁相环是一种反馈控制电路，其特点是：利用外部输入的参考信号控制环路内部振荡信号的频率和相位。因锁相环可以实现输出信号频率对输入信号频率的自动跟踪，所以锁相环通常用于闭环跟踪电路。

锁相环在工作的过程中，当输出信号的频率与输入信号的频率相等时，输出电压与输入电压保持固定的相位差值，即输出电压与输入电压的相位被锁住，这就是锁相环名称的由来。锁相环通常由鉴相器（Phase Detector，PD）、环路滤波器（Loop Filter，LF）和压控振荡器（Voltage Controlled Oscillator，VCO）三部分组成，锁相环组成的原理框图如图 2.4 所示。图中的鉴相器又称相位比较器，它的作用是检测输入信号和输出信号的相位差，并将检测出的相位差信号转换成 $u_D(t)$ 电压信号输出，该信号经低通滤波器滤波后形成压控振荡器的控制电

压 $u_C(t)$，对振荡器输出信号的频率实施控制。输出频率 f_{out} 与输入参考频率 f_r 的关系为：

$$f_{out} = M \times f_r$$

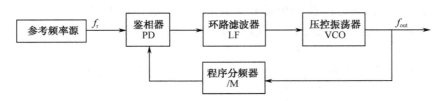

图 2.4　锁相环组成的原理框图

STM32 单片机将时钟信号（常是 HSE）经过分频或倍频（PLL）后，得到系统时钟，系统时钟经过分频，产生外设所使用的时钟。图 2.5 是 STM32 时钟系统结构图。

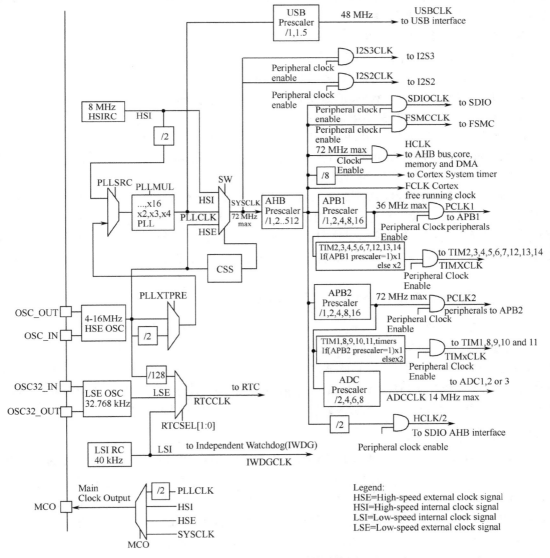

图 2.5　STM32 时钟系统结构图

其中，40kHz（典型值）的 LSI 供独立看门狗 IWDG 使用，另外它还可以被选择为实时时钟 RTC 的时钟源。实时时钟 RTC 的时钟源也可以选择 LSE，或者是 HSE 的 128 分频。RTC 的时钟源通过备份域控制寄存器（RCC_BDCR）的 RTCSEL[1:0]来选择。

STM32 中有一个全速功能的 USB 模块，其串行接口引擎需要一个频率为 48MHz 的时钟源。该时钟源只能从 PLL 输出端获取，可以选择为 1.5 分频或者 1 分频，也就是说，当需要使用 USB 模块时，PLL 必须使能，并且时钟频率配置为 48MHz 或 72MHz。

另外，STM32 还可以选择一个时钟信号输出到 MCO 引脚（PA8）上，可以选择为 PLL 输出的 2 分频、HSI、HSE 或者系统时钟。

系统时钟 SYSCLK，它是供 STM32 中绝大部分部件工作的时钟源。系统时钟可选择为 PLL 输出、HSI 或者 HSE。系统时钟最大频率为 72MHz，它通过 AHB 分频器分频后送给各模块使用，AHB 分频器可选择 1、2、4、8、16、64、128、256、512 分频。其中 AHB 分频器输出的时钟送给 8 大模块使用。

① 送给 SDIO 使用的 SDIOCLK 时钟。

② 送给 FSMC 使用的 FSMCCLK 时钟。

③ 送给 AHB 总线、内核、内存和 DMA 使用的 HCLK 时钟。

④ 通过 8 分频后送给 Cortex 的系统定时器时钟（SysTick）。

⑤ 直接送给 Cortex 的空闲运行时钟 FCLK。

⑥ 送给 APB1 分频器。APB1 分频器可选择 1、2、4、8、16 分频，其输出一路供 APB1 外设使用（PCLK1，最大频率为 36MHz），另一路送给定时器 2、3、4 倍频器使用。该倍频器可选择 1 或者 2 倍频，时钟输出供定时器 2、3、4 使用。

⑦ 送给 APB2 分频器。APB2 分频器可选择 1、2、4、8、16 分频，其输出一路供 APB2 外设使用（PCLK2，最大频率为 72MHz），另一路送给定时器 1 倍频器使用。该倍频器可选择 1 或者 2 倍频，时钟输出供定时器 1 使用。另外，APB2 分频器还有一路输出供 ADC 分频器使用（可选择为 2、4、6、8 分频），分频后得到 ADCCLK 时钟，送给 ADC 模块使用。

⑧ 2 分频后送给 SDIO AHB 接口使用（HCLK/2）。

AMBA 片上总线

片上总线标准种类繁多，而由 ARM 公司推出的 AMBA 片上总线受到了广大 IP 开发商和 SoC（System on Chip）片上系统集成者的青睐，已成为一种流行的工业标准片上结构。AMBA 规范主要包括了 AHB（Advanced High performance Bus）系统总线和 APB（Advanced Peripheral Bus）外设总线。二者分别适用于高速与相对低速设备的连接。

时钟输出的使能控制

在以上的时钟输出中，有很多是带使能控制的，如 AHB 总线时钟、内核时钟、各种 APB1 外设、APB2 外设等。当需要使用某个外设模块时，记得一定要先使能对应的时钟，否则这个外设不能工作。因此，使用任何一个外设都必须打开相应的时钟。这样做的好处就是，当不使用某个外设时，就把它的时钟关掉，从而可以降低系统的功耗，达到节能、低功耗的效果。当 STM32 单片机系统时钟为 72MHz 时，在运行模式下，打开全部外设时的功耗电流为 36mA，关闭全部外设时的功耗电流为 27mA。

需要注意的是定时器 2、3、4 的倍频器，当 APB1 的分频为 1 时，它的倍频值为 1（且只能为 1，因为不能高于 AHB 频率），此时，定时器的时钟频率等于 APB1 的频率；当 APB1 的预分频系数为其他数值（即预分频系数为 2、4、8 或 16）时，它的倍频值就为 2。连接在 APB1（低速外设）上的设备有电源接口、备份接口、CAN、I^2C1、I^2C2、UART2、UART3、SPI2、窗口看门狗、Timer2、Timer3、Timer4。

连接在 APB2（高速外设）上的设备有：UART1、SPI1、Timer1、ADC1、ADC2、所有普通 I/O 口（PA～PE）及第二功能 I/O 口。

为什么 ARM 时钟这么复杂？

大家可能看到了，基于 ARM Cortex-M3 的 STM32 单片机时钟很复杂，与 51 单片机相差很大。标准 51 单片机很简单，外部晶振 12 分频就是机器频率，即 51 单片机工作的基准频率，增强型 51（如 C8051）也不过是外部晶振频率直接是机器频率而已。

其实，随着芯片工艺的发展，台式机和嵌入式系统的处理器频率越来越快，而处理器除了中央处理单元（CPU）外，还有一些外设接口，如串口，它们的时钟并没有那么快。如果中央处理单元与外设接口共用一样的时钟，那么中央处理单元在同一时间内要做很多事情，外设接口才能做一件事情，如数据存取。设想一下，当中央处理单元等待外设接口传来一个数据时，岂不是要等待很久。这样，中央处理单元的性能就不能发挥出来，而且外设接口也没必要提供太高的时钟。另一个原因就是时钟分开有助于实现低功耗。

因此，现在的嵌入式系统处理器常常将时钟分开，有供中央处理单元使用的，也有供外设接口使用的。不仅仅是基于 ARM 内核的芯片，很多其他 32 位嵌入式处理器也是如此。

复位和时钟配置函数 RCC_Configuration

时钟的具体配置是从 RCC 配置寄存器开始的。定义 RCC 配置寄存器的是结构体 RCC_TypeDef，在文件"stm32f10x_map.h"中定义如下：

```
typedef struct
{
  vu32 CR;            //时钟控制寄存器：Clock control register
  vu32 CFGR;          //时钟配置寄存器：Clock configuration register
  vu32 CIR;           //时钟中断寄存器：Clock interrupt register
  vu32 APB2RSTR;      //APB2 外设复位寄存器：APB2 Peripheral reset register
  vu32 APB1RSTR;      //APB1 外设复位寄存器：APB1 Peripheral reset register
  vu32 AHBENR;        //AHB 外设时钟使能寄存器：AHB Peripheral Clock enable register
  vu32 APB2ENR;       //APB2 外设时钟使能寄存器：APB2 Peripheral Clock enable register
  vu32 APB1ENR;       //APB1 外设时钟使能寄存器：APB1 Peripheral Clock enable register
  vu32 BDCR;          //备份域控制寄存器：Backup domain control register
  vu32 CSR;           //控制/状态寄存器：Control/status register
} RCC_TypeDef;

…
#define PERIPH_BASE         ((u32)0x40000000)
```

```
…
#define AHBPERIPH_BASE          (PERIPH_BASE + 0x20000)
…
#define RCC_BASE                (AHBPERIPH_BASE + 0x1000)
…
#ifdef _RCC
#define RCC                     ((RCC_TypeDef *) RCC_BASE)
#endif
```

其中，vu32 代表一个 32 位的无符号长整型数，在文件"stm32f10x_type.h"中定义如下：

```
typedef signed long     s32;
typedef signed short    s16;
typedef signed char     s8;
typedef volatile signed long    vs32;
typedef volatile signed short   vs16;
typedef volatile signed char    vs8;
typedef unsigned long   u32;
typedef unsigned short  u16;
typedef unsigned char   u8;
typedef unsigned long   const  uc32;        /* Read Only */
typedef unsigned short  const  uc16;        /* Read Only */
typedef unsigned char   const  uc8;         /* Read Only */

typedef volatile unsigned long   vu32;
typedef volatile unsigned short  vu16;
typedef volatile unsigned char   vu8;
typedef volatile unsigned long   const  vuc32;  /* Read Only */
typedef volatile unsigned short const   vuc16;  /* Read Only */
typedef volatile unsigned char   const  vuc8;   /* Read Only */

typedef enum {FALSE = 0, TRUE = !FALSE} bool;
typedef enum {RESET = 0, SET = !RESET} FlagStatus, ITStatus;
typedef enum {DISABLE = 0, ENABLE = !DISABLE} FunctionalState;
#define IS_FUNCTIONAL_STATE(STATE) ((STATE == DISABLE) || (STATE == ENABLE))
typedef enum {ERROR = 0, SUCCESS = !ERROR} ErrorStatus;
```

从上面的几个宏定义可以看出，在程序中所有写 RCC 的地方，编译器的预处理程序都将它替换成((RCC_TypeDef *) 0x40021000)。其实，这个地址是 RCC 寄存器组的首地址，RCC 寄存器映像和复位值如表 2.1 所示，这些寄存器的具体定义和使用方式参见芯片数据手册。关于 STM32 处理器的存储映射参见附录 B，这里不再赘述。

表 2.1　RCC 寄存器映像和复位值表

偏移	寄存器	31	30	29	28	27	26	25	24	23	22	21	20	19	18	17	16	15	14	13	12	11	10	9	8	7	6	5	4	3	2	1	0
000h	RCC_CR	保留						PLLRDY	PLLON	保留				CSSON	HSEBYP	HSERDY	HSEON	HSICAL[7:0]								HSITRIM[4:0]					保留	HDIRDY	HDION
	复位值							0	0					0	0	0	0	0	0	0	0	0	0	0	0	1	0	0	0	0	0	1	1
004h	RCC_CFGR	保留					MCO[2:0]			保留	USBPRE	PLLMUL[3:0]				PLLXTPRE	PLLSRC	ADC PRE[1:0]		PRRE2[2:0]			PRRE1[2:0]			HPRE[3:0]				SWS[1:0]		SW[1:0]	
	复位值						0	0	0		0	0	0	0	0	0	0	0	0	0	0	0	0	0	0	0	0	0	0	0	0	0	0
008h	RCC_CIR	保留								CSSC	保留		PLLRDYC	HSERDYC	HSIRDYC	LSERDYC	LSIRDYC	保留			PLLRDYIE	HSERDYIE	HSIRDYIE	LSERDYIE	LSIRDYIE	CSSF	保留		PLLRDYF	HSERDYF	HSIRDYF	LSERDYF	LSIRDYF
	复位值									0			0	0	0	0	0				0	0	0	0	0	0			0	0	0	0	0
00Ch	RCC_APB2RSTR	保留																	USART1RST	保留	SPI1RST	TIM1RST	ADC2RST	ADC1RST	保留		IOPERST	IOPDRST	IOPCRST	IOPBRST	IOPARST	保留	AFIORST
	复位值																		0		0	0	0	0			0	0	0	0	0		0
010h	RCC_APB1RSTR	保留			PWRRST	BKPRST	保留	CANRST	保留	USBRST	I2C2RST	I2C1RST	保留		USART3RST	USART2RST	保留		SPI2RST	保留		WWDGRST	保留								TIM4RST	TIM3RST	TIM2RST
	复位值				0	0		0		0	0	0			0	0			0			0									0	0	0
014h	RCC_AHBENR	保留																											FLITFEN	保留	SRAMEN	保留	DMAEN
	复位值																												1		1		0
018h	RCC_APB2ENR	保留																	USART1EN	保留	SPIREN	TIM1EN	ADC2EN	ADC1EN	保留		IOPEEN	IOPDEN	IOPCEN	IOPBEN	IOPAEN	保留	AFIOEN
	复位值																		0		0	0	0	0			0	0	0	0	0		0
01Ch	RCC_APB1ENR	保留			PWREN	BKPEN	保留	CANEN	保留	USBEN	I2C2EN	I2C1EN	保留		USART3EN	USART2EN	保留		SPI2EN	保留		WWDGEN	保留								TIM4EN	TIM3EN	TIM2EN
	复位值				0	0		0		0	0	0			0	0			0			0									0	0	0

续表

			BDRST	RTCEN		RTC SEL [1:0]			LSEBYP	LSERDYF	LSEON
020h	RCC_BDCR	保留	BDRST	RTCEN	保留	RTC SEL [1:0]		保留	LSEBYP	LSERDYF	LSEON
	复位值		0	0		0	0		0	0	0

		LPWRRSTF	WWDGRSTF	IWDGRSTF	SFTRSTF	PORRSTF	PINRSTF	保留	RMVF	保留	LSIRDY	LSION
024h	RCC_CSR	LPWRRSTF	WWDGRSTF	IWDGRSTF	SFTRSTF	PORRSTF	PINRSTF	保留	RMVF	保留	LSIRDY	LSION
	复位值	0	0	0	0	1	1		0		0	0

volatile 关键字的含义

定义为 volatile 的变量是指这个变量是易变的，可能会被意想不到地改变，它们的值可能由于程序控制之外的事件而被潜在改变，这样，编译器就不会去假设这个变量的值了。准确地说就是，编译器优化时，在用到这个变量时必须每次都重新读取这个变量的值，即每次读/写都必须访问实际地址存储器的内容，而不是使用保存在寄存器中的副本。

在嵌入式系统中，volatile 大量地用来描述一个对应于内存映射的输入/输出端口，或者硬件寄存器（如状态寄存器）。

 进一步讲解 volatile

为什么编译器会将没有被 volatile 修饰的变量在寄存器里保存个备份呢？这往往是基于程序运行效率的考虑，因为从寄存器里取数据要更快些，寄存器是在嵌入式处理器内核中，而从实际的存储器地址（往往是外设）访问会慢些。

这个问题往往是区分 C 程序员和嵌入式系统程序员的最基本问题。嵌入式工程师经常同硬件、中断、RTOS 等打交道，所有这些都要求用到 volatile 变量。不懂得 volatile 的含义将会给嵌入式系统软件带来缺陷，发生不可预料甚至灾难性的后果。

其次，中断服务例程中使用的非自动变量或者多线程应用程序中多个任务共享的变量也必须使用 volatile 进行限定。例如以下代码：

```
int flag=0;
void f(){
    while(1){ if(flag) some_action(); }
}
void isr_f(){
    flag=1;
}
```

如果没有使用 volatile 限定 flag 变量，编译器看到在 f() 函数中并没有修改 flag，可能只执行一次 flag 读操作并将 flag 的值缓存在寄存器中，以后每次访问 flag（读操作）都使用寄存器中的缓存值而不进行存储器绝对地址访问，导致 some_action 函数永远无法执行，即使中断函数 isr_f() 执行了将 flag 置 1。

下面，我们看看复位和时钟配置函数 RCC_Configuration。

```
ErrorStatus HSEStartUpStatus;        /* 枚举变量，定义高速时钟的启动状态 */
…
void RCC_Configuration (void)
{
```
/* 将外设 RCC 寄存器重设为默认值，即有关寄存器复位，但该函数不改动寄存器 RCC_CR 的
HSITRIM[4:0]位，也不重置寄存器 RCC_BDCR 和寄存器 RCC_CSR */
```
RCC_DeInit();

RCC_HSEConfig(RCC_HSE_ON);        /* 使能外部 HSE 高速晶振 */

/* 等待 HSE 高速晶振稳定，或者在超时的情况下退出 */
HSEStartUpStatus = RCC_WaitForHSEStartUp();

/* SUCCESS：HSE 晶振稳定且就绪，ERROR：HSE 晶振未就绪 */
if (HSEStartUpStatus == SUCCESS)
{
    /* HCLK = SYSCLK 设置高速总线时钟=系统时钟*/
    RCC_HCLKConfig(RCC_SYSCLK_Div1);

    /* PCLK2 = HCLK 设置低速总线 2 的时钟=高速总线时钟*/
    RCC_PCLK2Config(RCC_HCLK_Div1);

    /* PCLK1 = HCLK/2 设置低速总线 1 的时钟=高速时钟的 2 分频*/
    RCC_PCLK1Config(RCC_HCLK_Div2);

    /* 设置 FLASH 存储器延时时钟周期数，2 是针对高频时钟的，
       FLASH_Latency_0：0 延时周期，FLASH_Latency_1：1 延时周期
       FLASH_Latency_2：2 延时周期 */
    FLASH_SetLatency(FLASH_Latency_2);

/* 使能 Flash 预取指令缓冲区。这两句跟 RCC 没直接关系 */
    FLASH_PrefetchBufferCmd(FLASH_PrefetchBuffer_Enable);

    /* Set PLL clock output to 72MHz using HSE (8MHz) as entry clock */
    /* 利用锁相环将 HSE 外部 8MHz 晶振 9 倍频到 72MHz */
    RCC_PLLConfig(RCC_PLLSource_HSE_Div1, RCC_PLLMul_9);

    /* Enable PLL：使能 PLL 锁相环*/
    RCC_PLLCmd(ENABLE);

    /* Wait till PLL is ready：等待锁相环输出稳定 */
/* RCC_FLAG_HSIRDY：HSI 晶振就绪，RCC_FLAG_HSERDY：HSE 晶振就绪
RCC_FLAG_PLLRDY：PLL 就绪，RCC_FLAG_LSERDY：LSE 晶振就绪
RCC_FLAG_LSIRDY：LSI 晶振就绪，RCC_FLAG_PINRST：引脚复位
RCC_FLAG_PORRST：POR/PDR 复位，RCC_FLAG_SFTRST：软件复位
```

```
    RCC_FLAG_IWDGRST：IWDG 复位，RCC_FLAG_WWDGRST：WWDG 复位
    RCC_FLAG_LPWRRST：低功耗复位 */

        while (RCC_GetFlagStatus(RCC_FLAG_PLLRDY) == RESET) { }

        /* Select PLL as system clock source：将锁相环输出设置为系统时钟 */
    /* RCC_SYSCLKSource_HSI：选择 HSI 作为系统时钟
    RCC_SYSCLKSource_HSE：选择 HSE 作为系统时钟
        RCC_SYSCLKSource_PLLCLK：选择 PLL 作为系统时钟*/

        RCC_SYSCLKConfig(RCC_SYSCLKSource_PLLCLK);

        /* 等待 PLL 作为系统时钟标志位置位 */
    /* 0x00：HSI 作为系统时钟；0x04：HSE 作为系统时钟
        0x08：PLL 作为系统时钟 */
        while (RCC_GetSYSCLKSource() != 0x08) { }
    }

    /* Enable GPIOA～E and AFIO clocks：使能外围端口总线时钟。注意各外设的隶属情况，不同芯
片和开发板的分配不同*/
    RCC_APB2PeriphClockCmd(RCC_APB2Periph_GPIOA    |    RCC_APB2Periph_GPIOB    |
RCC_APB2Periph_GPIOC | RCC_APB2Periph_GPIOD | RCC_APB2Periph_GPIOE | RCC_APB2Periph_AFIO,
ENABLE);

    /* USART1 clock enable：USART1 时钟使能 */
    RCC_APB2PeriphClockCmd(RCC_APB2Periph_USART1, ENABLE);

    /* TIM1 clock enable：TIM1 时钟使能 */
    RCC_APB2PeriphClockCmd(RCC_APB2Periph_TIM1, ENABLE);

    /* TIM2 clock enable：TIM2 时钟使能*/
    RCC_APB1PeriphClockCmd(RCC_APB1Periph_TIM2, ENABLE);

    /* ADC1 clock enable：ADC1 时钟使能*/
    RCC_APB2PeriphClockCmd(RCC_APB2Periph_ADC1, ENABLE);
    }
```

在初始化阶段，RCC_Configuration 函数完成系统的复位和时钟设置。这些函数的具体实现在库文件"stm32f10x_rcc.c"中（\library\src 目录下）。复位和时钟设置函数 RCC_Configuration 中的第一条语句是 RCC_DeInit()，其作用是复位定义在结构体 RCC_TypeDef 中的各个 RCC 配置寄存器。教学开发板上有一个 8MHz 的晶振，将 PLL 设置为 9 倍频，这样系统时钟为 72MHz（STM32F103 增强型单片机最高工作频率为 72MHz），高速总线和低速总线 2 都为 72MHz，低速总线 1 为 36MHz。这里应注意：PLL 的设定需要在使能之前，一旦 PLL 使能后参数不可更改。

由上述程序可以看出，系统时钟的设定是比较复杂的，外设越多，需要考虑的因素就越

多。这种设定是有规律可循的，设定参数也很规范。

例如，加入 RCC_AHBPeriphClockCmd(RCC_AHBPeriph_DMA, ENABLE);语句，则使能 DMA 外设时钟。如果你想给模/数转换器（ADC）设置时钟，可以在 if(HSEStartUpStatus == SUCCESS)逻辑块中加入：

```
RCC_ADCCLKConfig(RCC_PCLK2_Div6);
```

这样，ADC 的时钟就设为 12MHz，即系统时钟的 6 分频。

注意：由于 USB 时钟的数据传输标准为 48MHz，因此你需经过 1.5 分频设置才可实现。

时钟设置

一般来说，时钟设置需要先考虑系统时钟的来源，是内部 RC、外部晶振还是外部的振荡器，是否需要 PLL。然后再考虑内部总线和外部总线，最后考虑外设的时钟信号。遵从先倍频作为 CPU 时钟，然后再由内向外分频的原则。

要注意的是，STM32 处理器因为低功耗的需要，各模块需要分别独立开启时钟，所以，一定不要忘记给用到的模块和引脚使能时钟。

系统复位后，HSI 振荡器被选为系统时钟。当时钟源被直接或通过 PLL 间接作为系统时钟时，它将不能被停止。只有当目标时钟源准备就绪了（经过启动稳定阶段的延迟或 PLL 稳定），从一个时钟源到另一个时钟源的切换才会发生。在被选择时钟源没有就绪前，系统时钟的切换不会发生；直至目标时钟源就绪，才发生切换。时钟控制寄存器（RCC_CR）中的状态位指示了哪个时钟已经准备好了，哪个时钟目前被用做系统时钟。

STM32 单片机的时钟安全系统

时钟安全系统（CSS）可以通过软件被激活。一旦其被激活，时钟监测器将在 HSE 振荡器启动延迟后被使能，并在 HSE 时钟关闭后关闭。如果 HSE 时钟发生故障，HSE 振荡器被自动关闭，时钟失效事件将被送到高级定时器（TIM1 和 TIM8）的刹车输入端，并产生时钟安全中断 CSSI，允许软件进行紧急处理操作。此 CSSI 中断连接到 Cortex-M3 的 NMI 中断（不可屏蔽中断）。关于 STM32 单片机的中断，在后面的章节再做介绍。

注意：一旦 CSS 被激活，并且 HSE 时钟出现故障，CSS 中断就产生，并且 NMI 也自动产生。NMI 将被不断执行，直到 CSS 中断挂起位被清除。因此，在 NMI 的处理程序中必须通过设置时钟中断寄存器（RCC_CIR）里的 CSSC 位来清除 CSS 中断。如果 HSE 振荡器被直接或间接（经 PLL 倍频）地作为系统时钟，时钟故障将导致系统时钟自动切换到 HSI 振荡器，同时外部 HSE 振荡器被关闭。在时钟失效时，如果 HSE 振荡器时钟是用做系统时钟的 PLL 的输入时钟，PLL 也将被关闭。因此，STM32 单片机的时钟系统具有很高的安全性。

2.3　STM32 单片机的 I/O 端口配置

while(1)逻辑块中的代码是例程 Led_Blink.c 的功能主体：

```
        while (1)
          {
            GPIO_SetBits(GPIOC, GPIO_Pin_13);        //PC13 输出高电平
            delay_nms(500);                          //延时 500ms
            GPIO_ResetBits(GPIOC,GPIO_Pin_13);       //PC13 输出低电平
            delay_nms(500);                          //延时 500ms
          }
```

先给 PC13 引脚输出高电平，由赋值语句 GPIO_SetBits(GPIOC,GPIO_Pin_13)完成，然后调用延时函数 delay_nms(500)等待 500ms，再给 PC13 引脚输出低电平，即 GPIO_ResetBits(GPIOC,GPIO_Pin_13)，然后再次调用延时函数 delay_nms(500)，这样就完成了一次闪烁。

在程序中，你没有看到 PC13：GPIOC 和 GPIO_Pin_13 的定义，它们已经在固件函数标准库（stm32f10x_map.h 和 stm32f10x_gpio.h）中定义好了，由头文件 stm32f10x_heads.h 包括进来。回想一下，用 Keil 开发 51 单片机程序时，也是一样的。后续章节中将要用到的其他引脚名称和定义都是如此。

GPIO_SetBits 和 GPIO_ResetBits 这两个函数在 stm32f10x_gpio.c 中实现，后面将作介绍。

时序图简介

时序图反映的是高、低电压信号与时间的关系。在图 2.6 中，时间从左到右增长，高、低电压信号随着时间在低电平和高电平之间变化。这个时序图显示的是刚才实验中的 1000ms 的高、低电压信号片段。右边的省略号表示这些信号是重复出现的。

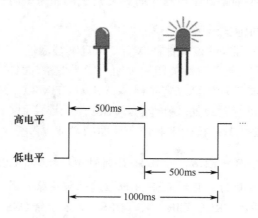

图 2.6   程序 Led_Blink.c 的时序图

微控制器的最大优点之一就是它们从来不会抱怨、不停地重复做同样的事情。为了让单片机不断闪烁，需要将 LED 闪烁一次的几个语句放在 while(1){...}循环里。这里用到了 C 语言实现循环结构的一种形式：

> while(表达式)   循环体语句

当表达式为非 0 值时，执行 while 语句中的内嵌语句，其特点是先判断表达式，后执行语句。例程中直接用 1 代替了表达式，因此总是非 0 值，所以循环永不结束，也就可以一直

让 LED 灯闪烁。

注意：循环体语句如果包含一个以上的语句，就必须用花括号（"{ }"）括起来，以复合语句的形式出现。如果不加花括号，则 while 语句的范围只到 while 后面的第一个分号处。例如，本例中 while 语句中如果没有花括号，则 while 语句的作用范围只到"GPIO_SetBits(GPIOC,GPIO_Pin_13);"。

也可以不要循环体语句，如第 1 章例程中就直接用 while(1);程序将一直停在此处。

STM32 系列单片机的 I/O 端口模式

STM32 系列单片机的输入/输出引脚可配置成以下 8 种（4 输入+2 输出+2 复用输出）形式：

① 浮空输入：In_Floating。
② 带上拉输入：IPU（In Push-Up）。
③ 带下拉输入：IPD（In Push-Down）。
④ 模拟输入：AIN（Analog In）。
⑤ 开漏输出：OUT_OD。OD 代表开漏：Open-Drain。（OC 代表开集：Open-Collector。）
⑥ 推挽输出：OUT_PP。PP 代表推挽式：Push-Pull。
⑦ 复用功能的推挽输出：AF_PP。AF 代表复用功能：Alternate-Function。
⑧ 复用功能的开漏输出：AF_OD。

开漏输出与推挽输出

开漏输出：MOS 管漏极开路。要得到高电平状态需要上拉电阻才行。一般用于线或、线与，适合做电流型的驱动，其吸收电流的能力相对强（一般在 20mA 以内）。开漏是对 MOS 管而言，开集是对双极型管而言，在用法上没区别，开漏输出端相当于三极管的集电极。如果开漏引脚不连接外部的上拉电阻，则只能输出低电平。因此，对于经典的 51 单片机的 P0 口，要想做输入/输出功能必须加外部上拉电阻，否则无法输出高电平逻辑。一般来说，可以利用上拉电阻接不同的电压，改变传输电平，以连接不同电平（3.3V 或 5V）的器件或系统，这样你就可以进行任意电平的转换了。

推挽输出：如果输出级的两个参数相同的 MOS 管（或三极管）受两互补信号的控制，始终处于一个导通、一个截止的状态，就是推挽相连，这种结构称为推拉式电路。推挽输出电路输出高电平或低电平时，两个 MOS 管交替工作，可以减低功耗，并提高每个管的承受能力。又由于不论走哪一路，管子导通电阻都很小，使 RC 常数很小，逻辑电平转变速度很快，因此，推拉式输出既可以提高电路的负载能力，又能提高开关速度，且导通损耗小、效率高。输出既可以向负载灌电流（作为输出），也可以从负载抽取电流（作为输入）。

下面我们来看看通用 GPIO（General Purpose Input Output）端口的初始化配置函数：GPIO_Configuration。在文件"stm32f10x_gpio.h"中定义如下：

```
typedef enum
{
  GPIO_Speed_10MHz = 1,
  GPIO_Speed_2MHz,
```

```
    GPIO_Speed_50MHz
}GPIOSpeed_TypeDef;
…
typedef enum
{
  GPIO_Mode_AIN = 0x0,
  GPIO_Mode_IN_FLOATING = 0x04,
  GPIO_Mode_IPD = 0x28,
  GPIO_Mode_IPU = 0x48,
  GPIO_Mode_Out_OD = 0x14,
  GPIO_Mode_Out_PP = 0x10,
  GPIO_Mode_AF_OD = 0x1C,
  GPIO_Mode_AF_PP = 0x18
}GPIOMode_TypeDef;
…
typedef struct
{
  u16 GPIO_Pin;
  GPIOSpeed_TypeDef GPIO_Speed;
  GPIOMode_TypeDef GPIO_Mode;
}GPIO_InitTypeDef;
```

在文件"HelloRobot.h"中定义了：

```
GPIO_InitTypeDef GPIO_InitStructure;
…
void GPIO_Configuration()
{
  /* Configure USART1 Tx (PA.09) as alternate function push-pull */
  GPIO_InitStructure.GPIO_Pin = GPIO_Pin_9;
  GPIO_InitStructure.GPIO_Mode = GPIO_Mode_AF_PP;
  GPIO_InitStructure.GPIO_Speed = GPIO_Speed_50MHz;
  GPIO_Init(GPIOA, &GPIO_InitStructure);

  /* Configure USART1 Rx (PA.10) as input floating */
  GPIO_InitStructure.GPIO_Pin = GPIO_Pin_10;
  GPIO_InitStructure.GPIO_Mode = GPIO_Mode_IN_FLOATING;
  GPIO_Init(GPIOA, &GPIO_InitStructure);

  /* Configure LEDs IO */
  GPIO_InitStructure.GPIO_Pin = GPIO_Pin_8|GPIO_Pin_9;
  GPIO_InitStructure.GPIO_Mode = GPIO_Mode_Out_PP;
  GPIO_InitStructure.GPIO_Speed = GPIO_Speed_50MHz;
  GPIO_Init(GPIOB, &GPIO_InitStructure);

  GPIO_InitStructure.GPIO_Pin = GPIO_Pin_12| GPIO_Pin_13;
```

```
GPIO_InitStructure.GPIO_Mode = GPIO_Mode_Out_PP;
GPIO_InitStructure.GPIO_Speed = GPIO_Speed_50MHz;
GPIO_Init(GPIOC, &GPIO_InitStructure);

/* Configure Motors I/O */
GPIO_InitStructure.GPIO_Pin = GPIO_Pin_7;
GPIO_InitStructure.GPIO_Mode = GPIO_Mode_Out_PP;
GPIO_InitStructure.GPIO_Speed = GPIO_Speed_50MHz;
GPIO_Init(GPIOD, &GPIO_InitStructure);

GPIO_InitStructure.GPIO_Pin = GPIO_Pin_8;
GPIO_InitStructure.GPIO_Mode = GPIO_Mode_Out_PP;
GPIO_InitStructure.GPIO_Speed = GPIO_Speed_50MHz;
GPIO_Init(GPIOD, &GPIO_InitStructure);

GPIO_InitStructure.GPIO_Pin = GPIO_Pin_9;
GPIO_InitStructure.GPIO_Mode = GPIO_Mode_Out_PP;
GPIO_InitStructure.GPIO_Speed = GPIO_Speed_50MHz;
GPIO_Init(GPIOD, &GPIO_InitStructure);

GPIO_InitStructure.GPIO_Pin = GPIO_Pin_10;
GPIO_InitStructure.GPIO_Mode = GPIO_Mode_Out_PP;
GPIO_InitStructure.GPIO_Speed = GPIO_Speed_50MHz;
GPIO_Init(GPIOD, &GPIO_InitStructure);

/* Configure infrared I/O */
GPIO_InitStructure.GPIO_Pin = GPIO_Pin_0;
GPIO_InitStructure.GPIO_Mode = GPIO_Mode_Out_PP;
GPIO_InitStructure.GPIO_Speed = GPIO_Speed_50MHz;
GPIO_Init(GPIOE, &GPIO_InitStructure);

GPIO_InitStructure.GPIO_Pin = GPIO_Pin_1;
GPIO_InitStructure.GPIO_Mode = GPIO_Mode_Out_PP;
GPIO_InitStructure.GPIO_Speed = GPIO_Speed_50MHz;
GPIO_Init(GPIOE, &GPIO_InitStructure);

GPIO_InitStructure.GPIO_Pin = GPIO_Pin_2;
GPIO_InitStructure.GPIO_Mode = GPIO_Mode_IN_FLOATING;
GPIO_InitStructure.GPIO_Speed = GPIO_Speed_50MHz;
GPIO_Init(GPIOE, &GPIO_InitStructure);

GPIO_InitStructure.GPIO_Pin = GPIO_Pin_3;
GPIO_InitStructure.GPIO_Mode = GPIO_Mode_IN_FLOATING;
GPIO_InitStructure.GPIO_Speed = GPIO_Speed_50MHz;
GPIO_Init(GPIOE, &GPIO_InitStructure);
```

```c
/* Configure ADC I/O */
GPIO_InitStructure.GPIO_Pin = GPIO_Pin_0;
GPIO_InitStructure.GPIO_Mode = GPIO_Mode_AIN;
GPIO_Init(GPIOB, &GPIO_InitStructure);

/* Configure KEY I/O PC8 to PC11 */
GPIO_InitStructure.GPIO_Pin = GPIO_Pin_8;
GPIO_InitStructure.GPIO_Mode = GPIO_Mode_IN_FLOATING;
GPIO_InitStructure.GPIO_Speed = GPIO_Speed_50MHz;
GPIO_Init(GPIOC, &GPIO_InitStructure);

GPIO_InitStructure.GPIO_Pin = GPIO_Pin_9;
GPIO_InitStructure.GPIO_Mode = GPIO_Mode_IN_FLOATING;
GPIO_InitStructure.GPIO_Speed = GPIO_Speed_50MHz;
GPIO_Init(GPIOC, &GPIO_InitStructure);

GPIO_InitStructure.GPIO_Pin = GPIO_Pin_10;
GPIO_InitStructure.GPIO_Mode = GPIO_Mode_IN_FLOATING;
GPIO_InitStructure.GPIO_Speed = GPIO_Speed_50MHz;
GPIO_Init(GPIOC, &GPIO_InitStructure);

GPIO_InitStructure.GPIO_Pin = GPIO_Pin_11;
GPIO_InitStructure.GPIO_Mode = GPIO_Mode_IN_FLOATING;
GPIO_InitStructure.GPIO_Speed = GPIO_Speed_50MHz;
GPIO_Init(GPIOC, &GPIO_InitStructure);

/* Configure INT I/O PE4 */
GPIO_InitStructure.GPIO_Pin = GPIO_Pin_4;
GPIO_InitStructure.GPIO_Mode = GPIO_Mode_IN_FLOATING;
GPIO_InitStructure.GPIO_Speed = GPIO_Speed_50MHz;
GPIO_Init(GPIOE, &GPIO_InitStructure);

/* Configure INT I/O PE5 */
GPIO_InitStructure.GPIO_Pin = GPIO_Pin_5;
GPIO_InitStructure.GPIO_Mode = GPIO_Mode_IN_FLOATING;
GPIO_InitStructure.GPIO_Speed = GPIO_Speed_50MHz;
GPIO_Init(GPIOE, &GPIO_InitStructure);

/* Configure LCD1602 I/O */
GPIO_InitStructure.GPIO_Pin = GPIO_Pin_0|GPIO_Pin_1|GPIO_Pin_2|GPIO_Pin_3
                    GPIO_Pin_4|GPIO_Pin_5|GPIO_Pin_6|GPIO_Pin_7;
GPIO_InitStructure.GPIO_Mode = GPIO_Mode_Out_PP;
GPIO_InitStructure.GPIO_Speed = GPIO_Speed_50MHz;
GPIO_Init(GPIOC, &GPIO_InitStructure);

GPIO_InitStructure.GPIO_Pin = GPIO_Pin_5| GPIO_Pin_6 | GPIO_Pin_4;
```

```
        GPIO_InitStructure.GPIO_Mode = GPIO_Mode_Out_PP;
        GPIO_InitStructure.GPIO_Speed = GPIO_Speed_50MHz;
        GPIO_Init(GPIOD, &GPIO_InitStructure);
    }
```

其中，函数 GPIO_Init 的具体实现在库文件"stm32f10x_gpio.c"中（\library\src 目录下）。其作用是定义各个通用 I/O 端口的模式。

从上面的程序代码可以看出，对应到外设的输入/输出功能有以下三种情况：

（1）外设对应的引脚为输入：则根据外围电路的配置可以选择浮空输入、带上拉输入或带下拉输入。

（2）ADC 对应的引脚：配置引脚为模拟输入。

（3）外设对应的引脚为输出：需要根据外围电路的配置选择对应的引脚为复用功能的推挽输出或复用功能的开漏输出。如果把端口配置成复用输出功能，则引脚和输出寄存器断开，并和片上外设的输出信号连接。将引脚配置成复用输出功能后，如果外设没有被激活，那么它的输出将不确定。

当 GPIO 口设为输入模式时，输出驱动电路与端口是断开，此时输出速度配置无意义，不用配置。在复位期间和刚复位后，复用功能未开启，I/O 端口被配置成浮空输入模式。所有端口都有外部中断能力。为了使用外部中断线，端口必须配置成输入模式。

当 GPIO 口设为输出模式时，有 3 种输出速度可选（2MHz、10MHz 和 50MHz），这个速度是指 I/O 口驱动电路的响应速度而不是输出信号的速度，输出信号的速度与程序有关（芯片内部在 I/O 口的输出部分安排了多个响应速度不同的输出驱动电路，可以根据需要选择合适的驱动电路）。通过选择速度来选择不同的输出驱动模块，达到最佳的噪声控制和降低功耗的目的。高频的驱动电路，噪声也高，当不需要高的输出频率时，请选用低频驱动电路，这样非常有利于提高系统的电磁干扰（EMI）性能。当然如果要输出较高频率的信号，但却选用了较低频率的驱动模块，很可能会得到失真的输出信号。关键是 GPIO 的引脚速度跟应用匹配（推荐 10 倍以上）。

对于串口，假如最大波特率只需 115.2K，那么用 2M 的 GPIO 的引脚速度就够了，既省电，噪声又小；对于 I^{2}C 接口，假如使用 400K 传输速率，若想把余量留大些，那么用 2M 的 GPIO 的引脚速度或许不够，这时可以选用 10M 的 GPIO 引脚速度；对于 SPI 接口，假如使用 18M 或 9M 传输速率，用 10M 的 GPIO 的引脚速度显然不够了，需要选用 50M 的 GPIO 的引脚速度。

➕▶ 电磁干扰

EMI：电磁干扰（Electromagnetic Interference）是指电磁波与电子元件作用后产生的干扰现象，分为传导干扰和辐射干扰。传导干扰是指通过导电介质把一个电网络上的信号耦合（干扰）到另一个电网络。辐射干扰是指干扰源通过空间把其信号耦合（干扰）到另一个电网络。在高速系统中，高频信号线、集成电路的引脚、各类接插件等都可能成为具有天线特性的辐射干扰源，能发射电磁波并影响其他系统或本系统内其他子系统的正常工作。

由此可见，STM32 系列单片机的 GPIO 功能很强大，具有以下功能：

（1）最基本的功能是可以驱动 LED、产生 PWM、驱动蜂鸣器等。

（2）具有单独的位设置或位清除，编程简单。端口配置好以后只需 GPIO_SetBits(GPIOx,

GPIO_Pin_x)就可以实现对 GPIOx 的 pinx 位为高电平，GPIO_ResetBits(GPIOx, GPIO_Pin_x)就可以实现对 GPIOx 的 pinx 位为低电平。

（3）具有外部中断/唤醒能力，端口配置成输入模式时，具有外部中断能力。

（4）具有复用功能，复用功能的端口兼有 I/O 功能等。

（5）软件重新映射 I/O 复用功能：为了使不同器件封装的外设 I/O 功能的数量达到最优，可以把一些复用功能重新映射到其他引脚上。这可以通过软件配置相应的寄存器来完成。这时，复用功能就不再映射到它们的原始引脚上了。

（6）GPIO 口的配置具有锁定机制，当配置好 GPIO 口后，在一个端口位上执行了锁定（LOCK），可以通过程序锁住配置组合，在下一次复位之前，将不能再更改端口位的配置。

STM32 系列单片机的每个 GPIO 端口有两个 32 位配置寄存器（GPIOx_CRL，GPIOx_CRH），两个 32 位数据寄存器（GPIOx_IDR，GPIOx_ODR），一个 32 位置位/复位寄存器（GPIOx_BSRR），一个 16 位复位寄存器（GPIOx_BRR）和一个 32 位锁定寄存器（GPIOx_LCKR）。GPIO 端口的每个位可以由软件分别配置成多种模式。每个 I/O 端口位可以自由编程。

I/O 端口寄存器必须按 32 位字被访（不允许半字或字节访问）。GPIOx_BSRR 和 GPIOx_BRR 寄存器允许对任何 GPIO 寄存器的读/写独立访问。定义这些 GPIO 寄存器组的结构体是 GPIO_TypeDef，在库文件"stm32f10x_map.h"中：

```
#define PERIPH_BASE              ((u32)0x40000000)
...
#define APB2PERIPH_BASE          (PERIPH_BASE + 0x10000)
...
typedef struct
{
    vu32 CRL;    //配置寄存器低 32 位：configuration register low (GPIOx_CRL) (x=A..E)
    vu32 CRH;    //配置寄存器高 32 位：configuration register high(GPIOx_CRH) (x=A..E)
    vu32 IDR;    //输入数据寄存器：input data register (GPIOx_IDR) (x=A..E)
    vu32 ODR;    //输出数据寄存器：output data register (GPIOx_ODR) (x=A..E)
    vu32 BSRR;   //位置位/复位寄存器：bit set/reset register (GPIOx_BSRR) (x=A..E)
    vu32 BRR;    //位复位寄存器：bit reset register (GPIOx_BRR) (x=A..E)
    vu32 LCKR;   //位锁定寄存器：lock register (GPIOx_LCKR) (x=A..E)
} GPIO_TypeDef;
...
#define AFIO_BASE                (APB2PERIPH_BASE + 0x0000)
#define EXTI_BASE                (APB2PERIPH_BASE + 0x0400)
#define GPIOA_BASE               (APB2PERIPH_BASE + 0x0800)
#define GPIOB_BASE               (APB2PERIPH_BASE + 0x0C00)
#define GPIOC_BASE               (APB2PERIPH_BASE + 0x1000)
#define GPIOD_BASE               (APB2PERIPH_BASE + 0x1400)
#define GPIOE_BASE               (APB2PERIPH_BASE + 0x1800)
...
#ifdef _GPIOA
```

```
    #define GPIOA                    ((GPIO_TypeDef *) GPIOA_BASE)
    #endif
    #ifdef _GPIOB
    #define GPIOB                    ((GPIO_TypeDef *) GPIOB_BASE)
    #endif
    #ifdef _GPIOC
    #define GPIOC                    ((GPIO_TypeDef *) GPIOC_BASE)
    #endif
    #ifdef _GPIOD
    #define GPIOD                    ((GPIO_TypeDef *) GPIOD_BASE)
    #endif
    #ifdef _GPIOE
    #define GPIOE                    ((GPIO_TypeDef *) GPIOE_BASE)
    #endif
```

　　函数 GPIO_Init 的第一个参数是这些 GPIOx(x=A, B, C, D, E)寄存器的存储映射首地址，第二个参数是用户对 GPIO 端口设置的参数所在首地址，这些数据存放在结构体 GPIO_InitTypeDef 中，包括所要设置 GPIO 的端口号、类型和速度。STM32 单片机使用固件库函数完成外设（如 GPIO、TIM、USART、ADC、DMA、RTC 等）初始化，如图 2.7 所示，这种固件库结构大大提高了程序的开发效率。

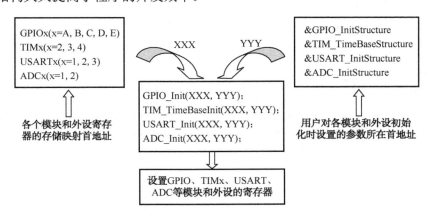

图 2.7　使用固件库函数完成外设初始化示意图

　　从上面的宏定义可以看出，GPIOx(x=A，B，C，D，E)寄存器的存储映射首地址分别是 0x40010800，0x40010C00，0x40011000，0x40011400，0x40011800；AFIO 寄存器的存储映射首地址是 0x40010000。GPIO 和 AFIO 寄存器映像和复位值如表 2.2 和表 2.3 所示。

表 2.2　GPIO 寄存器映像和复位值

偏移	寄存器	31	30	29	28	27	26	25	24	23	22	21	20	19	18	17	16	15	14	13	12	11	10	9	8	7	6	5	4	3	2	1	0
000h	GPIOx_CRL	CNF7 [1:0]		MODE7 [1:0]		CNF6 [1:0]		MODE6 [1:0]		CNF5 [1:0]		MODE5 [1:0]		CNF4 [1:0]		MODE4 [1:0]		CNF3 [1:0]		MODE3 [1:0]		CNF2 [1:0]		MODE2 [1:0]		CNF1 [1:0]		MODE1 [1:0]		CNF0 [1:0]		MODE0 [1:0]	
	复位值	0	1	0	1	0	1	0	1	0	1	0	1	0	1	0	1	0	1	0	1	0	1	0	1	0	1	0	1	0	1	0	1

续表

偏移	寄存器	31	30	29	28	27	26	25	24	23	22	21	20	19	18	17	16	15	14	13	12	11	10	9	8	7	6	5	4	3	2	1	0
004h	GPIOx_CRH	CNF15	[1:0]	MODE15	[1:0]	CNF14	[1:0]	MODE14	[1:0]	CNF13	[1:0]	MODE13	[1:0]	CNF12	[1:0]	MODE12	[1:0]	CNF11	[1:0]	MODE11	[1:0]	CNF10	[1:0]	MODE10	[1:0]	CNF9	[1:0]	MODE9	[1:0]	CNF8	[1:0]	MODE8	[1:0]
	复位值	0	1	0	1	0	1	0	1	0	1	0	1	0	1	0	1	0	1	0	1	0	1	0	1	0	1	0	1	0	1	0	1
008h	GPIOx_IDR	保留																IDR[15:0]															
	复位值																	0	0	0	0	0	0	0	0	0	0	0	0	0	0	0	0
00Ch	GPIOx_ODR	保留																ODR[15:0]															
	复位值																	0	0	0	0	0	0	0	0	0	0	0	0	0	0	0	0
010h	GPIOx_BSRR	BR[15:0]																BSR[15:0]															
	复位值	0	0	0	0	0	0	0	0	0	0	0	0	0	0	0	0	0	0	0	0	0	0	0	0	0	0	0	0	0	0	0	0
014h	GPIOx_BRR	保留																BR[15:0]															
	复位值																	0	0	0	0	0	0	0	0	0	0	0	0	0	0	0	0
018h	GPIOx_LCKR	保留															LCKK	LCK[15:0]															
	复位值																0	0	0	0	0	0	0	0	0	0	0	0	0	0	0	0	0

表 2.3　AFIO 寄存器映像和复位值

偏移	寄存器	31	30	29	28	27	26	25	24	23	22	21	20	19	18	17	16	15	14	13	12	11	10	9	8	7	6	5	4	3	2	1	0
000h	AFIO_EVCR	保留																								EVOE	PORT[2:0]			PIN[3:0]			
	复位值																									0	0	0	0	0	0	0	0
004h	AFIO_MAPR	保留					SWJ_CFG[2:0]			保留								PDO1_REMAP	CAN_REMAP[1:0]		TIM4_REMAP	TIM3_REMAP[1:0]		TIM2_REMAP[1:0]		TIM1_REMAP[1:0]		USART3_REMAP[1:0]		USART2_REMAP	USART1_REMAP	I2C1_REMAP	SPI1_REMAP
	复位值						0	0	0									0	0	0	0	0	0	0	0	0	0	0	0	0	0	0	0
008h	AFIO_EXTICR1	保留																EXTI3[3:0]				EXTI2[3:0]				EXTI1[3:0]				EXTI0[3:0]			
	复位值																	0	0	0	0	0	0	0	0	0	0	0	0	0	0	0	0
00Ch	AFIO_EXTICR2	保留																EXTI7[3:0]				EXTI6[3:0]				EXTI5[3:0]				EXTI4[3:0]			
	复位值																	0	0	0	0	0	0	0	0	0	0	0	0	0	0	0	0
010h	AFIO_EXTICR3	保留																EXTI11[3:0]				EXTI10[3:0]				EXTI9[3:0]				EXTI8[3:0]			
	复位值																	0	0	0	0	0	0	0	0	0	0	0	0	0	0	0	0
014h	AFIO_EXTICR4	保留																EXTI15[3:0]				EXTI14[3:0]				EXTI13[3:0]				EXTI12[3:0]			
	复位值																	0	0	0	0	0	0	0	0	0	0	0	0	0	0	0	0

下面我们来看看"stm32f10x_gpio.c"文件中的 GPIO_SetBits 和 GPIO_ResetBits 等对

STM32 单片机 I/O 口操作的几个函数：

```c
void GPIO_SetBits(GPIO_TypeDef* GPIOx, u16 GPIO_Pin)
{   /* Check the parameters：断言检查是否定义了 GPIO_Pin */
    assert(IS_GPIO_PIN(GPIO_Pin));
    GPIOx->BSRR = GPIO_Pin;
}


void GPIO_ResetBits(GPIO_TypeDef* GPIOx, u16 GPIO_Pin)
{   /* Check the parameters */
    assert(IS_GPIO_PIN(GPIO_Pin));
    GPIOx->BRR = GPIO_Pin;
}


//////////////////
void GPIO_Write(GPIO_TypeDef* GPIOx, u16 PortVal)
{
    GPIOx->ODR = PortVal;
}

void GPIO_WriteBit(GPIO_TypeDef* GPIOx, u16 GPIO_Pin, BitAction BitVal)
{   /* Check the parameters */
    assert(IS_GET_GPIO_PIN(GPIO_Pin));
    assert(IS_GPIO_BIT_ACTION(BitVal));

    if (BitVal != Bit_RESET)
    {
        GPIOx->BSRR = GPIO_Pin;
    }
    else
    {
        GPIOx->BRR = GPIO_Pin;
    }
}


//////////////////
u16 GPIO_ReadOutputData(GPIO_TypeDef* GPIOx)
{
    return ((u16)GPIOx->ODR);
}


u8 GPIO_ReadOutputDataBit(GPIO_TypeDef* GPIOx, u16 GPIO_Pin)
{
    u8 bitstatus = 0x00;

    assert(IS_GET_GPIO_PIN(GPIO_Pin));              /* Check the parameters */
```

```
        if ((GPIOx->ODR & GPIO_Pin) != (u32)Bit_RESET)
        {
            bitstatus = (u8)Bit_SET;
        }
        else
        {
            bitstatus = (u8)Bit_RESET;
        }
        return bitstatus;
    }
```

从上面的程序可以看出，GPIO_SetBits 和 GPIO_ResetBits 函数实际上是直接访问了 GPIO 的相关寄存器，对 I/O 端口的对应位置 "1" 或清 "0"，使引脚输出高电平或低电平。我们可以利用这些 STM32 固件库的函数来开发自己的应用程序，当然也可以不使用固件库，而直接对寄存器访问来编写应用程序，这需要你对 STM32 单片机寄存器的各个位的含义和使用十分熟悉。不使用固件库的发光二极管闪烁程序见本书配套例程。你可以对比一下代码尺寸的变化和程序运行的结果。

对于开发一个系统级的产品而言，建议使用 STM32 固件库。它具有以下特性：

● 兼容性好：使用宏定义能够灵活地兼容各个型号和不同功能；

● 命名规范：不用注释就能看懂变量或函数，可读性好，而且不会重名；

● 通用性强：多数库文件都是只读类型，不用修改便可实现不同功能间的调用。

使用固件库也有缺点，如运行性能有所损失，速度会变慢些。对于越来越复杂的嵌入式应用而言，随着处理器存储容量和频率的提高，笔者建议应该更关注项目的整体开发效率，而不是具体的代码尺寸。对于时序要求严格的地方，完全可以直接访问寄存器，减小代码尺寸，根据实际开发设计的要求来确定。同时，使用固件库进行程序开发，借鉴 ST 固件库函数的命名规范，有助于养成良好的编码习惯，学以致用，提高编程水平，正如本书前言所述。关于 STM32 单片机固件库的介绍参见附录 C。

什么是 assert（断言）

编写代码时，我们总是会做出一些假设，断言就是用于在代码中检测这些假设是否成立，比如，向一个端口写数据，如果这个端口不存在，则不能向这个端口写数据。例如，向 GPIO_Pin_0 端口写是合法的，而向 GPIO_Pin_20 端口写就是非法的，因为 STM32 单片机根本不存在这个端口。

可以将断言看做是程序异常处理的一种高级形式。断言表示为一些布尔表达式，如果在程序的某个特定点要判断某个表达式值是否为真，则可以进行断言验证。可以在任何时候启用和禁用断言验证。一般我们会让断言语句在编译 Debug 版本的程序时生效，而在编译 Release 版本的程序时禁止。同样，最终用户在运行程序遇到问题时可以重新启用断言。使用断言可以创建更稳定、优秀且不易出错的代码。若需要在一个值为 FALSE 时中断当前操作，则可以使用断言。单元测试必须使用断言（Junit/JunitX）。除了类型检查和单元测试外，断言还提供了一种确定各种特性是否在程序中得到维护的极好方法。

assert 宏的原型定义在<assert.h>中，其作用是如果它的条件返回错误，则终止程序执行，

原型定义：void assert(int expression);

assert 的作用是先计算表达式 expression，如果其值为假（即为 0），那么它先向 stderr 打印一条出错信息，然后通过调用 abort 来终止程序运行。

使用 assert 的缺点是：频繁的调用会极大地影响程序的性能，增加额外的开销。在调试结束后，可以通过以下代码来禁用 assert 调用：

```
#include <stdio.h>
#define NDEBUG
#include <assert.h>
```

一般地，STM32 系列单片机中配置片内外设使用的通用 I/O 端口需经过以下几步设置：

（1）配置输入的时钟。

使能 APB2 总线外设时钟：RCC_APB2PeriphClockCmd(RCC_APB2Periph_GPIOA | RCC_APB2Periph_GPIOB | RCC_APB2Periph_GPIOC, ENABLE)。释放 GPIO 复位：RCC_APB2PeriphResetCmd(RCC_APB2Periph_GPIOA|RCC_APB2Periph_GPIOB|RCC_APB2Periph_GPIOC, DISABLE)。

（2）初始化后即被激活（开启）。

（3）如果使用该外设的输入/输出引脚，则需要配置相应的 GPIO 端口，否则该外设对应的输入/输出引脚可以做普通 GPIO 引脚使用。

（4）配置各个 PIN 端口的模式和速度。

（5）GPIO 初始化。

本书所用 STM32 单片机教学开发板的各个 I/O 口配置如下：

（1）PA9 和 PA10 是串口 1 的发送和接收引脚（电路板设计）。

（2）PB8、PB9、PC12、PC13 是输出控制发光二极管（电路板设计）。

（3）PD7、PD8、PD9、PD10 是输出控制电机（电路板设计）。

（4）PA0、PB0 是 AD 输入引脚，PA4 是 AD 输入引脚或 DA 输出引脚（电路板设计）。

（5）PC8、PC9、PC10、PC11 是按键输入引脚（电路板设计）。

（6）PC0～PC7、PD4、PD5、PD6 是输出控制 1602 液晶（电路板设计）。

（7）PE0、PE1 定义成输出引脚。

（8）PE2、PE3 定义成输入引脚。

（9）PE4、PE5 定义成输入引脚。

其中，PE 口的 16 个 I/O 端口并未设计具体电路，开放出来了，你可在面包板上自行搭建电路或制作一个扩展板。

注意：PE4、PE5 在函数 NVIC_Configuration 中，定义成了外部中断输入。那些还没有设置的引脚，你可以参照上述方法设置。

串口初始化函数 USART_Configuration 在头文件 HelloRobot.h 中实现，具体内容将在后面章节讲解。调用 printf 是为了在程序执行前给调试终端发送一条提示信息，告诉你现在程序开始执行了，并告诉你随后程序将开始做什么。这在你以后的编程开发过程中是一个良好的习惯，将非常有助于你提高程序的调试效率。

任务三　让另一个 LED 闪烁

LED 电路元件

（1）1 个发光二极管（红色、绿色、黄色皆可）。

（2）1 个 470Ω电阻（色环：黄—紫—黑—黑）。

LED 电路搭建

参照图 2.2 所示电路在智能机器人教学开发板的面包板上搭建起实际电路。实际搭建好的电路参考图 2.8 所示图片。实际搭建电路时应注意以下几点：

● 确认电路板电源断开，等搭建好电路后，再打开电源开关；

● 确认发光二极管的短针脚（阴极）通过 470Ω电阻与 PE0 相连；

● 确认发光二极管的长针脚（阳极）通过导线与"5V"或"3.3V"电源相连。注意养成良好习惯：当连接导线与"电源"相连时用"红色"导线，与"地"相连时用"黑色"导线，与"信号"相连时用其他颜色导线，如白色导线。

你也可以换一种方式搭建电路，如图 2.9 所示。

● 确认发光二极管的短针脚（阴极）与"GND"相连；

● 确认发光二极管的长针脚（阳极）通过 470Ω电阻与 PE0 相连。

嵌入式系统中，通过 I/O 端口控制 LED 时，尽量考虑使用灌电流的方式，即低电平时，LED 亮。

图 2.8　发光二极管在 PE0 端口低电平时亮　　　图 2.9　发光二极管在 PE0 端口高电平时亮

让另一个连接到 PE0 引脚的 LED 闪烁是一件很容易的事情，把 PC13 改为 PE0，重新运行程序即可。参考下面的代码段修改程序：

```
while (1)
{    GPIO_SetBits(GPIOE,GPIO_Pin_0);              //PE0 输出高电平
     delay_nms(500);                              //延时 500ms
     GPIO_ResetBits(GPIOE,GPIO_Pin_0);            //PE0 输出低电平
     delay_nms(500);                              //延时 500ms
}
```

运行修改后的程序，确定能让 LED 闪烁。你也可以让两个 LED 同时闪烁。参考下面的代码段修改程序：

```
while (1)
{   GPIO_SetBits(GPIOC,GPIO_Pin_13);          //PC13 输出高电平
    GPIO_SetBits(GPIOE,GPIO_Pin_0);           //PE0 输出高电平
    delay_nms(500);                           //延时 500ms
    GPIO_ResetBits(GPIOC,GPIO_Pin_13);        //PC13 输出低电平
    GPIO_ResetBits(GPIOE,GPIO_Pin_0);         //PE0 输出低电平
    delay_nms(500);                           //延时 500ms
}
```

运行修改后的程序，确定能让两个 LED 几乎同时闪烁。

当然，你可以再次修改程序，让两个发光二极管交替亮或灭，你也可以通过改变延时函数的参数 n 的值，来改变 LED 的闪烁频率。尝试一下吧！

任务四　流水灯

例程：流水灯 Led_Shift.c

```
#include "stm32f10x_heads.h"
#include "Led_Blink.h"
int main(void)
{
  BSP_Init();
  USART_Configuration();
  printf("Program Running!\n");

  while (1)
  {
  GPIO_SetBits(GPIOB, GPIO_Pin_8);
  delay_nms(500);
  GPIO_ResetBits(GPIOB,GPIO_Pin_8);
  delay_nms(500);

  GPIO_SetBits(GPIOB, GPIO_Pin_9);
  delay_nms(500);
  GPIO_ResetBits(GPIOB,GPIO_Pin_9);
  delay_nms(500);

  GPIO_SetBits(GPIOC, GPIO_Pin_12);
  delay_nms(500);
  GPIO_ResetBits(GPIOC,GPIO_Pin_12);
  delay_nms(500);
```

```
        GPIO_SetBits(GPIOC, GPIO_Pin_13);
        delay_nms(500);
        GPIO_ResetBits(GPIOC,GPIO_Pin_13);
        delay_nms(500);
    }
}
```

按照上述方法建立新的项目，输入程序 Led_Shift.c，运行查看结果。你也可以调整延时时间为 100ms 或 10ms，试试效果。

2.4 STM32 单片机 I/O 端口的应用

任务五　机器人伺服电机控制信号

控制伺服电机转动速度的脉冲信号如图 2.10～图 2.12 所示。

图 2.10 所示是高电平持续 1.5ms、低电平持续 20ms，然后不断重复地控制脉冲序列。该脉冲序列发给经过零点标定后的伺服电机，伺服电机不会旋转。如果此时你的电机旋转，表明电机需要标定。此时，你可以调节伺服电机的可调电阻使电机停止旋转。控制电机运动转速的是高电平持续的时间，当高电平持续时间为 1.3ms 时，电机顺时针全速旋转，当高电平持续时间为 1.7ms 时，电机逆时针全速旋转。下面你将看到如何给 STM32 单片机微控制器编程使 PD 端口的第 10 引脚（PD10）发出伺服电机的控制信号。

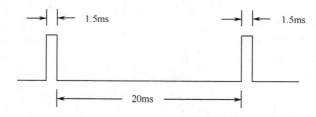

图 2.10　电机转速为零的控制信号时序图

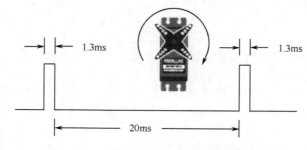

图 2.11　1.3ms 的控制脉冲序列使电机顺时针全速旋转

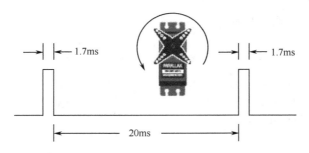

图 2.12　1.7ms 的连续脉冲序列使电机逆时针全速旋转

在进行下面的实验之前，你必须首先确认一下机器人两个伺服电机的控制线是否已经正确地连接到了 STM32 单片机教学开发板的两个专用电机控制接口上。按照图 2.13 所示的电机连接原理图和实际接线图进行检查。"黑线"表示地线，"红线"表示电源线，"白线"表示信号线。PD9 用来控制左边的伺服电机，而 PD10 引脚则用来控制右边的伺服电机。

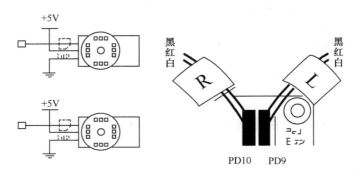

图 2.13　伺服电机与教学开发板的连接原理图（左）和实际接线图（右）

显然，对微控制器编程发给伺服电机的高、低电平信号必须具备足够精确的时间。因为单片机只有整数，没有小数，所以要生成伺服电机的控制信号，要求具有比 delay_nms() 函数的时间更精确的函数，这就需要用另一个延时函数 delay_nus()。前面已经介绍过，这个函数可以实现更小的延时，它的延时单位是微秒，即千分之一毫秒，参数 n 为延时微秒数。

看看下面的代码段：

```
while (1)
{
    GPIO_SetBits(GPIOD,GPIO_Pin_10);     //PD10 输出高电平
    delay_nus(1500);                      //延时 1500μs
    GPIO_ResetBits(GPIOD,GPIO_Pin_10);   //PD10 输出低电平
    delay_nus(20000);                     //延时 20ms
}
```

如果用这个代码段代替例程 Led_Blink.c 中的相应程序段，它是不是就会输出如图 2.6 所示的脉冲信号呢？肯定是！如果你手边有个示波器，可以用示波器观察 PD10 引脚输出的波形是不是如图 2.6 所示。此时，连接到该引脚的机器人轮子是不是静止不动？如果它在慢慢转动，就说明你的机器人伺服电机可能没有经过调整。

同样，用下面的程序段代替例程 Led_Blink.c 中的相应程序段，编译、连接、下载执行代

码，观察连接到 PD10 引脚的机器人轮子是不是顺时针全速旋转。

```
while(1)
{
    GPIO_SetBits(GPIOD,GPIO_Pin_10);        //PD10 输出高电平
    delay_nus(1300);                         //延时 1300μs
    GPIO_ResetBits(GPIOD,GPIO_Pin_10);      //PD10 输出低电平
    delay_nus(20000);                        //延时 20ms
}
```

用下面的程序段代替例程 Led_Blink.c 中的相应程序段，编译、连接、下载执行代码，观察连接到 PD10 引脚的机器人轮子是不是逆时针全速旋转。

```
while (1)
{
    GPIO_SetBits(GPIOD,GPIO_Pin_10);        //PD10 输出高电平
    delay_nus(1700);                         //延时 1700μs
    GPIO_ResetBits(GPIOD,GPIO_Pin_10);      //PD10 输出低电平
    delay_nus(20000);                        //延时 20ms
}
```

该你了——让机器人的两个轮子全速旋转

刚才是让连接到 PD10 引脚的伺服电机轮子全速旋转，下面可以修改程序让连接到 PD9 引脚的轮子全速旋转。

当然，最后你需要修改程序，让机器人的两个轮子都能够旋转。让机器人两个轮子都顺时针全速旋转的程序参考如下。

例程：BothServo.c

● 接通板上的电源，输入、保存、下载并运行程序（整个过程请参考第 1 章）；

● 观察机器人小车的运动行为。

```
#include "stm32f10x_heads.h"
#include "HelloRobot.h"

int main(void)
{
    BSP_Init();
    USART_Configuration();
    printf("Program Running!\n");

    while (1)
    {
        GPIO_SetBits(GPIOD, GPIO_Pin_10);
        GPIO_SetBits(GPIOD, GPIO_Pin_9);
        delay_nus(1300);
```

```
        GPIO_ResetBits(GPIOD,GPIO_Pin_10);
        GPIO_ResetBits(GPIOD,GPIO_Pin_9);
        delay_nms(20);
    }
}
```

注意：上述程序用到了两个不同的延时函数，效果与前面例子一样。运行上述程序时，你是不是对机器人的运动行为感到惊讶！

任务六　计数并控制循环次数

任务五中已经通过对 STM32 单片机编程实现了对机器人伺服电机的控制，为了让微控制器不断发出控制指令，你用到了以 while(1) 开头的死循环（即永不结束的循环）。然而在实际的机器人控制过程中，经常要求机器人只运动一段给定的距离或者一段固定的时间，这时就需要控制代码执行的次数了。

最方便的控制一段代码执行次数的方法是利用 for 循环，语法如下：

for(表达式 1;表达式 2;表达式 3) 语句

例如，下面是一个用整型变量 myCounter 来计数的 for 循环程序段。每执行一次循环，它会显示 myCounter 的值。

```
for(myCounter=1; myCounter<=10; myCounter++)
{
    printf("%d",myCounter);
    delay_nms(500);
}
```

该你了——不同的初始值和终值及计数步长

你可以修改表达式 3 来使 myCounter 以不同的步长计数，而不是按 9，10，11，…来计数，你可以让它每次增加 2（9，11，13，…）或增加 5（10，15，20，…）或任何你想要的步进，递增或递减都可以。下面的例子是每次减 3。

```
for(myCounter=21; myCounter>=9; myCounter=myCounter-3)
{
    printf("%d\n",myCounter);
    delay_nms(500);
}
```

for 循环控制电机的运行时间

到目前为止，你已经理解了利用脉冲宽度调制（Pulse Width Modulation，PWM）来控制电机旋转速度和方向的原理。控制电机速度和方向的方法是非常简单的。控制电机运行的时间也非常简单，那就是用 for 循环。下面是 for 循环的例子，它会使电机运行几秒钟。

```
for(Counter=1;Counter<=100;i++)
{
  GPIO_SetBits(GPIOD, GPIO_Pin_10);
  delay_nus(1700);
  GPIO_ResetBits(GPIOD,GPIO_Pin_10);
  delay_nms(20);
}
```

让我们来计算一下这个代码能使电机转动的确切的时间长度。每循环一次，delay_nus(1700)持续 1.7 ms，delay_nms(20)持续 20ms，其他语句的执行时间很少，可忽略不计。那么 for 循环整体执行一次的时间是：1.7ms+20ms=21.7ms，本循环执行 100 次，也就是 21.7ms 乘以 100，时间=100×21.7ms=100×0.0217s=2.17s。

例程：ControlServoRunTimes.c

- 输入、保存并运行程序；
- 验证是否与 PD10 连接的电机逆时针旋转 2.17s，然后与 PD9 连接的电机旋转 4.34s。

```
int main(void)
{
    int Counter;
    BSP_Init();
    USART_Configuration();
    printf("Program Running!\n");

    for(Counter=1;Counter<=100;Counter++)
    {
      GPIO_SetBits(GPIOD, GPIO_Pin_10);
      delay_nus(1700);
      GPIO_ResetBits(GPIOD,GPIO_Pin_10);
      delay_nms(20);
    }
    for(Counter=1;Counter<=200;Counter++)
    {
      GPIO_SetBits(GPIOD, GPIO_Pin_9);
      delay_nus(1700);
      GPIO_ResetBits(GPIOD,GPIO_Pin_9);
      delay_nms(20);
    }
    while(1);
}
```

假如你想让两个电机同时运行，给与 PD10 连接的电机发出 1.7ms 的脉宽，给与 PD9 连接的电机发出 1.3ms 的脉宽，现在每循环一次所用的时间是：

1.7ms——与 PD10 连接的电机

+1.3ms——与 PD9 连接的电机

+20 ms——中断持续时间

———————————————

一共是 23 ms

假如你想让电机运行 3s，计算如下：脉冲数量=3 / 0.023= 130

现在，你可以在 for 循环中作如下修改，程序如下：

```
for(counter=1;counter<=130;i++)
{
  GPIO_SetBits(GPIOD, GPIO_Pin_10);
  delay_nus(1700);
  GPIO_ResetBits(GPIOD,GPIO_Pin_10);
  GPIO_SetBits(GPIOD, GPIO_Pin_9);
  delay_nus(1300);
  GPIO_ResetBits(GPIOD,GPIO_Pin_9);
  delay_nms(20);
}
```

例程：BothServosThreeSeconds.c

下面是一个使电机向一个方向旋转 3s，然后又反向旋转的例子。

```
int main(void)
{
    int counter;
    BSP_Init();
    USART_Configuration();
    printf("Program Running!\n");

    for(counter=1;counter<=130;counter++)
    {
        GPIO_SetBits(GPIOD, GPIO_Pin_10);
        delay_nus(1700);
        GPIO_ResetBits(GPIOD,GPIO_Pin_10);

        GPIO_SetBits(GPIOD, GPIO_Pin_9);
        delay_nus(1300);
        GPIO_ResetBits(GPIOD,GPIO_Pin_9);

        delay_nms(20);
    }

    for(counter=1;counter<=130;counter++)
    {
        GPIO_SetBits(GPIOD, GPIO_Pin_10);
        delay_nus(1300);
```

```
            GPIO_ResetBits(GPIOD,GPIO_Pin_10);

            GPIO_SetBits(GPIOD, GPIO_Pin_9);
            delay_nus(1700);
            GPIO_ResetBits(GPIOD,GPIO_Pin_9);

            delay_nms(20);
        }
    while(1);
}
```

验证机器人是否沿一个方向运行 3s 然后反方向运行 3s。你是否注意到当电机同时反向的时候，它们总是保持同步运行呢？这将有什么作用呢？

任务七　用你的计算机来控制机器人运动

在工业自动化、测控等领域，经常需要你的单片机与计算机通信。一方面，单片机需要读取周边传感器的信息，并把数据传给计算机；另一方面，计算机需要解释和分析传感器数据，然后把分析结果或者决策发给单片机以执行某种操作。

在第 1 章中你已经知道 STM32 单片机可以通过串口向计算机发送信息，本章将使用串口和串口调试终端软件，从计算机向单片机发送数据来控制机器人的运动。

在本任务中，你需要编程让 STM32 单片机从调试窗口接收两个数据：发给伺服电机的脉冲个数和脉冲宽度（以微秒为单位）。

例程：ControlServoWithComputer.c

● 输入、保存、下载并运行程序 ControlServoWithComputer.c；
● 验证机器人各个轮子的转动是否同你期望的运动一样。

```c
#include "stm32f10x_heads.h"
#include "HelloRobot.h"

unsigned int USART_Scanf()
{
    u16 index = 0;
    u16 recdata;
    u16 tmp[5]={0,0,0,0,0};

    while(1)
    {
        /* Wait until RXNE = 1 */
        while(USART_GetFlagStatus(USART1, USART_FLAG_RXNE) == RESET);
        tmp[index] = (USART_ReceiveData(USART1));
        if(tmp[index] == '#')
        {
            if(index!=0)    break;
            else            continue;
```

```
                }
            index++;
        }

        /* Calculate the Corresponding value */
        if(index==1)
            recdata = (tmp[0] - 0x30);
        if(index==2)
            recdata = (tmp[1] - 0x30) + ((tmp[0] - 0x30) * 10);
        if(index==3)
            recdata = (tmp[2] - 0x30) + ((tmp[1] - 0x30) * 10)+ ((tmp[0] - 0x30) * 100);
        if(index==4)
            recdata = (tmp[3] - 0x30) + ((tmp[2] - 0x30) * 10)+ ((tmp[1] - 0x30) * 100)+ ((tmp[0] - 0x30) *
1000);

        return recdata;
    }

int main(void)
{
    int Counter;
    unsigned int PulseNumber,PulseDuration;
    BSP_Init();
    USART_Configuration();
    printf("Program Running!\r\n");

    printf("Please input pulse number:\r\n");
    PulseNumber=USART_Scanf();
    printf("Input pulse number is %d\r\n",PulseNumber);

    printf("Please input pulse duration:\r\n");
    PulseDuration=USART_Scanf();
    printf("Input pulse duration is %d\r\n",PulseDuration);

    for(Counter=1;Counter<=PulseNumber;Counter++)
    {
            GPIO_SetBits(GPIOD, GPIO_Pin_10);
            delay_nus(PulseDuration);
            GPIO_ResetBits(GPIOD,GPIO_Pin_10);
            delay_nms(20);
    }
    for(Counter=1;Counter<=PulseNumber;Counter++)
    {
            GPIO_SetBits(GPIOD, GPIO_Pin_9);
            delay_nus(PulseDuration);
            GPIO_ResetBits(GPIOD,GPIO_Pin_9);
```

```
        delay_nms(20);
    }
    while(1);
}
```

ControlServoWithComputer.c 是如何工作的？

在这个程序中，单片机不仅向串口传送信息，而且还通过串口从计算机读取输入的数据。串口接收数据函数 USART_Scanf 的工作机制将在后面的章节讲解，其作用是从计算机接收数据，计算机向单片机发出的数据以#作为结束标记，就像使用充值卡给电话（手机）充值时，输入账号和密码后按#键表示结束，如图 2.14 所示。

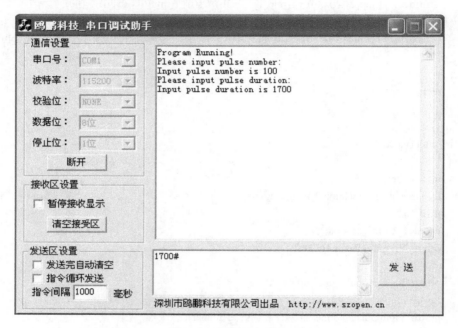

图 2.14　例程运行过程

注意 break 和 continue 的区别：break 是结束整个循环体，而 continue 是结束本次循环。

（1）首先输出"Program Running!"和"Please input pulse number:"。

（2）程序处于等待状态，等待你从串口调试软件输入数据，数据以"#"作为结束标记。

（3）将输入的数据给变量 PulseNumber，再把这个数据回传给计算机显示。

（4）输出"Please input pulse duration:"。

（5）程序又处于等待状态，等待你从串口调试软件再次输入数据，数据以"#"作为结束标记。

（6）将输入的数据给变量 PulseDuration，再把这个数据回传给计算机显示。

（7）电机运转。

 ## 工程素质和技能归纳

（1）STM32 系列单片机的引脚定义和分布。

（2）了解 STM32 系列单片机的时钟系统结构，熟悉给 STM32 单片机不同的外设设置不同的时钟。

（3）熟悉 STM32 单片机 GPIO 端口的配置流程和方法。

（4）使用 STM32 单片机的端口输出控制发光二极管单灯和双灯闪烁。

（5）C 语言复习：条件判断、循环等流程控制语句的使用，理解 volatile 和 assert 的含义。

（6）理解数字电路中的开漏输出与推挽输出，以及它们的作用。

（7）机器人伺服电机的控制脉冲序列，通过给 STM32 单片机编程让其输出这些控制脉冲序列。

第3章

STM32 单片机程序模块化设计与机器人运动控制

本章将介绍程序调试方法，以及如何利用模块化的程序设计思想，设计机器人的运动控制模块以实现各种巡航动作。这些编程技术在后面的章节都会用到，与后面章节不同的是，本章机器人在无感觉的情况下巡航，而在后面的章节中，机器人将根据传感器检测到的信息进行智能巡航。本章所要完成的主要任务包括：STM32 单片机程序调试方法，利用模块化设计方法对 STM32 单片机编程，实现一些基本巡航动作函数：向前、向后、左转、右转和原地旋转等。这些函数都能够被多次调用，以使机器人可以实现复杂巡航运动。

3.1 STM32 单片机程序调试方法

程序运行是连续执行的，但是当程序执行遇到问题时，如何判断是哪条语句出了问题呢？从本章开始，我们将要编写的程序会越来越复杂，因此要学会如何调试程序，以及如何将一个复杂的程序模块化，模块内的函数代码相对简单。这也是程序设计的一个原则："松耦合，强内聚"，内聚是子程序内部的关系，耦合是不同子程序的关系。就是要求各个函数模块独立性高一些，即使修改了其中的某个函数，对其他的函数也不需要做修改。例如，每个程序都要用到的 2 个函数：开发板初始化函数和串口初始化函数。

任务一 程序调试

打开发光二极管闪烁程序，即工程文件 Led_Blink.Uv2，将光标移动到想要程序运行时需要暂停的语句处，如延时语句处，单击图 3.1 所示的图标（或按 F9 键）。这样就给程序加了一个断点，如图 3.2 所示。当你想取消断点时，可以再单击一次这个图标（或按 F9 键）。设置断点也可以直接在你要设置的语句最前面的空白处双击一下。

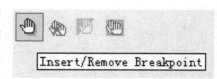

图 3.1 断点设置

注意：若断点设置成功，那里会有一个小红点，否则需要重新操作。

➕➡ 断点与调试

断点就是程序运行到断点处就暂停下来，不运行了（断点所在的语句不会执行）；此时可以观察设置的变量在这个时候是什么值，从而判断程序是否有逻辑上的错误或其他的问题。

调试是学习语言的好方法，对于新手来说写一个完整的程序难免出现错误，如果直接运行程序的话，是很难发现程序错误的。调试可以为程序的语句设置断点，开始调试之后，当运行到设置了断点的语句时，程序会停下来，之后你可以选择逐个语句运行，可以监视每个变量的变化，直到程序结束。这样可以很容易地发现程序的错误所在。通俗地说，调试就是人跟着程序跑一次。相当于你规划了一条路线到达某地，但你不知道该路线是否真的能到达你想去的地方，要验证该路线是否正确的最好办法就是按照路线走一遍。

图 3.2　程序加入断点后的效果

单击图 3.3（a）所示的图标（或按 **Ctrl+F5** 键）进入调试模式，然后再单击图 3.3（b）所示的图标（或按 **F5** 键）运行程序，这时程序就会停在断点处，如图 3.4 和图 3.5 所示。这时你可以通过调试窗口检查程序的执行状态，包括寄存器窗口、存储器窗口、查看和调用栈窗口、反汇编窗口和外设窗口等，这里不再赘述。

（a）调试图标

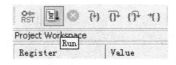

（b）调试模式下的程序运行图标

图 3.3　程序调试

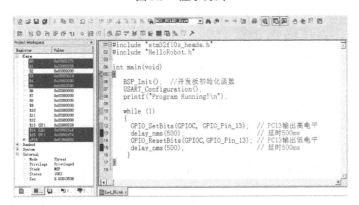

图 3.4　程序调试开始

图 3.5　程序运行到断点处

程序调试开始时，会有一个黄颜色箭头出现在 main 函数入口处（见图 3.4），表示程序运行停在这里。单击图 3.3（b）所示的图标（或按 F5 键），黄颜色箭头出现在第一个断点处时（见图 3.5），发光二极管亮；继续按 F5 键运行程序，黄颜色箭头会出现在第二个断点处，此时发光二极管灭。试试看，连续按 F5 键，发光二极管有什么现象。

单步调试

程序调试开始时，即黄颜色箭头出现在 main 函数入口处（见图 3.4），你还可以单击图 3.6（a）所示的图标（或按 F11 键），或单击图 3.6（b）所示的图标（或按 F10 键）单步运行程序，即一条语句一条语句地执行程序。它们的区别在于当程序运行到子函数调用时：

（1）Step into 会进入到子函数体，并继续开始单步执行每条语句，直到当前子函数结束返回上层调用函数。

（2）Step over 将子函数调用仅当做一条语句单步执行，不会进入到子函数内单步执行，而是将子函数整个执行完再停止，也就是把子函数整个作为一步单步执行。

图 3.6（c）所示的图标（或按 Ctrl+F11 键）表示跳出当前运行的函数，即将本函数余下语句执行完返回上层调用函数。当单步执行到子函数内时，用 Step out 就可以执行完子函数余下部分，并返回到上一层函数。

图 3.6（d）所示的图标（或按 Ctrl+F10 键）表示运行到当前光标所在语句处。

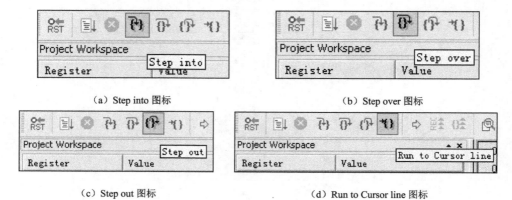

（a）Step into 图标　　　　　　　　　　　　　（b）Step over 图标

（c）Step out 图标　　　　　　　　　　　　　（d）Run to Cursor line 图标

图 3.6　调试模式说明

（e）打开 Stack 窗口　　　（f）打开 Memory 窗口　　　（g）打开逻辑分析仪窗口

（h）打开汇编代码窗口　　　　　　（i）复位 CPU

图 3.6　调试模式说明（续）

此时，可以单击图 3.6（e）、（f）、（g）所示图标，分别打开 Stack、Memory、逻辑分析仪窗口，进一步观察程序中各个变量、所用到的寄存器及引脚电平的变化，从而判断程序有没有逻辑上的错误或其他的问题。也可以单击图 3.6（h）所示图标，查看汇编代码，并和 C 语言代码对比分析，加深对 STM32 微控制器的理解。调试模式下的工作区主要用于显示汇编代码、C 语言代码的执行跟踪及调试信息，这对应用程序的开发非常重要。单击图 3.6（i）所示图标时，将复位 CPU，终止正在调试的程序，重新从代码起始位置开始。

注意：单击"Debug"图标进入调试模式时，需复位开发板才能开始调试。

设置断点和单步调试执行程序对于我们理解程序的运行过程和发现错误等都十分有用，所以要学会通过不断尝试来好好运用它！这里所用的方法，同样适用于使用 Keil 软件开发 51 单片机程序，或者使用 VS.net，VC++编写 PC 程序，具有一定的通用性。【Debug】菜单下的常用命令总结如下：

Start/Stop Debug Session：开始或停止调试。图 3.3（a）所示。

Run：执行程序，直到遇到下一个断点。图 3.3（b）所示。

Step：单步执行。图 3.6（a）所示，图标上显示 Step into。

Step Over：函数单步执行，即将一个子函数作为一条语句来执行。图 3.6（b）所示。

Step Out of Current Function：跳出当前的函数执行。图 3.6（c）所示。

Run to Cursor line：执行到光标所在行。图 3.6（d）所示。

Stop Running：停止执行。

Breakpoints：打开断点对话框。

Insert/Remove Breakpoint：在当前行插入/删除一个断点。图 3.1 所示。

Enable/Disable Breakpoint：激活当前行的断点或使断点无效。

Disable All Breakpoints：使程序所有断点无效。

Kill All Breakpoints：删除所有程序断点。

该你了——一条语句一条语句地执行程序！

软件仿真

RealView MDK 开发工具提供了强大的软件仿真功能，可以不需要将程序下载到开发板上进行调试，而是采用 MDK 的软件仿真功能进行调试，达到事半功倍的效果！

单击 图标，或右键单击"Target 1"，选择"Option for target 'Target 1'"，或单击【Project】菜单下的"Options for Target"（工程属性），或单击【Flash】菜单下的"Configure Flash Tools"，弹出"Options for Target 'Target1'"对话框，选择"Debug"页面，选中"Use Simulator"之后单击【OK】按钮，如图 3.7 所示。注意，需重新编辑使设置成功。

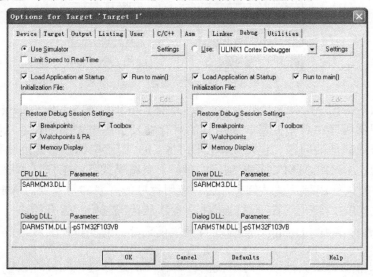

图 3.7　软件仿真设置

编译成功后，进入 Debug 模式，按照前面介绍的方法即可进入软件仿真模式。这时，可以选择外围模块进行仿真，不同型号的 STM32 单片机会有不同的外设仿真功能。打开【Peripherals】菜单，可以打开多个外设仿真对话框，如图 3.8 所示。

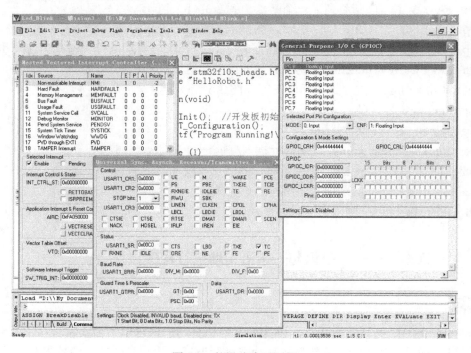

图 3.8　外设仿真对话框

LED 闪烁程序只用到了 GPIOC 端口，关闭其他对话框，仅保留 "GPIOC" 外设仿真对话框，如图 3.9 所示。因为这时程序还没有运行，所以 GPIOC 端口是初始值。

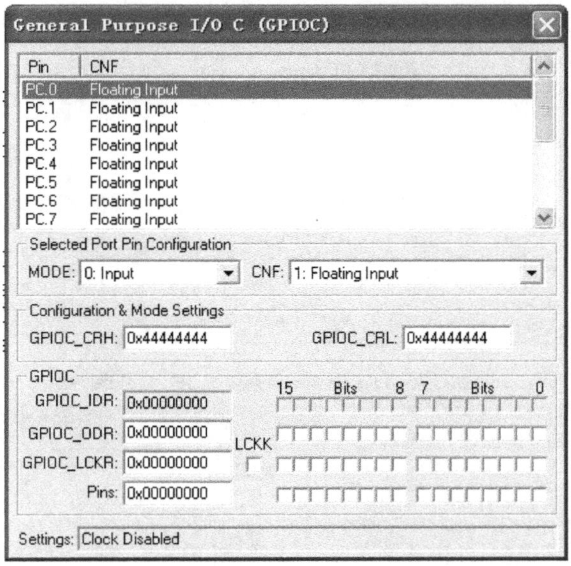

图 3.9　"GPIOC" 外设仿真对话框

单击【Debug】工具条的【运行】按钮，在仿真对话框里就可以看到程序的运行结果了。当执行完教学开发板初始化函数 BSP_Init()后，GPIOC 的各项参数会发生变化，如图 3.10（a）所示。看看初始化函数 BSP_Init()的代码是不是这样呢？通过单步执行程序，可以发现 PC13 引脚的参数会发生变化，如图 3.10（b）和（c）所示。

如果想观察引脚的电平变化，可以单击 图标，打开逻辑分析仪，如图 3.11（a）所示。然后单击【Setup…】按钮，在观测引脚设置对话框中添加 GPIOC_IDR，并设置相关参数，如图 3.11（b）～（e）所示。

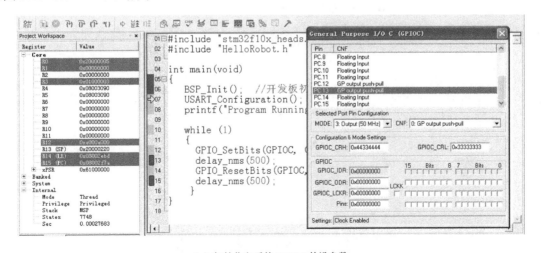

（a）初始化之后的 GPIOC 外设参数

图 3.10　GPIOC 外设参数的变化情况

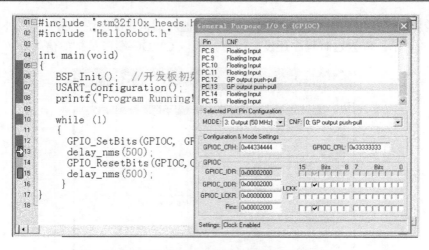

（b）执行完 GPIO_SetBits 函数后的 GPIOC 外设参数

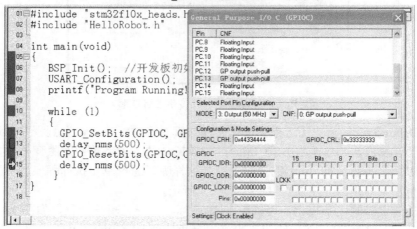

（c）执行完 GPIO_ResetBits 函数后的 GPIOC 外设参数

图 3.10　GPIOC 外设参数的变化情况（续）

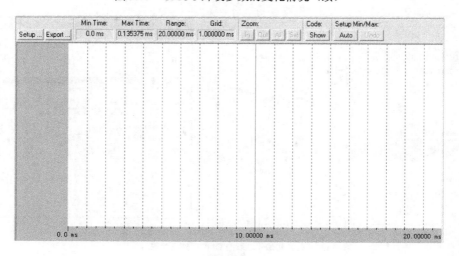

（a）逻辑分析仪窗口

图 3.11　逻辑分析仪设置

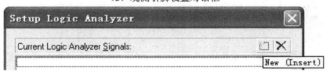

（b）观测引脚设置对话框

（c）添加观测引脚

（d）删除观测引脚

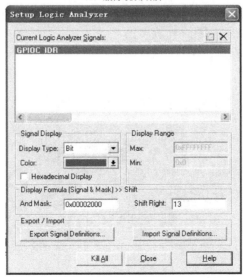

（e）添加 PC13 引脚，添加 GPIOC_ODR 或 GPIOC_IDR

图 3.11　逻辑分析仪设置（续）

单击【Debug】菜单下的"Run"菜单项或按【F5】键，开始软件仿真。稍等一下之后，可以单击【Debug】菜单下的"Stop Running"菜单项，停止仿真。

单击【Zoom】的【All】按钮，可以查看整个仿真期间 PC13 引脚的电平变化情况。单击【In】按钮，可以将时间轴网格变小；单击【Out】按钮，可以将时间轴网格变大，通过这两个按钮可以将时间轴网格调整到一个合适的大小，以利于观测显示波形。如图 3.12 所示，PC13 引脚的输出电平每隔一定的时间变化一次，对应的发光二极管交替闪烁。从图中可以看出存在一定的误差，因此，最好用示波器验证一下 PC13 引脚的输出波形。软件仿真存在一定的误差。

要想得到精确的延时时间，可以使用后面将要学习的定时器，来控制发光二极管交替闪烁。

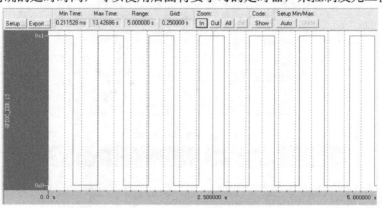

图 3.12　PC13 引脚的电平变化情况

🛩 3.2　STM32 单片机程序模块化设计

图 3.13 定义了机器人的前、后、左、右四个方向。在第 2 章你应该已经发现，如果按照图 3.13 前进方向的定义，机器人向前走时，从机器人的左边看，它向前走时轮子是逆时针旋转的；从右边看，另一个轮子是顺时针旋转的。

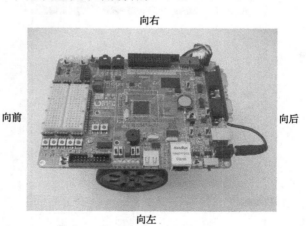

图 3.13　机器人及其前进方向的定义

任务二 基本巡航动作

发送给单片机控制引脚的高电平持续时间决定了伺服电机旋转的速度和方向。for 循环的参数控制了发送给电机的脉冲数量。由于每个脉冲的时间是相同的，因而 for 循环的参数也控制了伺服电机运行的时间。下面是使机器人向前走 3s 的程序实例。

例程：RobotForwardThreeSeconds.c

● 确保控制器和伺服电机都已接通电源；

● 输入、保存、编译、下载并运行程序 RobotForwardThreeSeconds.c。

```c
#include "stm32f10x_heads.h"
#include "HelloRobot.h"

int main(void)
{
    int counter;
    BSP_Init();
    USART_Configuration();
    printf("Program Running!\n");
    for(counter=0;counter<130;counter++)//运行 3 秒
    {
        GPIO_SetBits(GPIOD, GPIO_Pin_10);
        delay_nus(1700);
        GPIO_ResetBits(GPIOD,GPIO_Pin_10);

        GPIO_SetBits(GPIOD, GPIO_Pin_9);
        delay_nus(1300);
        GPIO_ResetBits(GPIOD,GPIO_Pin_9);

        delay_nms(20);
    }
    while(1);
}
```

RobotForwardThreeSeconds.c 是如何工作的？

理解该例程的运行你应该没什么问题：for 循环体中前三行语句使左侧电机逆时针旋转，接着的三行语句使右侧电机顺时针旋转，因此两个轮子转向机器人的前端，使机器人向前运动。整个 for 循环执行 130 次，大约需要 3 秒钟，从而使机器人向前运动 3 秒钟。

> **关于例程的一点说明**
>
> 例程中使用 printf 函数是为了起提示作用。若你觉得串口线影响了机器人的运动，可以不用此函数；还有一个进行调试的方法：让机器人的前端悬空，让伺服电机空转。这样调试起来就方便了，机器人不会到处乱跑。后面的例程调试也是如此。

该你了——调节距离和速度

delay_nus 函数的参数 n 为 1700 和 1300 都使电机接近它们的最大速度旋转。把每个 delay_nus 函数的参数 n 设定得更接近让电机保持停止的值——1500，可以使机器人减速。

向前走、向后走、转弯和旋转

将 delay_nus 函数的参数 n 以不同的值组合就可以使机器人以其他的方式运行，你可以在一个程序中实现机器人向前走、左转、右转及向后走。

例程：ForwardLeftRightBackward.c

输入、保存并运行程序 ForwardLeftRightBackward.c。

```c
#include "stm32f10x_heads.h"
#include "HelloRobot.h"

int main(void)
{
    int counter;
    BSP_Init();
    USART_Configuration();
    printf("Program Running!\n");
    for(counter=1;counter<=65;counter++)//向前
    {
        GPIO_SetBits(GPIOD, GPIO_Pin_10);
        delay_nus(1700);
        GPIO_ResetBits(GPIOD,GPIO_Pin_10);

        GPIO_SetBits(GPIOD, GPIO_Pin_9);
        delay_nus(1300);
        GPIO_ResetBits(GPIOD,GPIO_Pin_9);

        delay_nms(20);
    }

    for(counter=1;counter<=26;counter++)//向左转
    {
        GPIO_SetBits(GPIOD, GPIO_Pin_10);
        delay_nus(1300);
        GPIO_ResetBits(GPIOD,GPIO_Pin_10);

        GPIO_SetBits(GPIOD, GPIO_Pin_9);
        delay_nus(1300);
        GPIO_ResetBits(GPIOD,GPIO_Pin_9);
```

```
        delay_nms(20);
    }

    for(counter=1;counter<=26;counter++)//向右转
    {
        GPIO_SetBits(GPIOD, GPIO_Pin_10);
        delay_nus(1700);
        GPIO_ResetBits(GPIOD,GPIO_Pin_10);

        GPIO_SetBits(GPIOD, GPIO_Pin_9);
        delay_nus(1700);
        GPIO_ResetBits(GPIOD,GPIO_Pin_9);

        delay_nms(20);
    }

    for(counter=1;counter<=65;counter++)//向后
    {
        GPIO_SetBits(GPIOD, GPIO_Pin_10);
        delay_nus(1300);
        GPIO_ResetBits(GPIOD,GPIO_Pin_10);

        GPIO_SetBits(GPIOD, GPIO_Pin_9);
        delay_nus(1700);
        GPIO_ResetBits(GPIOD,GPIO_Pin_9);

        delay_nms(20);
    }

    while(1);
}
```

该你了——以一个轮子为支点旋转

你可以使机器人绕一个轮子旋转。诀窍是使一个轮子不动而另一个轮子旋转。例如，保持左轮不动而右轮从前面顺时针旋转，机器人将以左轮为轴旋转。

```
GPIO_SetBits(GPIOD, GPIO_Pin_10);
delay_nus(1500);
GPIO_ResetBits(GPIOD,GPIO_Pin_10);
GPIO_SetBits(GPIOD, GPIO_Pin_9);
delay_nus(1300);
GPIO_ResetBits(GPIOD,GPIO_Pin_9);
delay_nms(20);
```

如果你想使它从前面向右旋转，很简单，停止右轮，使左轮从前面逆时针旋转。

```
GPIO_SetBits(GPIOD, GPIO_Pin_10);
delay_nus(1700);
GPIO_ResetBits(GPIOD,GPIO_Pin_10);
GPIO_SetBits(GPIOD, GPIO_Pin_9);
delay_nus(1500);
GPIO_ResetBits(GPIOD,GPIO_Pin_9);
delay_nms(20);
```

用刚讨论过的代码段替代前进、左转、右转和后退相应的代码段，通过更改每个 for 循环的循环次数来调整每个动作的运行时间，更改注释来反映每个新的旋转动作。

运行更改后的程序，验证上述旋转运动是否不同。

任务三　匀加速/减速运动

在前面的机器人运动过程中，你是否发现机器人在每次启动和停止时，都有些运动太快，从而导致机器人几乎要倾倒。为什么会这样呢？回忆一下曾经学过的物理知识，还记得牛顿第二定律和运动学知识吗？前面的程序总是直接就给机器人伺服电机输出最大速度控制命令，根据运动学知识，当一个物体从零加速到最大运动速度时，时间越短，所需加速度就越大。而根据牛顿定律，加速度越大，物体所受的惯性力就越大。因此，前面的程序因为没有给机器人足够的加速时间，所以受到的惯性力就比较大，从而导致机器人在启动和停止时都有一个较大的前倾力或后坐力。要消除这种情况，就必须让机器人的速度逐渐增加或逐渐减小。采用均匀加速/减速是一种比较好的速度控制策略，这样不仅可以让机器人运动得更加平稳，而且可以延长机器人电机的使用寿命。

编写匀加速运动程序

匀加速运动程序段示例如下：

```
for(pulseCount=10;pulseCount<=200;pulseCount=pulseCount+10)
{
    GPIO_SetBits(GPIOD, GPIO_Pin_10);
    delay_nus(1500+pulseCount);
    GPIO_ResetBits(GPIOD,GPIO_Pin_10);

    GPIO_SetBits(GPIOD, GPIO_Pin_9);
    delay_nus(1500-pulseCount);
    GPIO_ResetBits(GPIOD,GPIO_Pin_9);
    delay_nms(20);
}
```

上述 for 循环语句能使机器人的速度由停止到全速。循环每重复执行一次，变量 pulseCount 就增加 10：第一次循环时，变量 pulseCount 的值是 10，此时发给 PD10、PD9 的脉冲的宽度分别为 1.51ms、1.49ms；第二次循环时，变量 pulseCount 的值是 20，此时发给 PD10、PD9 的脉冲的宽度分别为 1.52ms、1.48ms。随着变量 pulseCount 值的增加，电机的速度也在逐渐增加。到执行第 20 次循环时，变量 pulseCount 的值是 200，此时发给 PD10、PD9 的脉冲的宽度分别为 1.7ms、1.3ms，电机全速运转。

回顾第 2 章任务六，for 循环也可以由高向低计数。你可以通过使用 for(pulseCount=200; pulseCount>=0; pulseCount=pulseCount-10)来实现速度的逐渐减小。下面是一个使用 for 循环来实现电机速度逐渐增加到全速、然后逐步减小的例子。

例程：StartAndStopWithRamping.c

```c
#include "stm32f10x_heads.h"
#include "HelloRobot.h"

int main(void)
{
    int pulseCount;
    BSP_Init();
    USART_Configuration();
    printf("Program Running!\n");
    for(pulseCount=10;pulseCount<=200;pulseCount=pulseCount+10)
    {
        GPIO_SetBits(GPIOD,GPIO_Pin_10);
        delay_nus(1500+pulseCount);
        GPIO_ResetBits(GPIOD,GPIO_Pin_10);

        GPIO_SetBits(GPIOD,GPIO_Pin_9);
        delay_nus(1500-pulseCount);
        GPIO_ResetBits(GPIOD,GPIO_Pin_9);

        delay_nms(20);
    }

    for(pulseCount=1;pulseCount<=75;pulseCount++)
    {
        GPIO_SetBits(GPIOD,GPIO_Pin_10);
        delay_nus(1700);
        GPIO_ResetBits(GPIOD,GPIO_Pin_10);

        GPIO_SetBits(GPIOD,GPIO_Pin_9);
        delay_nus(1300);
        GPIO_ResetBits(GPIOD,GPIO_Pin_9);

        delay_nms(20);
    }

    for(pulseCount=200;pulseCount>=0;pulseCount=pulseCount-10)
```

```
        {
            GPIO_SetBits(GPIOD,GPIO_Pin_10);
            delay_nus(1500+pulseCount);
            GPIO_ResetBits(GPIOD,GPIO_Pin_10);

            GPIO_SetBits(GPIOD,GPIO_Pin_9);
            delay_nus(1500-pulseCount);
            GPIO_ResetBits(GPIOD,GPIO_Pin_9);

            delay_nms(20);
        }

        while(1);
    }
```

● 输入、保存并运行程序 StartAndStopWithRamping.c；
● 验证机器人是否逐渐加速到全速，保持一段时间，然后逐渐减速到停止。

任务四　用函数调用简化运动程序

在本书的第 4 章，机器人将要执行各种运动来避开障碍物和完成其他动作。不过，无论机器人要执行何种动作，都离不开前面讨论的各种基本动作。为了便于其他应用程序使用这些基本动作程序，可以将这些基本动作放在函数中，供其他函数调用来简化程序。

C 语言提供了强大的函数定义功能。一个 C 程序就是由一个主函数和若干个其他函数构成，由主函数调用其他函数，其他函数也可以相互调用。同一个函数可以被一个或多个函数调用任意多次。实际上，为了实现复杂的程序设计，在所有的计算机高级语言中都有子程序或者子过程的概念。在 C 语言程序中，子程序的作用就是由函数来完成的。从函数定义的角度看，函数有两种：

（1）标准函数，即库函数，由开发系统提供。用户不必自己定义而是可以直接使用，只需在程序前包含有该函数原型的头文件即可在程序中直接调用，如前面已经用到的串口标准输出函数（printf）。需要说明的是，不同的语言编译系统提供的库函数的数量和功能会有一些不同，但许多基本函数是相同的。

（2）用户定义函数，用于解决用户的专门需要。不仅要在程序中定义函数本身，而且在主调函数模块中还必须对该被调函数进行类型说明，然后才能使用。

> **main 函数的返回值**
>
> 前面说过，main 函数是不能被其他函数调用的，那它的返回值类型 int 是怎么回事呢？
>
> 其实不难理解，main 函数执行完之后，它的返回值是给操作系统的。虽然在 main 函数体内并没有什么语句来指出返回值的大小，但系统默认的处理方式是：当 main 函数成功执行，它的返回值为 1；否则为 0。

现在看看下面的函数定义：

```
void Forward(void)
{
    int i;
    for(i=1;i<=65;i++)
    {
        GPIO_SetBits(GPIOD, GPIO_Pin_10);
        delay_nus(1700);
        GPIO_ResetBits(GPIOD,GPIO_Pin_10);
        GPIO_SetBits(GPIOD, GPIO_Pin_9);
        delay_nus(1300);
        GPIO_ResetBits(GPIOD,GPIO_Pin_9);
        delay_nms(20);
    }
}
```

Forward 函数可以使机器人向前运动约 1.5s，该函数没有形参，也没有返回值。在主程序中，你可以调用它来让你的机器人向前运动约 1.5s。但是这个函数并没有太大的使用价值，如果你想让你的机器人向前运动 2s，该怎么办呢？是重新写一个函数来实现这个运动吗？当然不是！通过修改上面的函数，给它增加两个形式参数，一个是脉冲数量，另一个是速度参数，这样主程序调用时就可以按照你的要求灵活设置这些参数，从而使函数真正成为一个有用的模块。重新定义向前运动函数如下：

```
void Forward(int PulseCount，int Velocity)      // Velocity should be between 0 and 200
{
    int i;
    for(i=1;i<=PulseCount;i++)
    {
        GPIO_SetBits(GPIOD, GPIO_Pin_10);
        delay_nus(1500+Velocity);
        GPIO_ResetBits(GPIOD,GPIO_Pin_10);
        GPIO_SetBits(GPIOD, GPIO_Pin_9);
        delay_nus(1500-Velocity);
        GPIO_ResetBits(GPIOD,GPIO_Pin_9);
        delay_nms(20);
    }
}
```

函数定义旁有一行注释，提醒你在调用该函数时，速度参量的值必须在 0～200 之间。

注释符

除 "//" 外，C 语言还提供了另一种语句注释符——"/*" 和 " */"。

"/*" 和 "*/" 必须成对使用，在它们之间的内容将被注释掉。它的作用范围比 "//" 大："//" 仅对它所在的一行起注释作用；但 "/*...*/" 可以对多行注释。

注释是你在学习程序设计时要养成的良好习惯。

下面是一个完整的使用向前、左转、右转和向后四个函数的例程。

例程：MovementsWithFunctions.c

输入、保存、编译、下载并运行程序 MovementsWithFunctions.c。

```c
#include "stm32f10x_heads.h"
#include "HelloRobot.h"

void Forward(int PulseCount,int Velocity) // Velocity should be between 0 and 200
{
    int i;
    for(i=1;i<= PulseCount;i++)
    {
            GPIO_SetBits(GPIOD, GPIO_Pin_10);
            delay_nus(1500+ Velocity);
            GPIO_ResetBits(GPIOD,GPIO_Pin_10);
            GPIO_SetBits(GPIOD, GPIO_Pin_9);
            delay_nus(1500- Velocity);
            GPIO_ResetBits(GPIOD,GPIO_Pin_9);
            delay_nms(20);
    }
}

void Left(int PulseCount,int Velocity)
{
    int i;
    for(i=1;i<= PulseCount;i++)
    {
            GPIO_SetBits(GPIOD, GPIO_Pin_10);
            delay_nus(1500-Velocity);
            GPIO_ResetBits(GPIOD,GPIO_Pin_10);
            GPIO_SetBits(GPIOD, GPIO_Pin_9);
            delay_nus(1500-Velocity);
            GPIO_ResetBits(GPIOD,GPIO_Pin_9);
            delay_nms(20);
    }
}

void Right(int PulseCount,int Velocity)
{
    int i;
    for(i=1;i<= PulseCount;i++)
    {
            GPIO_SetBits(GPIOD, GPIO_Pin_10);
            delay_nus(1500+Velocity);
            GPIO_ResetBits(GPIOD,GPIO_Pin_10);
            GPIO_SetBits(GPIOD, GPIO_Pin_9);
            delay_nus(1500+Velocity);
```

```
                    GPIO_ResetBits(GPIOD,GPIO_Pin_9);
                    delay_nms(20);
        }
}

void Backward(int PulseCount,int Velocity)
{
    int i;
    for(i=1;i<= PulseCount;i++)
    {
                GPIO_SetBits(GPIOD, GPIO_Pin_10);
                delay_nus(1500-Velocity);
                GPIO_ResetBits(GPIOD,GPIO_Pin_10);
                GPIO_SetBits(GPIOD, GPIO_Pin_9);
                delay_nus(1500+ Velocity);
                GPIO_ResetBits(GPIOD,GPIO_Pin_9);
                delay_nms(20);
        }
}

int main(void)
{
    BSP_Init();
    USART_Configuration();
    printf("Program Running!\n");

    Forward(65,200);          Left(26,200);
    Right(26,200);            Backward(65,200);

    while(1);
}
```

这个程序的运行结果与程序 ForwardLeftRightBackward.c 产生的效果是相同的。你是否发现四个函数的具体实现有些啰唆。四个函数的具体实现部分几乎完全一样，有没有可能将这些函数进一步归纳，用一个函数来实现所有这些功能呢？当然有，前面的四个函数都用了两个形式参数，一个是控制时间的脉冲个数，另一个是控制运动速度的参数，而四个函数实际上代表了四个不同的运动方向。如果能够通过参数控制运动方向，显然这四个函数完全可以简化成为一个更为通用的函数，它不仅可以涵盖以上四个基本运动，还可以使机器人朝你希望的方向运动。

由于机器人由两个轮子驱动，实际上两个轮子的不同速度组合控制着机器人的运动速度和方向，因此可以直接用两个轮子的速度作为形式参数，将所有的机器人运动用一个函数来实现。

例程：MovementsWithOneFuntion.c

以下程序可以使机器人做同样的运动，但是它只用了一个子函数来实现。

```
#include "stm32f10x_heads.h"
#include "HelloRobot.h"

void Move(int counter,int PC1_pulseWide,int PC0_pulseWide)
{
    int i;
    for(i=1;i<=counter;i++)
    {
        GPIO_SetBits(GPIOD, GPIO_Pin_10);
        delay_nus(PC1_pulseWide);
        GPIO_ResetBits(GPIOD,GPIO_Pin_10);
        GPIO_SetBits(GPIOD, GPIO_Pin_9);
        delay_nus(PC0_pulseWide);
        GPIO_ResetBits(GPIOD,GPIO_Pin_9);
        delay_nms(20);
    }
}


int main(void)
{
    BSP_Init();
    USART_Configuration();
    printf("Program Running!\n");

    Move(65,1700,1300);          Move(26,1300,1300);
    Move(26,1700,1700);          Move(65,1300,1700);
    while(1);
}
```

- 输入、保存并运行程序 MovementsWithOneFuntion.c；
- 你的机器人是否执行了你熟悉的向前、向左、向右、向后运动呢？

任务五　高级主题——用数组建立复杂运动

到目前为止，你已经试过用三种不同的编程方法来使机器人向前、向左、向右和向后运动。每种方法都有它的优点，但是如果你要让机器人执行一个更长、更复杂的动作时用这些方法都很麻烦。下面要介绍的两个例子将用子函数来实现这些简单的动作，将复杂的运动存储在数组中，然后在程序执行过程中读出并解码，从而避免了重复调用一长串子函数。这里，你要用到 C 语言的数据类型——数组。

在程序设计中，为了处理方便，可以将具有相同类型的若干变量按有序的形式组织起来。这些按序排列的同类数据元素的集合称为数组。一个数组可以分解为多个数组元素，根据数组元素数据类型的不同，数组可以分为多种类型。数组又分为一维数组、二维数组甚至三维数组。本节只会用到一维数组。例如，下面的语句定义了一个字符型数组，该数组有 10 个元素，并对这 10 个元素进行了初始化。

char Navigation[10]={'F','L','F','F','R','B','L','B','B','Q'};

字符串和字符串结束标志

在 C 语言中没有专门的字符串变量,通常用一个字符数组或字符指针来存放一个字符串。字符串常量在存储时,系统自动在字符串的末尾加一个"串结束标志",即 ASCII 码值为 0 的字符 NULL,常用"\0"表示。因此在程序中,长度为 n 字符的字符串常量在内存中占有 n+1 个字节的存储空间。C 语言允许用字符串的方式对数组作初始化赋值,如 Navigation[10] 的初始化赋值可写为:

char Navigation[10]={"FLFFRBLBBQ"};

或者去掉"{}",写为:

char Navigation[10]="FLFFRBLBBQ";

要特别注意字符与字符串的区别,除了表示形式不同外,其存储性质也不相同,字符"A"只占 1 个字节,而字符串"A"占用 2 个字节。

下面的例程采用字符数组定义一系列复杂的运动。

例程:NavigationWithSwitch.c

输入、保存、编译、下载并运行程序 NavigationWithSwitch.c。

```
#include "stm32f10x_heads.h"
#include "HelloRobot.h"

void Forward(void)
{
    int i;
    for(i=1;i<=65;i++)
    {
    GPIO_SetBits(GPIOD, GPIO_Pin_10);
    delay_nus(1700);
    GPIO_ResetBits(GPIOD,GPIO_Pin_10);
    GPIO_SetBits(GPIOD, GPIO_Pin_9);
    delay_nus(1300);
    GPIO_ResetBits(GPIOD,GPIO_Pin_9);
    delay_nms(20);
    }
}
void Left_Turn(void)
{
    int i;
    for(i=1;i<=26;i++)
    {
    GPIO_SetBits(GPIOD, GPIO_Pin_10);
    delay_nus(1300);
    GPIO_ResetBits(GPIOD,GPIO_Pin_10);
    GPIO_SetBits(GPIOD, GPIO_Pin_9);
    delay_nus(1300);
```

```
          GPIO_ResetBits(GPIOD,GPIO_Pin_9);
          delay_nms(20);
        }
}
void Right_Turn(void)
{
    int i;
    for(i=1;i<=26;i++)
      {
        GPIO_SetBits(GPIOD, GPIO_Pin_10);
        delay_nus(1700);
        GPIO_ResetBits(GPIOD,GPIO_Pin_10);
        GPIO_SetBits(GPIOD, GPIO_Pin_9);
        delay_nus(1700);
        GPIO_ResetBits(GPIOD,GPIO_Pin_9);
        delay_nms(20);
      }
}
void Backward(void)
{
    int i;
    for(i=1;i<=65;i++)
      {
        GPIO_SetBits(GPIOD, GPIO_Pin_10);
        delay_nus(1300);
        GPIO_ResetBits(GPIOD,GPIO_Pin_10);
        GPIO_SetBits(GPIOD, GPIO_Pin_9);
        delay_nus(1700);
        GPIO_ResetBits(GPIOD,GPIO_Pin_9);
        delay_nms(20);
      }
}

int main(void)
{
    char Navigation[10]={'F','L','F','F','R','B','L','B','B','Q'};
    int address=0;

    BSP_Init();
    USART_Configuration();
    printf(" Program Running!\n");

    while(Navigation[address]!='Q')
      {
            switch(Navigation[address])
```

```
            {
                case 'F':Forward();break;
                case 'L':Left_Turn();break;
                case 'R':Right_Turn();break;
                case 'B':Backward();break;
            }
            address++;
        }
        while(1);
    }
```

观察机器人是否走了一个矩形呢？如果它走得更像一个梯形，你可能需要调节转向程序中 for 循环的循环次数，使其旋转精确为 90°。

在程序主函数中定义了一个字符数组，这个数组中存储的是一些命令：F 表示向前运动，L 表示向左转，R 表示向右转，B 表示向后退，Q 表示程序结束。之后，定义了一个 int 型变量 address，用来作为访问数组的索引。接下来是一个 while 循环，注意：这个循环的条件表达式与前面的不同，只有当前访问的数组值不为 Q 时，才执行循环体内的语句。在循环内，每次执行 switch 语句后，都要更新 address，以使下次循环时执行新的运动。

当 Navigation[address] 为 "F" 时，执行向前运动的函数 Forward()；当 Navigation[address] 为 "L" 时，执行向左转的函数 Left_Turn()；当 Navigation[address] 为 "R" 时，执行向右转的函数 Right_Turn()；当 Navigation[address] 为 "B" 时，执行向后运动的函数 Backward()。你可以增加或删除数组中的字符来获取新的运动路线。记住：数组中的最后一个字符应该是 "Q"。

例程：NavigationWithValues.c

在本例程中，将不使用子函数，而是使用三个整型数组来存储控制机器人运动的 3 个变量，即循环的次数和控制左、右电机运动的两个参数。具体定义如下：

```
int Pulses_Count[5]={65,26,26,65,0};
int Pulses_Left[4]={1700,1300,1700,1300};
int Pulses_Right[4]={1300,1300,1700,1700};
```

int 型变量 address 作为访问数组的索引值，每次用 address 提取一组数据：Pulses_Count[address]，Pulses_Left[address]，Pulses_Right[address]，这些变量值被放在下面的代码段中，作为机器人运动一次的参数。

```
for(int counter=1;counter<=Pulses_Count[address];counter++)
{
 GPIO_SetBits(GPIOD, GPIO_Pin_10);
 delay_nus(Pulses_Left[address]);
 GPIO_ResetBits(GPIOD,GPIO_Pin_10);
 GPIO_SetBits(GPIOD, GPIO_Pin_9);
 delay_nus(Pulses_Right[address]);
 GPIO_ResetBits(GPIOD,GPIO_Pin_9);
 delay_nms(20);
}
```

address 加 1，再提取一组数据，作为机器人下次运动的参数。以此继续，直至 Pulses_Count[address]=0 时机器人停止运动。具体程序如下：

```c
#include "stm32f10x_heads.h"
#include "HelloRobot.h"

int main(void)
{
    int Pulses_Count[5]={65,26,26,65,0};
    int Pulses_Left[4]={1700,1300,1700,1300};
    int Pulses_Right[4]={1300,1300,1700,1700};
    int address=0;
    int counter;

    BSP_Init();
    USART_Configuration();
    printf("Program Running!\n");
    while(Pulses_Count[address]!=0)
    {
        for(counter=1;counter<=Pulses_Count[address];counter++)
        {
        GPIO_SetBits(GPIOD, GPIO_Pin_10);
        delay_nus(Pulses_Left[address]);
        GPIO_ResetBits(GPIOD,GPIO_Pin_10);

        GPIO_SetBits(GPIOD, GPIO_Pin_9);
        delay_nus(Pulses_Right[address]);
        GPIO_ResetBits(GPIOD,GPIO_Pin_9);
        delay_nms(20);
        }
    address++;
    }
    while(1);
}
```

 ## 工程素质和技能归纳

（1）掌握 STM32 单片机程序调试方法，学会单步运行程序。

（2）复习开发板初始化函数及系统时钟配置 RCC_Configuration 和 I/O 端口配置 GPIO_Configuration 这两个子函数，了解固件库的结构。

（3）复习 C 语言的数组和函数定义、使用方法，掌握程序模块化设计方法，用数组和函数实现机器人的基本动作和复杂动作。体会程序模块化设计的思想。

（4）分析机器人运动函数的实现特点，用一个函数定义机器人的所有行为。

第 4 章

STM32 单片机中断编程与机器人触觉导航

通过前面几章的学习，你已经掌握如何用单片机的 I/O 端口来控制机器人的各种运动。这些连接机器人伺服电机的单片机端口是作为输出使用，而且使用非常简单。

本章你将学习如何使用这些端口来获取外界信息，即将 STM32 单片机端口作为输入端口使用。例如，获取按键的信息进行人机交互，给机器人小车增加触觉传感器判断是否碰到了障碍物。实际上，对于任何一个嵌入式系统，如自动控制系统，都需要通过传感器来获取外界信息，由计算机或单片机根据反馈的信息进行计算和决策，生成控制命令，然后通过输出端口去控制系统相应的执行机构，完成相关任务。因此，学习如何使用 STM32 单片机的输入端口同学习使用输出端口同等重要。本章除了学习按键检测方法外，还可以在机器人前端安装并测试一个称为"胡须"的触觉开关，通过编程来监视触觉开关的状态，以及决定当它遇到障碍物时如何动作，最终的结果就是通过触觉实现机器人自动导航。

4.1 STM32 单片机按键输入检测

为了检测按键是否被按下，可以将按键与 STM32 单片机的 I/O 端口相连，其电路图如图 4.1 所示。当有按键被按下时，相应的端口为低电平，当没有按键被按下时，相应的端口为高电平。

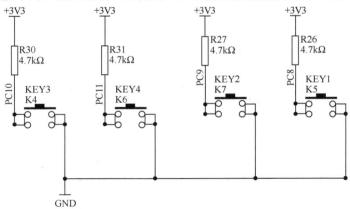

图 4.1 按键电路图

任务一　按键检测

下面这段代码的功能是当某个按键被按下时，与之对应的发光二极管亮灭状态交替变化一次。PC8 端口的 KEY1 键与 PB8 端口的发光二极管对应，PC9 端口的 KEY2 键与 PB9 端口的发光二极管对应，PC10 端口的 KEY3 键与 PC12 端口的发光二极管对应，PC11 端口的 KEY4 键与 PC13 端口的发光二极管对应。

例程：KeyNoEINT.c

```c
#include "stm32f10x_heads.h"
#include "HelloRobot.h"

int main(void)
{
    BSP_Init();                              //开发板初始化函数
    USART_Configuration();
    printf("Program Running!\n");
    while (1)
    {
        if(GPIO_ReadInputDataBit(GPIOC, GPIO_Pin_8)==0)
        {
            if(GPIO_ReadOutputDataBit(GPIOB, GPIO_Pin_8)==0)
             GPIO_SetBits(GPIOB, GPIO_Pin_8);
            else
             GPIO_ResetBits(GPIOB, GPIO_Pin_8);
        }

        if(GPIO_ReadInputDataBit(GPIOC, GPIO_Pin_9)==0)
        {
            if(GPIO_ReadOutputDataBit(GPIOB, GPIO_Pin_9)==0)
             GPIO_SetBits(GPIOB, GPIO_Pin_9);
            else
             GPIO_ResetBits(GPIOB, GPIO_Pin_9);
        }

        if(GPIO_ReadInputDataBit(GPIOC, GPIO_Pin_10)==0)
        {
            if(GPIO_ReadOutputDataBit(GPIOC, GPIO_Pin_12)==0)
             GPIO_SetBits(GPIOC, GPIO_Pin_12);
            else
             GPIO_ResetBits(GPIOC, GPIO_Pin_12);
        }

        if(GPIO_ReadInputDataBit(GPIOC, GPIO_Pin_11)==0)
        {
            if(GPIO_ReadOutputDataBit(GPIOC, GPIO_Pin_13)==0)
```

```
            GPIO_SetBits(GPIOC, GPIO_Pin_13);
        else
            GPIO_ResetBits(GPIOC, GPIO_Pin_13);
        }
        delay_nms(120);
    }
}
```

在 GPIO 配置函数 GPIO_Configuration 中，我们已将 PC8、PC9、PC10、PC11 设置为按键输入引脚，下面的代码是将 PC11 端口设置为浮空输入模式：

```
GPIO_InitStructure.GPIO_Pin = GPIO_Pin_11;
GPIO_InitStructure.GPIO_Mode = GPIO_Mode_IN_FLOATING;
GPIO_InitStructure.GPIO_Speed = GPIO_Speed_50MHz;
GPIO_Init(GPIOC, &GPIO_InitStructure);
```

许多自动化机械都依赖于各种触觉开关，如当机器人碰到障碍物时，触觉开关就会察觉，通过编程让机器人躲开障碍物；旅客登机桥在靠近飞机时为了保护昂贵的飞机，在登机桥接口安装触须，当登机桥离飞机很近时触须就会碰到飞机，立即通知控制器提醒离飞机已经很近了，需要降低靠近速度；工厂利用触觉开关来计量生产线上的工件数量；在工业加工过程中，触觉开关也被用来排列物体。在所有这些实例中，触觉开关提供的输入通过计算机或者单片机处理后生成其他形式的程序化的输出。

🛩 4.2　STM32 单片机输入端口的应用

通过第 2 章的学习，已经知道 STM32 系列单片机有 5 个 16 位的并行 I/O 口：PA、PB、PC、PD 和 PE。这 5 个端口，既可以作为输入，又可以作为输出，既可以按 16 位处理，又可以按位方式使用。实际上，在单片机复位期间和刚复位时，复用功能未开启，I/O 端口被配置成浮空输入模式，所有端口都有外部中断能力。为了使用外部中断线，端口必须配置成输入模式。

作为输入，如果 I/O 引脚上的电压为高电平（5V 或 3.3V），则与其相对应的 I/O 口寄存器中的相应位存储 1；如果电压为低电平（0V），则存储 0。

布置恰当的电路，可以使胡须达到以下效果：当胡须没有被碰到时，I/O 引脚上的电压为高电平（5V 或 3.3V）；当胡须被碰到时，I/O 引脚上的电压为低电平（0V）。单片机读入上述数据，进行分析和处理，控制机器人的运动。安装好胡须的机器人小车如图 4.2 所示。

任务二　安装并测试机器人的触觉——胡须

让机器人通过触觉胡须进行导航，首先必须安装并测试胡须。如图 4.3 所示是所需的硬件元件清单，包括：

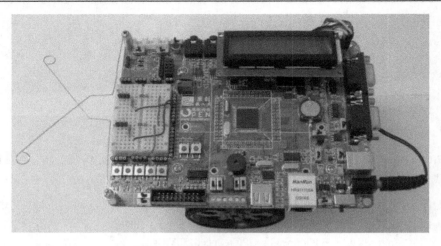

图 4.2　安装好胡须的机器人小车

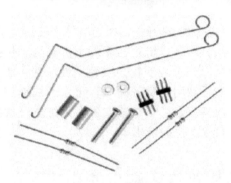

图 4.3　胡须硬件

（1）金属丝 2 根。

（2）平头 M3×22 盘头螺钉 2 个。

（3）13mm 圆形立柱 2 个。

（4）M3 尼龙垫圈 2 个。

（5）3-pin 公—公接头 2 个。

（6）2 个 220Ω 电阻（色环：红—红—黑—黑）。

（7）2 个 10kΩ 电阻（色环：棕—黑—黑—红）。

安装胡须（见图 4.4）

（1）螺钉依次穿过 M3 尼龙垫圈和 13mm 圆形立柱。

（2）螺钉穿过主板上的圆孔之后，拧进主板下面的支架中，但不要拧紧。

（3）把须状金属丝的其中一个钩在尼龙垫圈之上，另一个钩在尼龙垫圈之下，调整它们的位置，使它们横向交叉但又不接触；拧紧螺钉到支架上。

（4）参考接线图 4.5，搭建胡须电路。注意：右边胡须状态信息输入是通过 PE 口的第 1 引脚完成的，而左边胡须状态信息输入是通过 PE 口的第 0 引脚完成的。

（5）确定两条胡须比较靠近，但又不接触面包板上的 3-pin 头，推荐保持 3mm 的距离。

如图 4.6 所示是实际的参考接线图。安装好触觉胡须的教学开发板如图 4.7 所示。

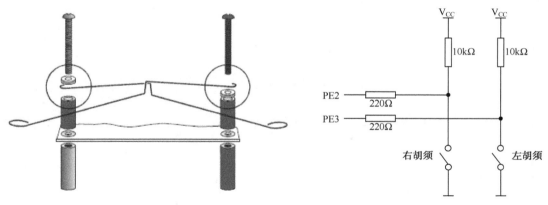

图 4.4　安装机器人胡须　　　　　　　　图 4.5　胡须电路示意图

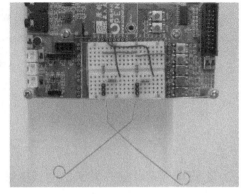

图 4.6　胡须接线图　　　　　　图 4.7　安装好触觉胡须的教学开发板

测试胡须

　　观察图 4.5 所示的胡须电路示意图，显然每条胡须都是一个机械式的、接地常开的开关（类似按键）。胡须接地（GND）是因为教学板外围的镀金孔都连接到 GND。金属支架和螺钉提供电气连接给胡须。

　　通过编程让单片机探测什么时候胡须被触动。由图 4.5 可知，连接到每个胡须电路的 I/O 引脚监视着 10kΩ 上拉电阻上的电压变化。当胡须没有被触动时，连接胡须的 I/O 引脚的电压是高电平；当胡须被触动时，I/O 短接到地，所以 I/O 引脚的电压是低电平。

> ➕➡ **上拉电阻**
> 　　上拉电阻就是与电源相连，起到拉高电平作用的电阻。此电阻还起到限流的作用，如图 4.5 中的 10kΩ 电阻即为上拉电阻。与之对应的还有"下拉电阻"，它与"地（GND）"相连，可把电平拉至低位。

　　例程：TestWhiskers.c

```
#include "stm32f10x_heads.h"
#include "HelloRobot.h"
```

```
int PE2state(void)                    //获取 PE2 的状态
{
    return GPIO_ReadInputDataBit(GPIOE,GPIO_Pin_2);
}
int PE3state(void)                    //获取 PE3 的状态
{
    return GPIO_ReadInputDataBit(GPIOE,GPIO_Pin_3);
}

int main(void)
{
    BSP_Init();
    USART_Configuration();
    printf("Program Running!\r\n");

    while(1)
    {
        printf("右边胡须的状态:%d ", PE2state());
        printf("左边胡须的状态:%d\r\n",PE3state());
        delay_nms(150);
    }
}
```

上面的例程用于测试胡须的功能是否正常。首先，定义两个无参数有返回值的子函数 int PE2state(void)和 int PE3state(void)来获取左右两个胡须的状态。STM32 单片机的 5 个端口 PA、PB、PC、PD 和 PE 是可以按位来操作的，从低到高依次为第 0 口、第 1 口、……、第 15 口。

在弄清楚整个程序的执行原理后，按照下面的步骤执行程序，对触觉胡须进行测试。

- 连接好串口电缆，接通教学板和伺服电机的电源；
- 输入、保存并运行程序 TestWhiskers.c；
- 检查图 4.5，弄清楚哪条胡须是左胡须，哪条是右胡须；
- 此时调试终端显示：“右边胡须的状态:1 左边胡须的状态:1”，如图 4.8 所示；

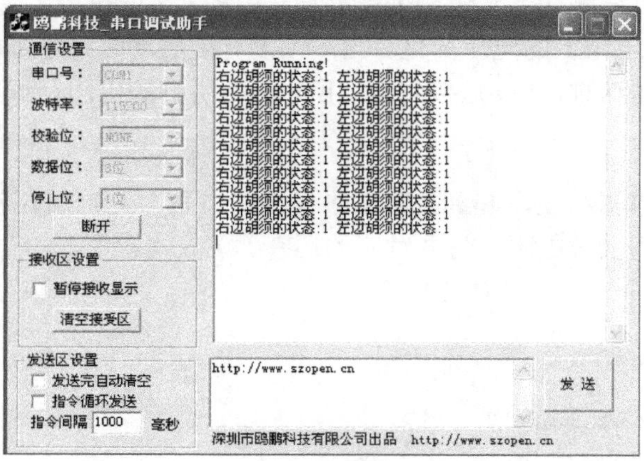

图 4.8　左右胡须均未碰到

● 把右胡须按到 3-pin 转接头上，显示为："右边胡须的状态:0 左边胡须的状态:1"，如图 4.9 所示；

● 把左胡须按到 3-pin 转接头上，显示为："右边胡须的状态:1 左边胡须的状态:0"，如图 4.10 所示；

图 4.9 右胡须碰到

图 4.10 左胡须碰到

● 同时把两个胡须按到各自的 3-pin 转接头上，显示为："右边胡须的状态:0 左边胡须的状态:0"，如图 4.11 所示；

图 4.11　左右胡须均碰到

- 如果两个胡须都通过测试，就可以继续下面的内容了；否则检查程序或电路中存在的错误。

任务三　基于胡须的机器人触觉导航

在任务二中，你已经通过编程检测胡须是否被触碰到。在本任务中将利用这些信息对机器人进行运动导航。在机器人行走过程中，如果有胡须被触碰到，那就意味着碰到了障碍物。导航程序需要接收这些输入信息，判断它的意义，调用一系列使机器人倒退、旋转朝不同方向行走的动作子函数以避开障碍物。

下面的程序使机器人向前走直到碰到障碍物。在这种情况下，机器人用它的一根或者两根胡须探测障碍物。一旦胡须探测到障碍物，调用第 3 章中的导航程序和子程序使小车倒退或者旋转，然后再重新向前行走，直到遇到另一个障碍物。

> **赋值运算符"="与关系运算符 "=="**
>
> 　　注意赋值运算符 "=" 与关系运算符 "==" 的区别：赋值运算符 "=" 用来给变量赋值；关系运算符 "==" 用于判断两个值是否相等。

逻辑与 "&&" 运算符的运算规则：A&&B 表示若 A、B 都为真，则 A&&B 为真。
注意区分位操作符 "&" 和逻辑运算符 "&&"。

例程：RoamingWithWhiskers.c
- 打开主板和伺服电机的电源；
- 输入、保存并运行程序 RoamingWithWhiskers.c；
- 尝试让机器人运动，当在其路线上遇到障碍物时，它将后退、旋转并向另一个方向运动。

```
#include "stm32f10x_heads.h"
#include "HelloRobot.h"

int PE2state(void)//获取 PE2 的状态
{
    return GPIO_ReadInputDataBit(GPIOE,GPIO_Pin_2);
}

int PE3state(void)//获取 PE3 的状态
{
    return GPIO_ReadInputDataBit(GPIOE,GPIO_Pin_3);
}

void Forward(void)
{
    GPIO_SetBits(GPIOD, GPIO_Pin_10);
    delay_nus(1700);
    GPIO_ResetBits(GPIOD,GPIO_Pin_10);

    GPIO_SetBits(GPIOD, GPIO_Pin_9);
    delay_nus(1300);
    GPIO_ResetBits(GPIOD,GPIO_Pin_9);

    delay_nms(20);
}
void Left_Turn(void)
{
    int i;
    for(i=1;i<=26;i++)
    {
        GPIO_SetBits(GPIOD, GPIO_Pin_10);
        delay_nus(1300);
        GPIO_ResetBits(GPIOD,GPIO_Pin_10);

        GPIO_SetBits(GPIOD, GPIO_Pin_9);
        delay_nus(1300);
        GPIO_ResetBits(GPIOD,GPIO_Pin_9);

        delay_nms(20);
    }
}
void Right_Turn(void)
{
    int i;
    for(i=1;i<=26;i++)
    {
```

```c
            GPIO_SetBits(GPIOD, GPIO_Pin_10);
            delay_nus(1700);
            GPIO_ResetBits(GPIOD,GPIO_Pin_10);

            GPIO_SetBits(GPIOD, GPIO_Pin_9);
            delay_nus(1700);
            GPIO_ResetBits(GPIOD,GPIO_Pin_9);

            delay_nms(20);
        }
}
void Backward(void)
{
    int i;
    for(i=1;i<=65;i++)
    {
            GPIO_SetBits(GPIOD, GPIO_Pin_10);
            delay_nus(1300);
            GPIO_ResetBits(GPIOD,GPIO_Pin_10);

            GPIO_SetBits(GPIOD, GPIO_Pin_9);
            delay_nus(1700);
            GPIO_ResetBits(GPIOD,GPIO_Pin_9);

            delay_nms(20);
        }
}
int main(void)
{
    BSP_Init();
    USART_Configuration();
    printf("Program Running!\n");

    while(1)
    {
        if((PE2state()==0)&&( PE3state()==0))        //两胡须须同时碰到
        {
            Backward(); //向后
            Left_Turn();//向左
            Left_Turn();//向左
        }
        else if(PE2state()==0)                        //右胡须碰到
        {
            Backward();//向后
            Left_Turn();//向左
        }
```

```
            else if(PE3state()==0)                  //左胡须碰到
            {
                Backward();                          //向后
                Right_Turn();                        //向右
            }
            else                                     //胡须没有碰到
                Forward();                           //向前
        }
    }
```

注意： 函数 Forward()有一个变动。它只发送一个脉冲，然后返回。这点相当重要，因为机器人可以在向前运动中的每两个脉冲之间检测胡须的状态。这意味着，机器人在向前行走的过程中，每秒检查触须状态大概 43 次（$1000ms/23ms \approx 43$）。

因为每个全速前进的脉冲都使得机器人前进大约半厘米，只发送一个脉冲，然后回去检查胡须的状态是一个好主意。每次程序从 Forward()返回后，程序再次从 while 循环的开始处执行，此时 if...else 语句会再次检测胡须的状态。

任务四　机器人进入死区后的人工智能决策

你或许已经注意到机器人卡在墙角里的情况。当机器人进入墙角时，左胡须触墙，于是它右转，向前行走，右胡须触墙，于是左转前进，又碰到左墙，再次碰到右墙……如果不是你把它从墙角拿出来，它会一直困在墙角里而出不来。

编程逃离墙角死区

可以修改 RoamingWithWhiskers.c 使机器人碰到上述问题时能够逃离死区。技巧是记下胡须交替触动的总次数。技巧的关键是程序必须记住每个胡须的前一次触动状态，并和当前触动状态对比。如果状态相反，就在交替总数上加 1。如果这个交替总数超过了程序中预先给定的阈值，表示这是个墙角（死区），那么就该做一个"U"形转弯，并且把胡须交替计数器复位。

这个技巧的编程实现依赖于 if...else 嵌套语句。换句话说，程序检查一种条件，如果该条件成立（条件为真），则再检查包含于这个条件之内的另一个条件。下面是用伪代码说明嵌套语句的用法。

```
IF (condition1)
{
    commands for condition1
    IF(condition2)
    {
        commands for both condition2 and condition1
    }
    ELSE
    {
        commands for condition1 but not condition2
```

```
        }
    }
    ELSE
    {
        commands for not condition1
    }
```

伪代码

通常用来描述不依赖于计算机语言的算法。实际上在前面几章的任务和小结中，已经多次提醒和暗示你，无论是哪种计算机语言，都必须能够描述人类知识的逻辑结构。而人类知识的逻辑结构是统一的，如条件判断就是人类知识最核心的逻辑之一。因此，各种计算机语言都有语法和关键词来实现条件判别。因此，在写条件判断算法时，经常用一种用于描述人类知识结构逻辑的伪代码来描述在计算机中如何实现这些逻辑算法，以使算法具有通用性。有了伪代码，用具体的语言来实现算法就很简单了。

下面的例程用于探测连续的、交替出现的胡须触动过程。这个程序使机器人在第 4 次或第 5 次交替探测到墙角后，完成一个"U"形的拐弯，次数依赖于哪一个胡须先被触动。

● 输入、保存并运行程序 EscapingCorners.c；
● 在机器人行走时，轮流触动它的胡须，测试该程序。

例程：EscapingCorners.c

```c
#include "stm32f10x_heads.h"
#include "HelloRobot.h"

int PE2state(void)//获取 PE2 的状态
{
    return GPIO_ReadInputDataBit(GPIOE,GPIO_Pin_2);
}

int PE3state(void)//获取 PE3 的状态
{
    return GPIO_ReadInputDataBit(GPIOE,GPIO_Pin_3);
}

void Forward(void)
{
…  //略，同前
}
void Left_Turn(void)
{
…  //略，同前
}
void Right_Turn(void)
{
…  //略，同前
```

```
}
void Backward(void)
{
…  //略，同前
}

int main(void)
{
        int counter=1;      //胡须碰撞总次数
        int old2=1;         //右胡须旧状态
        int old3=0;         //左胡须旧状态

        BSP_Init();
        USART_Configuration();
        printf("Program Running!\n");

        while(1)
        {
            if(PE3state()!=PE2state())
            {
                if((old2!=PE2state())&&(old3!=PE3state()))
                {
                    counter=counter+1;
                    old2=PE2state();
                    old3=PE3state();
                    if(counter>4)
                    {
                        counter=1;
                        Backward();//向后
                        Left_Turn();//向左
                        Left_Turn();//向左
                    }
                }
                else
                    counter=1;
            }
            if((PE3state()==0)&&(PE2state()==0))
            {
                Backward();//向后
                Left_Turn();//向左
                Left_Turn();//向左
            }
            else if(PE2state()==0)
            {
                Backward();//向后
                Left_Turn();//向左
```

```
        }
        else if(PE3state()==0)
        {
                Backward();//向后
                Right_Turn();//向右
        }
        else
                Forward();//向前
    }
}
```

EscapingCorners.c 是如何工作的？

由于该程序是由 RoamingWithWhiskers.c 修改而来，故这里只讨论与探测和逃离墙角相关的新特征。

```
    int counter=1;
    int old2=1;
    int old3=0;
```

这三个变量用于探测墙角。int 型变量 counter 用来存储交替探测的次数。例程中，设定的交替探测的最大值为 4。int 型变量 old2、old3 存储胡须旧的状态值。

程序赋 counter 初值为 1，当机器人卡在墙角此值累计到 4 时，counter 复位为 1。old2 和 old3 必须赋值以至于看起来好像两根胡须中的其中一根在程序开始之前被触动了。这些工作之所以必须做，是因为探测墙角的程序总是对比交替触动的部分，或者 PE2state()==0，或者 PE3state()==0。与之对应，old2 和 old3 的值也相互不同。

现在看探测连续而交替触动墙角的部分。

首先要检查的是，是否有且只有一个胡须被触动。简单的方法就是询问"是否 PE2state() 不等于 PE3state()"。其具体判断语句如下：

```
    if(PE3state()!=PE3state())
```

假如真有胡须被触动，接下来要做的事情就是检查当前状态是否确实与上次不同。换句话说，是 old2 不等于 PE2state() 和 old3 不等于 PE3state() 吗？如果是，就在胡须触动计数器上加 1，同时记下当前的状态，设置 old2 等于当前的 PE2state()，old3 等于当前的 PE3state()。

```
        if((PE2state()==0)&&(PE3state()==0))
        {
                Backward();//向后
                Left_Turn();//向左
                Left_Turn();//向左
        }
```

如果发现胡须连续 4 次被触动，那么计数值置 1，并且进行"U"形拐弯。

```
    if(counter>4)
```

```
        {
                counter=1;
                Backward();
                Left_Turn();
                Left_Turn();
        }
```

紧接的 else 语句是机器人没有陷入墙角情况，故需要将计数器值置 1。之后的程序和 RoamingWithWhiskers.c 中的一样。

● 尝试增加变量 counter 的数值为 5 和 6，注意结果；
● 尝试减小变量 counter 的数值，观察小车在正常行走过程中是否有所不同。

4.3　STM32 单片机中断编程

中断是计算机和嵌入式系统中的一个十分重要的概念，在现代计算机和嵌入式系统中毫无例外地都要采用中断技术。什么是中断呢？可以举一个日常生活中的例子来说明，假如你正在看书，电话铃响了，这时你放下书，去接电话，通话完毕，再继续看书。这个例子就表达了中断及其处理过程：电话铃声使你暂时中止当前的工作，而去处理更为急需处理的事情（接电话），把急需处理的事情处理完毕之后，再回头来继续原来的事情。在这个例子中，电话铃声称为"中断请求"，你暂停看书去接电话叫做"中断响应"，接电话的过程就是"中断处理"。

在计算机执行程序的过程中，由于出现某个特殊情况（或称为"事件"），使得 CPU 中止现行程序，而转去执行处理该事件的处理程序（俗称中断处理或中断服务程序），待中断服务程序执行完毕，再返回断点处继续执行原来的程序，这个过程称为"中断"。

计算机为什么要采用中断

为了说明问题，再举一个例子。假设你有一个朋友来拜访你，但是由于不知道何时到达，你只能在大门等待，于是什么事情也干不了。如果在门口装一个门铃，你就不必在门口等待而去做其他的工作，朋友来了按门铃通知你，你这时才中断你的工作去开门，这样就可避免等待和浪费时间。计算机也是一样，如打印输出，CPU 传送数据的速率高，而打印机打印的速率低，如果不采用中断技术，CPU 将经常处于等待状态，效率极低。而采用了中断方式，CPU 可以进行其他的工作，只在打印机缓冲区中的当前内容打印完毕发出中断请求之后，才予以响应，暂时中断当前的工作转去执行向缓冲区传送数据，传送完成后又返回执行原来的程序，这样就大大地提高了计算机系统的效率。

中断是单片机实时处理内部或外部事件的一种内部机制。当某种内部或外部事件发生时，单片机的中断系统将迫使 CPU 暂停正在执行的程序，转而去进行中断事件的处理，中断处理完毕后，又返回被中断的程序处，继续执行下去。也就是说，中断是一种发生了一个事件时调用相应的处理程序的过程。在一定条件下，CPU 响应中断后，暂停源程序的执行，转至为这个事件服务的中断处理程序。

中断是由于软件的或硬件的信号，使得 CPU 放弃当前的任务，转而去执行另一段子程序。可见，中断是可以人为参与（软件）或者硬件自动完成的、使 CPU 发生的一种程序跳转。通常外部中断是由外部设备通过请求引脚向 CPU 提出的。中断信号也可以是 CPU 内部产生的，如定时器、实时时钟等。

在 STM32 单片机复位期间和刚复位后，复用功能未开启，I/O 端口被配置成浮空输入模式，所有端口都有外部中断能力。为了使用外部中断线，端口必须配置成输入模式。

STM32 单片机的中断系统

相对于 ARM7 使用的外部中断控制器，Cortex-M3 内核中集成了中断控制器和中断优先级控制寄存器，支持 256 个中断（16 个内核+240 个外部）和可编程 256 级中断优先级的设置。NVIC 使用的是基于堆栈的异常模型。在处理中断时，将程序计数器、程序状态寄存器、链接寄存器和通用寄存器压入堆栈，中断处理完成后，再恢复这些寄存器。堆栈处理是由硬件完成的，无须在中断服务程序中进行堆栈操作。使用尾链（Tail-chaining）连续中断技术只需消耗 3 个时钟周期，相比于 32 个时钟周期的连续压、出堆栈，大大降低了延迟，提供了确定的、低延迟的中断处理，提高了性能。

STM32 单片机并没有使用 ARM Cortex-M3 内核全部的东西（如内存保护单元 MPU、8 位中断优先级等），因此它的 NVIC 是 ARM Cortex-M3 内核的 NVIC 的子集。STM32F10× 系列单片机的嵌套中断向量控制器（NVIC）支持 68 个可屏蔽中断通道（不包含 16 个 Cortex-M3 内核的中断线），具有 16 级可编程中断优先级的设置（仅使用中断优先级设置 8bit 中的高 4 位），见表 4.1 和表 4.2。

表 4.1　ARM Cortex-M3 内核的 16 个中断通道对应的中断向量

位　　置	优　先　级	优先级类型	名　　称	说　　明	地　　址
—	—	—	—	保留	0x0000_0000
—	−3（最高）	固定	Reset	复位	0x0000_0004
—	−2	固定	NMI	不可屏蔽中断，RCC 时钟安全系统(CSS)连接到 NMI 向量	0x0000_0008
—	−1	固定	硬件失效	所有类型的失效	0x0000_000C
—	0	可设置	存储管理	存储器管理	0x0000_0010
—	1	可设置	总线错误	预取指失败，存储器访问失败	0x0000_0014
—	2	可设置	错误应用	未定义的指令或非法状态	0x0000_0018
—	—	—	—	保留	0x0000_001C
—	—	—	—	保留	0x0000_0020
—	—	—	—	保留	0x0000_0024
—	—	—	—	保留	0x0000_0028
—	3	可设置	SVCall	通过 SWI 指令的系统服务调用	0x0000_002C

续表

位　　置	优　先　级	优先级类型	名　　称	说　　明	地　　址
—	4	可设置	调试监控	调试监控器	0x0000_0030
—	—	—	—	保留	0x0000_0034
—	5	可设置	PendSV	可挂起的系统服务	0x0000_0038
—	6	可设置	SysTick	系统嘀嗒定时器	0x0000_003C

表 4.2　STM32F10×系列单片机的可屏蔽中断通道对应的中断向量

位　　置	优　先　级	优先级类型	名　　称	说　　明	地　　址
0	7	可设置	WWDG	窗口看门狗定时器中断	0x0000_0040
1	8	可设置	PVD	连到 EXTI 的电源电压检测(PVD)中断	0x0000_0044
2	9	可设置	TAMPER	侵入检测中断	0x0000_0048
3	10	可设置	RTC	实时时钟(RTC)全局中断	0x0000_004C
4	11	可设置	FLASH	闪存全局中断	0x0000_0050
5	12	可设置	RCC	复位和时钟控制(RCC)中断	0x0000_0054
6	13	可设置	EXTI0	EXTI 线 0 中断	0x0000_0058
7	14	可设置	EXTI1	EXTI 线 1 中断	0x0000_005C
8	15	可设置	EXTI2	EXTI 线 2 中断	0x0000_0060
9	16	可设置	EXTI3	EXTI 线 3 中断	0x0000_0064
10	17	可设置	EXTI4	EXTI 线 4 中断	0x0000_0068
11	18	可设置	DMA 通道 1	DMA 通道 1 全局中断	0x0000_006C
12	19	可设置	DMA 通道 2	DMA 通道 2 全局中断	0x0000_0070
13	20	可设置	DMA 通道 3	DMA 通道 3 全局中断	0x0000_0074
14	21	可设置	DMA 通道 4	DMA 通道 4 全局中断	0x0000_0078
15	22	可设置	DMA 通道 5	DMA 通道 5 全局中断	0x0000_007C
16	23	可设置	DMA 通道 6	DMA 通道 6 全局中断	0x0000_0080
17	24	可设置	DMA 通道 7	DMA 通道 7 全局中断	0x0000_0084
18	25	可设置	ADC	ADC 全局中断	0x0000_0088
19	26	可设置	USB_HP_CAN_TX	USB 高优先级或 CAN 发送中断	0x0000_008C
20	27	可设置	USB_LP_CAN_RX0	USB 低优先级或 CAN 接收 0 中断	0x0000_0090
21	28	可设置	CAN_RX1	CAN 接收 1 中断	0x0000_0094
22	29	可设置	CAN_SCE	CAN SCE 中断	0x0000_0098
23	30	可设置	EXTI9_5	EXTI 线[9:5]中断	0x0000_009C

续表

位　置	优　先　级	优先级类型	名　　称	说　　明	地　址
24	31	可设置	TIM1_BRK	TIM1 刹车中断	0x0000_00A0
25	32	可设置	TIM1_UP	TIM1 更新中断	0x0000_00A4
26	33	可设置	TIM1_TRG_COM	TIM1 触发和通信中断	0x0000_00A8
27	34	可设置	TIM1_CC	TIM1 捕获比较中断	0x0000_00AC
28	35	可设置	TIM2	TIM2 全局中断	0x0000_00B0
29	36	可设置	TIM3	TIM3 全局中断	0x0000_00B4
30	37	可设置	TIM4	TIM4 全局中断	0x0000_00B8
31	38	可设置	I^2C1_EV	I^2C1 事件中断	0x0000_00BC
32	39	可设置	I^2C1_ER	I^2C1 错误中断	0x0000_00C0
33	40	可设置	I^2C2_EV	I^2C2 事件中断	0x0000_00C4
34	41	可设置	I^2C2_ER	I^2C2 错误中断	0x0000_00C8
35	42	可设置	SPI1	SPI1 全局中断	0x0000_00CC
36	43	可设置	SPI2	SPI2 全局中断	0x0000_00D0
37	44	可设置	USART1	USART1 全局中断	0x0000_00D4
38	45	可设置	USART2	USART2 全局中断	0x0000_00D8
39	46	可设置	USART3	USART3 全局中断	0x0000_00DC
40	47	可设置	EXTI15_10	EXTI 线[15:10]中断	0x0000_00E0
41	48	可设置	RTCAlarm	连接到 EXTI 的 RTC 闹钟中断	0x0000_00E4
42	49	可设置	USB 唤醒	连接到 EXTI 的从 USB 待机唤醒中断	0x0000_00E8
43	50	可设置	TIM8_BRK	TIM8 刹车中断	0x0000_00EC
44	51	可设置	TIM8_UP	TIM8 更新中断	0x0000_00F0
45	52	可设置	TIM8_TRG_COM	TIM8 触发和通信中断	0x0000_00F4
46	53	可设置	TIM8_CC	TIM8 捕获比较中断	0x0000_00F8
47	54	可设置	ADC3	ADC3 全局中断	0x0000_00FC
48	55	可设置	FSMC	FSMC 全局中断	0x0000_0100
49	56	可设置	SDIO	SDIO 全局中断	0x0000_0104
50	57	可设置	TIM5	TIM5 全局中断	0x0000_0108
51	58	可设置	SPI3	SPI3 全局中断	0x0000_010C
52	59	可设置	UART4	UART4 全局中断	0x0000_0110
53	60	可设置	UART5	UART5 全局中断	0x0000_0114

续表

位　　置	优　先　级	优先级类型	名　　称	说　　明	地　　址
54	61	可设置	TIM6	TIM6 全局中断	0x0000_0118
55	62	可设置	TIM7	TIM7 全局中断	0x0000_011C
56	63	可设置	DMA2 通道 1	DMA2 通道 1 全局中断	0x0000_0120
57	64	可设置	DMA2 通道 2	DMA2 通道 2 全局中断	0x0000_0124
58	65	可设置	DMA2 通道 3	DMA2 通道 3 全局中断	0x0000_0128
59	66	可设置	DMA2 通道 4	DMA2 通道 4 全局中断	0x0000_012C
60	67	可设置	DMA2 通道 5	DMA2 通道 5 全局中断	0x0000_0130
61	68	可设置	ETH	以太网全局中断	0x0000_0134
62	69	可设置	ETH_WKUP	连接到 EXTI 的以太网唤醒中断	0x0000_0138
63	70	可设置	CAN2_TX	CAN2 发送中断	0x0000_013C
64	71	可设置	CAN2_RX0	CAN2 接收 0 中断	0x0000_0140
65	72	可设置	CAN2_RX1	CAN2 接收 1 中断	0x0000_0144
66	73	可设置	CAN2_SCE	CAN2 的 SCE 中断	0x0000_0148
67	74	可设置	OTG_FS	全速的 USB OTG 全局中断	0x0000_014C

　　嵌套中断向量控制器（NVIC）相关寄存器管理 STM32 单片机所有中断开关和中断优先级。NVIC 共支持 1～240 个外部中断输入。除了个别中断的优先级被固定外，其他中断的优先级都是可设置的。其中，对于所有的 ARM Cortex-M3 内核处理器（包括 STM32），256 个中断（异常）中的前面 16 个（0～15 号）内核中断都是一样的，而 240 个外部中断具体的数值由芯片厂商在设计芯片时决定。一般地，各种芯片的中断源数目常常不到 240 个，并且优先级的位数也由芯片厂商决定。对于 STM32F10×系列单片机而言，其嵌套中断向量控制器（NVIC）支持 68 个可屏蔽中断通道（不包含 16 个 Cortex-M3 内核的中断线），具有 16 级可编程中断优先级的设置（仅使用中断优先级设置 8bit 中的高 4 位）。

　　编写 STM32 单片机的中断服务程序，首先要知道 stm32f10x_it.c 这个文件。打开固件库目录（\library\src）下的这个文件，可以看到***_IRQHandler 函数的实现，虽然说是实现，但是几乎都是空的。这些函数就是要开发者填写的中断服务（处理）函数，如果你用到了哪个中断来做相应的处理，你就要填写相应的中断处理函数。这需要根据 STM32 单片机开发板（嵌入式产品）各外设的实际情况来填写，但是一般都会有关闭和开启中断及清除中断的标记。在这个文件中还有很多系统相关的中断处理函数，如系统时钟 SysTickHandler。

➕ ➡ 中断通道

　　每个中断对应一个外围设备，但外围设备通常具备若干个可以引起中断的中断源或中断事件，而该设备的所有的中断都只能通过该指定的“中断通道”向内核申请中断。STM32 系列单片机可以支持的 68 个外部中断通道，已经固定地分配给相应的外部设备。

STM32 单片机的外部中断

STM32 单片机 80 个通用 I/O 端口连接到 19 个外部中断/事件源上。图 4.12 是 STM32 单片机通用 I/O 与外部中断的映射关系：PAx, PBx, PCx, PDx 和 PEx 端口对应的是同一个外部中断/事件源 EXTIx（x：0~15）。另外三个外部中断/事件控制器的连接如下：

- 外部中断/事件源 EXTI 16 连接到 PVD 电源电压检测输出；
- 外部中断/事件源 EXTI 17 连接到 RTC 闹钟事件；
- 外部中断/事件源 EXTI 18 连接到从 USB 待机唤醒事件。

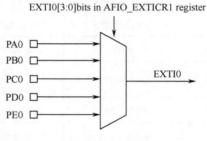

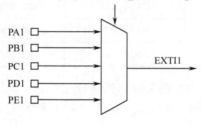

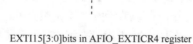

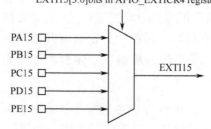

图 4.12　STM32 单片机通用 I/O 与外部中断的映射关系

将教学开发板上 4 个按键中的一个按键（PC9 端口）设置成可以中断，以实现下面的按键中断程序。

任务五　按键中断

例程：KeyWithEINT.c

```
#include "stm32f10x_heads.h"
#include "HelloRobot.h"

int main(void)
{
    BSP_Init();   //开发板初始化函数
    USART_Configuration();
    printf("Program Running!\n");

    while (1);//等待中断到来
}
```

在固件库文件 stm32f10x_it.c 中，编写中断服务函数代码：

```
#include "stm32f10x_it.h"
extern void delay_nms(unsigned long n);
…
void EXTI9_5_IRQHandler(void)
{
  if(GPIO_ReadOutputDataBit(GPIOB, GPIO_Pin_9)==0)
     GPIO_SetBits(GPIOB, GPIO_Pin_9);
  else
     GPIO_ResetBits(GPIOB, GPIO_Pin_9);

  delay_nms(10) ;                        //去抖动

  EXTI_ClearITPendingBit( EXTI_Line9) ;     //中断结束时清中断标志位
  EXTI_ClearITPendingBit( EXTI_Line5) ;     //中断结束时清中断标志位
}

/* BSP_Init()开放了 EINT4 中断，如不用，为了防止干扰信号，加入以下代码 */
void EXTI4_IRQHandler(void)
{
    EXTI_ClearITPendingBit(EXTI_Line4) ;     //中断结束时清中断标志位
}
```

　　中断的初始化工作放在开发板初始化函数 BSP_Init()中（下面将介绍），主程序执行到 while(1)等待中断的到来。当中断到来时，转而跳转到中断处理函数***_IRQHandler()中去。

该你了——编写、下载并执行这个程序

按下 PC9 端口对应的按键，相应的发光二极管的亮灭状态会交替变化。

到这里，你可能会有个疑问：当一个中断到来时，是怎样关联到 STM32 固件库中的 ***_IRQHandler(void)中断服务（处理）函数的呢？即 STM32 单片机的中断执行过程是怎样的？这就需要了解 STM32 单片机的中断结构和相关寄存器的配置。

STM32 单片机的中断机制

（1）STM32 单片机外部中断/事件控制器结构

STM32 单片机 80 个通用 I/O 端口连接到 19 个外部中断/事件源上，如图 4.13 所示。外部中断/事件控制器由 19 个产生事件/中断要求的边沿检测器组成。每个输入线可以独立地配置输入类型（脉冲或挂起）和对应的触发事件（上升沿或下降沿或者双边沿都触发）。每个输入线都可以被独立的屏蔽，由"登记请求寄存器"保持着状态线的中断请求。"登记请求寄存器"也叫"挂起请求寄存器"，指的是同一个寄存器。

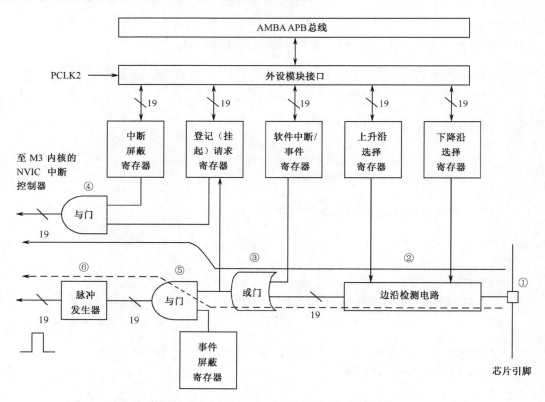

图 4.13　STM32 单片机外部中断/事件控制器结构图

图 4.13 中信号线上画有一条斜线，旁边标记 19 字样的注释，表示这样的线路共有 19 套。在图上部的 APB 总线和外设模块接口，是每一个功能模块都有的部分，CPU 通过这样的接口访问各个功能模块。

图中的实线箭头，标出了外部中断信号的传输路径，首先外部信号从编号 1 的芯片引脚进

入，经过编号 2 的边沿检测电路，通过编号 3 的或门进入中断"登记（挂起）请求寄存器"，最后经过编号 4 的与门输出到 M3 内核的"NVIC 中断控制器"。在这个通道上有 4 个控制部分。

① 外部的信号首先经过边沿检测电路，这个边沿检测电路受"上升沿选择寄存器"或"下降沿选择寄存器"控制，用户可以使用这两个寄存器控制需要哪一个边沿产生中断，因为选择上升沿或下降沿是分别受 2 个独立的寄存器控制，所以可以同时选择上升沿或下降沿，而如果只有一个寄存器控制，那么只能选择一个边沿了。

② 接下来是编号 3 的或门，这个或门的另一个输入是"软件中断/事件寄存器"，从这里可以看出，软件可以优先于外部信号请求一个中断或事件，即当"软件中断/事件寄存器"的对应位为"1"时，不管外部信号如何，编号 3 的或门都会输出有效信号。

③ 一个中断或事件请求信号经过编号 3 的或门后，进入"登记（挂起）请求寄存器"，到此，中断和事件的信号传输通路都是一致的，也就是说，"登记（挂起）请求寄存器"中记录了外部信号的电平变化。

④ 外部请求信号最后经过编号 4 的与门，向 Cortex-M3 内核的"NVIC 中断控制器"发出一个中断请求，如果"中断屏蔽寄存器"的对应位为"0"，则该请求信号不能传输到与门的另一端，从而实现了中断的屏蔽。

上述是外部中断的请求机制，下面介绍事件的请求机制。图 4.13 中虚线箭头，标出了外部事件信号的传输路径，外部请求信号经过编号 3 的或门后，进入编号 5 的与门，这个与门的作用与编号 4 的与门类似，用于引入"事件屏蔽寄存器"的控制；最后脉冲发生器把一个跳变的信号转变为一个单脉冲，输出到芯片中的其他功能模块。

由图 4.13 可知，从外部激励信号来看，中断和事件是没有分别的，只是在芯片内部分开，一路信号会向 CPU 产生中断请求，另一路信号会向其他功能模块发送脉冲触发信号，其他功能模块如何响应这个触发信号，则由相应的模块自己决定。

STM32 单片机通用 I/O 与外部中断的映射关系

在图 4.12 中的 STM32 单片机通用 I/O 与外部中断的映射关系中，AFIO_EXTICRx（x：1～4）寄存器映像和复位值见表 4.3，其中包含了 EXTI0[3:0]～ EXTI15[3:0]。举例说明如下。

表 4.3　AFIO 寄存器映像和复位值

偏移	寄存器	31	30	29	28	27	26	25	24	23	22	21	20	19	18	17	16	15	14	13	12	11	10	9	8	7	6	5	4	3	2	1	0
000h	AFIO_EVCR	保留																								EVOE	PORT[2:0]			PIN[3:0]			
	复位值																									0	0	0	0	0	0	0	0
004h	AFIO_MAPR	保留			SWJ_CFG[2:0]			保留										PD01_REMAP	CAN_REMAP[1:0]		TIM4_REMAP	TIM3_REMAP[1:0]		TIM2_REMAP[1:0]		TIM1_REMAP[1:0]		USART3_REMAP[1:0]		USART2_REMAP	USART1_REMAP	I²C1_REMAP	SPI1_REMAP
	复位值				0	0	0											0	0	0	0	0	0	0	0	0	0	0	0	0	0	0	0
008h	AFIO_EXTICR1	保留																EXTI3[3:0]				EXTI2[3:0]				EXTI1[3:0]				EXTI0[3:0]			
	复位值																	0	0	0	0	0	0	0	0	0	0	0	0	0	0	0	0

续表

偏移	寄存器	保留			
00Ch	AFIO_EXTICR2	保留	EXTI7[3:0]	EXTI6[3:0]	EXTI5[3:0]	EXTI4[3:0]
	复位值		0 0 0 0	0 0 0 0	0 0 0 0	0 0 0 0
010h	AFIO_EXTICR3	保留	EXTI11[3:0]	EXTI10[3:0]	EXTI9[3:0]	EXTI8[3:0]
	复位值		0 0 0 0	0 0 0 0	0 0 0 0	0 0 0 0
014h	AFIO_EXTICR4	保留	EXTI15[3:0]	EXTI14[3:0]	EXTI13[3:0]	EXTI12[3:0]
	复位值		0 0 0 0	0 0 0 0	0 0 0 0	0 0 0 0

AFIO_EXTICR1 寄存器的 EXTI0[3:0]位的含义：

0000：代表 PA0 引脚；0001：代表 PB0 引脚；0010：代表 PC0 引脚；0011：代表 PD0 引脚；0100：代表 PE0 引脚。

AFIO_EXTICR1 寄存器的 EXTI1[3:0]位的含义：

0000：代表 PA1 引脚；0001：代表 PB1 引脚；0010：代表 PC1 引脚；0011：代表 PD1 引脚；0100：代表 PE1 引脚。以此类推。

这 19 个外部中断/事件源所对应的控制器寄存器映像和复位值见表 4.4，存储器映射首地址为：0x40010400。下面简单介绍这些寄存器的含义。

表 4.4 外部中断/事件控制器寄存器映像和复位值

偏移	寄存器	31 30 29 28 27 26 25 24 23 22 21 20	19 18 17 16 15 14 13 12 11 10 9 8 7 6 5 4 3 2 1 0
000h	EXTI_IMR	保留	MR[18:0]
	复位值		0 0 0 0 0 0 0 0 0 0 0 0 0 0 0 0 0 0 0
004h	EXTI_EMR	保留	MR[18:0]
	复位值		0 0 0 0 0 0 0 0 0 0 0 0 0 0 0 0 0 0 0
008h	EXTI_RISR	保留	TR[18:0]
	复位值		0 0 0 0 0 0 0 0 0 0 0 0 0 0 0 0 0 0 0
00Ch	EXTI_FISR	保留	TR[18:0]
	复位值		0 0 0 0 0 0 0 0 0 0 0 0 0 0 0 0 0 0 0
010h	EXTI_SWIER	保留	SWIER[18:0]
	复位值		0 0 0 0 0 0 0 0 0 0 0 0 0 0 0 0 0 0 0
014h	EXTI_PR	保留	PR[18:0]
	复位值		0 0 0 0 0 0 0 0 0 0 0 0 0 0 0 0 0 0 0

硬件中断选择通过下面的过程来配置 19 个线路作为中断源，相关的寄存器配置包括：

● 配置 19 个中断线的中断屏蔽寄存器（EXTI_IMR：Interrupt Mask Register）；

● 配置触发方式：上升沿触发选择寄存器（EXTI_RTSR：Rising Trigger Selection Register）和下降沿触发选择寄存器（EXTI_FTSR：Falling Trigger Selection Register）；

● 配置那些控制 I/O 映像到外部中断控制器（EXTI）的 NVIC 中断通道的使能和屏蔽位，使得 19 个中断线中的请求可以被正确地响应。

硬件事件选择通过下面的过程来配置 19 个线路作为事件源，相关的寄存器配置包括：

● 配置 19 个事件线的事件屏蔽寄存器（EXTI_EMR：Event Mask Register）；

● 配置触发方式：上升沿触发选择寄存器（EXTI_RTSR）和下降沿触发选择寄存器（EXTI_FTSR）。

软件中断/事件的选择使 19 个线路可以被配置成软件中断/事件线,相关寄存器的配置包括:

● 配置 19 个中断/事件线的中断屏蔽寄存器和事件屏蔽寄存器(EXTI_IMR, EXTI_EMR);

● 配置软件中断/事件寄存器的请求位(EXTI_SWIER: Software Interrupt Event Register)。

如要产生中断,中断线须事先配置好并被激活。这是根据需要的边沿检测通过设置 2 个"触发选择寄存器",并在"中断屏蔽寄存器"的相应位写"1"来允许中断请求。当需要的边沿在外部中断线上发生时,将产生一个中断请求,对应的"登记(挂起)请求寄存器"相应位被置 1。

注意:通过写"1"到"中断登记(挂起)寄存器",而不是写"0"清除该中断请求标记。ARM9 和 ARM11 处理器也是如此。

为产生事件触发,事件连接线须事先配置好并被激活。这是根据需要的边沿检测通过设置 2 个"触发选择寄存器",并在"事件屏蔽寄存器"的相应位写"1"来允许事件请求。当需要的边沿在事件连线上发生时,将产生一个事件请求脉冲,对应的"登记(挂起)请求寄存器"相应位不被置 1。

通过在"软件中断/事件寄存器"写"1",一个中断/事件请求也可以通过软件来产生。即软件可以优先于外部信号请求一个中断或事件,当"软件中断/事件寄存器"的对应位为"1"时,不管外部信号如何,都会产生一个中断/事件请求,对应的"登记(挂起)请求寄存器"相应位也被置 1。

嵌套向量中断控制器(NVIC)

在图 4.13 中,中断信号经屏蔽寄存器控制后,送至 ARM Cortex-M3 内核中的"嵌套向量中断控制器(NVIC)"。我们知道,NVIC 可以支持 240 个外部中断输入,这 240 个中断的使能与禁止(除能)分别使用各自的寄存器来控制。这与传统的、使用单一比特的两个状态来设置中断使能与禁止是不同的。

NVIC 中有 240 对使能位/禁止位,每个中断拥有一对。这 240 个对分布在 8 对 32 位寄存器中(最后一对没有用完),分别是 SETENA0～SETENA7 和 CLRENA0～CLRENA7,对应的地址是:0xE000E100～0xE000E11C 和 0xE000E180～0xE000E19C,见表 4.5。

表 4.5　SETENAx 和 CLRENAx 寄存器表

名　称	类　型	地　址	复 位 值	描　　述
SETENA0	R/W	0xE000_E100	0	中断 0～31 的使能寄存器,共 32 个使能位。位[n]:中断#n 使能(异常号 16+n)
SETENA1	R/W	0xE000_E104	0	中断 32～63 的使能寄存器,共 32 个使能位
...	...	...	...	...
SETENA7	R/W	0xE000_E11C	0	中断 224～239 的使能寄存器,共 16 个使能位
CLRENA0	R/W	0xE000_E180	0	中断 0～31 的除能寄存器,共 32 个除能位。位[n]:中断#n 除能(异常号 16+n)
CLRENA1	R/W	0xE000_E184	0	中断 32～63 的除能寄存器,共 32 个除能位
...	...	...	...	...
CLRENA7	R/W	0xE000_E19C	0	中断 224～239 的除能寄存器,共 16 个除能位

NVIC 中欲使能一个中断,需写"1"到 SETENAx 对应位;欲禁止(除能)一个中断,

需写"1"到 CLRENAx 对应位。通过这种方式，使能/禁止中断时只需把相应位写成"1"，其他的位可以全部为零，从而实现每个中断都可以独立地设置。

SETENA 位和 CLRENA 位共有 240 对，对应的 32 位寄存器只需要 8 对。需要注意的是，在特定的芯片中，只有该芯片实现了中断，其对应位才有意义。因此，如果你使用的芯片支持 32 个中断，则只有 SETENA0/CLRENA0 才需要使用。SETENA/CLRENA 可以按字/半字/字节的方式来访问。前 16 个异常已经分配给系统异常（见表 4.1），故中断 0 的异常号是 16。

现在我们再回到 STM32 的中断中来，STM32 支持 68 个外部中断，即 IRQ0～IRQ42（窗口看门狗中断～USB 从挂起唤醒中断）。以串口 1 中断为例，如果要使能串口 1 中断，就要找到串口中断号，查看表 4.2 所示的中断向量表得知串口 1（UART1）的中断号为 37，那么将寄存器 SETENA1 中的位 5 置"1"就可使能 UART1 中断。

（2）外部中断相关寄存器的配置

外部中断相关寄存器的配置在"HelloRobot.h"文件的 GPIO 配置函数 GPIO_Configuration 和中断控制配置函数 NVIC_Configuration 中。以配置 PC9 按键作为外部中断口为例，配置外部中断首先需要打开相应的 I/O 口配置和时钟等，见 GPIO 配置函数：

```
void RCC_Configuration(void)          //以配置 GPIOC_9 口作为外部中断口为例
{  …
RCC_APB2PeriphClockCmd(RCC_APB2Periph_GPIOC , ENABLE);
}
void GPIO_Configuration(void)          //以配置 GPIOC_9 口作为外部中断口为例
{  …
  GPIO_InitStructure.GPIO_Pin = GPIO_Pin_9;
  GPIO_InitStructure.GPIO_Mode = GPIO_Mode_IN_FLOATING;
  GPIO_InitStructure.GPIO_Speed = GPIO_Speed_50MHz;
  GPIO_Init(GPIOC, &GPIO_InitStructure);
}
```

下面，再看看中断控制配置函数 NVIC_Configuration：

```
NVIC_InitTypeDef NVIC_InitStruct;
EXTI_InitTypeDef EXTI_InitStructure;
…
void NVIC_Configuration(void)          //以配置 GPIOC_9 口作为外部中断口为例
{
…
GPIO_EXTILineConfig(GPIO_PortSourceGPIOC, GPIO_PinSource9);
/*调用固件库中的 GPIO_EXTILineConfig 函数，其中 2 个参数分别是中断口和中端口对应的引脚号*/
EXTI_InitStructure.EXTI_Line=EXTI_Line9;   //将中断映射到中断/事件源 Line9
EXTI_InitStructure.EXTI_Mode = EXTI_Mode_Interrupt;      //中断模式
EXTI_InitStructure.EXTI_Trigger = EXTI_Trigger_Falling;   //设置为下降沿中断
EXTI_InitStructure.EXTI_LineCmd = ENABLE;      //中断使能，即开中断
EXTI_Init(&EXTI_InitStructure);
/* 调用 EXTI_Init 固件库函数，将结构体写入 EXTI 相关寄存器中 */
NVIC_InitStruct.NVIC_IRQChannel = EXTI9_5_IRQChannel;
/* 选通通道 9～5，即选择 Px5, Px6, Px7, Px8, Px9 作为中断源 */
```

```
    NVIC_InitStruct.NVIC_IRQChannelPreemptionPriority =0;   //0 级抢占式优先级
    NVIC_InitStruct.NVIC_IRQChannelSubPriority = 0;         //0 级副优先级
    NVIC_InitStruct.NVIC_IRQChannelCmd =ENABLE;   //使能引脚作为中断源
    NVIC_Init(&NVIC_InitStruct);        //调用 NVIC_Init 固件库函数进行设置
    …
}
```

"HelloRobot.h"文件中的中断控制配置函数 NVIC_Configuration 完整代码如下：

```
    NVIC_InitTypeDef NVIC_InitStruct;
    EXTI_InitTypeDef EXTI_InitStructure;
    …
    void NVIC_Configuration(void)
    {
        NVIC_InitTypeDef NVIC_InitStructure;

    #ifdef   VECT_TAB_RAM
        /* Set the Vector Table base location at 0x20000000 */
        NVIC_SetVectorTable(NVIC_VectTab_RAM, 0x0);
    #else   /* VECT_TAB_FLASH    */
        /* Set the Vector Table base location at 0x08000000 */
        NVIC_SetVectorTable(NVIC_VectTab_FLASH, 0x0);
    #endif

        /* Configure the NVIC Preemption Priority Bits[配置优先级组] */
        NVIC_PriorityGroupConfig(NVIC_PriorityGroup_0);

        /* Enable the TIM1 gloabal Interrupt [允许 TIM1 全局中断]*/
        NVIC_InitStructure.NVIC_IRQChannel = TIM1_UP_IRQChannel;
        NVIC_InitStructure.NVIC_IRQChannelPreemptionPriority = 0;
        NVIC_InitStructure.NVIC_IRQChannelSubPriority = 0;
        NVIC_InitStructure.NVIC_IRQChannelCmd = ENABLE;
        NVIC_Init(&NVIC_InitStructure);

        /* Enable the TIM2 gloabal Interrupt [允许 TIM2 全局中断]*/
        NVIC_InitStructure.NVIC_IRQChannel = TIM2_IRQChannel;
        NVIC_InitStructure.NVIC_IRQChannelPreemptionPriority = 0;
        NVIC_InitStructure.NVIC_IRQChannelSubPriority = 0;
        NVIC_InitStructure.NVIC_IRQChannelCmd = ENABLE;
        NVIC_Init(&NVIC_InitStructure);

        /* Enable the RTC Interrupt */
        NVIC_InitStructure.NVIC_IRQChannel = RTC_IRQChannel;
        NVIC_InitStructure.NVIC_IRQChannelPreemptionPriority = 0;
        NVIC_InitStructure.NVIC_IRQChannelSubPriority = 0;
        NVIC_InitStructure.NVIC_IRQChannelCmd = ENABLE;
```

```
        NVIC_Init(&NVIC_InitStructure);

        /* Configure INT IO    PC9 enable exti9_5*/
        GPIO_EXTILineConfig(GPIO_PortSourceGPIOC, GPIO_PinSource9);
        EXTI_InitStructure.EXTI_Line=EXTI_Line9;
        EXTI_InitStructure.EXTI_Mode = EXTI_Mode_Interrupt;
        EXTI_InitStructure.EXTI_Trigger = EXTI_Trigger_Falling;
        EXTI_InitStructure.EXTI_LineCmd = ENABLE;
        EXTI_Init(&EXTI_InitStructure);

        NVIC_InitStruct.NVIC_IRQChannel = EXTI9_5_IRQChannel;
        NVIC_InitStruct.NVIC_IRQChannelPreemptionPriority =0;
        NVIC_InitStruct.NVIC_IRQChannelSubPriority = 0;
        NVIC_InitStruct.NVIC_IRQChannelCmd =ENABLE;
        NVIC_Init(&NVIC_InitStruct);

        /* Configure INT IO    PE4 enable exti4*/
        GPIO_EXTILineConfig(GPIO_PortSourceGPIOE, GPIO_PinSource4);
        EXTI_InitStructure.EXTI_Line=EXTI_Line4;
        EXTI_InitStructure.EXTI_Mode = EXTI_Mode_Interrupt;
        EXTI_InitStructure.EXTI_Trigger = EXTI_Trigger_Falling;
        EXTI_InitStructure.EXTI_LineCmd = ENABLE;
        EXTI_Init(&EXTI_InitStructure);

        NVIC_InitStruct.NVIC_IRQChannel = EXTI4_IRQChannel;
        NVIC_InitStruct.NVIC_IRQChannelPreemptionPriority =0;
        NVIC_InitStruct.NVIC_IRQChannelSubPriority = 0;
        NVIC_InitStruct.NVIC_IRQChannelCmd =ENABLE;
        NVIC_Init(&NVIC_InitStruct);

        /* Configure INT IO    PE5 enable exti9_5*/
        GPIO_EXTILineConfig(GPIO_PortSourceGPIOE, GPIO_PinSource5);
        EXTI_InitStructure.EXTI_Line=EXTI_Line5;
        EXTI_InitStructure.EXTI_Mode = EXTI_Mode_Interrupt;
        EXTI_InitStructure.EXTI_Trigger = EXTI_Trigger_Falling;
        EXTI_InitStructure.EXTI_LineCmd = ENABLE;
        EXTI_Init(&EXTI_InitStructure);

        NVIC_InitStruct.NVIC_IRQChannel = EXTI9_5_IRQChannel;
        NVIC_InitStruct.NVIC_IRQChannelPreemptionPriority =0;
        NVIC_InitStruct.NVIC_IRQChannelSubPriority = 0;
        NVIC_InitStruct.NVIC_IRQChannelCmd =ENABLE;
        NVIC_Init(&NVIC_InitStruct);
    }
```

这个函数进行了如下中断配置：

① 定时器 1（TIM1）中断；

② 定时器 2（TIM2）中断；

③ 实时时钟（RTC）中断；

④ PC9 按键中断；

⑤ PE4 中断和 PE5 中断（I/O 引脚扩展）。

其中，NVIC_InitTypeDef 结构在固件库文件"stm32f10x_nvic.h"中定义，EXTI_InitTypeDef 结构在固件库文件"stm32f10x_exti.h"中定义。

```
typedef struct
{
  u8 NVIC_IRQChannel;
  u8 NVIC_IRQChannelPreemptionPriority;
  u8 NVIC_IRQChannelSubPriority;
  FunctionalState NVIC_IRQChannelCmd;
} NVIC_InitTypeDef;

typedef struct
{
  u32 EXTI_Line;
  EXTIMode_TypeDef EXTI_Mode;
  EXTITrigger_TypeDef EXTI_Trigger;
  FunctionalState EXTI_LineCmd;
}EXTI_InitTypeDef;
```

在固件库文件"stm32f10x_nvic.h"中还定义了 STM32 单片机 68 个外部可屏蔽中断通道号：

```
/* IRQ Channels ------------------------------------------------------*/
#define WWDG_IRQChannel          ((u8)0x00)   /* Window WatchDog Interrupt */
...
#define EXTI0_IRQChannel         ((u8)0x06)   /* EXTI Line0 Interrupt */
#define EXTI1_IRQChannel         ((u8)0x07)   /* EXTI Line1 Interrupt */
#define EXTI2_IRQChannel         ((u8)0x08)   /* EXTI Line2 Interrupt */
#define EXTI3_IRQChannel         ((u8)0x09)   /* EXTI Line3 Interrupt */
#define EXTI4_IRQChannel         ((u8)0x0A)   /* EXTI Line4 Interrupt */
...
#define ADC_IRQChannel           ((u8)0x12)   /* ADC global Interrupt */
...
#define CAN_RX1_IRQChannel       ((u8)0x15)   /* CAN RX1 Interrupt */
#define CAN_SCE_IRQChannel       ((u8)0x16)   /* CAN SCE Interrupt */
#define EXTI9_5_IRQChannel       ((u8)0x17)   /* External Line[9:5] Interrupts */
#define TIM1_BRK_IRQChannel      ((u8)0x18)   /* TIM1 Break Interrupt */
#define TIM1_UP_IRQChannel       ((u8)0x19)   /* TIM1 Update Interrupt */
#define TIM1_TRG_COM_IRQChannel  ((u8)0x1A)   /* TIM1 Trigger and Commutation Interrupt */
#define TIM1_CC_IRQChannel       ((u8)0x1B)   /* TIM1 Capture Compare Interrupt */
#define TIM2_IRQChannel          ((u8)0x1C)   /* TIM2 global Interrupt */
```

```
        #define TIM3_IRQChannel              ((u8)0x1D)   /* TIM3 global Interrupt */
        #define TIM4_IRQChannel              ((u8)0x1E)   /* TIM4 global Interrupt */
        …
        #define USART1_IRQChannel            ((u8)0x25)   /* USART1 global Interrupt */
        #define USART2_IRQChannel            ((u8)0x26)   /* USART2 global Interrupt */
        #define USART3_IRQChannel            ((u8)0x27)   /* USART3 global Interrupt */
        #define EXTI15_10_IRQChannel         ((u8)0x28)   /* External Line[15:10] Interrupts */
        #define RTCAlarm_IRQChannel          ((u8)0x29)   /* RTC Alarm through EXTI Line Interrupt */
        #define USBWakeUp_IRQChannel         ((u8)0x2A)   /* USB WakeUp from suspend through EXTI
Line Interrupt */
        …
```

（3）中断服务（处理）函数

当我们用 PE4 端口作为外部中断源时，就要配置这些外部中断/事件源寄存器的 bit4 位，它所对应的中断服务函数为 EXTI4_IRQHandler。

注意：在 STM32 系列微控制器的固件库中，EXTI5～EXTI9 这几个外部中断/事件源分成同一组，它们共用一个中断服务函数 EXTI9_5_IRQHandler；EXTI10～EXTI15 这几个外部中断/事件源分成同一组，它们共用一个中断服务函数 EXTI15_10_IRQHandler。基于 ARM9 和 ARM11 的嵌入式处理器也有同样的特性。

中断服务函数的实现在固件库文件 stm32f10x_it.c 中。以 PC9 按键中断为例，它对应的中断通道为：EXTI9_5_IRQChannel，中断服务函数为 EXTI9_5_IRQHandler。这样，当 PC9 按键按下产生中断时，可以在中断服务函数中编写相应的处理代码，例如：

```
        void EXTI9_5_IRQHandler(void)                              //中断服务函数的入口
        {
                printf("Intterrupt is coming!\n");                 //中断到来时打印字符
                delay_nms(100);
                EXTI_ClearITPendingBit( EXTI_Line9 );              //中断结束时清中断标志位
        }
```

中断服务函数是指当中断到来时，程序停止执行正在执行的语句，转而跳转到的函数。这个函数的执行也叫中断响应，中断响应结束时，应该清除中断标志位，也叫做清中断源，这样可以防止在中断返回后再次进入中断函数，出现死循环。

这里要注意：如果没有清除中断标志，则程序会反复进入中断，跳不出来。这种用软件方法清除中断标志的情况，在 ARM9 和 ARM11 系统中也是如此。

（4）STM32 单片机中断服务函数关联机制

STM32 单片机中断服务函数的声明没有像 C51 那样的特定格式。那么，当一个中断到来时，这些中断服务（处理）函数是如何被中断请求调用的呢？这是在设置 NVIC（嵌套向量中断控制器）的时候将中断关联到了中断向量表。在文件"stm32f10x_nvic.c"的初始化 NVIC 函数 NVIC_Init(&NVIC_InitStruct)中，结构体 NVIC_InitStruct 中一个成员是 NVIC_IRQChannel。下面是设置使能 NVIC_IRQChannel 的语句：

```
        /* Enable the Selected IRQ Channels */
            NVIC->Enable[(NVIC_InitStruct->NVIC_IRQChannel >> 0x05)] =
```

(u32)0x01 << (NVIC_InitStruct->NVIC_IRQChannel & (u8)0x1F);

　　同时，在工程文件下有个 library 目录，里面除了有固件库 C 语言文件外，还有 2 个*.s 文件，这是 2 个启动代码，用汇编语言编写，主要完成处理器的初始化工作，其作用在第 1 章已经介绍了。其中，启动文件 stm32f10x_vector.s 的作用是：初始化堆栈，定义程序启动地址、中断向量表和中断服务程序入口地址，以及系统复位启动时，从启动代码跳转到用户 main 函数入口地址。

　　stm32f10x_vector.s 文件里就有中断向量表（中断地址表），它指向中断服务函数，名称已经定义好，写中断服务程序时要与这里的名字一致。

```
;***********************************************************************
; Fill-up the Vector Table entries with the exceptions ISR address
;***********************************************************************
;
            AREA      RESET, DATA, READONLY
            EXPORT    __Vectors

            DCD    __initial_sp              ; Top of Stack
            DCD    Reset_Handler
            DCD    NMIException
            DCD    HardFaultException
            DCD    MemManageException
            DCD    BusFaultException
            DCD    UsageFaultException
            DCD    0                         ; Reserved
            DCD    0                         ; Reserved
            DCD    0                         ; Reserved
            DCD    0                         ; Reserved
            DCD    SVCHandler
            DCD    DebugMonitor
            DCD    0                         ; Reserved
            DCD    PendSVC
            DCD    SysTickHandler
            DCD    WWDG_IRQHandler
            DCD    PVD_IRQHandler
            DCD    TAMPER_IRQHandler
            DCD    RTC_IRQHandler
            DCD    FLASH_IRQHandler
            DCD    RCC_IRQHandler
            DCD    EXTI0_IRQHandler
            DCD    EXTI1_IRQHandler
            DCD    EXTI2_IRQHandler
            DCD    EXTI3_IRQHandler
            DCD    EXTI4_IRQHandler
            DCD    DMAChannel1_IRQHandler
            DCD    DMAChannel2_IRQHandler
            DCD    DMAChannel3_IRQHandler
```

```
DCD    DMAChannel4_IRQHandler
DCD    DMAChannel5_IRQHandler
DCD    DMAChannel6_IRQHandler
DCD    DMAChannel7_IRQHandler
DCD    ADC_IRQHandler
DCD    USB_HP_CAN_TX_IRQHandler
DCD    USB_LP_CAN_RX0_IRQHandler
DCD    CAN_RX1_IRQHandler
DCD    CAN_SCE_IRQHandler
DCD    EXTI9_5_IRQHandler
DCD    TIM1_BRK_IRQHandler
DCD    TIM1_UP_IRQHandler
DCD    TIM1_TRG_COM_IRQHandler
DCD    TIM1_CC_IRQHandler
DCD    TIM2_IRQHandler
DCD    TIM3_IRQHandler
DCD    TIM4_IRQHandler
DCD    I²C1_EV_IRQHandler
DCD    I²C1_ER_IRQHandler
DCD    I²C2_EV_IRQHandler
DCD    I²C2_ER_IRQHandler
DCD    SPI1_IRQHandler
DCD    SPI2_IRQHandler
DCD    USART1_IRQHandler
DCD    USART2_IRQHandler
DCD    USART3_IRQHandler
DCD    EXTI15_10_IRQHandler
DCD    RTCAlarm_IRQHandler
DCD    USBWakeUp_IRQHandler
...
```

上面就是中断向量表，每一个 item 对应一个中断或异常处理，这里 item 的填写要和 STM32 数据手册中的 Interrupt and exception vectors 列表中的顺序一致。

那么这个向量表是放在何处呢？它被链接器放到了一个地址上：如果是存放在 RAM 中，地址是 0x20000000；如果是存放在 FLASH 中，地址是 0x08000000。

```
#ifdef   VECT_TAB_RAM
  /* Set the Vector Table base location at 0x20000000 */
  NVIC_SetVectorTable(NVIC_VectTab_RAM, 0x0);
#else   /* VECT_TAB_FLASH   */
  /* Set the Vector Table base location at 0x08000000 */
  NVIC_SetVectorTable(NVIC_VectTab_FLASH, 0x0);
#endif
```

函数 NVIC_SetVectorTable 在"stm32f10x_nvic.c"文件中：

```
/*******************************************************************
```

```
*  Description        : Sets the vector table location and Offset.
*  Input              : - NVIC_VectTab: specifies if the vector table is in RAM or
*                            FLASH memory.
*                            This parameter can be one of the following values:
*                                - NVIC_VectTab_RAM
*                                - NVIC_VectTab_FLASH
*                      - Offset: Vector Table base offset field.
*                                This value must be a multiple of 0x100.
*******************************************************************/
void NVIC_SetVectorTable(u32 NVIC_VectTab, u32 Offset)
{
    /* Check the parameters */
    assert(IS_NVIC_VECTTAB(NVIC_VectTab));
    assert(IS_NVIC_OFFSET(Offset));

    SCB->ExceptionTableOffset = NVIC_VectTab | (Offset & (u32)0x1FFFFF80);
}
```

SCB 表示系统控制块（System Control Block），其结构定义在文件"stm32f10x_map.h"中：

```
typedef struct
{
    vu32 CPUID;                          //CPUID Base Register
    vu32 IRQControlState;                //Interrupt Control State Register
    vu32 ExceptionTableOffset;           //Vector Table Offset Register
    vu32 AIRC;                           //Application Interrupt/Reset Control Register
    vu32 SysCtrl;                        //System Control Register
    vu32 ConfigCtrl;                     //Configuration Control Register
    vu32 SystemPriority[3];              //System Handlers Priority Register
    vu32 SysHandlerCtrl;                 //System Handler Control and State Register
    vu32 ConfigFaultStatus;              //Configurable Fault Status Registers
    vu32 HardFaultStatus;                //Hard Fault Status Register
    vu32 DebugFaultStatus                //Debug Fault Status Register
    vu32 MemoryManageFaultAddr;          //Mem Manage Address Register
    vu32 BusFaultAddr;                   //Bus Fault Address Register
} SCB_TypeDef;
```

这个中断向量表的地址存放在 SCB->ExceptionTableOffset 中。这个结构被映射到一个物理地址上，如果是存放在 RAM 中，地址是 0x20000000；如果是存放在 FLASH 中，地址是 0x08000000。只要保证这一处的地址不能被别的程序代码占用就行了。中断向量表里存放的地址就是中断服务函数***_IRQHandler(void)的入口地址，即函数指针。中断被接收之后，处理器通过内部总线接口从向量表中获取地址。向量表复位时指向零，编程控制寄存器可以使向量表重新定位。

中断优先级

中断优先级的概念是针对"中断通道"，当该中断通道的优先级确定后，也就确定了该外围设备的中断优先级，并且该设备所能产生的所有类型的中断，都享有相同的通道中断优先级。而设备本身产生的多个中断的执行顺序，则取决于中断服务程序。

ARM Cortex-M3 内核中有两个优先级的概念：抢先（占）式优先级和子优先级，子优先级也称做：响应优先级、副优先级或亚优先级，每个中断源都需要被指定这两种优先级。具有高抢占式优先级的中断可以在具有低抢占式优先级的中断处理过程中被响应，即中断嵌套，或者说高抢占式优先级的中断可以嵌套低抢占式优先级的中断。

既然每个中断源都需要被指定这两种优先级，就需要有相应的寄存器位记录每个中断的优先级；在 Cortex-M3 中定义了 8 个比特位用于设置中断源的优先级，这 8 个比特位可以有 8 种分配方式，分别如下：

- 所有 8 位用于指定响应优先级；
- 最高 1 位用于指定抢占式优先级，最低 7 位用于指定响应优先级；
- 最高 2 位用于指定抢占式优先级，最低 6 位用于指定响应优先级；
- 最高 3 位用于指定抢占式优先级，最低 5 位用于指定响应优先级；
- 最高 4 位用于指定抢占式优先级，最低 4 位用于指定响应优先级；
- 最高 5 位用于指定抢占式优先级，最低 3 位用于指定响应优先级；
- 最高 6 位用于指定抢占式优先级，最低 2 位用于指定响应优先级；
- 最高 7 位用于指定抢占式优先级，最低 1 位用于指定响应优先级。

Cortex-M3 内核允许具有较少中断源时使用较少的寄存器位指定中断源的优先级，因此在 STM32 系列单片机中，每个中断通道都具备自己的中断优先级控制字节 PRI_n（8 位，STM32 只使用高 4 位），每 4 个通道的 8 位中断优先级控制字（PRI_n）构成一个 32 位的优先级寄存器（Priority Register）。68 个通道的优先级控制字至少构成 17 个 32 位的优先级寄存器，它们是 NVIC 寄存器中的一个重要部分。

这 4bit 的中断优先级控制位分成 2 组：从高位开始，前面是定义抢占式优先级的位，后面用于定义子优先级。4bit 的组合形式见表 4.6。

表 4.6 STM32 系列单片机中断优先级分配说明

组　别	分　配	说　　明
第 0 组	0:4	所有 4 位用于指定响应优先级 无抢占式优先级，16 个子优先级
第 1 组	1:3	最高 1 位用于指定抢占式优先级，低 3 位用于指定响应优先级 2 个抢占式优先级，8 个子优先级
第 2 组	2:2	最高 2 位用于指定抢占式优先级，低 2 位用于指定响应优先级 4 个抢占式优先级，4 个子优先级
第 3 组	3:1	最高 3 位用于指定抢占式优先级，低 1 位用于指定响应优先级 8 个抢占式优先级，2 个子优先级
第 4 组	4:0	所有 4 位用于指定抢占式优先级 16 个抢占式优先级，无子优先级

函数 void NVIC_Configuration(void)中，下面的语句用于进行优先级配置：

```
/* Configure the NVIC Preemption Priority Bits[配置优先级组] */
NVIC_PriorityGroupConfig(NVIC_PriorityGroup_0);
```

可以通过调用 STM32 固件库中的函数 NVIC_PriorityGroupConfig()选择使用哪种优先级分组方式，这个函数的参数有 5 种，定义在文件"stm32f10x_nvic.h"中：

```
/* Preemption Priority Group */
#define NVIC_PriorityGroup_0    ((u32)0x700) /* 0bits for pre-emption priority
                                                 4bits for subpriority */
#define NVIC_PriorityGroup_1    ((u32)0x600) /* 1bits for pre-emption priority
                                                 3bits for subpriority */
#define NVIC_PriorityGroup_2    ((u32)0x500) /* 2bits for pre-emption priority
                                                 2bits for subpriority */
#define NVIC_PriorityGroup_3    ((u32)0x400) /* 3bits for pre-emption priority
                                                 1bits for subpriority */
#define NVIC_PriorityGroup_4    ((u32)0x300) /* 4bits for pre-emption priority
                                                 0bits for subpriority */
```

在一个系统中，通常只使用上面 5 种分配情况中的一种，具体采用哪一种，需要在初始化时写入到一个 32 位寄存器，即应用程序中断与复位控制寄存器（Application Interrupt and Reset Control Register，AIRC）的第[10:8]这 3 个位中。这 3 个 bit 位叫：PRIGROUP（优先级组）。例如，将 0x05 写到 AIRC 的[10:8]中，那么也就规定了你的系统中只有 4 个抢先式优先级，相同的抢先式优先级下还可以有 4 个不同级别的子优先级。

AIRC 寄存器的第[7:0]低 8 位用于设置优先级，见表 4.7。

表 4.7　优先级设置说明

位[7:6]	位[5:4]	位[3:0]
00:0 号抢先优先级	00:0 号子优先级	无效
01:1 号抢先优先级	01:1 号子优先级	无效
10:2 号抢先优先级	10:2 号子优先级	无效
11:3 号抢先优先级	11:3 号子优先级	无效

例如，在某系统中使用了 TIM2（中断通道 28）和 EXTI0（中断通道 6）两个中断，要求 TIM2 中断必须优先响应，而且当系统在执行 EXTI0 中断服务时也必须打断（抢先、嵌套），就必须设置 TIM2 的抢先优先级比 EXTI0 的抢先优先级要高（数目小）。假定 EXTI0 为 2 号抢先优先级，那么 TIM2 就必须设置成 0 号或 1 号抢先优先级。确定了整个系统所具有的优先级个数后，再分别对每个中断通道（设备）进行设置。

2 种优先级的确定和嵌套规则如下：

● 高抢先优先级的中断可以打断低抢先优先级的中断服务，构成中断嵌套。抢先式优先级别相同的中断源之间没有嵌套关系；

● 当 2（n）个相同抢先优先级的中断出现，它们之间不能构成中断嵌套关系，但 STM32 首先响应子优先级高的中断。当一个中断到来后，如果 STM32 正在处理另一个中断，这个后到来的中断就要等到前一个中断处理完之后才能被处理，注意：此时与响应优先级大小无关，即子优先级不可以中断嵌套，只能在当前中断完成之后再响应优先级最高的。

● 当 2（n）个相同抢先优先级和相同子优先级的中断出现，STM32 首先响应中断通道所对应的中断向量地址低（中断向量表靠前）的那个中断。

也就是说，0 号抢先优先级的中断，可以打断任何中断抢先优先级为非 0 号的中断；1 号抢先优先级的中断，可以打断任何中断抢先优先级为 2、3、4 号的中断；从而构成中断嵌套。如果两个中断的抢先优先级相同，谁先出现，就先响应谁，不构成嵌套。如果一起出现（或挂在那里等待），就看它们两个谁的子优先级高了，如果子优先级也相同，就看它们的中断向量位置了。

系统上电复位后，AIRC 寄存器中 PRIGROUP[10：8]的值为 0（编号 0），因此，此时系统使用 16 个抢先优先级，无子优先级。另外，由于所有外部中断通道的优先级控制字 PRI_n 也都是 0，所以根据上面的定义可以得出，此时 68 个外部中断通道的抢先优先级都是 0 号，没有子优先级的区分，故此时不会发生任何的中断嵌套行为，谁也不能打断当前正在执行的中断服务。当多个中断出现后，则看它们的中断向量地址，地址越低，中断级别越高，STM32 优先响应。

注意：此时内部中断的抢先优先级也都是 0 号，由于它们的中断向量地址比外部中断向量地址都低，所以它们的优先级比外部中断通道高，但如果此时正在执行一个外部中断服务，它们也必须排队等待，只是可以插队，当正在执行的中断完成后，它们可以优先得到执行。另外，如果指定的抢占式优先级别或响应优先级别超出了选定的优先级分组所限定的范围，将可能得到意想不到的结果。

总中断控制

基于 ARM Cortex-M3 内核的 STM32 单片机中通过改变 CPU 的当前优先级来允许或禁止中断。其中，PRIMASK 用于允许 NMI 和 hard fault 异常，其他中断/异常都被屏蔽（当前 CPU 优先级=0）。FAULTMASK 用于允许 NMI，其他所有中断/异常都被屏蔽（当前 CPU 优先级=-1）。在 STM32 固件库中（stm32f10x_nvic.c 和 stm32f10x_nvic.h）定义了四个函数操作 PRIMASK 位和 FAULTMASK 位，改变 CPU 的当前优先级，从而达到控制所有中断的目的。

下面两个函数等效于关闭总中断：

```
void NVIC_SETPRIMASK(void);
void NVIC_SETFAULTMASK(void);
```

下面两个函数等效于开放总中断：

```
void NVIC_RESETPRIMASK(void);
void NVIC_RESETFAULTMASK(void);
```

上面两组函数要成对使用，不能交叉使用。常采用下面的方法：

```
NVIC_SETPRIMASK();    //关闭总中断
NVIC_RESETPRIMASK();  //开放总中断
```

另一种方法是：

```
NVIC_SETFAULTMASK();    //关闭总中断
NVIC_RESETFAULTMASK();  //开放总中断
```

这四个函数的具体实现在文件"cortexm3_macro.s"中，它定义 Cortex-M3 的一些宏指令操作，这些宏指令操作可供用户在 C 中调用，这里不再赘述。

任务六　中断方式测试机器人触觉

中断是在计算机或者单片机执行期间，发生了任何非寻常的或非预期的急需处理事件，这时 CPU 暂时中断当前正在执行的程序而转去执行相应的事件处理程序，待处理完毕后又返回原来被中断处继续执行的过程。因此，在非寻常或非预期的急需处理事件发生时，常采用中断方法执行。例如，机器人小车遇到障碍物时，采用中断可以提高避障程序执行的实时性。

在"HelloRobot.h"文件的端口初始化配置函数 GPIO_Configuration 中，我们已将 PE4 和 PE5 端口配置成输入模式，并且在中断控制配置函数 NVIC_Configuration 中将 PE4 和 PE5 端口配置成中断模式。下面的程序是采用中断方法，利用 PE4 和 PE5 端口依次检测机器人小车的右边和左边触觉（胡须）是否检测到了障碍物。

例程：TestWhiskersWithEINT.c

```
#include "stm32f10x_heads.h"
#include "HelloRobot.h"

int main(void)
{
    BSP_Init();  //开发板初始化函数
    USART_Configuration();
    printf("Program Running!\r\n");

    while (1);//等待中断到来
}
```

在固件库文件 stm32f10x_it.c 中，编写中断服务函数代码：

```
#include "stm32f10x_it.h"
#include "stdio.h"
extern      void delay_nms(unsigned long n);              //延时 n ms
…
void EXTI4_IRQHandler(void)
{
    printf("右边胡须检查到障碍 \r\n");
    if(GPIO_ReadOutputDataBit(GPIOB, GPIO_Pin_9)==0)
      GPIO_SetBits(GPIOB, GPIO_Pin_9);
    else
      GPIO_ResetBits(GPIOB, GPIO_Pin_9);
    delay_nms(200);
```

```
    EXTI_ClearITPendingBit( EXTI_Line4 );                //中断结束时清中断标志位
}


void EXTI9_5_IRQHandler(void)                             //中断处理函数 PC9
{
    printf("左边胡须检查到障碍 \r\n");
    if(GPIO_ReadOutputDataBit(GPIOC, GPIO_Pin_13)==0)
       GPIO_SetBits(GPIOC, GPIO_Pin_13);
    else
       GPIO_ResetBits(GPIOC, GPIO_Pin_13);
    delay_nms(200) ;
    EXTI_ClearITPendingBit( EXTI_Line5 );                //中断结束时清中断标志位

    /* BSP_Init()开放了 EINT9 中断，为了防止干扰信号，加入以下代码 */
    EXTI_ClearITPendingBit( EXTI_Line9 );                //中断结束时清中断标志位
}
```

👉**该你了——编写、下载并执行这个程序。**

通过串口调试软件检测胡须是否被触动，如同任务二那样。也可以利用两个发光二极管，参考任务一的程序，来指示左右两个胡须是否被触动。程序运行效果如图 4.14 所示。

图 4.14 程序运行效果

判断是否进入中断也可用 GPIO_WriteBit(GPIOB, GPIO_Pin_9, (BitAction) (1-GPIO_Read OutputDataBit (GPIOB, GPIO_Pin_9)))语句来控制 LED 发生交替亮灭。

尝试一下，使用光敏电阻和 10kΩ电阻设计一个光引导机器人小车，如图 4.15 所示。在一个较暗的环境下，通过手电筒引导机器人小车寻光。

图 4.15　利用光敏电阻设计的寻光机器人小车

 工程素质和技能归纳

（1）STM32 单片机检测按键状态的编程实现。

（2）接触型传感器作为输入反馈与 STM32 单片机的编程实现。

（3）机器人的触觉导航策略实现。

（4）STM32 单片机的中断机制，中断服务函数的调用与普通函数调用的区别。

（5）理解开发板初始化函数中的 NVIC_Configuration 中断设置子函数。

（6）理解基于 ARM Cortex-M3 内核的 STM32 单片机中断优先级。

第5章

STM32 单片机输入/输出端口综合应用与红外导航

基于"瞎子摸象"的触觉传感器是机器人在运动中避免碰撞的最后一道保护。为了使机器人小车能够像人一样在碰到障碍物之前就能发现并避开，需要用到非接触式传感器，如视觉摄像头、红外线传感器或超声波传感器。采用摄像头视觉显然是一个比较复杂且成本较高的选择。现在许多遥控装置和 PDA 都使用频率低于可见光的红外线进行通信，而机器人小车则可以使用红外线进行导航。本章使用一些价格便宜且应用广泛的部件，让 STM32 微控制器可以收发红外光信号，从而实现机器人的红外导航。

使用红外线发射和接收器件探测道路

第 4 章的触须接触导航是依靠接触变形来探测物体的，而在许多情况下，你希望不必接触物体就能探测到物体，这时可以使用红外（Infrared，IR）、声呐（Sonar）或者雷达（Radar）来探测物体。本章的方法是使用红外光照射机器人前进的路线，然后确定何时有光线从被探测目标反射回来，通过检测反射回来的红外光就可以确定前方是否有物体。由于红外遥控技术的发展，现在的红外线发射器和接收器已经很普及且价格很便宜，这对于机器人爱好者而言是一个好消息。不过如何使用，还需要花时间来学习和掌握。

本章通过对红外发射器和接收器的使用，完成机器人小车的红外导航，从而进一步熟悉和巩固 STM32 单片机输入/输出接口的编程。

红外收发传感器

在机器人上建立的红外光探测物体系统在许多方面就像汽车的前灯系统。当汽车前灯射出的光从障碍物体反射回来时，人的眼睛就发现了障碍物体，然后大脑处理这些信息，并据此控制身体动作驾驶汽车。机器人使用红外收发传感器：红外线发射二极管和接收管来探测障碍物，如图 5.1 和图 5.2 所示。

红外线二极管发射红外光，如果机器人前面有障碍物，红外线从物体反射回来，相当于机器人眼睛的红外检测（接收）器，检测到反射回的红外光线，并发出信号来表明检测到从物体反射回红外线。机器人的大脑——STM32 单片机基于这个传感器的输入控制伺服电机。

红外（InfraRed，IR）接收管/检测器有内置的光滤波器，除了需要检测的 980nm 波长的红外线外，它几乎不允许其他光通过。红外检测器还有一个电子滤波器，它只允许大约 38.5kHz

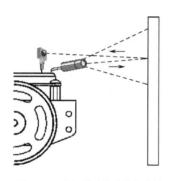

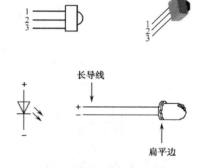

图 5.1　用红外光探测障碍物　　　　图 5.2　红外线发射二极管和接收管

的电信号通过。换句话说，检测器只寻找每秒闪烁 38500 次的红外光。这就防止了普通光源如太阳光和室内光对 IR 的干涉。太阳光是直流干涉（0Hz）源，而室内光依赖于所在区域的主电源，闪烁频率接近 100Hz 或 120Hz，由于 120Hz 在电子滤波器的 38.5kHz 通带频率之外，故可完全被 IR 探测器忽略。

任务一　搭建电路并测试红外发射器和接收器

本任务中，你将搭建并测试红外发射器和检测器对，元件清单包括：

（1）两个红外检测器。

（2）两个 IR LED 管。

（3）四个 470Ω 电阻（色环：黄—紫—黑—黑）。

（4）两个 9013 三极管。

搭建红外收发电路

参照图 5.3 所示电路，在智能机器人教学开发板的面包板上搭建实际电路：在电路板的每个角安装一个 IR 组（IR LED 和检测器）。实际搭建电路时应注意：

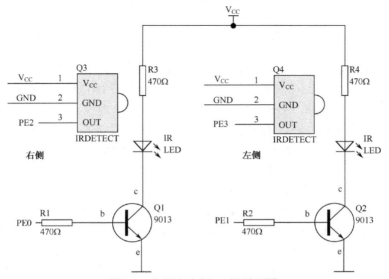

图 5.3　左侧和右侧 IR 组原理图

- 确认电路板电源断开，等搭建好电路后，再打开电源开关；
- 右侧对应引脚是 PE0（发）和 PE2（收），左侧对应引脚是 PE1（发）和 PE3（收）；
- 红外发射管引脚长的是正极，引脚短的是负极；红外接收管引脚的顺序是：接收探头面向自己，从右向左依次是"1—2—3"，分别对应"电源—地—信号"。

搭建好的实际电路可参考图 5.4 和图 5.5。

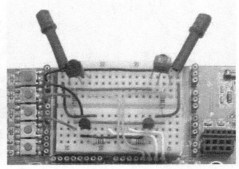

（a）搭建了红外探测电路的开发板全貌　　　　　　（b）红外探测电路接线图

图 5.4　左右 IR 组实物参考图

图 5.5　机器人小车红外导航

这里为何要使用三极管 9013？

STM32 单片机的 I/O 电压为 3.3V，为了提高其驱动能力，这里加入三极管（工作电压为5V）使其工作在开关状态驱动红外发射管，而不是直接用 STM32 单片机的 I/O 驱动。

三极管是一种控制元件，主要用来控制电流大小，简单地说，是用小电流去控制大电流。

三极管是通过工艺的方法，由两个二极管背靠背地连接组成。按 PN 结的组合方式不同分为 PNP 型（如 9012）和 NPN 型（如 9013）。本任务中用到的是 NPN 型三极管 9013，其结构示意图及符号如图 5.6 所示，其引脚图如图 5.7 所示。

三极管 9013 引脚的顺序是：平头面（有文字标识的）面向自己，从左向右依次是"1—2—3"，分别对应"发射极（Emitter）—基极（Base）—集电极（Collector）"。

现在简单地说下 9013 的工作原理。它的基区做得很薄，当按图 5.3 连接时，发射结正偏，集电结反偏，发射区向基区注入电子，这时由于集电结反偏，对基区的电子有很强的吸引力，所以由发射区注入基区的电子大部分进入集电区，于是集电极的电流得到了增大。

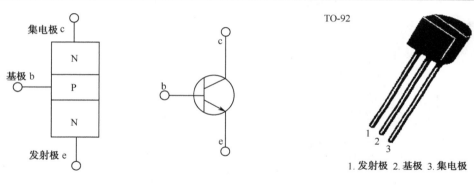

图 5.6　9013 结构图及符号　　　　　　　　图 5.7　9013 引脚图

在这个任务中，三极管相当于一个开关：当 PE0（PE1）置高时，从集电区经基区到发射区电路导通，加载在 IR LED 上的电压为 VCC（5V），IR LED 向外发射红外线；当 PE0（PE1）置低时，电路又断开，IR LED 停止发射。

测试红外发射探测器

下面你要用 PE1 发送持续 1ms 的 38.5kHz 的红外光，如果红外光被小车路径上的物体反射回来，红外检测器将给微控制器发送一个信号，让它知道已经检测到反射回的红外光。

让每个 IR LED 探测器组工作的关键是发送 1ms 频率为 38.5kHz 的红外信号，然后立刻将 IR 探测器的输出存储到一个变量中。下面是一个例子，它发送 38.5kHz 信号给连接到 PE1 的 IR 发射器，然后用整型变量 irDetectLeft 存储连接到 PE2 的 IR 探测器的输出。

```
for(counter=0;counter<38;counter++)
{
    GPIO_SetBits(GPIOE, GPIO_Pin_1);         delay_nus(13);
    GPIO_ResetBits(GPIOE, GPIO_Pin_1);       delay_nus(13);
}
irDetectLeft= PE3state();
```

上述代码给 PE1 输出的信号高电平 13μs，低电平 13μs，总周期为 26μs，即频率约为 38.5kHz。总共输出 38 个周期的信号，即持续时间约为 1ms（38×26 约等于 1000μs）。

当没有红外信号返回时，探测器的输出状态为高；当它探测到被物体反射的 38.5kHz 红外信号时，它的输出为低，我们用 PE2 和 PE3 引脚的状态来检查是否有红外发射。因红外信号发送的持续时间为 1ms，因此 IR 探测器的输出如果处于低，其持续状态也不会超过 1ms，因此发送完信号后必须立即将 IR 探测器的输出存储到变量中，这些存储的值会显示在调试终端或被机器人小车用来导航。

例程：TestLeftIrPair.c

● 打开教学板的电源，输入、保存并运行程序 TestLeftIrPair.c；

```
#include "stm32f10x_heads.h"
#include "HelloRobot.h"
int PE3state(void)                          //获取 PE3 的状态
{
    return GPIO_ReadInputDataBit(GPIOE,GPIO_Pin_3);
```

```
        }

    int main(void)
    {
        int counter;
        int irDetectLeft;
        BSP_Init();
        USART_Configuration();
        printf("Program Running!\r\n");

        while(1)
         {
            for(counter=0;counter<38;counter++)
            {
                GPIO_SetBits(GPIOE, GPIO_Pin_1);          delay_nus(13);
                GPIO_ResetBits(GPIOE, GPIO_Pin_1);        delay_nus(13);
            }
            irDetectLeft=PE3state();
            printf("irDetectLeft=%d\r\n",irDetectLeft);
            delay_nms(100);
         }
    }
```

● 保持机器人与串口电缆的连接，因为你需用串口调试终端来测试你的 IR 组；
● 放一个物体，如手或一张纸，距离左侧 IR 组一段距离，参考图 5.1；
● 验证：当你放一个物体在 IR 前时，调试终端是否会显示"irDetecfLeft=0"；当你将物体移开时，它是否显示"irDetectLeft=1"，如图 5.8 所示；
● 如果串口调试终端显示的是预期值，即没发现物体时显示 1，发现物体时显示 0，则你搭建的电路和编写的程序没有问题。
● 如果串口调试终端显示的不是预期值，则需要进行排错。

排错

● 如果你总是得到 0，甚至当没有物体在机器人前面时也是 0，则可能是附近的物体反射了红外线。机器人前面的桌面是常见的反射源。调整红外发射器的角度，使 IR LED 和探测器不会受桌面等物体的影响；
● 如果机器人前面没有物体时绝大多数时间读数是 1，但是偶尔是 0，这可能是附近的荧光灯的干扰。关掉附近的荧光灯，重新测试。

函数延时的不精确性

如果你有数字示波器，可以测量一下 PE1 产生的方波频率，它并不是严格的 38.5kHz，而是比 38.5kHz 略低。为什么会这样呢？这是因为上面例程中除了延时函数本身严格产生 13μs 的延时外，延时函数的调用过程也会产生延时，因此实际产生的延时会比 13μs 更长。函数调用时，CPU 会先进行一系列的操作，这些操作是需要时间的，一般是微秒级时间；而现在所要求的延时也是微秒级，这就造成了延时的不精确性。怎么办呢，有没有更精确的方法呢？下面介绍一种简单常用的延时调整方法，这在实际工程中应用非常广泛。用示波器查看延时的误差，然后根据波形增加或减小延时的数值，使之达到比较精确的μs延时，如将延时时间改为 12μs。

图 5.8　测试左 IR 组

延时还有很多方法，如使用定时器中断，在后续章节会有所介绍。

该你了

- 将程序 TestLeftIrPair.c 另存为 TestRightIrPair.c；
- 更改名称和注释使适合于右侧 IR 组；
- 将变量名 irDetectLeft 改为 irDetectRight；
- 将红外发射管连接到 PE0，红外接收管连接到 PE2，重复前面的测试步骤。

任务二　探测和避开障碍物

有关 IR 检测器的一个有趣的问题是它们的输出与触须的输出非常相像。没有检测到物体时，输出为高；检测到物体时，输出为低。本任务中，更改程序 RoamingWithWhiskers.c 使它适用于 IR 检测器。

进行 IR 探测时，需要使用 STM32 单片机的 4 个引脚：PE0～PE3。在学习的过程中你是不是经常会问自己"这个引脚是干什么的，那个引脚是干什么的？"。下面介绍一种方法可以很好地解决这个问题。

```
#define LeftLaunch_1   GPIO_SetBits(GPIOE, GPIO_Pin_1)      //左边红外发射
#define LeftLaunch_0   GPIO_ResetBits(GPIOE, GPIO_Pin_1)    //左边红外发射
#define RightLaunch_1 GPIO_SetBits(GPIOE, GPIO_Pin_0)       //右边红外发射
#define RightLaunch_0 GPIO_ResetBits(GPIOE, GPIO_Pin_0)     //右边红外发射
#define LeftIR      GPIO_ReadInputDataBit(GPIOE,GPIO_Pin_3) //左边红外接收
#define RightIR   GPIO_ReadInputDataBit(GPIOE,GPIO_Pin_2)   //右边红外接收
```

这里用到了指令：#define。它可以声明标识符常量。此后，你就可以用 LeftIR 代替 PE3，用 RightIR 代替 PE2，等等。

改变触须程序使其适用于 IR 检测和避障

下面的例程与 RoamingWithWhiskers.c 相似，它调用一个函数 void IRLaunch(unsigned char IR)来进行红外线发射。

例程：RoamingWithIr.c

● 打开教学板的电源，输入、保存并运行程序；

● 验证机器人的行为和运行程序 RoamingWithWhiskers.c 时相比除不需要接触外是否非常相似。

```c
#include "stm32f10x_heads.h"
#include "HelloRobot.h"

#define LeftLaunch_1    GPIO_SetBits(GPIOE, GPIO_Pin_1)        //左边红外发射
#define LeftLaunch_0    GPIO_ResetBits(GPIOE, GPIO_Pin_1)      //左边红外发射
#define RightLaunch_1 GPIO_SetBits(GPIOE, GPIO_Pin_0)          //右边红外发射
#define RightLaunch_0 GPIO_ResetBits(GPIOE, GPIO_Pin_0)        //右边红外发射
#define LeftIR      GPIO_ReadInputDataBit(GPIOE,GPIO_Pin_3)    //左边红外接收
#define RightIR     GPIO_ReadInputDataBit(GPIOE,GPIO_Pin_2)    //右边红外接收

void IRLaunch(unsigned char IR)
{
    int counter;
    if(IR=='L')  //左边发射
    for(counter=0;counter<1000;counter++)  //发射时间比胡须长
    {
            LeftLaunch_1;           delay_nus(12);
            LeftLaunch_0;           delay_nus(12);
    }
    if(IR=='R')  //右边发射
    for(counter=0;counter<1000;counter++)
    {
            RightLaunch_1;          delay_nus(12);
            RightLaunch_0;          delay_nus(12);
    }
}
void Forward(void)
{
            GPIO_SetBits(GPIOD, GPIO_Pin_10);
            delay_nus(1700);
            GPIO_ResetBits(GPIOD,GPIO_Pin_10);

            GPIO_SetBits(GPIOD, GPIO_Pin_9);
            delay_nus(1300);
```

```
                GPIO_ResetBits(GPIOD,GPIO_Pin_9);

                delay_nms(20);
}
void Left_Turn(void)
{
    int i;
    for(i=1;i<=26;i++)
      {
                GPIO_SetBits(GPIOD, GPIO_Pin_10);
                delay_nus(1300);
                GPIO_ResetBits(GPIOD,GPIO_Pin_10);

                GPIO_SetBits(GPIOD, GPIO_Pin_9);
                delay_nus(1300);
                GPIO_ResetBits(GPIOD,GPIO_Pin_9);

                delay_nms(20);
      }
}
void Right_Turn(void)
{
    int i;
    for(i=1;i<=26;i++)
      {
                GPIO_SetBits(GPIOD, GPIO_Pin_10);
                delay_nus(1700);
                GPIO_ResetBits(GPIOD,GPIO_Pin_10);

                GPIO_SetBits(GPIOD, GPIO_Pin_9);
                delay_nus(1700);
                GPIO_ResetBits(GPIOD,GPIO_Pin_9);

                delay_nms(20);
      }
}
void Backward(void)
{
    int i;
    for(i=1;i<=65;i++)
      {
                GPIO_SetBits(GPIOD, GPIO_Pin_10);
                delay_nus(1300);
                GPIO_ResetBits(GPIOD,GPIO_Pin_10);

                GPIO_SetBits(GPIOD, GPIO_Pin_9);
```

```
            delay_nus(1700);
            GPIO_ResetBits(GPIOD,GPIO_Pin_9);

            delay_nms(20);
        }
    }
    int main(void)
    {
        int irDetectLeft,irDetectRight;
        BSP_Init();
        USART_Configuration();
        printf("Program Running!\r\n");
        while(1)
        {
            IRLaunch('R');                          //右边发射
            irDetectRight = RightIR;                //右边接收
            IRLaunch('L');                          //左边发射
            irDetectLeft = LeftIR;                  //左边接收

            if((irDetectLeft==0)&&(irDetectRight==0))   //两边同时接收到红外线
            {
                Backward();
                Left_Turn();
                Left_Turn();
            }
            else if(irDetectLeft==0)                //只有左边接收到红外线
            {
                Backward();
                Right_Turn();
            }
            else if(irDetectRight==0)               //只有右边接收到红外线
            {
                Backward();
                Left_Turn();
            }
            else
                Forward();
        }
    }
```

掌握了胡须导航的你不难理解该例程是如何工作的，它采取了与胡须相同的导航策略。

该例程中有一点需要说明：红外发射的时间延长了，这是为了更有效地检测障碍物，这个时间可以改动。但发射的频率没有多大的变化，仍是 38.5kHz 左右。

任务三 高性能的红外导航

在触须导航中针对两个触须的不同分别调用函数完成避障动作很好，但是在使用 IR LED 和探测器时会造成不必要的迟钝。如果在发送脉冲给电机之前检查障碍物，可以大大改善机器人的行走性能。下面的程序使用传感器输入为每个瞬间的导航选择最好的机动动作。这样，机器人永远不会走过头，它会找到绕开障碍物的完美路线，成功地走过更加复杂的路线。

在每个脉冲之间采样以避免碰撞

探测障碍物很重要的一点是在机器人撞到它之前给机器人留有绕开它的空间。如果前方有障碍物，机器人会使用脉冲命令避开，然后探测，如果物体还在，再使用另一个脉冲来避开它。机器人能持续使用电机驱动脉冲和探测，直到它绕开障碍物，然后它会继续发向前行走的脉冲。试验完下面的例程后，你会认同这对于机器人行走是一个很好的方法。

例程：FastIrRoaming.c

输入、保存并运行程序 FastIrRoaming.c。

```c
#include "stm32f10x_heads.h"
#include "HelloRobot.h"

#define LeftLaunch_1    GPIO_SetBits(GPIOE, GPIO_Pin_1)       //左边红外发射
#define LeftLaunch_0    GPIO_ResetBits(GPIOE, GPIO_Pin_1)     //左边红外发射
#define RightLaunch_1 GPIO_SetBits(GPIOE, GPIO_Pin_0)         //右边红外发射
#define RightLaunch_0 GPIO_ResetBits(GPIOE, GPIO_Pin_0)       //右边红外发射
#define LeftIR     GPIO_ReadInputDataBit(GPIOE,GPIO_Pin_3)    //左边红外接收
#define RightIR    GPIO_ReadInputDataBit(GPIOE,GPIO_Pin_2)    //右边红外接收

void IRLaunch(unsigned char IR)
{
    …    //略，同前
}

int main(void)
{
    int    pulseLeft,pulseRight;
    int irDetectLeft,irDetectRight;
    BSP_Init();
    USART_Configuration();
    printf(" Program Running!\r\n");
    do
    {
        IRLaunch('R');                            //右边发射
        irDetectRight = RightIR;                  //右边接收
        IRLaunch('L');                            //左边发射
        irDetectLeft = LeftIR;                    //左边接收
```

```
            if((irDetectLeft==0)&&(irDetectRight==0))              //向后退
            {
                pulseLeft=1300;
                pulseRight=1700;
            }
            else if((irDetectLeft==0)&&(irDetectRight==1))         //右转
            {
                pulseLeft=1700;
                pulseRight=1700;
            }
            else if((irDetectLeft==1)&&(irDetectRight==0))         //左转
            {
                pulseLeft=1300;
                pulseRight=1300;
            }
            else                                                   //前进
            {
                pulseLeft=1700;
                pulseRight=1300;
            }
            GPIO_SetBits(GPIOD, GPIO_Pin_10);
            delay_nus(pulseLeft);
            GPIO_ResetBits(GPIOD,GPIO_Pin_10);

            GPIO_SetBits(GPIOD, GPIO_Pin_9);
            delay_nus(pulseRight);
            GPIO_ResetBits(GPIOD,GPIO_Pin_9);
            delay_nms(20);
        }
    while(1);
}
```

该程序采用稍微不同的方法来使用驱动脉冲，它使用两个整型变量来设置发送的脉冲持续时间。在 if…else 语句中，程序不是调用导航程序而是设置这两个要发送的脉冲持续时间。在重复循环体之前，发送脉冲给伺服电机。这样就在发送脉冲给电机之前检查障碍物，从而大大改善了机器人小车的行走性能。

前面你学习了循环控制语句 while，它的一般表达式为：

    while(表达式) 语句;

这里，你要用到另一种循环控制语句："do…while"，它的一般形式为：

    do 语句 while(表达式);

其中，语句通常为复合语句，称为循环体。

do…while 语句的基本特点是：先执行后判断。因此，循环体至少被执行一次。

该你了

- 将程序 FastIrRoaming.c 另存为 FastIrRoamingYourTurn.c；
- 可以尝试用 LED 或者蜂鸣器来指示机器人探测到物体。

任务四　俯视的探测器

到目前为止，当机器人小车探测到前面有障碍物时，主要使机器人做避让动作。也有一些场合，当没有检测到障碍物时，机器人也必须采取避让动作。例如，如果机器人在桌子上行走，IR 检测器向下检测桌子表面，只要 IR 探测器能够"看"到桌子表面，程序会使机器人继续向前走。换句话说，只要行走的桌子表面能够被检测到，则机器人就会继续向前走。

- 断开主板和伺服系统的电源；
- 使 IR 组向外向下，如图 5.9 所示。

推荐材料：

（1）卷装黑色聚氯乙烯"电工绝缘带"：19mm 宽。

（2）一张白色招贴板：56cm×71cm。

用电工绝缘带模拟桌子的边沿

由电工绝缘带制作边框的白色招贴板能够很容易地模拟桌子的边沿，这对机器人没有什么危险。

如图 5.10 所示，建立一块有绝缘带边界的场地。使用至少 3 条绝缘带，绝缘带边之间连接紧密，没有白色露出来。

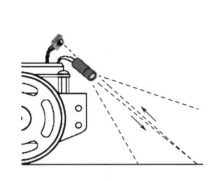

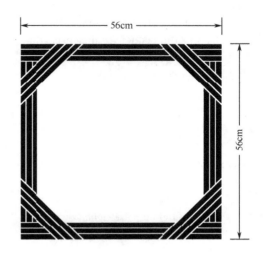

图 5.9　俯视的探测器　　　　　图 5.10　模拟桌面边沿的绝缘带边

用 1kΩ（或 2kΩ）电阻代替图 5.3 中的 R3（R4），这样一来就减少了流经 IR LED 的电流，从而降低了发射功率，使机器人看得近一些。

边沿探测编程

编程使机器人在桌面行走而不会走到桌边，只需修改程序 FastIrRoaming.c 中的 if…else 语句。主要的修改是：当 irDetectLeft 和 irDetectRight 的值都是 0 时，表明在桌子表面检测到物体（桌面），因为有反射，这时机器人向前行走。如果 irDetectLeft 的值是 1，irDetectRight 是 0，则表明左边的探测器检测到了桌子边缘，因为黑色的聚氯乙烯"电工绝缘带"吸收了红外线，没有红外线反射回来，这时机器人小车会向右转。

避开边沿程序的第二个特征是可调整的距离。你可能希望机器人小车在检查两个红外发射管之间只响应一个舵机向前运动的脉冲，但是只要发现边沿，在下一次检测之前希望它响应几个对舵机转动有利的脉冲。

在躲避的动作中使用了几个脉冲，它并不意味着你必须返回到触须式的导航。相反，你可以增加变量 pulseCount 来设置传输给机器人小车的脉冲数。一个向前的脉冲，pulseCount 可以是 1；10 个向左的脉冲，pulseCount 可以设为 10，等等。

例程：AvoidTableEdge.c

- 打开程序 FastIrRoaming.c 并另存为 AvoidTableEdge.c；
- 修改它使其与下面的例程匹配；
- 打开主板与电机的电源，在带绝缘带边框的场地上测试程序。

```c
#include "stm32f10x_heads.h"
#include "HelloRobot.h"

#define LeftLaunch_1    GPIO_SetBits(GPIOE, GPIO_Pin_1)        //左边红外发射
#define LeftLaunch_0    GPIO_ResetBits(GPIOE, GPIO_Pin_1)      //左边红外发射
#define RightLaunch_1  GPIO_SetBits(GPIOE, GPIO_Pin_0)         //右边红外发射
#define RightLaunch_0  GPIO_ResetBits(GPIOE, GPIO_Pin_0)       //右边红外发射
#define LeftIR      GPIO_ReadInputDataBit(GPIOE,GPIO_Pin_3)    //左边红外接收
#define RightIR     GPIO_ReadInputDataBit(GPIOE,GPIO_Pin_2)    //右边红外接收

void IRLaunch(unsigned char IR)
{
    …   //略，同前
}

int main(void)
{
    int   i,pulseCount;
    int   pulseLeft,pulseRight;
    int   irDetectLeft,irDetectRight;
    BSP_Init();
    USART_Configuration();
    printf(" Program Running!\n");
    do
    {
        IRLaunch('R');                                        //右边发射
```

```
        irDetectRight = RightIR;                          //右边接收
        IRLaunch('L');                                    //左边发射
        irDetectLeft = LeftIR;                            //左边接收

        if((irDetectLeft==0)&&(irDetectRight==0))         //向前走
        {
            pulseCount=1;
            pulseLeft=1700;
            pulseRight=1300;
        }
        else if((irDetectLeft==1)&&(irDetectRight==0))    //右转
        {
            pulseCount=10;
            pulseLeft=1300;
            pulseRight=1300;
        }
        else if((irDetectLeft==0)&&(irDetectRight==1))    //左转
        {
            pulseCount=10;
            pulseLeft=1700;
            pulseRight=1700;
        }
        else //后退
        {
            pulseCount=15;
            pulseLeft=1300;
            pulseRight=1700;
        }
        for(i=0;i<pulseCount;i++)
        {
          GPIO_SetBits(GPIOD, GPIO_Pin_10);
          delay_nus(pulseLeft);
          GPIO_ResetBits(GPIOD,GPIO_Pin_10);

          GPIO_SetBits(GPIOD, GPIO_Pin_9);
          delay_nus(pulseRight);
          GPIO_ResetBits(GPIOD,GPIO_Pin_9);
          delay_nms(20);
        }
    }
    while(1);
}
```

在程序中加入一个 for 循环来控制每次向舵机发送的脉冲个数。加入一个变量 pulseCount 作为循环的次数。在 if…else 中设置 pulseCount 的值就像设置 pulseRight 和 pulseLeft 的值一样。

（1）如果两个检测器都能看到桌面，则响应一个向前的脉冲。

（2）如果左边的 IR 检测器没有看到桌面，则向右旋转 10 个脉冲。

（3）如果右边的 IR 检测器没有看到桌面，则向左旋转 10 个脉冲。

（4）如果两个检测器都看不到桌面，则向后退 15 个脉冲，希望其中一个检测器能够看到桌子边沿。

当 pulseCount、pulseLeft 和 pulseRight 的值都已设置，for 循环发送由变量 pulseCount 决定的脉冲数及由变量 pulseLeft 和 pulseRight 决定的脉冲宽度。

你可以在 if…else 中给 pulseLeft、pulseRight 和 pulseCount 设置不同的值来做一些试验。举个例子，如果机器人走得不远，只是沿着电工绝缘带的边界行走，用向后转代替转弯会让小车的行为更有趣。

- 调整程序 AvoidTableEdge.c 中的 pulseCount 值，使机器人在有电工绝缘带边界的场地中行走但不会避开电工绝缘带太远；
- 用使机器人在场内行走而不是沿边沿行走的方法——绕轴旋转，做试验尝试一下！
- 如果要让机器人循线行走，该如何编程？

 工程素质和技能归纳

（1）红外传感器作为输入反馈与单片机的编程实现。

（2）复习数字电路中三极管的基本原理及应用。

（3）单片机 I/O 端口的驱动能力是有限的，因此在设计电子电路或者机电一体化系统时，时时刻刻都要考虑 I/O 端口的驱动能力。单片机 I/O 端口低电平的驱动能力一般要高于高电平的驱动能力。

（4）红外线导航及边沿探测的实现。

（5）障碍物与道路（桌面）本是两个对立的概念，在本章中却可以用同一个传感器进行探测，分析一下这其中的道理。

第**6**章

STM32 单片机定时器编程与机器人的距离检测

在第 5 章中，使用红外传感器探测是否有物体挡在机器人的前方路线上，并不用接触它。如果能知道距离障碍物有多远不是更好吗？这通常是声呐完成的任务，它发送出一组声音脉冲并记录下回声反射回来所需的时间。从发送脉冲到接收到回波的时间可以用来计算距离物体有多远。然而，还有一种完成距离探测的方法，它采用与第 5 章相同的电路。

如果机器人可以检测到前方物体的距离，你就可以编程让机器人跟随物体行走而不会碰上它。这种技术可以用于高级汽车中的主动距离探测，提高行车安全。当然你也可以编程让机器人沿着白色背景上的黑色轨迹行走。

6.1 STM32 单片机通用定时器

在前面的章节中，我们采用延时函数来实现定时功能，这有两个缺点：一是定时时间不精确，二是占用 CPU 时间。本章的主要任务需要用到 STM32 单片机更精确的定时功能，因此首先介绍 STM32 单片机定时/计数器的使用方法，以获得更精确的定时时间。

单片机 STM32 的定时/计数器可以分为定时器模式和计数器模式。其实这两种模式没有本质上的区别，均使用二进制的加一计数或者减一计数：当计数器的值计满回零（溢出）或者递减到零或者达到某个设定值时能自动产生中断请求，以此来实现定时或者计数功能。它们的不同之处在于定时器使用单片机的时钟来计数，而计数器使用的是外部信号。

STM32 单片机定时/计数器的控制

STM32F10x 系列单片机包含若干定时/计数器，其中，TIM1 和 TIM8 是高级控制定时器（Advanced control timers），TIM2～TIM5 为通用定时器（General purpose timers），TIM6 和 TIM7 为基本定时器（Basic timers）。小容量、中容量和 STM32F105××/STM32F107×× 的互联型 STM32 单片机有 1 个高级控制定时器，而大容量的 STM32F103×× 单片机则有 2 个高级控制定时器（TIM1 和 TIM8）。

每个通用定时器都由一个 16 位自动装载计数器来控制计数长度。这个计数器的时钟源通过可编程预分频器将 APB1 时钟信号进一步分频。定时器适用于多种场合，包括测量输入信号的脉冲长度或者产生需要的输出波形。使用定时器预分频器和 RCC 时钟控制器预分频器，脉冲长度和波形周期可以在几微秒到几毫秒之间调整。通用定时器是完全独立的，而且没有互相共享任何资源，它们可以一起同步操作。下面介绍通用定时器 TIMx（x=2、3、4、5）的工作机制和编程流程。

（1）使能 TIM2 的时钟

在嵌入式系统中，定时器依靠时钟源来完成定时功能。图 6.1 是 STM32 单片机定时器时钟源示意图，可以看出，定时器 TIM2 的时钟源来自外设总线 APB1 时钟源。在系统时钟初始化时，已经通过 PLL 锁相环将系统时钟配置成 72MHz（参见第 2 章），因此 APB2 时钟源最大是 72MHz，而 APB1 时钟源最大是 36MHz。通用定时器的时钟使能可以通过固件函数来完成，在文件 HelloRobot.h 中，函数 RCC_Configuration 使能通用定时器（TIM2）时钟：

```
RCC_APB1PeriphClockCmd(RCC_APB1Periph_TIM2, ENABLE);
```

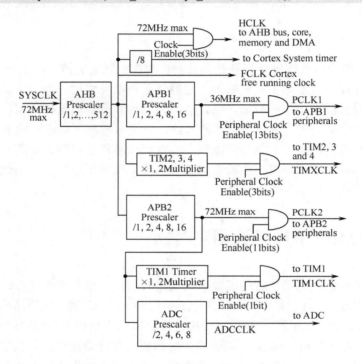

图 6.1　STM32 单片机定时器时钟源示意图

（2）定时器寄存器设置

定时器的时钟源

从图 6.1 可以看出，通用定时器的时钟不是直接来自 APB1 或 APB2，而是来自输入为 APB1 或 APB2 的一个倍频器 TIMx_Multiplier。通用定时器 TIMx（x=2、3、4、5）连接在 APB1（最大时钟是 36MHz）上，须经过 TIMx_Multiplier 倍频（X1 或 X2）后，才能产生定时器 TIMx 的时钟 TIMxCLK。AHB 总线频率是 72MHz，当 APB1 的预分频系数是 2 时，APB1 总线的频率为 36MHz。

为什么要分频呢？这是因为连接在 APB1 上的设备有电源接口、备份接口、CAN、USB、I^2C1、I^2C2、UART2、UART3、SPI2、窗口看门狗、Timer2、Timer3、Timer4 等，这些基本属于低速外设，所以先分频一次。

需要注意的是：如果 APB1 预分频是 1，则倍频器 TIMx_Multiplier 不起作用（只能为 1，因为不能高于 AHB 频率），定时器的时钟频率等于 APB1 的频率；当 APB1 的预分频系数为其他数值（即预分频系数为 2、4、8 或 16）时，这个倍频器起作用，定时器的时钟频率等于 APB1 的频率两倍，如图 6.2 所示。

例如，当 AHB=72MHz 时，如果 APB1 的预分频系数=2，产生了 36MHz 的 APB1 总线频率，所以 TIMx_Multiplier 会产生倍频（X2）输出，此时 TIMxCLK 仍然能够得到 72MHz 的时钟频率。能够使用更高的时钟频率，无疑提高了定时器的分辨率，这也正是设计这个倍频器的原因。可能你会问，既然需要 TIMx 的时钟频率为 36MHz，为什么不直接取 APB1 的预分频系数为 1 呢？这是因为 APB1 不但要为 TIMx 提供时钟，而且还要为其他低速外设提供时钟，设置这个倍频器可以在保证其他外设使用较低时钟频率时，TIMx 仍能得到较高的时钟频率。

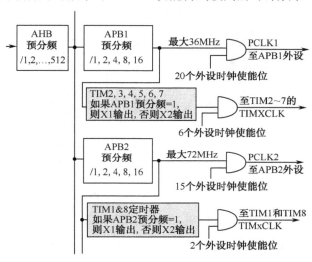

图 6.2　STM32 单片机定时器的倍频器

定时时间的计算

与定时器寄存器初始化相关的数据结构在库文件"stm32f10x_tim.h"中：

```
/* TIM Base Init structure definition */
typedef struct
{
    u16 TIM_Period;            /* 定时周期值：Period value */
    u16 TIM_Prescaler;         /* 预分频因子：Prescaler value */
    u16 TIM_ClockDivision;     /* 定时器分频因子：Timer clock division */
    u16 TIM_CounterMode;       /* 定时器计数模式：Timer Counter mode */
} TIM_TimeBaseInitTypeDef;
```

定时器的定时时间主要取决于定时周期和预分频因子。例如，当 TIM_Period 设为 35999，TIM_Prescaler 设为 1999 时，表示累计 36000 个脉冲频率后产生一个更新或者中断（也就是说定时时间到），而脉冲频率是对 TIMxCLK 频率经过了 2000 分频。因此，定时时间 T 为：

$$T= (TIM\_Period+1) \cdot (TIM\_Prescaler+1) / TIMxCLK=(35999+1) \cdot (1999+1)/72MHz=1s$$

即 1s 溢出一次。注意：TIM_Period 和 TIM_Prescaler 这两个变量都是 16 位的无符号整型数，它们的取值范围是 0～65535。

这里的 TIM_ClockDivision 是什么意思呢？TIM_ClockDivision 对应控制寄存器 TIMx_CR1 中 bit8 和 bit9 的 CKD[1:0]。图 6.3 是 STM32 单片机定时/计数器的输入滤波器和边沿检测器示意图，当 TIMx 作为计数器使用时，在输入通道都有一个滤波和外边沿检测单元，它们的作用是滤除输入信号上的高频干扰。

可以根据 CKD[1:0]的三种设置：00、01、10，分别对输入信号进行下面三种频率采样：

① 采样频率基准 f_{DTS}=定时器输入频率 f_{CK_INT}；

② 采样频率基准 f_{DTS}=定时器输入频率 f_{CK_INT}/2；

③ 采样频率基准 f_{DTS}=定时器输入频率 f_{CK_INT}/4。

TIMxCLK 即是定时器输入频率 f_{CK_INT}。使用上述频率作为基准对输入信号进行采样，当连续采样到 N 次个有效电平时，认为一次有效的输入电平。

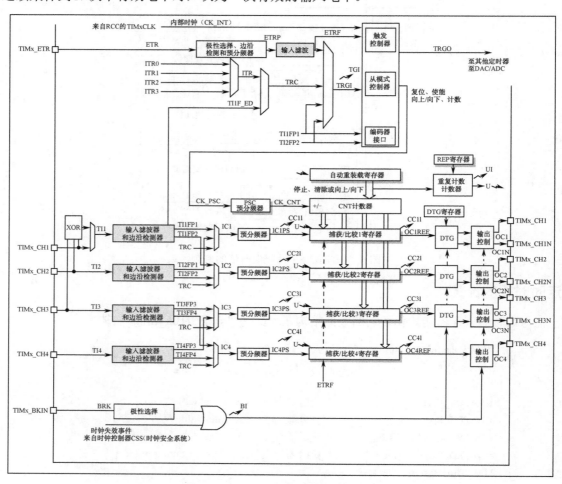

图 6.3 STM32 单片机定时/计数器输入滤波器和边沿检测器

实际的采样频率和采样次数可以由用户程序根据需要选择：外部触发输入通道（TIMx_ETR）的滤波参数在从模式控制寄存器（TIMx_SMCR）的 ETF[3:0]中设置；每个输入通道（TIMx_CH1～TIMx_CH4）的滤波参数在捕获/比较模式寄存器 1（TIMx_CCMR1）或捕获/比较模式寄存器 2（TIMx_CCMR2）的 IC1F[3:0]、IC2F[3:0]、IC3F[3:0]和 IC4F[3:0]中设置。

这几个数字滤波器实际上是个事件计数器，它们记录到 N 个事件后会产生一个输出的跳变。例如，当 TIMxCLK = f_{CK_INT} = 72MHz，CKD[1:0]=01 时，选择 f_{DTS}=f_{CK_INT}/2=36MHz；而 ETF[3:0]=0100，则采样频率 $f_{SAMPLING}$=f_{DTS}/2=18MHz，N=6，此时，频率高于 3MHz 的信号将被这个滤波器滤除，这样就有效地屏蔽了高于 3MHz 的干扰。

　　例如，结合输入捕获的中断，可以轻松地实现按键去抖动功能，而不需要软件的干预；这相当于由硬件实现了按键去抖动功能，节省了软件的开销和程序代码。从图 6.3 可以看出，每个定时器最多可以实现 4 个按键的输入，因此可以用于矩阵键盘的扫描，而且因为是通过中断实现，所以软件不需要频繁地进行扫描动作。

定时器寄存器

　　可编程通用定时器的主要部分是一个 16 位计数器和与其相关的自动装载寄存器。这个计数器可以向上计数、向下计数或者向上/向下双向计数。此计数器的时钟由预分频器分频得到，如图 6.4 所示。

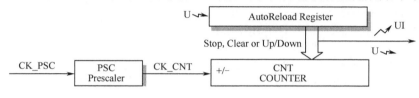

图 6.4　定时器寄存器示意图

　　计数器寄存器（TIMx_CNT）、自动装载寄存器（TIMx_ARR）和预分频器寄存器（TIMx_PSC）可以由软件读写，即使计数器还在运行读写仍然有效。

　　预分频器可以将计数器的时钟频率按 1～65536 之间的任意值分频。它是一个（在 TIMx_PSC 寄存器中的）16 位寄存器控制的计数器。因为这个控制寄存器带有缓冲器，它能够在工作时被改变，这样新的预分频器参数会在下一次更新事件到来时被采用。

　　计数器由预分频器的时钟输出 CK_CNT 驱动，仅当设置了计数器控制寄存器（TIMX_CR1）中的计数器使能位（CEN）时，CK_CNT 才有效。真正的计数器使能信号 CNT_EN 是在 CEN 后的一个时钟周期后被设置。

　　自动装载寄存器是预先装载的。根据在 TIMX_CR1 寄存器中的自动装载预装载使能位（ARPE）的设置，预装载寄存器的内容被永久地或在每次的更新事件时传送到影子寄存器。自动重装寄存器就是预装载寄存器的影子寄存器。当计数器达到溢出条件并当 TIMX_CR1 寄存器中的 UDIS 位等于 0 时，产生更新事件。更新事件也可以由软件产生。

定时器的计数模式

　　① 向上计数模式：计数器从 0 计数到自动装载值（TIMx_ARR 计数器的内容），然后重新从 0 开始计数，并且产生一个计数器溢出事件。

　　② 向下计数模式：计数器从自动装载值（TIMx_ARR 计数器的内容）开始向下计数到 0，然后从自动装载值重新开始计数，并且产生一个计数器溢出事件。

　　③ 中心对称计数模式：计数器从 0 开始计数到自动装载的值（TIMx_ARR 寄存器的内容），产生一个计数器溢出事件，然后向下计数到 0 又产生一个计数器下溢事件；之后再从 0 开始重新计数，这样循环的计数模式叫做中心对称计数模式。

　　通过以上的分析，我们可以编写函数 Timx_Init 进行定时器 TIM2 的初始化：

```
void Timx_Init(void)
{
    TIM_TimeBaseInitTypeDef    TIM_TimeBaseStructure;
    TIM_DeInit(TIM2);           //复位 TIM2 定时器
    TIM_TimeBaseStructure.TIM_Period = 35999;
    TIM_TimeBaseStructure.TIM_Prescaler = 1999;
    TIM_TimeBaseStructure.TIM_ClockDivision = 0x0;
    TIM_TimeBaseStructure.TIM_CounterMode = TIM_CounterMode_Up;
    TIM_TimeBaseInit(TIM2, & TIM_TimeBaseStructure);

    /* Clear TIM2 update pending flag, 清除 TIM2 溢出中断标志 */
    TIM_ClearFlag(TIM2, TIM_FLAG_Update);

    /* Enable TIM2 Update interrupt, TIM2 溢出中断允许 */
    TIM_ITConfig(TIM2, TIM_IT_Update, ENABLE);

    /* TIM2 enable counter, 启动 TIM2 计数 */
    TIM_Cmd(TIM2, ENABLE);
}
```

在对定时器 TIM2 进行初始化时，要将设置的参数写入到有关的寄存器中去。通用定时器寄存器和复位值见表 6.1。

表 6.1　通用定时器 TIMx（x=2、3、4、5）寄存器和复位值

偏移	寄存器	31	30	29	28	27	26	25	24	23	22	21	20	19	18	17	16	15	14	13	12	11	10	9	8	7	6	5	4	3	2	1	0
000h	TIMx_CR1	保留																						CKD[1:0]		ARPE	CMS[1:0]		DIR	OPM	URS	UDIS	CEN
	复位值																							0	0	0	0	0	0	0	0	0	0
004h	TIMx_CR2	保留																							TIIS	MMS[2:0]			CCDS	保留			
	复位值																								0	0	0	0	0				
008h	TIMx_SMCR	保留																ETP	ECE	ETPS[1:0]		EFT[3:0]				MSM	TS[2:0]			保留	SMS[2:0]		
	复位值																	0	0	0	0	0	0	0	0	0	0	0	0		0	0	0
00Ch	TIMx_DIER	保留																	TDE	保留	CC4DE	CC3DE	CC2DE	CC1DE	DDE	保留	TIE	保留	CC4IE	CC3IE	CC2IE	CC1IE	UIE
	复位值																		0		0	0	0	0	0		0		0	0	0	0	0
010h	TIMx_SR	保留																		CC4OF	CC3OF	CC2OF	CC1OF	保留		TIF	CC4IF	CC3IF	CC2IF	CC1IF	UIF		
	复位值																			0	0	0	0			0	0	0	0	0	0		
014h	TIMx_EGR	保留																							TG	保留	CC4G	CC3G	CC2G	CC1G	UG		
	复位值																								0		0	0	0	0	0		

偏移	寄存器	31	30	29	28	27	26	25	24	23	22	21	20	19	18	17	16	15	14	13	12	11	10	9	8	7	6	5	4	3	2	1	0
018h	TIMx_CCMR1 输出比较模式										保留							OC2CE	OC2M[3:0]			OC2PE	OC2FE	CC2S[1:0]		OC1CE	OC1M[2:0]			OC1PE	OC1FE	CC1S[1:0]	
	复位值																	0	0	0	0	0	0	0	0	0	0	0	0	0	0	0	0
	TIMx_CCMR1 输入捕获模式										保留							IC2F[3:0]				IC2PSC[1:0]		CC2S[1:0]		IC1F[3:0]				IC1PSC[1:0]		CC1S[1:0]	
	复位值																	0	0	0	0	0	0	0	0	0	0	0	0	0	0	0	0
01Ch	TIMx_CCMR2 输出比较模式										保留							OC4CE	OC4M[3:0]			OC4PE	OC4FE	CC4S[1:0]		OC3CE	OC3M[2:0]			OC3PE	OC3FE	CC3S[1:0]	
	复位值																	0	0	0	0	0	0	0	0	0	0	0	0	0	0	0	0
	TIMx_CCMR2 输入捕获模式										保留							IC4F[3:0]				IC4PSC[1:0]		CC4S[1:0]		IC3F[3:0]				IC3PSC[1:0]		CC3S[1:0]	
	复位值																	0	0	0	0	0	0	0	0	0	0	0	0	0	0	0	0
020h	TIMx_CCER										保留							CC4P	CC4E	保留		CC3P	CC3E	保留		CC2P	CC2E	保留		CC1P	CC1E		
	复位值																	0	0			0	0			0	0			0	0		
024h	TIMx_CNT					保留												CNT[15:0]															
	复位值																	0	0	0	0	0	0	0	0	0	0	0	0	0	0	0	0
028h	TIMx_PSC					保留												PSC[15:0]															
	复位值																	0	0	0	0	0	0	0	0	0	0	0	0	0	0	0	0
02Ch	TIMx_ARR					保留												ARR[15:0]															
	复位值																	0	0	0	0	0	0	0	0	0	0	0	0	0	0	0	0
030h	保留																																
034h	TIMx_CCR1					保留												CCR1[15:0]															
	复位值																	0	0	0	0	0	0	0	0	0	0	0	0	0	0	0	0
038h	TIMx_CCR2					保留												CCR2[15:0]															
	复位值																	0	0	0	0	0	0	0	0	0	0	0	0	0	0	0	0
03Ch	TIMx_CCR3					保留												CCR3[15:0]															
	复位值																	0	0	0	0	0	0	0	0	0	0	0	0	0	0	0	0
040h	TIMx_CCR4					保留												CCR4[15:0]															
	复位值																	0	0	0	0	0	0	0	0	0	0	0	0	0	0	0	0
044h	保留																																
048h	TIMx_DCR						保留														DBL[4:0]					保留			DBA[4:0]				
	复位值																				0	0	0	0	0				0	0	0	0	0
04Ch	TIMx_DMAR					保留												DMAB[15:0]															
	复位值																	0	0	0	0	0	0	0	0	0	0	0	0	0	0	0	0

定义定时器寄存器组的结构体是 TIM_TypeDef，在文件"stm32f10x_map.h"中：

```c
/*----------------------- General Purpose Timer -----------------------*/
typedef struct
{
  vu16 CR1;          //控制寄存器 1：Control register 1
  u16 RESERVED0;
  vu16 CR2;          //控制寄存器 2：Control register 2
  u16 RESERVED1;
  vu16 SMCR;         //从模式控制寄存器：Slave mode control register
  u16 RESERVED2;
  vu16 DIER;         //DMA/中断使能寄存器：DMA/Interrupt enable register
  u16 RESERVED3;
  vu16 SR;           //状态寄存器：Status register
  u16 RESERVED4;
  vu16 EGR;          //事件产生寄存器：Event generation register
  u16 RESERVED5;
  vu16 CCMR1;        //捕获/比较模式寄存器 1：Capture/compare mode register 1
  u16 RESERVED6;
  vu16 CCMR2;        //捕获/比较模式寄存器 2：Capture/compare mode register 2
  u16 RESERVED7;
  vu16 CCER;         //捕获/比较使能寄存器：Capture/compare enable register
  u16 RESERVED8;
  vu16 CNT;          //计数器：Counter
  u16 RESERVED9;
  vu16 PSC;          //预分频器：Prescaler
  u16 RESERVED10;
  vu16 ARR;          //自动重装载寄存器：Auto-reload register
  u16 RESERVED11[3];
  vu16 CCR1;         //捕获/比较寄存器 1：Capture/compare register 1
  u16 RESERVED12;
  vu16 CCR2;         //捕获/比较寄存器 2：Capture/compare register 2
  u16 RESERVED13;
  vu16 CCR3;         //捕获/比较寄存器 3：Capture/compare register 3
  u16 RESERVED14;
  vu16 CCR4;         //捕获/比较寄存器 4：Capture/compare register 4
  u16 RESERVED15[3];
  vu16 DCR;          //DMA 控制寄存器：DMA control register
  u16 RESERVED16;
  vu16 DMAR;         //连续模式的 DMA 地址：DMA address for burst mode
  u16 RESERVED17;
} TIM_TypeDef;
…
#define PERIPH_BASE              ((u32)0x40000000)
…
#define APB1PERIPH_BASE          PERIPH_BASE
#define APB2PERIPH_BASE          (PERIPH_BASE + 0x10000)
#define AHBPERIPH_BASE           (PERIPH_BASE + 0x20000)
```

```
...
#define TIM2_BASE                    (APB1PERIPH_BASE + 0x0000)
...
#ifdef _TIM2
  #define TIM2                       ((TIM_TypeDef *) TIM2_BASE)
#endif
```

从上面的宏定义可以看出，在初始化 TIM2 时，编译器的预处理程序将 TIM2 替换成 ((TIM_TypeDef *) 0x40000000)。这个地址是通用定时器寄存器组的首地址，参见附录 B 中 STM32 处理器的存储映像。

（3）设置 TIM2 的中断通道

在文件 HelloRobot.h 中，函数 NVIC_Configuration()配置通用定时器（TIM2）中断：

```
/* Enable the TIM2 gloabal Interrupt [允许 TIM2 全局中断] */
NVIC_InitStructure.NVIC_IRQChannel = TIM2_IRQChannel;
NVIC_InitStructure.NVIC_IRQChannelPreemptionPriority = 0;
NVIC_InitStructure.NVIC_IRQChannelSubPriority = 0;
NVIC_InitStructure.NVIC_IRQChannelCmd = ENABLE;
NVIC_Init(&NVIC_InitStructure);
```

其中，NVIC_Init()函数用于配置中断。

（4）中断服务函数

当定时器 TIM2 计数溢出产生中断时，进入中断服务函数 TIM2_IRQHandler 中。这样，编程可以实现 PC13 端口的发光二极管每隔一定时间闪烁一次。

```
void TIM2_IRQHandler(void)
{
if(     GPIO_ReadInputDataBit(GPIOC, GPIO_Pin_13)==0)
        GPIO_SetBits(GPIOC, GPIO_Pin_13);
else
        GPIO_ResetBits(GPIOC,GPIO_Pin_13);

   /* Clear TIM2 update pending flag, 清除 TIM2 溢出中断标志 */
   TIM_ClearFlag(TIM2, TIM_FLAG_Update);
}
```

这里中断服务函数的主要任务是控制 PC13 端口的电平变化，使 LED 灯闪烁。在程序的最后需清除 TIM2 溢出中断标志位。这种用软件方法清除中断标志的情况，在 ARM9 和 ARM11 嵌入式系统中也是如此。

任务一　通用定时器控制 LED 闪烁

在第 2 章已经实现通过使用延时函数使 LED 每隔一段时间闪烁一次。在本任务中，是否可以通过使用定时器 TIM2 来实现 LED 闪烁程序呢？利用定时器中断编程实现 PC13 所接的 LED 闪烁，每隔 1s 灭一次，再隔 1s 亮一次。可以参照前面介绍的软件仿真方法，观察 PC13 引脚的电平变化时序。

例程：TimeApplication.c

● 输入、保存并运行程序 Time_Application.c；
● 接通教学板的电源，验证与 PC13 连接的 LED 是否周期性地闪烁。

```c
#include "stm32f10x_heads.h"
#include "HelloRobot.h"
void Timx_Init(void);                          //子函数声明

int main(void)
{
    BSP_Init();
    Timx_Init();                               //定时器初始化函数
    while (1) ;
}

void Timx_Init(void)
{
    TIM_TimeBaseInitTypeDef    TIM_TimeBaseStructure;

    TIM_DeInit(TIM2);                          //复位 TIM2 定时器
    TIM_TimeBaseStructure.TIM_Period = 35999;
    TIM_TimeBaseStructure.TIM_Prescaler = 1999;
    TIM_TimeBaseStructure.TIM_ClockDivision = 0x0;
    TIM_TimeBaseStructure.TIM_CounterMode = TIM_CounterMode_Up;
    TIM_TimeBaseInit(TIM2, & TIM_TimeBaseStructure);
        /* Clear TIM2 update pending flag[清除 TIM2 溢出中断标志] */
    TIM_ClearFlag(TIM2, TIM_FLAG_Update);
        /* Enable TIM2 Update interrupt [TIM2 溢出中断允许]*/
    TIM_ITConfig(TIM2, TIM_IT_Update, ENABLE);
        /* TIM2 enable counter [允许 tim2 计数]*/
    TIM_Cmd(TIM2, ENABLE);
}
```

中断服务函数 TIM2_IRQHandler 在文件"stm32f10x_it.c"中：

```c
//中断服务程序
void TIM2_IRQHandler(void)
{
if(GPIO_ReadInputDataBit(GPIOC, GPIO_Pin_13)==0)
    GPIO_SetBits(GPIOC, GPIO_Pin_13);
else
    GPIO_ResetBits(GPIOC,GPIO_Pin_13);

  /* Clear TIM2 update pending flag[清除 TIM2 溢出中断标志] */
  TIM_ClearFlag(TIM2, TIM_FLAG_Update);
}
```

在 C 程序中，一个函数的定义可以放在任意位置，既可以放在主函数 main 之前，也可以放在 main 之后，但如果放在 main 之后的话，那么应该在 main 函数的前面加上这个函数的声明：

    void Timx_Init(void);   //子函数声明

主函数 main()很好理解：首先对定时器进行初始化设置，然后等待中断。

中断控制

中断即发生了某种情况（事件），使得 CPU 暂时中止当前程序语句的执行，转去执行相应的中断服务（处理）程序。中断在单片机应用系统的设计与实现中起着非常重要的作用。使用中断允许系统响应事件并在执行其他程序的过程中处理该事件。而定时器中断，则可以使系统实现"看上去"能够在同一时间处理许多任务。计算机的多任务操作系统（Windows、Linux、μCOS 等）就需要定时器中断，可以这么说，如果没有定时器中断，就没有多任务操作系统。

在某种程度上，中断服务函数与子函数有些相似：CPU 执行当前主程序，转去执行子函数，然后返回主程序。但它们最明显的区别是，子函数是显式调用，而中断服务函数是隐式调用，由中断（事件）触发，通过 CPU 内部的中断机制隐式调用。STM32 单片机有 68 个可屏蔽中断通道（不包括 Cortex-M3 的 16 条中断线），每个中断源可以单独允许或禁止。如果你有点忘记 STM32 单片机的中断机制，那么你该复习一下第 4 章了。

TIM2 外部中断通道的位置号是 28（35 号优先级），TIM2 本身能够引起中断的中断源或事件有更新事件（上溢/下溢）、输入捕获、输出匹配、DMA 申请等。所有 TIM2 的中断事件都是通过一个 TIM2 的中断通道向 Cortex-M3 内核提出中断申请。Cortex-M3 内核对于每一个外部中断通道都有相应的控制字和控制位，分布在 NVIC 的寄存器组中，用于控制该中断通道，包括：

- 中断优先级控制字：PRI_28（IP[28]）的 8 个 bits（只用高 4 位）；
- 中断允许设置位：在 ISER 寄存器中（允许中断）；
- 中断允许清除位：在 ICER 寄存器中（禁止中断）；
- 中断登记 Pending 位置位：在 ISPR 寄存器中（硬件自动置位）；
- 中断登记 Pending 位清除：在 ICPR 寄存器中（软件清除中断通道标志位）；
- 正在被服务的中断（Active）标志位：在 IABR 寄存器中，可以知道当前内核正在处理哪个中断通道。

TIM2 的中断过程如下：

（1）初始化：首先要设置寄存器 AIRC 中 PRIGROUP 的值，设置系统中的抢先优先级和子优先级的个数（在 4 个 bits 中占用的位数）；设置 TIM2 寄存器，允许相应的中断，如允许 UIE（TIME2_DIER 的第[0]位）；设置 TIM2 中断通道的抢先优先级和子优先级（IP[28]，在 NVIC 寄存器组中）；设置允许 TIM2 中断通道。

（2）中断响应：当 TIM2 的 UIE 条件成立（更新、上溢或下溢）时，硬件将 TIM2 本身寄存器中 UIE 中断标志置位，然后通过 TIM2 中断通道向内核申请中断服务。此时内核硬件将 TIM2 中断通道的登记 Pending 标志置位（中断通道标志置位），表示 TIM2 有中断申请。如果当前有中断在处理，TIM2 的中断级别不够高，那么就保持 Pending 标志，这时，也可以通过写 ICPR 寄存器中相应的位把本次中断请求清除掉。如内核有空，开始响应 TIM2 的中断，进入 TIM2 的中断服务程序。此时硬件将 IABR 寄存器中相应的标志位置位，表示 TIM2 中断正在被处理，同时硬件清除 TIM2 的登记 Pending 标志位。

（3）执行 TIM2 中断服务程序：所有 TIM2 的中断事件，都在一个 TIM2 中断服务程序中完成，所以进入中断服务程序后，如果有多个中断事件，需要先判断是哪个 TIM2 的具体事件的中断，然后转移到相应的服务代码段去。由于硬件不会自动清除 TIM2 寄存器中的中断标志位，因此，在中断服务程序退出前，要把该中断事件的中断标志位清除掉。如果 TIM2 本身的中断事件有多个，那么它们服务的先后次序就由编写的中断服务程序决定了。也就是说，对于 TIM2 本身的多个中断的优先级，系统是不能设置的。在编写中断服务程序时，应根据实际的情况和要求，通过软件的方式，将重要的中断优先处理掉。

（4）中断返回：内核执行完中断服务后，便进入中断返回过程，在这个过程中硬件将 IABR 寄存器中相应的标志位清除，表示该中断处理完成。如果 TIM2 本身还有中断标志位置位，表示 TIM2 还有中断在申请，则重新将 TIM2 的登记 Pending 标志置为 1，等待再次进入 TIM2 的中断服务。

> **多任务操作系统**
>
> 多任务操作系统（Multi-task operation system）：在它内部允许有多个任务同时运行。早期的操作系统（UNIX）多任务是靠分时（Time Sharing）机制实现的，现在的操作系统除了具有分时机制外，还加入了实时（Real Time）多任务能力，用于像实时控制、数据采集等实时性要求较高的场合。系统在执行多任务时，CPU 在某一时刻只能执行一个任务，但操作系统将 CPU 时间分片，并把这些时间片分别安排给多个任务（进程）。因为 CPU 运行很快，在操作者看来，所有任务（进程）都在同时运行。而任务调度是基于时钟节拍的，CPU 要提供定时器中断来产生时钟节拍，以实现时间的延时和定时期满功能。

该你了——流水灯

教学开发板上已有 4 个 LED，你可以重新编写定时器 TIM2 的中断服务函数，实现 4 个 LED 依次反复点亮，即第 1 个亮，其余灭；然后第 2 个亮，其余灭；然后第 3 个亮，其余灭；然后第 4 个亮，其余灭；不断反复。你可以参考本书配套例程：Led_ShiftWithTx.c。

6.2 STM32 单片机通用定时器的应用

任务二 距离探测

红外探测器灵敏度与频率的关系

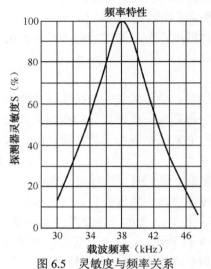

图 6.5 灵敏度与频率关系

图 6.5 显示的是本书所使用的红外探测器频率与灵敏度的关系，显示了红外探测器在接收到频率不同于 38.5kHz 的红外线信号时，其敏感程度随频率变化的曲线。例如，当你发送频率为 40kHz 的信号给探测器时，它的灵

敏度是频率为 38.5kHz 的 80%；如果红外 LED 发送频率为 42kHz，探测器的灵敏度是频率为 38.5kHz 的 50%左右。对于灵敏度很低的频率，为了让探测器探测到反射的红外线，物体必须离探测器更近。

从另一个角度来考虑：高灵敏度的频率可以探测远距离的物体，低灵敏度的频率可以探测距离较近的物体。这使得距离探测就简单了。

我们可以选择 5 个不同频率，从最低灵敏度到最高灵敏度进行测试，依赖于探测器不能再检测到物体的红外线频率，就可以推断物体的大概位置。

对频率扫描进行编程做距离探测

图 6.6 说明了机器人如何用红外发射频率做距离探测。在这个例子中，目标物体在区域 3，也就是说，发送 35700Hz 和 38460Hz 频率能发现物体，发送 29370Hz、31230Hz 及 33050Hz 频率就不能发现物体。如果你移动物体到区域 2，那么发送 33050Hz、35700Hz 及 38460Hz 可以发现物体，发送 29370Hz 和 31230Hz 频率不能发现物体。

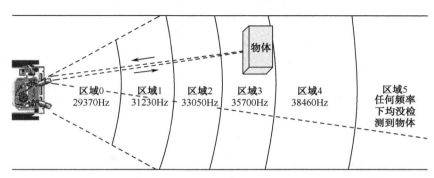

图 6.6　红外频率和探测区域

例程：TestLeftFrequencySweep.c

例程要做两件事情：首先，测试 IR LED/探测器（分别与 PE1 和 PE3 连接）以确认它们的距离探测功能正常；然后，完成频率扫描。

```
#include "stm32f10x_heads.h"
#include "HelloRobot.h"

void Timx_Init(void);
#define LeftIR    GPIO_ReadInputDataBit(GPIOE,GPIO_Pin_3)    //左边红外接收

unsigned int time;                //定时时间值
int leftdistance;                 //左边的距离
int distanceLeft, irDetectLeft;
unsigned int frequency[5]={29370,31230,33050,35700,38460};

void Timx_Init(void)
{
    TIM_DeInit( TIM2);            //复位 TIM2 定时器
}

void FreqOut(unsigned int Freq)
```

```c
{
    TIM_TimeBaseInitTypeDef    TIM_TimeBaseStructure;

    TIM_TimeBaseStructure.TIM_Period = 72000000/2/Freq-1;
    TIM_TimeBaseStructure.TIM_Prescaler = 0;
    TIM_TimeBaseStructure.TIM_ClockDivision = 0x0;
    TIM_TimeBaseStructure.TIM_CounterMode = TIM_CounterMode_Up;
    TIM_TimeBaseInit(TIM2, & TIM_TimeBaseStructure);
    /* Clear TIM2 update pending flag, 清除 TIM2 溢出中断标志  */
    TIM_ClearFlag(TIM2, TIM_FLAG_Update);
    /* Enable TIM2 Update interrupt，TIM2 溢出中断允许  */
    TIM_ITConfig(TIM2, TIM_IT_Update, ENABLE);
    /* TIM2 enable counter，允许 tim2 计数  */
    TIM_Cmd(TIM2, ENABLE);                          //启动定时器

    delay_nus(800);                                 //延时

    TIM_Cmd(TIM2, DISABLE);                         //停止定时器
}

void Get_lr_Distances()
{
    unsigned int count;
    leftdistance = 0;                               //初始化左边的距离
    for(count = 0;count<5;count++)
    {
        FreqOut(frequency[count]);                  //发射频率
        irDetectLeft = LeftIR;
        printf("irDetectLeft = %d\r\n",irDetectLeft);
        if(irDetectLeft == 1)                       //没有探测到物体
        leftdistance++;
    }
}

int main(void)
{
    BSP_Init();
    Timx_Init();                                    //定时器初始化函数
    USART_Configuration();
    printf("Program Running!\r\n");
    printf("FREQENCY DETECTED\r\n");
    while(1)
    {
        Get_lr_Distances();
        printf("distanceLeft = %d\r\n",leftdistance);
        printf("----------------\r\n");
        delay_nms(1000);
    }
}
```

中断服务函数 TIM2_IRQHandler 在文件"stm32f10x_it.c"中：

```
void TIM2_IRQHandler(void)
{
  if(GPIO_ReadOutputDataBit(GPIOE, GPIO_Pin_1)==0)
      GPIO_SetBits(GPIOE, GPIO_Pin_1);
  else
      GPIO_ResetBits(GPIOE,GPIO_Pin_1);

  /* Clear TIM2 update pending flag[清除 TIM2 溢出中断标志] */
  TIM_ClearFlag(TIM2, TIM_FLAG_Update);
}
```

TestLeftFrequencySweep.c 是如何工作的？

还记得"数组"吗？在第 3 章任务五——建立机器人复杂运动中，你用字符型数组存储机器人的运动，这里你将用整数型数组存储 5 个频率值：

```
unsigned int    frequency[5]={29370,31230,33050,35700,38460};
```

函数 Timx_Init()是定时器的初始化。注意，Timx_Init()并没有开启定时器。

函数 Get_lr_Distances()的功能是机器人要发射某一频率的红外信号。该给定时器设定多大的值呢？若频率为 f，则周期 $T=1/f$，高低电平持续时间为 $t= T/2$，根据公式：

$$T=(TIM\_Period+1) \cdot (TIM\_Prescaler+1)/72MHz/2$$

当 TIM_Prescaler=0 时，可计算定时器初值 TIM_Period 如下：

$$TIM\_Period = (72000000/2)/Freq-1$$

根据图 6.6 所描述原理，如果检测结果 irDetectLeft 为 1，即没有发现物体，则距离 leftdistance 加 1。循环扫描，当 5 个频率扫描完后，可根据 leftdistance 的值来判断物体离机器人的大致距离。

输入、保存并运行程序 TestLeftFrequencySweep.c。用一张纸或卡片面对 IR LED/探测器做距离探测。前后移动白纸，调试终端将会显示白纸所在的区域，如图 6.7 所示。

图 6.7　距离探测输出实例

程序通过计算"1"出现的次数，就可以确定目标在哪个区域。

注意：这种距离测量方法是相对的，并非绝对的精确。然而，它为机器人跟随、跟踪和其他行为提供了一个足够好的探测距离的能力。

该你了——测试右边的 IR LED/探测器

- 修改程序 TestLeftFrequencySweep.c，对右边的 IR LED/探测器做距离探测测试；
- 运行该程序，检验这对 IR LED/探测器能否测量同样的距离；
- 输入、保存并运行程序 DisplayBothDistances.c；
- 用纸片重复对每个 IR LED 进行距离探测，然后对两个 IR LED 同时进行测试。

尝试测量不同物体的距离，弄清物体的颜色和（或）材质是否会造成距离测量的差异。

当左右两对红外探测电路都测试完成后，机器人小车就可实现障碍物的探测、机器人跟随以及路径跟踪等智能行为。你也可以在前面电路的基础上增加报警功能。

任务三　尾随小车

一个机器人跟随另一个机器人行走，跟随的机器人被称为尾随车。尾随车要正常工作必须知道距离引导车有多远。如果尾随车落在后面，它必须能察觉并加速。如果尾随车距离引导车太近，它也要能察觉并减速。如果当前距离正好合适，它会等待直到测量距离变远或变近。这种技术可以用于高级汽车中的主动距离探测，提高行车安全。

距离仅仅是机器人和其他自动化系统（或机器）需要控制的一种变量。当一个机器被设计用来自动维持某一数值，如距离、压力或液位等，它一般都包含一个控制系统。这些系统有时由传感器和阀门组成，或者由传感器和电机组成。在机器人系统中，主要由传感器和旋转的电机组成。同时，还必须有某种处理器可以接收传感器的测量结果并把它们转化为机械运动。可以通过对处理器编程来对传感器的输入做出决定，从而控制输出。闭环控制是一种常用的维持控制目标数据的方法，它很好地帮助机器人保持与一个物体之间的距离。闭环控制算法类型多种多样，最常用的有比例、积分及微分控制。

图 6.8 所示的框图描述了机器人系统中常用到的比例控制，即机器人用右边的 IR LED/探测器探测距离，并用右边的伺服电机调节机器人之间的位置以维持适当的距离。

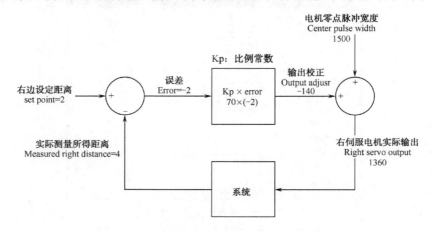

图 6.8　伺服电机及 IR LED/探测器的比例控制框图

仔细观察一下图 6.8 中的数字，学习一下比例控制是如何工作的。设定间隔距离为 2，说明你想让机器人维持它和任何它探测到的物体之间的距离是 2。测量的距离为 4，距离太远。误差是设定值减去测量值的差，即 2－4＝－2，它在圆圈的左方以符号的形式给出，这个圆圈叫"比较器"。接着，将这个误差传入一个操作框——比例控制。误差将乘以一个比例常数 Kp，Kp 的值为 70。该操作框的输出显示为－2×70＝－140，这叫做输出校正。这个输出校正结果输入到一个求和点，这时它与电机的零点脉冲宽度 1500 相加，相加的结果是 1360，这个脉宽可以让电机大约以 3/4 全速顺时针旋转，这让机器人右轮向前，朝着物体的方向旋转。

　　第二次经过闭环，测量距离可能发生变化，但是没有问题，因为不管测量距离如何变化，这个控制环路将会计算出一个数值，让电机旋转来纠正误差。修正值与误差总是成比例关系，该误差就是设定位置和测量位置的关系的偏差。

　　这个控制过程可以由一组方程来描述。图 6.8 可以认为是对这组方程的可视化描述。下面是归纳出来的方程关系及结果：

Error	=	Right distance set point – Measured right distance
=	2 – 4	
Output adjus	=	error · Kp
=	–2×70	
=	–140	
Right servo output	=	Output adjust + Center pulse width
=	– 140 +1500	
=	1360	

　　通过一些运算，上面三个等式可被简化为一个，提供你相同的结果：

Right servo output = (Right distance set point – Measured right distance) · Kp+ Center pulse width

　　代入数值，你可以看到结果一致：

=	((2 – 4)×70) + 1500
=	1360

　　左边的 IR LED/探测器及左边的伺服电机的控制框图如图 6.9 所示，与右边的运算法则类似。不同的是比例系数 Kp 的值由+70 变为-70。假设与右边的测量值一样，输出修正的脉冲宽度应该为 1640。下面是归纳出来的方程关系及结果：

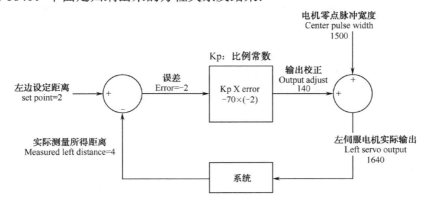

图 6.9　左伺服电机及 IR LED/探测器的比例控制框图

Left servo output= (Left distance set point – Measured left distance) · Kp+ Center pulse width

=   ((2 – 4) × (–70)) +1500

=   1640

这个脉冲宽度值使电机大约以 3/4 全速逆时针旋转。这对机器人的左轮来讲是一个向前旋转的脉宽。它使机器人向前朝着物体的方向加速运动，并保持与物体间隔一定的距离。

对尾随车编程

下面的例子说明如何用 C 语言求解上面的方程。右边距离设置为 2，测量距离由变量 distanceRight 存储，Kp 为 70，零点脉冲宽度为 1500：

pulseRight = （2 – distanceRight) • 70 + 1500

左伺服电机的比例系数 Kp 为–70：

pulseLeft = （2 – distanceLeft) • (–70) + 1500

既然数值–70、70、2 和 1500 全都有含义，可以声明如下：

```
#define Kpl –70
#define Kpr 70
#define SetPoint 2
#define CenterPulse 1500
```

那么，比例控制计算公式为：

pulseLeft = （SetPoint – distanceLeft） • Kpl + CenterPulse

pulseRight = （SetPoint – distanceRight） • Kpr + CenterPulse

这样声明的便利在于，你只需在程序的开始部分对变量做一次改变。程序开始部分的修改会反映到所有你用到该常量的地方。例如，将#define Kpl –70 中的–70 改为–80，那么程序中所有 Kpl 的值都会由–70 更改为–80。对于左、右比例控制系统的试验来讲，这是非常有用的。当然最好的方法是用 const，如：const int Kpr=70。

➡ **const 与 define**

两者都可以用来定义常量，常放在头文件里面。但是 const 定义时，还定义了常量的数据类型，所以更规范一些。#define 只是简单的文本替换，除了可以定义常量外，还可以用来定义一些简单的函数。

"#define 变量名 变量值" 定义一个值替代，然而却有个致命缺点：缺乏类型检测机制，这样预处理在 C++中成为可能引发错误的隐患，于是引入 const。下面的声明都是什么意思？

const int a;

int const a;

const int *a;

int * const a;

int const * a const;

前两个的作用是一样的，a 是一个常整型数。

第三个意味着 a 是一个指向常整型数的指针，整型数是不可修改的，但指针可以。

第四个意味着 a 是一个指向整型数的常指针，指针指向的整型数是可以修改的，但指针是不可修改的。

最后一个意味着 a 是一个指向常整型数的常指针，指针指向的整型数是不可修改的，同时指针也是不可修改的。

为什么关键字 const 重要呢？有如下理由：

（1）关键字 const 的作用是为给读你代码的人传达非常有用的信息，实际上，声明一个参数为常量是为了告诉用户这个参数的应用目的。

（2）通过给优化器一些附加的信息，使用关键字 const 可能会产生更紧凑的代码，这对嵌入式系统编程有用。

（3）合理地使用关键字 const 可以使编译器很自然地保护那些不希望被改变的参数，防止其被无意的代码修改。简而言之，这样可以减少 bug 的出现。

前面章节讲的 volatile 和这里介绍的 const 的含义都是嵌入式系统工程师应该知道的基本知识。

例程：FollowingRobot.c

该例程实现刚才讨论过的各个伺服电机的比例控制。换句话说，在每个脉冲发送给电机之前，需要测量距离，计算出误差信号，然后将误差值乘以比例系数 Kp，再将结果加上（或减去）得到脉冲宽度值，最后发送给左（或右）伺服电机。

- 输入、保存并运行程序 FollowingRobot.c；
- 把纸片置于机器人的前面，就像障碍物墙，机器人应该维持它和纸片之间的距离为预定的距离；
- 尝试轻轻旋转一下纸片，机器人应该随之旋转；
- 尝试用纸片引导机器人四处运动，机器人应该跟随它；
- 移动纸片距离机器人特别近时，机器人应该后退，远离纸片。

```c
#include "stm32f10x_heads.h"
#include "HelloRobot.h"
void Timx_Init(void);

#define LeftLaunch_1   GPIO_SetBits(GPIOE, GPIO_Pin_1)        //左边红外发射
#define LeftLaunch_0   GPIO_ResetBits(GPIOE, GPIO_Pin_1)      //左边红外发射
#define RightLaunch_1 GPIO_SetBits(GPIOE, GPIO_Pin_0)         //右边红外发射
#define RightLaunch_0 GPIO_ResetBits(GPIOE, GPIO_Pin_0)       //右边红外发射
#define LeftIR      GPIO_ReadInputDataBit(GPIOE,GPIO_Pin_3)   //左边红外接收
#define RightIR     GPIO_ReadInputDataBit(GPIOE,GPIO_Pin_2)   //右边红外接收

#define Kpl -70
#define Kpr 70
#define SetPoint 2
#define CenterPulse 1500
```

```
unsigned int time;
int leftdistance,rightdistance;    //左边和右边的距离
int delayCount,distanceLeft,distanceRight,irDetectLeft,irDetectRight;
unsigned int frequency[5]={29370,31230,33050,35700,38460};


void Timx_Init(void)
{
    //略，同前
}

void FreqOut(unsigned int Freq)
{
    //略，同前
}

void Get_lr_Distances()
{
    unsigned char count;
    leftdistance = 0;                       //初始化左边的距离
    rightdistance = 0;                      //初始化右边的距离
    for(count = 0;count<5;count++)
    {
        FreqOut(frequency[count]);
        irDetectRight = RightIR;
        irDetectLeft = LeftIR;
        if (irDetectLeft == 1)              leftdistance++;
        if (irDetectRight == 1)             rightdistance++;
    }
}

void Send_Pulse(unsigned int pulseLeft,unsigned int pulseRight)
{
        GPIO_SetBits(GPIOD, GPIO_Pin_10);
        delay_nus(pulseLeft);
        GPIO_ResetBits(GPIOD,GPIO_Pin_10);

        GPIO_SetBits(GPIOD, GPIO_Pin_9);
        delay_nus(pulseRight);
        GPIO_ResetBits(GPIOD,GPIO_Pin_9);
        delay_nms(18);
}

int main(void)
{
    unsigned int pulseLeft,pulseRight;
    BSP_Init();
```

```
    Timx_Init();                    //定时器初始化函数
    USART_Configuration();
    printf("Program Running!\r\n");
    printf("FREQENCY DETECTED\r\n");
      while(1)
      {
          Get_lr_Distances();
          pulseLeft=(SetPoint-leftdistance)*Kpl+CenterPulse;
          pulseRight=(SetPoint-rightdistance)*Kpr+CenterPulse;
          Send_Pulse(pulseLeft,pulseRight);
      }
  }
```

FollowingRobot.c 是如何工作的？

主程序做的第一件事是调用 Get_lr_Distances 子函数。Get_lr_Distances 函数运行完成之后，变量 leftdistance 和 rightdistance 分别包含一个与区域相对应的数值，该区域里的目标被左右红外线探测器探测到。

随后两行代码对每个电机执行比例控制计算：

pulseLeft =（SetPoint - leftdistance）• Kpl + CenterPulse

pulseRight =(SetPoint – rightdistance)• Kpr + CenterPulse

最后调用子函数 Send_Pulse 对电机的速度进行调节。

因为你要做的实验是尾随，串口线的连接影响了机器人的运动，故可去掉。

**该你了**

图 6.10 所示是导引机器人和尾随机器人示意图。为提高探测可靠性，引导车侧面和后面需加上挡板。引导车运行的程序是 FastIrRoaming.c，尾随车运行的程序是 FollowingRobot.c。比例控制让尾随车成为忠实的追随者。一个引导车可以引导一串大概 6～7 个尾随车。只需要把导引车的侧面挡板和后面挡板加到其他的尾随车上。

图 6.10　导引机器人（左上）和尾随机器人（右下）示意图

如果只有一个机器人，可以让尾随车跟随一张纸或你的手来运动，就和跟随导引车一样；如果有多个机器人，可以把纸板安装在导引小车的两侧和尾部，参考图 6.10。

通过调整比例常数和 SetPoint 的值来改变尾随车的行为，用手或一张纸片来引导尾随车，做下面的练习：尝试用 40 和 100 这 2 个值更新 Kpr 和 Kpl 来运行程序 FollowingRobot.c，注意观察机器人在跟随目标运动时的响应有何差异；尝试调节常量 SetPoint 的值，范围从 0～4，注意观察机器人跟随目标的间隔距离。

任务四　跟踪条纹带

如图 6.11 所示，你可以搭建一个路径并编程使机器人巡线运动。路径中每个条纹带是由 3 条 19mm 宽的黑色聚乙烯"电工绝缘带"边对边地并行粘贴在白色招贴板上组成的，"电工绝缘带"条纹之间不能露出白色板。为了成功跟踪该路径，测试和调节机器人是必要的。需要的材料包括：

（1）一张招贴板——大概尺寸：56cm×71cm。

（2）19mm 宽黑色聚乙烯"电工绝缘带"一卷。

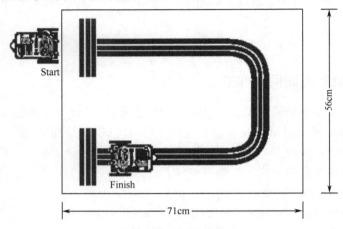

图 6.11　条纹带跟踪

测试条纹带

- 调节 IR LED/探测器的位置向下和向外，如图 6.12 所示；
- 确保绝缘带路径不受荧光灯干扰；
- 用 1kΩ电阻代替与 IR LED 串联的 470Ω 电阻，使机器人更加近视；
- 运行程序 DisplayBothDistances.c。机器人与串口电缆相连，以便你能看到显示的距离；
- 如图 6.13 所示，把机器人放在白色招贴板上；验证你的区域读数是否表示被探测的物体在很近的区域，两个传感器给你的读数都是 1 或 0。

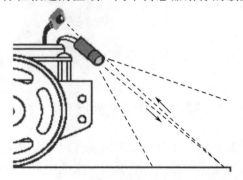
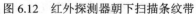
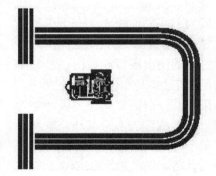

图 6.12　红外探测器朝下扫描条纹带　　　　图 6.13　低区域测试顶视图

放置机器人使两个 IR LED/检测器都直接指向三条绝缘带的中心，如图 6.14 和图 6.15 所示，然后调整机器人的位置（靠近或远离绝缘带）直到两个区域的值都达到 4 或 5，这表明要么发现一个很远的物体，要么没有发现。因为黑色的聚乙烯"电工绝缘带"会吸收红外线。

如果在你的绝缘带路径上很难获得比较高的读数值，参考绝缘带路径排错部分。

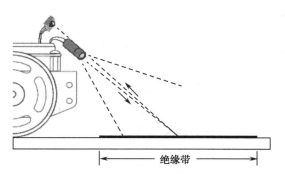

图 6.14　高区域测试（侧视图）　　　　图 6.15　高区域测试顶视图

绝缘带路径排错

如果 IR LED/检测器指向绝缘带路径中心时你不能获得比较高的读数值，用 4 绝缘带代替原来 3 条绝缘带搭建路径。如果区域读数仍然低，确认你是用 1kΩ 电阻串联在 IR LED 上，你可以试用 2kΩ 电阻使机器人更加近视。如果都不行，试试不同的绝缘带。调整 IR LED/探测器，使它们指向更靠近或更远离机器人的前部可能有帮助。

如果在低区域测试（探测白色表面）时有问题，试试将 IR LED/探测器朝机器人的方向再向下调整，但是要注意不要让底盘带来干扰，你也可以试试一个更低阻值的电阻。

现在，将机器人放在绝缘带路径上，它的轮子正好跨在黑色线上，IR 探测器应该稍稍向外，如图 6.16 所示。验证两个距离读数是否又是 0 或 1。如果读数较高，意味着 IR 探测器需要再稍微朝远离绝缘带边缘的方向向外调整一下。

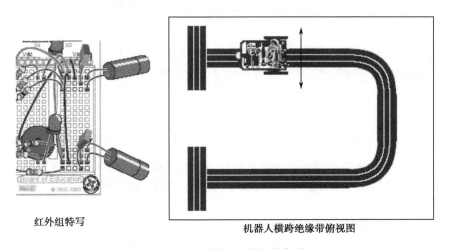

红外组特写　　　　　　机器人横跨绝缘带俯视图

图 6.16　IR 检测器朝向放大图

当你把机器人小车沿图中双箭头所示的任何一个方向移动，两个 IR 中的一个会指向绝缘带上。此时，这个指向绝缘带上的 IR 的读数应该增加到 4 或 5。记住，如果你将机器人向左移动，右边检测器的值会增加；如果你将机器人向右移动，左边检测器的值会升高。

调整 IR LED/检测器直到机器人通过这个最后的测试，然后你可以试验下面的例程使机器人沿着条纹带行走。

编程跟踪条纹带

你只需对程序 FollowingRobot.c 做一点小小的调整，就可以使机器人跟踪条纹带行走。首先，机器人应当向目标靠近，使到目标的距离比 SetPoint 要小；或远离目标，以使距离比 SetPoint 大，这同程序 FollowingRobot.c 的表现相反。当机器人离物体的距离不在 SetPoint 的范围内时，让机器人向相反的方向运动。只需简单地更改 Kpl 和 Kpr 的符号，换句话说，将 Kpl 由−70 改为 70；将 Kpr 由 70 改为−70。你需要做一下试验，当 SetPoint 从 2 到 4 时，看哪个值使系统工作稳定。下面的例程将 SetPoint 值改为 3。

例程：**StripeFollowingRobot.c**
- 打开程序 FollowingRobot.c，另存为 StripeFollowingRobot.c；
- 将 SetPoint 的值由 2 改为 3；将 Kpl 由−70 改为 70；将 Kpr 由 70 改为−70；
- 运行程序，将机器人放在图 6.11 所示的"Start"位置，机器人将静止。如果你把手放在 IR 组前面，然后它会向前移动，当它走过了开始的条纹带时，把手移开，它会沿着条纹带行走。当它运行到"Finish"条纹带时，它应该停止不动；
- 假定你从绝缘带获得的距离读数为 5，从白色招贴板获得的读数为 0，SetPoint 的常量值为 2、3 及 4 时都可以正常工作。尝试不同的 SetPoint 值，注意机器人在条纹带上运行时的性能。

👉 该你了——沿着条纹带行走比赛

倘若机器人能忠实地在"Start"和"Finish"条纹带处等待，你可以把这个试验转化为比赛，用时最少者获胜。你也可以搭建其他的路径。为了获得最好的性能，用不同的 SetPoint，Kpl 和 Kpr 做试验。

🛩 6.3   STM32 单片机高级控制定时器

在系统时钟初始化时，已经通过 PLL 锁相环将系统时钟配置成 72MHz（参见第 2 章），而高级控制定时器 TIM1 的时钟源来自外设总线 APB2 时钟源，因此高级控制定时器 TIM1 的时钟源最大是 72MHz。下面重点介绍高级控制定时器 TIM1 与通用定时器 TIMx 的不同之处。

STM32 单片机的高级控制定时器 TIM1 除了具有通用定时器的功能外，还具有以下高级功能：

（1）在指定数目的计数周期后更新定时器寄存器。

（2）刹车（中止）输入信号可以将定时器输出信号置于复位状态或一个已知的状态。

（3）紧急故障停机，可与 2 路 ADC 同步及与其他定时器同步。

（4）死区时间设置。高级控制定时器 TIM1 可以输出 2 路死区时间互补信号，这个特性常用于 PWM 电机控制。

（5）为防止软件错误，提供了 3 级写保护机制，以防止对寄存器的非法写入。

表 6.2 是高级控制定时器 TIM1 寄存器和复位值表,其存储器映射首地址是:0x40012C00。较之通用定时器寄存器组,多了下面 2 个寄存器:

（1）TIM1_RCR：周期计数寄存器,Repetition counter register。

（2）TIM1_BDTR：刹车和死区寄存器,Break and dead-time register。

表 6.2　高级控制定时器 TIM1 寄存器和复位值

偏移	寄存器	31	30	29	28	27	26	25	24	23	22	21	20	19	18	17	16	15	14	13	12	11	10	9	8	7	6	5	4	3	2	1	0
000h	TIM1_CR1	保留																						CKD [1:0]		ARPE	CMS [1:0]		DIR	OPM	URS	UDIS	CEN
	复位值																							0	0	0	0	0	0	0	0	0	0
004h	TIM1_CR2	保留															OIS4	OIS3N	OIS3	OIS2N	OIS2	OIS1N	OIS1	TI1S	MMS [2:0]			CCDS	CCUS	保留	CCPC			
	复位值																0	0	0	0	0	0	0	0	0	0	0	0	0		0		
008h	TIM1_SMCR	保留															ETP	ECE	ETPS [1:0]		EFT [3:0]				MSM	TS [2:0]			保留	SMS [2:0]		
	复位值																0	0	0	0	0	0	0	0	0	0	0	0		0	0	0
00Ch	TIM1_DIER	保留																TDE	COMDE	CC4DE	CC3DE	CC2DE	CC1DE	UDE	BIE	TIE	COMIE	CC4IE	CC3IE	CC2IE	CC1IE	UIE	
	复位值																	0	0	0	0	0	0	0	0	0	0	0	0	0	0	0	
010h	TIM1_SR	保留																CC4OF	CC3OF	CC2OF	CC1OF	保留		BIF	TIF	COMIF	CC4IF	CC3IF	CC2IF	CC1IF	UIF		
	复位值																	0	0	0	0			0	0	0	0	0	0	0	0		
014h	TIM1_EGR	保留																						BG	TG	COM	CC4G	CC3G	CC2G	CC1G	UG		
	复位值																							0	0	0	0	0	0	0	0		
018h	TIM1_CCMR1 输出比较模式	保留																OC2CE	OC2M [3:0]			OC2PE	OC2FE	CC2S [1:0]		OC1CE	OC1M [2:0]			OC1PE	OC1FE	CC1S [1:0]	
	复位值																	0	0	0	0	0	0	0	0	0	0	0	0	0	0	0	0
	TIM1_CCMR1 输入捕获模式	保留																IC2F [3:0]				IC2 PSC [1:0]		CC2S [1:0]		IC1F [3:0]				IC1 PSC [1:0]		CC1S [1:0]	
	复位值																	0	0	0	0	0	0	0	0	0	0	0	0	0	0	0	0
01Ch	TIM1_CCMR2 输出比较模式	保留																OC4CE	OC4M [2:0]			OC4PE	OC4FE	CC4S [1:0]		OC3CE	OC3M [2:0]			OC3PE	OC3FE	CC3S [1:0]	
	复位值																	0	0	0	0	0	0	0	0	0	0	0	0	0	0	0	0
	TIM1_CCMR2 输入捕获模式	保留																IC4F [3:0]				IC4 PSC [1:0]		CC4S [1:0]		IC3F [3:0]				IC3 PSC [1:0]		CC3S [1:0]	
	复位值																	0	0	0	0	0	0	0	0	0	0	0	0	0	0	0	0

续表

偏移	寄存器	31	30	29	28	27	26	25	24	23	22	21	20	19	18	17	16	15	14	13	12	11	10	9	8	7	6	5	4	3	2	1	0
020h	TIM1_CCER	保留																		CC4P	CC4E	CC3NP	CC3NE	CC3P	CC3E	CC2NP	CC2NE	CC2P	CC2E	CC1NP	CC1NE	CC1P	CC1E
	复位值																			0	0	0	0	0	0	0	0	0	0	0	0	0	0
024h	TIM1_CNT	保留																CNT[15:0]															
	复位值																	0	0	0	0	0	0	0	0	0	0	0	0	0	0	0	0
028h	TIM1_PSC	保留																PSC[15:0]															
	复位值																	0	0	0	0	0	0	0	0	0	0	0	0	0	0	0	0
02Ch	TIM1_ARR	保留																ARR[15:0]															
	复位值																	0	0	0	0	0	0	0	0	0	0	0	0	0	0	0	0
030h	TIM1_RCR	保留																								REP[7:0]							
	复位值																									0	0	0	0	0	0	0	0
034h	TIM1_CCR1	保留																CCR1[15:0]															
	复位值																	0	0	0	0	0	0	0	0	0	0	0	0	0	0	0	0
038h	TIM1_CCR2	保留																CCR2[15:0]															
	复位值																	0	0	0	0	0	0	0	0	0	0	0	0	0	0	0	0
03Ch	TIM1_CCR3	保留																CCR3[15:0]															
	复位值																	0	0	0	0	0	0	0	0	0	0	0	0	0	0	0	0
040h	TIM1_CCR4	保留																CCR4[15:0]															
	复位值																	0	0	0	0	0	0	0	0	0	0	0	0	0	0	0	0
044h	TIM1_BDTR	保留																MOE	AOE	BKP	BKE	OSSR	OSSI	LOCK[1:0]		DT[7:0]							
	复位值																	0	0	0	0	0	0	0	0	0	0	0	0	0	0	0	0
048h	TIM1_DCR	保留																			DBL[4:0]					保留			DBA[4:0]				
	复位值																				0	0	0	0	0				0	0	0	0	0
04Ch	TIM1_DMAR	保留																DMAB[15:0]															
	复位值																	0	0	0	0	0	0	0	0	0	0	0	0	0	0	0	0

　　和通用定时器类似，与计数器相关的寄存器是"自动重装寄存器"和"预装载寄存器"。这 3 个寄存器其实是存同一个值的，只不过时间不同。自动重装寄存器就是预装载寄存器的影子寄存器，它们三个的关系是这样的：当计数器溢出事件发生时，表示计数器完成了一次计数，此时新的计数值存入"预装载寄存器"，再更新"自动重装寄存器"，计数器会从 0 开始计数，直到自动装载值（TIMx_ARR 计数器的内容）。

任务五　高级控制定时器控制 LED 闪烁

　　例程：Led_BlinkWithT1.c

```
#include "stm32f10x_heads_t1.h"
#include "HelloRobot.h"
```

```
Tim1_Init()
{
  TIM1_TimeBaseInitTypeDef   TIM1_TimeBaseStructure;
  TIM1_DeInit();

  /* Time Base configuration */
  TIM1_TimeBaseStructure.TIM1_Period = 35999;
  TIM1_TimeBaseStructure.TIM1_Prescaler = 1999;
  TIM1_TimeBaseStructure.TIM1_ClockDivision = 0x0;
  TIM1_TimeBaseStructure.TIM1_CounterMode = TIM1_CounterMode_Up;
  TIM1_TimeBaseStructure.TIM1_RepetitionCounter = 0x0;   //重复计数

  TIM1_TimeBaseInit(&TIM1_TimeBaseStructure);
  /* Clear TIM1 update pending flag, 清除 TIM1 溢出中断标志 */
  TIM1_ClearFlag(TIM1_FLAG_Update);
  /*Enable TIM1 Update interrupt，TIM1 溢出中断允许 */
  TIM1_ITConfig(TIM1_IT_Update,ENABLE);

  /* TIM1 counter enable */
  TIM1_Cmd(ENABLE);   //启动高级控制定时器 TIM1 计数
}

int main(void)
{
    BSP_Init();
    USART_Configuration();
    printf("Program Running!\r\n");
    Tim1_Init();//定时器初始化函数

    while (1);
}
```

当定时器 TIM1 计数溢出产生中断时，进入中断服务函数 TIM1_UP_IRQHandler 中。这样，编程可以实现 PC13 端口的发光二极管周期性的闪烁。

```
void TIM1_UP_IRQHandler(void)
{
    if(GPIO_ReadInputDataBit(GPIOC, GPIO_Pin_13)==0)
      GPIO_SetBits(GPIOC, GPIO_Pin_13);
    else
      GPIO_ResetBits(GPIOC,GPIO_Pin_13);

    /* Clear TIM2 update pending flag, 清除 TIM1 溢出中断标志 */
    TIM1_ClearFlag(TIM1_FLAG_Update);
}
```

这里中断服务函数的主要任务是翻转 PC13 端口的电平，使 LED 灯闪烁。在最后需清除 TIM1 溢出中断标志位。

注意：在 V1.0 版本的 FWLib 中，通用定时器使用的是 TIM_XXX 函数（见 stm32f10x_tim.c 文件）；而高级控制定时器 TIM1 使用的是 TIM1_XXX 函数（见 stm32f10x_tim1.c 文件）。而在 V2.0 版本之后的 FWLib 中，定时器的所有库函数增加了 1 个参数：TIMx，x=1～8。同时，不再有 TIM1_XXX 宏名，统一成 TIM_XXX。

定时器的作用

定时器除了让 LED 灯闪烁外，还有什么作用呢？在嵌入式系统中，我们常用定时器进行采样频率控制。由于 STM32 单片机内部的 TIMER 非常强大，每个 TIMER 又有 4 个通道，再加上独立的预分频器，实际上可以实现任意分频，因此可以用 TIMER 产生指定频率的时钟，用来触发 ADC 的连续采样。这在后面章节中会进一步讲解。

如果仅让 TIM1 来控制 LED 灯闪烁，那就大材小用了。STM32 单片机的定时器还有一个重要的作用，就是产生 PWM（Pulse Width Modulation）波进行脉冲宽度调制，常用于电机控制和电力电子领域，如空调、冰箱、电梯、变频器等。PWM 技术是靠改变脉冲宽度来控制输出电压的，而输出频率的变化可通过改变此脉冲的调制周期来实现，以等效地获得所需要的波形（含形状和幅值）。这样，调压和调频两个作用配合一致，可以实现 VVVF。关于 PWM 的详细介绍，请参考有关书籍，这里不再赘述。STM32 单片机的定时器都具有 PWM 功能，但高级定时器 TIM1/8 更适合做电机控制用。

我们知道，通过不断地自动装载预装载寄存器的值，然后自动计数就可以实现一个周期性的计数。当计数器满时会产生中断，这样就可以完成一个定时器的功能了。想实现 PWM 控制电机怎么办呢？计数器已经可以实现周期性地循环计数了，下面要做的就是利用 TIM1 定义 PWM 占空比。我们先介绍"通道（channel）"的概念。

一个定时器可以支持一个 PWM，要支持多个，其前提是各路 PWM 周期相同而占空比不同。利用定时器的"通道"概念就可以实现。STM32 单片机的定时器有四个通道，每个通道都是一样的。在计数器的同一层面上有四个"捕获/比较寄存器"（Capture/Compare Register），也就是每个通道一个。

在每个通道的"捕获/比较寄存器"TIM1_CCRx（x=1、2、3、4）中放一个值，计数器从 0 开始计数，该通道的 PWM 输出为 0，当计数器与这个寄存器里的数相同之后，此 PWM 输出 1（电平发生翻转）。通过这种方法，就可以设置好占空比，产生 PWM 波了。如果在每个通道的"捕获/比较寄存器"里放入不同的占空比值，就可以产生四路 PWM 波。

任务六　使用高级控制定时器实现 PWM 控制

使用高级控制定时器 TIM1 进行 PWM 控制，使其对应各通道输出带有死区的互补 PWM 输出。TIM1 定时器的通道 1～4 的输出分别对应 PA8、PA9、PA10 和 PA11 引脚，而通道 1～3 的互补输出分别对应 PB13、PB14 和 PB15 引脚，中止（刹车）输入引脚为 PB12。其中，通道 1 输出的占空比为 50%，通道 2 输出的占空比为 25%，通道 3 输出的占空比为 12.5%。各通道互补输出为反相输出。

由于 TIM1 计数器的时钟频率为 72MHz，要想得到各通道 PWM 输出频率 f_{TIM1} 为 20kHz，根据公式：f_{TIM1}=TIM1CLK/(TIM1_Period + 1)，则 TIM1 预分频器的值 TIM1_Period 为 3600-1。

由通道输出占空比等于 TIM1_CCRx/(TIM1_Period + 1)，可以得到各通道比较/捕获寄存器的计数值。其中，通道 1 的 TIM1_CCR1 寄存器的值为 1800，通道 2 的 TIM1_CCR2 寄存器的值为 900，通道 3 的 TIM1_CCR3 寄存器的值为 450。

在电机控制中，还需要在各通道互补输出中插入一个死区，例如 1.625μs 的死区时间。

例程：T1_PWM.c

```c
#include "stm32f10x_heads_t1.h"
#include "HelloRobot.h"

TIM1_TimeBaseInitTypeDef    TIM1_TimeBaseStructure;
TIM1_OCInitTypeDef    TIM1_OCInitStructure;
TIM1_BDTRInitTypeDef TIM1_BDTRInitStructure;

u16 capture = 0;
u16 CCR1_Val = 1800;        //设置 TIM1 通道 1 输出占空比:50%
u16 CCR2_Val = 900;         //设置 TIM1 通道 2 输出占空比:25%
u16 CCR3_Val = 450;         //设置 TIM1 通道 3 输出占空比:12.5%

Tim1_Init()
{    TIM1_DeInit();              //将外设 TIM1 寄存器重设为默认值;

    /* Time Base configuration，设置时间基准 */
    TIM1_TimeBaseStructure.TIM1_Prescaler = 0x0;        //TIM1 时钟频率的预分频值
    TIM1_TimeBaseStructure.TIM1_CounterMode = TIM1_CounterMode_Up;
    TIM1_TimeBaseStructure.TIM1_Period = 3600-1;        //自动重装载寄存器周期值
    TIM1_TimeBaseStructure.TIM1_ClockDivision = 0x0;    //时钟分割值
    TIM1_TimeBaseStructure.TIM1_RepetitionCounter = 0x0;

    TIM1_TimeBaseInit(&TIM1_TimeBaseStructure);         //初始化 TIM1 的时间基数数据

//Channel 1, 2,3 and 4 Configuration in PWM mode
    /* 选择定时器输出比较为 PWM 模式 2。在向上计数时，当 TIM1_CNT<TIM1_CCR1 时，通道 1
为无效电平，否则为有效电平；在向下计数时，当 TIM1_CNT>TIM1_CCR1 时，通道 1 为有效电平，否则为
无效电平。如果选择 PWM 模式 1，则相反。 */
    TIM1_OCInitStructure.TIM1_OCMode = TIM1_OCMode_PWM2;

//选择输出比较状态，以及互补输出比较状态
    TIM1_OCInitStructure.TIM1_OutputState = TIM1_OutputState_Enable;
    TIM1_OCInitStructure.TIM1_OutputNState = TIM1_OutputNState_Enable;

//设置通道 1 捕获比较寄存器的脉冲值——占空比为 50%
    TIM1_OCInitStructure.TIM1_Pulse = CCR1_Val;

//输出极性和互补输出极性的有效电平为低
    TIM1_OCInitStructure.TIM1_OCPolarity = TIM1_OCPolarity_Low;
    TIM1_OCInitStructure.TIM1_OCNPolarity = TIM1_OCNPolarity_Low;
```

```
        //选择空闲状态下的非工作状态（MOE=0 时，设置 TIM1 输出比较空闲状态）
        TIM1_OCInitStructure.TIM1_OCIdleState = TIM1_OCIdleState_Set;
        TIM1_OCInitStructure.TIM1_OCNIdleState = TIM1_OCIdleState_Reset;

        TIM1_OC1Init(&TIM1_OCInitStructure);

        //设置通道 2 捕获比较寄存器的脉冲值——占空比为 25%
        TIM1_OCInitStructure.TIM1_Pulse = CCR2_Val;
        TIM1_OC2Init(&TIM1_OCInitStructure);

        //设置通道 3 捕获比较寄存器的脉冲值——占空比为 12.5%
        TIM1_OCInitStructure.TIM1_Pulse = CCR3_Val;
        TIM1_OC3Init(&TIM1_OCInitStructure);

        /* Automatic Output enable, Break, dead time and lock configuration */
        //设置在运行模式下非工作状态
        TIM1_BDTRInitStructure.TIM1_OSSRState = TIM1_OSSRState_Enable;
        TIM1_BDTRInitStructure.TIM1_OSSIState = TIM1_OSSIState_Enable;

        //写保护：锁定级别为 1，不能写入 TIM1_BDTR 寄存器的 DTG/BKE/BKP/AOE 位、TIM1_CR2
寄存器的 OISx/OISxN 位。系统复位后，只能写入一次 LOCK 位，其内容冻结直至复位。
        TIM1_BDTRInitStructure.TIM1_LOCKLevel = TIM1_LOCKLevel_1;
        TIM1_BDTRInitStructure.TIM1_DeadTime = 0x75;    //互补输出的死区时间 1.625us
        TIM1_BDTRInitStructure.TIM1_Break = TIM1_Break_Enable;    //刹车输入使能

        //配置刹车（中止）输入信号特性：高电平有效，允许自动输出
        TIM1_BDTRInitStructure.TIM1_BreakPolarity = TIM1_BreakPolarity_High;
        TIM1_BDTRInitStructure.TIM1_AutomaticOutput = TIM1_AutomaticOutput_Enable;
        TIM1_BDTRConfig(&TIM1_BDTRInitStructure);
    }

    int main(void)
    {
        BSP_Init();
        Tim1_Init();                             //定时器初始化函数
        TIM1_Cmd(ENABLE);                        //TIM1 counter enable，启动 TIM1
        TIM1_CtrlPWMOutputs(ENABLE);             //TIM1 Main Output Enable，输出 PWM
        while (1);
    }
```

在"HelloRobot.h"文件中配置 TIM1 定时器的 PWM 引脚输入/输出模式。

```
    void GPIO_Configuration()
    {   ...  //略
//////////// Configure TIM1 PWM Pins//////////////////
    /* GPIOA Configuration: Channel 1, 2, 3 and 4 Output */
    GPIO_InitStructure.GPIO_Pin = GPIO_Pin_8 | GPIO_Pin_9 | GPIO_Pin_10 | GPIO_Pin_11;
    GPIO_InitStructure.GPIO_Mode = GPIO_Mode_AF_PP;
    GPIO_InitStructure.GPIO_Speed = GPIO_Speed_50MHz;
```

```
        GPIO_Init(GPIOA, &GPIO_InitStructure);

        /* GPIOB Configuration: Channel 1N, 2N and 3N Output */
        GPIO_InitStructure.GPIO_Pin = GPIO_Pin_13 | GPIO_Pin_14 | GPIO_Pin_15;
        GPIO_InitStructure.GPIO_Mode = GPIO_Mode_AF_PP;
        GPIO_InitStructure.GPIO_Speed = GPIO_Speed_50MHz;
        GPIO_Init(GPIOB, &GPIO_InitStructure);

        /* GPIOB Configuration: BKIN pin */
        GPIO_InitStructure.GPIO_Pin = GPIO_Pin_12;
        GPIO_InitStructure.GPIO_Mode = GPIO_Mode_IN_FLOATING;
        GPIO_InitStructure.GPIO_Speed = GPIO_Speed_50MHz;
        GPIO_Init(GPIOB, &GPIO_InitStructure);
    }
```

编译成功后，单击【Debug】菜单下的【Start/Stop Debug Session】菜单项或按【Ctrl】＋【F5】键，进入 Debug 模式。单击▦图标，打开逻辑分析仪，然后单击【Setup...】按钮，在观测引脚设置对话框中添加 GPIOA8、GPIOA9、GPIOA10、GPIOB13、GPIOB14、GPIOB15 共 6 个引脚，如图 6.17 所示。

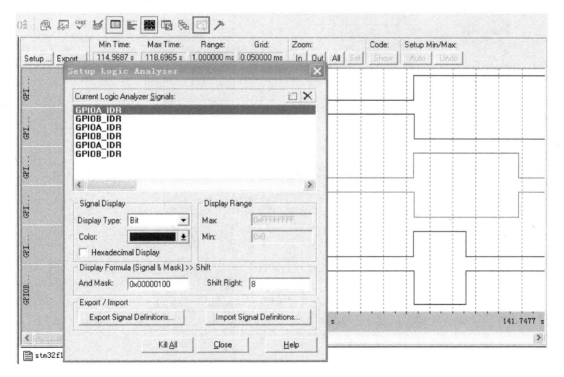

图 6.17　逻辑分析仪界面和观测引脚设置对话框

这 6 个引脚分别对应 TIM1 的 PWM 输出：TIM1_CH1、TIM1_CH2、TIM1_CH3、TIM1_CH1N、TIM1_CH2N、TIM1_CH3N，其中，TIM1_CH1 与 TIM1_CH1N 为互补输出，其余类似。单击【Debug】菜单下的【Run】菜单项或按【F5】键，开始软件仿真。稍等一下之后，可以单击【Debug】菜单下的【Stop Running】菜单项，停止仿真，查看逻辑分析仪窗口的输出波形。

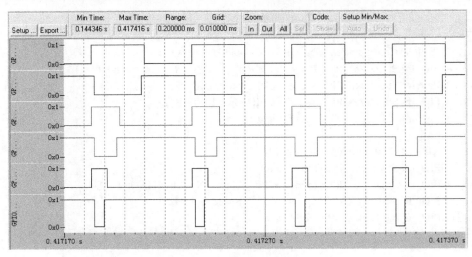

（a）Grid = 0.01ms 的显示波形

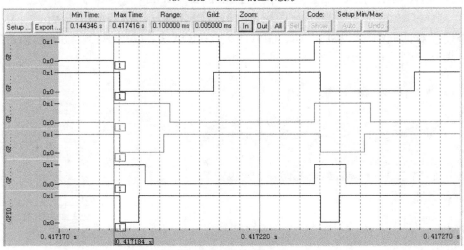

（b）Grid=0.005ms 的显示波形

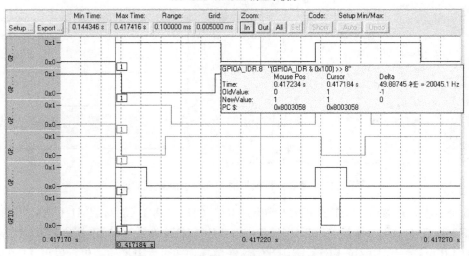

（c）PWM 模式 2，向上计数，有效电平为低电平时的输出波形和频率

图 6.18　高级控制定时器 TIM1 的 6 路 PWM 输出波形

图 6.18 是高级控制定时器 TIM1 的 6 路 PWM 输出波形，两两互补输出。其中，图 6.18（a）是时间轴网格为 0.01ms 的显示波形，图 6.18（b）是时间轴网格为 0.005ms 的显示波形。可以看出，PWM 周期为 50μs，即 PWM 频率为 20kHz。将鼠标置于 PWM 波的边沿时会出现提示框显示有关参数，如图 6.18（c）所示。

图 6.18 中，程序选择定时器输出比较为 PWM 模式 2，向上计数，有效电平为低电平，即当 TIM1_CNT<TIM1_CCR1 时，通道 1 为无效电平（高电平），否则为有效电平（低电平）。也可以选择定时器输出比较为 PWM 模式 1，即当 TIM1_CNT<TIM1_CCR1 时，通道 1 为有效电平（低电平），否则为无效电平（高电平），如图 6.19 所示。

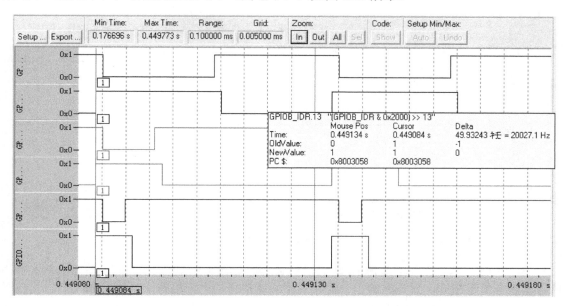

图 6.19　PWM 模式 1，向上计数，有效电平为低电平时的输出波形和频率

该你了——改变定时器输出比较的 PWM 模式试试！

在 PWM 模式 1 或 PWM 模式 2 中，只有当比较结果改变了或者在输出比较模式中从冻结模式切换到 PWM 模式时，参考信号 OCxREF 电平才改变。当比较结果改变了，这时参考信号电平改变，如果马上将一对互补输出的 PWM 信号反相，则 OCx 和 OCxN 输出会在同一时间（瞬间）处于导通电平上，从而造成主回路电源短路，这时需要加入"死区时间"。

从图 6.18 和图 6.19 中，也可以看出 PWM 输出波形的死区时间。高级控制定时器能够输出两路互补信号，并且能够管理输出的瞬时关断和接通。这段时间通常被称为死区，需要根据连接的功率输出器件特性（电平转换的延时、电源开关的延时等）来调整死区时间。如果没有死区，那么一对互补输出的 PWM 信号将会使功率输出器件瞬时导通，从而造成电机控制主回路电源短路。因此，无论何时，OCx 和 OCxN 输出不能在同一时间同时处于导通电平上。

在一对互补的功率输出器件（如 PMOS 管和 NMOS 管）开通点之间加入一定的死区时间，死区时间内 PMOS 和 NMOS 都关闭。也就是前一个管子改变状态以后延时一定的时间后，另一个管子再开通，这样就防止了功率输出器件瞬时导通而造成的主回路电源短路问题。上面的程序设置死区时间为 1.625μs。

如果将 PWM 输出信号极性有效电平改为如下的"高电平"，定时器输出比较仍为 PWM 模式 2，向上计数，则 6 路 PWM 输出波形如图 6.20 所示。

> TIM1_OCInitStructure.TIM1_OCPolarity = TIM1_OCPolarity_High;
> TIM1_OCInitStructure.TIM1_OCNPolarity = TIM1_OCNPolarity_High;

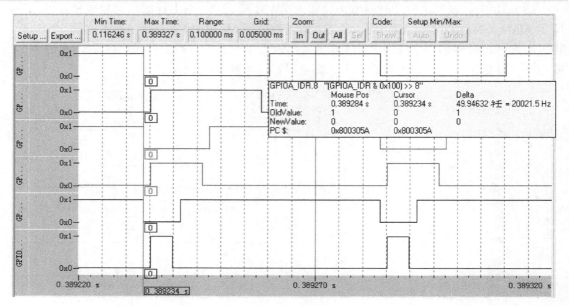

图 6.20　PWM 模式 2，向上计数，有效电平为高电平时的输出波形和频率

与图 6.18 对比，可以看出两者之间的区别。如果 OCx 和 OCxN 为高有效，则 OCx 输出信号与参考信号相同，只是它的上升沿相对于参考信号的上升沿有个延时；OCxN 输出信号与参考信号相反，只是它的上升沿相对于参考信号的下降沿有个延时，如图 6.21 所示。某一个通道的上升沿相对于同一个通道的下降沿有个延时，这是因为通道的下降沿和参考信号是同步的，但是互补信号则相对有一个延时。

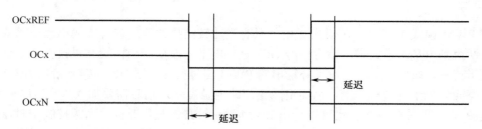

图 6.21　带死区插入的互补输出

如果 PWM 输出信号极性的有效电平为"高电平"，定时器输出比较为 PWM 模式 1，向上计数，则 6 路 PWM 输出波形如图 6.22 所示。

注意：通道引脚输出极性的有效电平与功率输出器件的导通电平不是一个概念，即有效电平不一定与导通电平一样，这需要根据具体电路来设计。导通电平的时序设计与定时器输出比较 PWM 模式的选择及输出信号极性的有效电平设置有关。

在电机控制领域，有时需要紧急刹车，防止发生事故。刹车源既可以是刹车输入引脚（PB12），也可以是一个时钟失败事件。系统复位后，刹车电路被禁止，主输出使能 MOE 位为低。设置 TIMx_BDTR 寄存器中的 BKE 位可以使能刹车功能，刹车输入信号的极性可以通过配置同一个寄存器中的 BKP 位选择。BKE 和 BKP 可以同时被修改。当发生刹车时（在刹车输入端出现设置的电平），有下述动作：

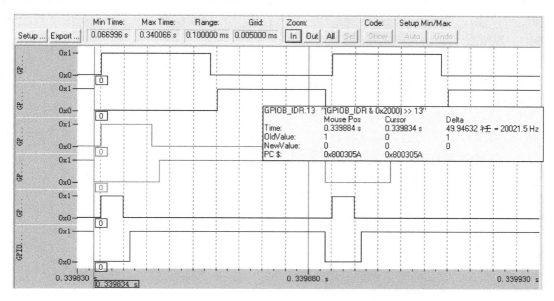

图 6.22　PWM 模式 1，向上计数，有效电平为高电平时的输出波形和频率

- MOE 位被异步地清除，将输出置于无效状态、空闲状态或者复位状态（由 OSSI 位选择）。这个特性在 MCU 的振荡器关闭时依然有效；
- 一旦 MOE=0，每一个输出通道输出由 TIMx_CR2 寄存器中的 OISx 位设定的电平。如果 OSSI=0，则定时器释放使能输出，否则使能输出始终为高；
- 当使用互补输出时：

输出首先被置于复位状态，即无效的状态（取决于极性），因而保证了安全。这是异步操作，即使定时器没有时钟，此功能也有效；

如果定时器的时钟依然存在，死区生成器将会重新生效，在死区之后根据 OISx 和 OISxN 位指示的电平驱动输出端口。即使在这种情况下，OCx 和 OCxN 也不能被同时驱动到有效的电平。因为重新同步 MOE，死区时间比通常情况下长一些（大约 2 个 ck_tim 的时钟周期）；

如果 OSSI=0，定时器释放使能输出，否则保持使能输出；或一旦 CCxE 与 CCxNE 之一变高时，使能输出变为高。

- 如果设置了 TIMx_DIER 寄存器中的 BIE 位，当刹车状态标志（TIMx_SR 寄存器中的 BIF 位）为"1"时，则会产生一个中断。如果设置了 TIMx_DIER 寄存器中的 BDE 位，则产生一个 DMA 请求；
- 如果设置了 TIMx_BDTR 寄存器中的 AOE 位，在下一个更新事件 UEV 时，MOE 位被自动置位，否则 MOE 始终保持低直到被再次置"1"，这个特性可以用在安全方面，你可以把刹车输入连到电源驱动的报警输出、热敏传感器或者其他安全器件上。

注意：刹车输入为电平有效，所以，当刹车输入有效时，不能同时（自动或通过软件）设置 MOE。同时，状态标志 BIF 不能被清除。

刹车由 BRK 输入产生，它的有效极性是可编程的，且由 TIMx_BDTR 寄存器中的 BKE 位开启。除了刹车输入和输出管理，刹车电路中还实现了写保护以保证应用程序的安全，它允许用户冻结几个配置参数（死区长度、OCx/OCxN 极性和被禁止的状态、OCxM 配置、刹车使能和极性)。用户可以通过 TIMx_BDTR 寄存器中的 LOCK 位，从三级保护中选择一种。在 MCU 复位后 LOCK 位只能被修改一次。

工程素质和技能归纳

（1）STM32 单片机通用定时器的工作原理及编程。

（2）STM32 单片机中断服务函数的概念和使用。

（3）机器人红外测距及跟随策略的实现。

（4）掌握 C 语言中 const 与 define 的区别。

（5）STM32 单片机高级控制定时器的 PWM 电机控制编程。

第 7 章

STM32 单片机串口编程及其应用

"串口"你已经不陌生了，在前面的章节中，经常需要在调试终端上显示数据，这些数据就是机器人的大脑——STM32 单片机通过串口向你的计算机传送的。

USART（Universal Synchronous/Asynchronous Receiver/Transmitter）通用同步/异步串行收发器是一种能够将二进制数据按位（bit）传送的通信方式。STM32 单片机拥有 3 个串行通信接口，每个串口可在很宽频率范围内以多种模式工作，其主要功能是：在输出数据时，把数据进行并—串转换，即单片机将 8 位并行数据送到串口输出；在输入数据时，把数据进行串—并转换，即从串口读入外部串行位数据并将其转换为 8 位并行数据。

7.1 STM32 单片机串行通信接口

STM32 单片机的 USART 串口支持同步单向通信、半双工单线通信和全双工模式（同时收发），也支持 LIN（局部互联网：Local Interconnection Network）、智能卡协议和 IrDA（红外数据组织）SIR ENDEC 规范，以及调制解调器（CTS/RTS）操作。STM32 单片机的 USART 串口还具有用于多缓冲器配置的 DMA 方式，可以实现高速数据通信。

STM32 单片机的 USART 结构如图 7.1 所示。引脚 RX：接收数据串行输入端口。通过采样技术来区别数据和噪声，从而恢复数据；引脚 TX：发送数据输出端口。当发送器被禁止时，输出引脚恢复到它的 I/O 端口配置。当发送器被激活，并且没有东西发送时，TX 引脚处于高电平。STM32 单片机的 USART 主要特性有：

- 分数波特率发生器系统：发送和接收共用的可编程波特率，最高到 4.5Mbps；
- 可编程数据字长度（8 位或 9 位）；可配置的停止位，支持 1 或 2 个停止位；
- LIN 主发送同步断开功能、LIN 从检测断开功能，当 USART 硬件配置成 LIN 时，生成 13 位断开符，检测 10/11 位断开符；
- 发送方为同步传输提供时钟；
- IRDA 红外 SIR 编码器、解码器，在正常模式下支持 3/16 位宽时间的脉冲长度；
- 智能卡模拟功能，支持 ISO 7816—3 标准中定义的异步协议智能卡，以及 0.5 个和 1.5 个停止位；

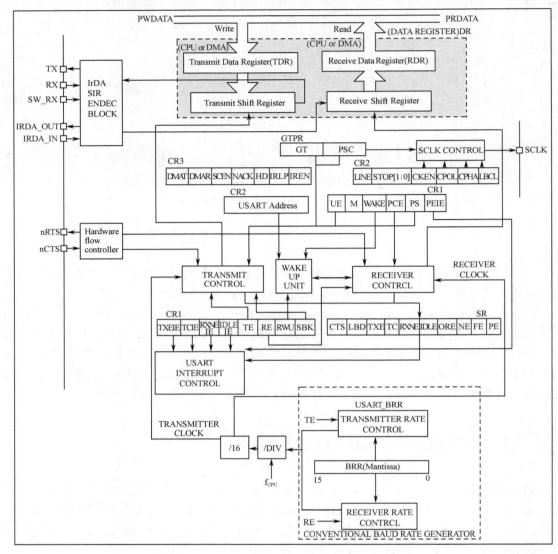

图 7.1　STM32 单片机的 USART 结构

● 单独的发送器和接收器使能位；

● 检测标志：接收缓冲器满、发送缓冲器空、传输结束标志；

● 校验控制：发送校验位、接收数据校验位；

● 四个错误检测标志：溢出错误、噪声错误、帧错误、校验错误；

● 10 个带标志的中断源：CTS 改变、LIN 断开符检测、发送数据寄存器空、发送完成、接收数据寄存器满、检测到总线为空闲、溢出错误、帧错误、噪声错误、校验错误。

下面介绍 STM32 单片机 USART 的工作机制和编程流程。

（1）使能 USART 的时钟

在第 2 章中，我们介绍了连接在 APB1（低速外设）上的设备有电源接口、备份接口、CAN、USB、I^2C1、I^2C2、UART2、UART3、SPI2、窗口看门狗、Timer2、Timer3、Timer4；连接在 APB2（高速外设）上的设备有 UART1、SPI1、Timer1、ADC1、ADC2、所有普通 I/O

口（PA～PE）、第二功能 I/O 口。而且，STM32 系列单片机外设一般带有时钟输出使能控制，如 AHB 总线时钟、内核时钟、各种 APB1 外设、APB2 外设等。各模块需要分别独立开启时钟，当需要使用某模块和引脚时，记得一定要先使能对应的时钟。这样的好处是：如果不使用一个外设的时候，就把它的时钟关掉，从而可以实现低功耗的效果。

在嵌入式系统中，串口既然能以某个速率发送数据，就一定要有时钟源。前面介绍了 STM32 单片机 USART1 的时钟源来自高速外设总线 APB2 时钟源，USART 的时钟使能可以通过固件函数来完成，在文件 HelloRobot.h 中，函数 RCC_Configuration 使能 USART1 时钟：

```
RCC_APB2PeriphClockCmd(RCC_APB2Periph_USART1, ENABLE);
```

（2）设置 USART 复用端口

第 2 章的图 2.1 展示了 STM32 单片机的各个引脚定义，大部分端口都有第 2 功能，串口就用到了端口的第 2 功能。端口 PA9（TXD，第 68 号引脚）用来向串口发送数据，端口 PA10（RXD，第 69 号引脚）用来接收从串口传来的数据。因此我们要将端口 PA9（TXD，发送）设置成复用功能的推挽输出：AF_PP（Alternate-Function Push-Pull），PA10（RXD，接收）设置成浮空输入：IN_FLOATING。在文件 HelloRobot.h 中，函数 GPIO_Configuration 初始化这 2 个引脚：

```
/* Configure USART1 Tx (PA.09) as alternate function push-pull */
GPIO_InitStructure.GPIO_Pin = GPIO_Pin_9;
GPIO_InitStructure.GPIO_Mode = GPIO_Mode_AF_PP;
GPIO_InitStructure.GPIO_Speed = GPIO_Speed_50MHz;
GPIO_Init(GPIOA, &GPIO_InitStructure);

/* Configure USART1 Rx (PA.10) as input floating */
GPIO_InitStructure.GPIO_Pin = GPIO_Pin_10;
GPIO_InitStructure.GPIO_Mode = GPIO_Mode_IN_FLOATING;
GPIO_Init(GPIOA, &GPIO_InitStructure);
```

（3）串口寄存器设置

与 STM32 单片机串口编程有关的主要寄存器有：

● 分数波特率发生寄存器：USART_BRR（Baud rate register）；
● 状态寄存器：USART_SR（Status register）；
● 数据寄存器：USART_DR（Data register）。

波特率是一个衡量通信速度的参数。它表示每秒钟传送的位数，单位是 bps。例如，波特率 9600 表示每秒钟发送 9600 位。串口的工作频率，即波特率，可以是固定的，也可以是变化的。如果使用可变的波特率，波特率的时钟信号由系统时钟提供，需要对其做相应的编程设定。与 51 单片机的波特率发生器不同，STM32 单片机的 USART 利用分数波特率发生器（包括 12 位整数部分和 4 位小数部分）提供宽范围和更精确的波特率选择。51 单片机的串口波特率依靠定时器 1（整数）的溢出率产生，因而如果想得到 9600、19200 等标称的波特率，就不能采用 12MHz 晶振，而应该使用 11.0592MHz 晶振，就是这个原因。USART 波特率与 USART_BRR 寄存器中的值 USARTDIV 的关系如下：

$$波特率 = f\_clk \, / \, (16 \cdot USARTDIV)$$

其中，f_clk 为 USART1 的时钟源。例如，USART_BRR 的值为 0x1BC，则整数部分 USARTDIV_Inter 为 27，小数部分 USARTDIV_Fraction 为 12，则 USARTDIV 为 27.75。

由于 STM32 单片机 USART1 的时钟源来自高速外设总线 APB2 时钟，所以最高波特率为 72M/16=4.5M。

与串口寄存器初始化相关的数据结构在库文件"stm32f10x_usart.h"中：

```
/* UART Init Structure definition */
typedef struct
{
  u32 USART_BaudRate;
  u16 USART_WordLength;
  u16 USART_StopBits;
  u16 USART_Parity;
  u16 USART_HardwareFlowControl;
  u16 USART_Mode;
  u16 USART_Clock;
  u16 USART_CPOL;
  u16 USART_CPHA;
  u16 USART_LastBit;
} USART_InitTypeDef;
```

我们通过"HelloRobot.h"文件中的函数 USART_Configuration 进行串口初始化：

```
void USART_Configuration(void)
{
  USART_InitTypeDef USART_InitStructure;
  USART_InitStructure.USART_BaudRate = 115200;                           //设置波特率为 115200
  USART_InitStructure.USART_WordLength = USART_WordLength_8b;     //8 位传输
  USART_InitStructure.USART_StopBits = USART_StopBits_1;               //1 个停止位
  USART_InitStructure.USART_Parity = USART_Parity_No;                   //无校验位
  USART_InitStructure.USART_HardwareFlowControl = USART_HardwareFlowControl_None;
 //禁止硬件流控制，禁止 RTS 和 CTS 信号
/* 允许接收、发送 */
  USART_InitStructure.USART_Mode = USART_Mode_Rx | USART_Mode_Tx;
  USART_InitStructure.USART_Clock = USART_Clock_Disable;               //串口时钟禁止
  USART_InitStructure.USART_CPOL = USART_CPOL_Low;                   //Clock is active low
/* Data is captured on the middle */
  USART_InitStructure.USART_CPHA = USART_CPHA_2Edge;
/* LastBit: The clock pulse of the last data bit is not output to the SCLK pin */
  USART_InitStructure.USART_LastBit = USART_LastBit_Disable;

/* 初始化 USARTx：配置串口的波特率，校验位，停止位和时钟等基本功能 */
  USART_Init(USART1, &USART_InitStructure);
```

```
/* 清除发送完成标志位 */
  USART_ClearFlag(USART1, USART_FLAG_TC);
/* Enable USART1，使能串口 1 */
  USART_Cmd(USART1, ENABLE);
}
```

定义串口寄存器组的结构体是 USART_TypeDef，在文件"stm32f10x_map.h"中：

```
typedef struct
{
  vu16 SR;                      //状态寄存器：Status register
  u16 RESERVED0;
  vu16 DR;                      //数据寄存器：Data register
  u16 RESERVED1;
  vu16 BRR;                     //波特率寄存器：Baud rate register
  u16 RESERVED2;
  vu16 CR1;                     //控制寄存器 1：Control register 1
  u16 RESERVED3;
  vu16 CR2;                     //控制寄存器 2：Control register 2
  u16 RESERVED4;
  vu16 CR3;                     //控制寄存器 3：Control register 3
  u16 RESERVED5;
  vu16 GTPR;                    //保护时间和预分频寄存器：Guard time and prescaler register
  u16 RESERVED6;
} USART_TypeDef;
…
#define PERIPH_BASE             ((u32)0x40000000)
…
#define APB1PERIPH_BASE         PERIPH_BASE
#define APB2PERIPH_BASE         (PERIPH_BASE + 0x10000)
#define AHBPERIPH_BASE          (PERIPH_BASE + 0x20000)
…
#define USART1_BASE             (APB2PERIPH_BASE + 0x3800)
…
#ifdef _USART1
  #define USART1                ((USART_TypeDef *) USART1_BASE)
#endif
```

从上面的宏定义可以看出，在初始化 USART1 时，编译器的预处理程序将 USART1 替换成（(TIM_TypeDef *) 0x40013800）。这个地址是 USART1 寄存器组的首地址，参见附录 B 中 STM32 处理器的存储映射。USART 寄存器和复位值见表 7.1。

表 7.1　USART 寄存器和复位值

偏移	寄存器	31	30	29	28	27	26	25	24	23	22	21	20	19	18	17	16	15	14	13	12	11	10	9	8	7	6	5	4	3	2	1	0
000h	USART_SR	保留																						CTS	LBD	TXEIE	TC	RXNE	IDLE	ORE	NE	FE	PE
	复位值																							0	0	1	1	0	0	0	0	0	0
004h	USART_DR	保留																							DR[8:0]								
	复位值																								0	0	0	0	0	0	0	0	0
008h	USART_BR	保留												DIV_Mantissa[15:4]																DIV_Fraction [3:0]			
	复位值													0	0	0	0	0	0	0	0	0	0	0	0	0	0	0	0	0	0	0	0
00Ch	USART_CR1	保留																		UE	M	WAKE	PCE	PS	PEIE	TXEIE	TCIE	RXNEIE	IDLEIE	TE	RE	RWU	SBK
	复位值																			0	0	0	0	0	0	0	0	0	0	0	0	0	0
010h	USART_CR2	保留																	LIEN	STOP [1:0]		CLKEN	CPOL	CPHA	LBCL	保留	LBDIE	LBDL	保留	ADD[3:0]			
	复位值																		0	0	0	0	0	0	0		0	0		0	0	0	0
014h	USART_CR3	保留																					CTSIE	CTSE	RTSE	DMAT	DMAR	SCEN	NACK	HDSEL	IRLP	IREN	EIE
	复位值																						0	0	0	0	0	0	0	0	0	0	0
018h	USART_GTPR	保留																GT[7:0]								PSC[7:0]							
	复位值																	0	0	0	0	0	0	0	0	0	0	0	0	0	0	0	0

任务一　编写串口通信程序

本例程将初始化串口并与上位机进行通信。串口通信程序要和串口调试软件配合使用。串口调试软件的设置，如"串口选择""波特率""数据位"等是针对 PC 串口而言的，并不是对单片机串口的设置，单片机串口的设置是在程序中进行的。一个完整的数据帧包括起始位、数据位（8 或 9 位）、停止位（1 或 2 位）。两个特殊的帧：完全由"1"组成的数据帧称为空闲字符帧；完全由"0"组成的帧称为断开字符帧。

例程： uart.c

- 确保 RS-232 接口连接好；
- 输入、保存程序 uart.c，下载并运行。程序运行结果如图 7.2 所示。

```
#include "stm32f10x_heads.h"
#include "HelloRobot.h"

int main(void)
{
    int n=0;
    BSP_Init();
```

```
        USART_Configuration();
        printf("Program Running!\n");

        while(1)
          {
              printf("%d\n",n);    //注意：有些串口调试助手"\r\n"表示回车，"\n"不会回车
              delay_nms(500);

              n++;
              if(n==10) n=0;
          }
    }
```

图 7.2　程序运行结果

uart.c 是如何工作的？

　　printf 默认的输出设备是显示器，如果想用这个标准的输出函数向串口发送数据，需要改写 fputc 函数。在"HelloRobot.h"头文件中，改写 fputc 函数如下：

```
    int fputc(int ch, FILE *f)
    {
      /* Place your implementation of fputc here, e.g. write a character to the USART */
      USART_SendData(USART1, (u8) ch);

      /* waiting here until the end of transmission */
      while(USART_GetFlagStatus(USART1, USART_FLAG_TC) == RESET) ;
      return ch;
    }
```

在用 Keil 进行 51 单片机开发时，也是类似的。修改 fputc 函数，使标准输出函数 printf 从默认的显示器输出设备重定向到串口。当然，你也可以直接参考 fputc 的代码编写自己的数据发送和接收程序。

在 STM32 单片机中，将发送数据写入 USART_DR 寄存器，此动作清除 TXE（发送允许位）。软件读 RXNE 位完成对 RXNE（接收寄存器非空位）清零。RXNE 必须在下一个字符接收结束前清零。

数据寄存器（USART_DR）实际上由两个寄存器组成，一个给发送用（TDR 只写），另一个给接收用（RDR 只读）。与 51 单片机和 AVR 单片机类似，这两个寄存器合并成一个数据寄存器了，即物理上是 2 个，逻辑上是 1 个，那么程序是怎么区分的呢？如果对这个寄存器读，则是接收；对它写，则是发送。注意：在 ARM9 和 ARM11 中，这两个寄存器是分开的。

注意：在 C 语言里回车和换行是两个概念，回车是指光标由行中任意位置移动到行首，换行指换到下一行。回车（不换行）的字符是 "\r"，换行的字符是 "\n"，在 Linux/Unix 环境下严格区分，但在 Windows 环境下，使用 "\n" 同时表示回车和换行，因此，很多 C 语言程序为了保持兼容性，常写成：

char c = getchar();
if(c = = '\r' || c = = '\n') …… ;

C 语言程序中的 "\n" 包含两个字节，依次为：0x0d 和 0x0a。0x0d 仅回车 "\r"，0x0a 仅换行 "\n"。有些串口调试软件是把 0x0a 解释成了回车换行，而 0d 却不给予解释，因此，要加入回车符 "\r"，与 "\n" 一起构成回车换行。但是在另外一些串口调试软件中，0x0d 被自动解释为回车换行。在调试时，应注意这个问题。

🛩 7.2 串行 RS-232 电平与 TTL 电平转换

在数字电路中，只存在 "1" 和 "0" 两种逻辑状态，也就是 "高电平" 和 "低电平"。那么，多高的电压为高，多低的电压又为低呢？于是人们分了许多电平标准，现在常用的电平标准有 TTL、CMOS、LVTTL、LVCMOS、ECL、PECL、LVPECL、RS-232 和 RS-485 等，还有一些速度比较高的标准，如 LVDS、GTL、PGTL、CML、HSTL、SSTL 等。下面简单介绍一下它们的供电电源、电平标准及使用注意事项。

（1）三极管逻辑：TTL（Transistor-Transistor Logic）

TTL 是指三极管－三极管逻辑电路。许多 51 系列单片机采用这种标准。它的逻辑 "1" 电平是 5V，逻辑 "0" 电平是 0V。

供电电源 V_{CC}：5V；

电平标准：V_{OH}（输出高电平）≥2.4V；V_{OL}（输出低电平）≤0.5V；V_{IH}（输入高电平）≥2V；V_{IL}（输入低电平）≤0.8V。

因为 2.4V 与 5V 之间还有很大空闲，对改善噪声容限并没什么好处，又会白白增大系统功耗，还会影响速度，所以后来就把一部分 "砍" 掉了，也就是下面的 LVTTL。

（2）低电压 TTL：LVTTL（Low Voltage TTL）

LVTTL 可分为 3.3V、2.5V 及更低电压的 LVTTL。

对于 3.3V LVTTL：

V_{CC}: 3.3V; $V_{OH} \geqslant 2.4V$; $V_{OL} \leqslant 0.4V$; $V_{IH} \geqslant 2V$; $V_{IL} \leqslant 0.8V$。

对于 2.5V LVTTL:

V_{CC}: 2.5V; $V_{OH} \geqslant 2.0V$; $V_{OL} \leqslant 0.2V$; $V_{IH} \geqslant 1.7V$; $V_{IL} \leqslant 0.7V$。

TTL 使用注意: TTL 电平一般过冲都会比较严重; TTL 电平输入脚悬空时, 内部认为是高电平。要下拉的话应用 1kΩ 以下电阻下拉。TTL 输出不能驱动 CMOS 输入。

(3) 互补性氧化金属半导体: CMOS(Complementary Metal Oxide Semiconductor)

V_{CC}: 5V; $V_{OH} \geqslant 4.45V$; $V_{OL} \leqslant 0.5V$; $V_{IH} \geqslant 3.5V$; $V_{IL} \leqslant 1.5V$。

相对 TTL 有了更大的噪声容限, 输入阻抗远大于 TTL 输入阻抗。

(4) LVCMOS: 对应 3.3V LVTTL, 出现了 LVCMOS, 可以与 3.3V 的 LVTTL 直接相互驱动。

3.3V LVCMOS:

V_{CC}: 3.3V; $V_{OH} \geqslant 3.2V$; $V_{OL} \leqslant 0.1V$; $V_{IH} \geqslant 2.0V$; $V_{IL} \leqslant 0.7V$。

2.5V LVCMOS:

V_{CC}: 2.5V; $V_{OH} \geqslant 2V$; $V_{OL} \leqslant 0.1V$; $V_{IH} \geqslant 1.7V$; $V_{IL} \leqslant 0.7V$。

CMOS 使用注意: 当输入引脚高于 V_{CC} 一定值(比如一些芯片是 0.7V)时, 电流足够大的话, 可能引起闩锁效应, 导致芯片的烧毁。

(5) 发射极耦合逻辑: ECL(Emitter Coupled Logic)

$V_{CC} = 0V$; $V_{EE} = -5.2V$; $V_{OH} = -0.88V$; $V_{OL} = -1.72V$; $V_{IH} = -1.24V$; $V_{IL} = -1.36V$。

ECL 采用差分结构, 因而速度快, 驱动能力强, 噪声小, 很容易达到几百兆的应用。但是功耗大, 需要负电源。为简化电源, 出现了 PECL(改用正电压供电)和 LVPECL。

(6) PECL(Pseudo/Positive ECL)

$V_{CC} = 5V$; $V_{OH} = 4.12V$; $V_{OL} = 3.28V$; $V_{IH} = 3.78V$; $V_{IL} = 3.64V$。

(7) LVPELC(Low Voltage PECL)

$V_{CC} = 3.3V$; $V_{OH} = 2.42V$; $V_{OL} = 1.58V$; $V_{IH} = 2.06V$; $V_{IL} = 1.94V$。

ECL、PECL、LVPECL 使用注意: 不同电平不能直接驱动。中间可用交流耦合、电阻网络或专用芯片进行转换。以上三种均为射随输出结构, 必须有电阻拉到一个直流偏置电压。

前面介绍的电平标准摆幅都比较大, 为降低电磁辐射, 同时提高开关速度, 又推出 LVDS 电平标准。

(8) 低电压差分信号技术: LVDS(Low Voltage Differential Signaling)

差分对输入/输出, 内部有一个恒流源 3.5～4mA, 在差分线上改变方向来表示 0 和 1。通过外部的 100Ω 匹配电阻(并在差分线上靠近接收端)转换为 ±350mV 的差分电平。

LVDS 使用注意: 对于高速电路, PCB 要求较高, 差分线要求严格等长, 布线差最好不超过 10mil(0.25mm)。100Ω 电阻离接收端距离不能超过 500mil, 最好控制在 300mil 以内。

(9) RS-232

RS-232 的全称是 EIA-RS-232C, 其中 EIA(Electronic Industry Association)代表美国电子工业协会; RS(Recommend Standard)代表推荐标准; 232 是标识号; C 代表 RS-232 的最新一次修改(1969 年), 在这之前有 RS-232B 和 RS-232A。

RS-232 标准是 1969 年由 EIA 联合一些调制解调器厂家及计算机终端生产厂家共同制定的用于串行通信的标准。它是负逻辑, 即逻辑 "1" 电平是-5～-15V, 逻辑 "0" 电平是+5～+15V。计算机后面的串口即为 RS-232 标准。串口数据帧的逻辑电平转换如图 7.3 所示。

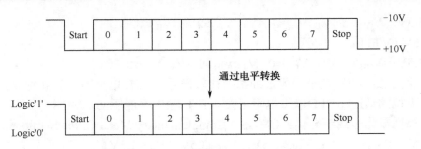

图 7.3　串口数据帧的逻辑电平转换

（10）RS-485

RS-485 是一种差分结构，2 根信号线：V+和 V-。相比 RS-232 有更高的抗干扰能力，传输距离可以达到上千米。为什么差分结构抗干扰能力强、传输距离远呢？这是因为：

① 它的抗外部电磁干扰（EMI）能力强。一个干扰源几乎相同程度地影响差分信号对的每一端。由于是电压差决定信号值，这样将忽视（过滤）在两个导线上出现的任何同样干扰。网线、USB、CAN 也是如此。

② 因为可以控制"基准"电压，所以很容易识别小信号。从差分信号恢复的信号值在很大程度上与"地"的精确值无关，而在某一范围内。而且由于与"地"无关，也不容易受"地"线的干扰。

③ 在一个单电源系统，能够从容精确地处理"双极"信号。为了处理单端、单电源系统的双极信号，必须在地与电源干线之间任意电压处（通常是中点）建立一个虚地。用高于虚地的电压表示正极信号，用低于虚地的电压表示负极信号。而对于差分信号，不需要这样一个虚地，这就使处理和传播双极信号无须依赖虚地的稳定性。

为了让单片机与 PC 能相互通信，必须让 RS-232 和 TTL 这两种电平相互转换，如图 7.4 所示。

图 7.4　PC 与单片机电平转换示意图

图 7.4 中的电平转换电路部分可以用两个三极管加一些外围电路进行反相和电压匹配，也常采用 MAX3232、SP3232、ST3232 等专用转换芯片。所完成的主要工作是：PC 串口出来的 RS232 电平进入单片机之前变成 TTL 电平；单片机的 TTL 电平进入 PC 串口之前变成 RS232 电平。

如在 TTL 5V 系统中，电平转换芯片用 MAX232；STM32 单片机是 LVTTL，采用 3.3V 供电，采用 MAX3232，第一个 3 代表 3.3V 供电。电路如图 7.5 所示。

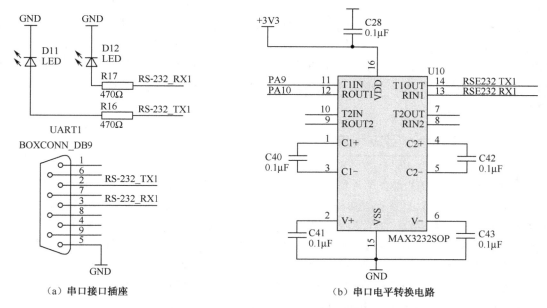

（a）串口接口插座　　　　　　　　　　　　（b）串口电平转换电路

图 7.5　STM32 单片机串口接口电路

DB9 串口总共由 9 个信号组成，如图 7.6 和表 7.2 所示。D 型数据接口常用于连接电子设备（如计算机与外设），因形状类似于英文字母 D，故得名 D 型接口，简称 DB 口。DB9 串口有 2 种接头：针型口和孔型口，如图 7.6 所示。注意：它们的引脚顺序是不一样的，想想这是为什么？这种现象在电子产品、嵌入式系统中比较常见，如 USB 口也是如此，因此进行系统设计时，务必注意。

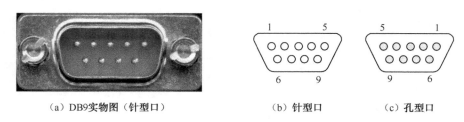

（a）DB9实物图（针型口）　　　　（b）针型口　　　　（c）孔型口

图 7.6　RS-232 接口（DB9）示意图

表 7.2　RS-232 接口（DB9）引脚说明

引　　脚	英文缩写和含义	描　　述
1	DCD：Data Carrier Detect	接收数据载波检测
2	RXD：Received Data	接收数据
3	TXD：Transmit Data	发送数据
4	DTR：Data Terminal Ready	数据终端准备好
5	SG：Signal Ground	信号地线
6	DSR：Data Set Ready	数据准备好
7	RTS：Request To Send	请求发送
8	CTS：Clear To Send	清除发送
9	RI：Ring Indicator	振铃指示

要完成信号的收发，只需用 RXD、TXD 和 GND 即可。连接时需要注意：PC 的接收端（RXD）与单片机的发送端（TXD）相连；PC 的发送端（TXD）与单片机的接收端（RXD）相连；两者的地端（GND）相连。即两者的 TXD 和 RXD 是交叉连接的，要么在电路板上交叉，要么通过连接线交叉。如果单片机的串口接收电路（板上）已经将两者交换了，则连接时使用直通线即可。

任务二　串口 Echo 回应程序

先简单回顾一下 STM32 单片机的串口工作机制，再和 51 单片机的串口比较一下，你会发现其实相差不多，只是寄存器多一些而已。从图 7.1 可以看出，STM32 单片机有一个发送寄存器和一个接收寄存器，将数据写到发送寄存器的时候，系统会自动将数据通过串口发送，发送完毕后相关的状态寄存器会通知处理器发送完毕，你可以查询这个状态寄存器或采用中断的方式编程；类似地，接收寄存器接收完一个数据后也会通知处理器接收到了一个数据，供程序处理。同样，你也可以查询这个状态寄存器或采用中断的方式编程。

下面这个程序实现了串口 Echo 回应功能：从 PC 的串口调试软件向 STM32 单片机发送一个字符，STM32 单片机收到后，会回传这个字符给 PC，如图 7.7 所示。

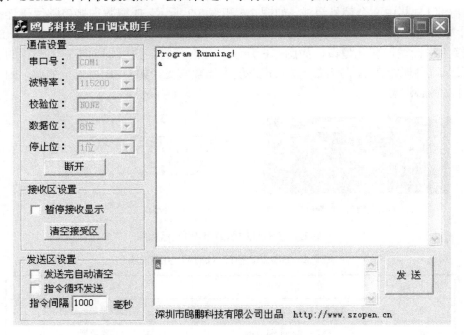

图 7.7　单字符 Echo 程序运行结果

例程 2：USART_Char_Echo. c

```c
#include "stm32f10x_heads.h"
#include "HelloRobot.h"


int main(void)
{
```

```
        BSP_Init();
        USART_Configuration();
        printf("Program Running!\r\n");
        while(1)
          {
            if(USART_GetFlagStatus(USART1,USART_FLAG_RXNE))
            {
                USART_ClearFlag(USART1,USART_FLAG_TC);
                USART_SendData(USART1,USART_ReceiveData(USART1));
                USART_ClearFlag(USART1, USART_FLAG_RXNE);
            }
          }
    }
```

该你了——字符串 Echo 回应

你可以参考第 2 章程序 ControlServoWithComputer.c 中的 USART_Scanf 函数，实现串口字符串 Echo 功能，即从 PC 向单片机发出一串字符，以#作为结束标记，就像使用充值卡给电话（手机）充值一样，输入完账号和密码按#表示结束。STM32 单片机收到这个字符串后，再回传给 PC，如图 7.8 所示。详细代码参见教材配套资源例程。

图 7.8　字符串 Echo 程序运行结果

由于串口 2 和串口 3 是连接在 APB1（低速外设）上，而串口 1 是连接在 APB2（高速外设）上，因此当使用串口 2 或者串口 3 时，要注意相关时钟的配置。同时，每个串口对应的引脚也不同，需要进行引脚的定义。例如，串口 3 的发送引脚（TXD）对应端口 PB10，接收引脚（RXD）对应端口 **PB11**。文件 **HelloRobot.h** 中的相关函数如下，完整的代码参见教材配套例程。

```
void RCC_Configuration()
{
    …
    RCC_APB2PeriphClockCmd(RCC_APB2Periph_USART1, ENABLE);
    RCC_APB1PeriphClockCmd(RCC_APB1Periph_USART3, ENABLE);
    …
}

void GPIO_Configuration()
{
    …
    /* Configure USART3 Tx (PB.10) as alternate function push-pull */
    GPIO_InitStructure.GPIO_Pin = GPIO_Pin_10;
    GPIO_InitStructure.GPIO_Mode = GPIO_Mode_AF_PP;
    GPIO_InitStructure.GPIO_Speed = GPIO_Speed_50MHz;
    GPIO_Init(GPIOB, &GPIO_InitStructure);

    /* Configure USART3 Rx (PB.11) as input floating */
    GPIO_InitStructure.GPIO_Pin = GPIO_Pin_11;
    GPIO_InitStructure.GPIO_Mode = GPIO_Mode_IN_FLOATING;
    GPIO_Init(GPIOB, &GPIO_InitStructure);
    …
}

void USART_Configuration(void)
{
    …
    USART_Init(USART3, &USART_InitStructure);
    USART_ClearFlag(USART3, USART_FLAG_TC);
    USART_Cmd(USART3, ENABLE);
}

int fputc(int ch, FILE *f)
{
    USART_SendData(USART3, (u8) ch);

    /* Loop until the end of transmission */
    while(USART_GetFlagStatus(USART3, USART_FLAG_TC) == RESET) ;   //waiting here
    return ch;
}
```

文件 **USART3_Char_Echo.c** 的代码如下，程序运行结果如图 7.9 所示。

```
#include "stm32f10x_heads.h"
#include "HelloRobot.h"

int main(void)
{
    int i;
    BSP_Init();
    USART_Configuration();

    printf("Please input a character from keyboard:\r\n");
    while(1)
    {
        if(USART_GetFlagStatus(USART3,USART_IT_RXNE)==SET)
        {
            i = USART_ReceiveData(USART3);
            printf("%c\r\n",i);            //echo the input character
        }
    }
}
```

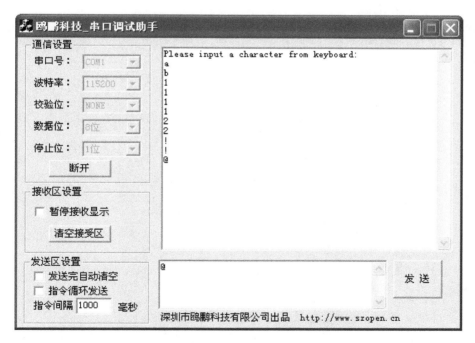

图 7.9　使用串口 3 的字符 Echo 程序运行结果

注意：STM32 教学开发板的 USART3 与 RS-485 接口复用，因此注意选择开关的设置，参见附录 A 说明。

工程素质和技能归纳

（1）熟悉 STM32 单片机串口的结构及串口波特率的计算。

（2）分析头文件中 STM32 单片机串口的初始化代码及使用方法：发送和接收数据的流程。

（3）掌握改写 fputc 函数将 printf 的输出重定向为串口的工作原理。

（4）TTL 电平与 RS232 电平转换接口芯片的功能。

（5）掌握 USART_Scanf 函数，回顾一下如何通过串口输入数据控制机器人的运动。

（6）掌握串口 2 或串口 3 与串口 1 编程的不同之处。

第 **8** 章

STM32 单片机 LCD 显示接口编程及其应用

LCD（Liquid Crystal Display，液晶显示器）是各种嵌入式智能设备中应用最广泛的显示设备，如手机、测控仪表仪器、电器遥控器、笔记本电脑等都用 LCD。在家用电器和办公设备上更是常见，如电视机、传真机、复印机、计算器等。本章介绍如何对 LCD 接口编程，使之向用户显示系统数据和信息，如应用 LCD 作为机器人状态显示窗口，使机器人在运行过程中能够显示状态信息。通过本章的学习可以掌握 STM32 单片机的显示接口编程技术。

8.1 LCD 介绍

物质有固态、液态、气态等形态，液体分子的排列虽然不具有任何规律性，但是如果这些分子是长形或扁形（杆状），则它们的分子指向就可能有规律性，于是我们就可将液态又细分为许多形态。分子方向没有规律性的液体直接称为液体，而分子具有方向性的液体则称为"液态晶体"（Liquid Crystal），简称液晶（LC）。液晶是在 1888 年由奥地利植物学家 Friedrich Reinitzer 发现的，它是一种介于固体与液体之间，具有规则性分子排列的有机化合物。一般最常用的液晶形态为向列型液晶，其分子形状为细长棒形（杆状），长宽为 1～10nm，在不同电流电场作用下，液晶分子会做规则旋转呈 90° 排列，产生透光度的差别，如此在电源 ON/OFF 下产生明暗的区别，依此原理控制每个像素，便可构成所需图像。

液晶的构造是在两片平行的玻璃当中放置液态的晶体，两片玻璃中间有许多垂直和水平的细小电线，通过通电与否来控制"杆状水晶分子"改变方向，将光线折射出来产生画面，如图 8.1 所示。

利用液晶的电光效应，通过电路来控制液晶单元的透射率及反射率，从而产生不同灰度层次或者多达 1670 万种色彩的靓丽图像（24 位）。根据这种电光效应，液晶材料可分为活性液晶和非活性液晶两类，其中活性液晶具有较高的透光性和可控制性。液晶板使用的是活性液晶，可以通过相关控制电路来控制液晶板的亮度和颜色。

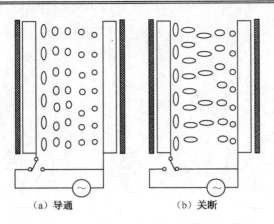

图 8.1　液晶"杆状水晶分子"的导通和关断

　　在液晶显示屏背面有一块背光板（或称匀光板）和反光膜。背光板是由荧光物质组成的，可以发射光线，其作用主要是提供均匀的背景光源。背光板发出的光线在穿过第一层偏振过滤层（偏光板）之后进入包含成千上万液晶液滴的液晶层。液晶层中的液滴都被包含在细小的单元格结构中，一个或多个单元格构成屏幕上的一个像素。在玻璃板与液晶材料之间是透明的电极，电极分为行和列，在行与列的交叉点上，通过改变电压而改变液晶的旋光状态，液晶材料的作用类似于一个个小的光阀。在液晶材料周边是控制电路部分和驱动电路部分。当 LCD 中的电极产生电场时，液晶分子就会产生扭曲，从而将穿越其中的光线进行有规则的折射，然后经过第二层过滤层（滤光板）的过滤在屏幕上显示出来，如图 8.2 所示。

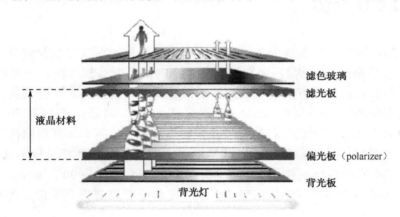

图 8.2　液晶"杆状水晶分子"的工作原理

液晶显示器具有如下特点：

- 低压、微功耗，平板型结构，显示信息量大（因为像素可以做得很小）；
- 被动显示型（无眩光、不刺激眼，不会引起眼睛疲劳）；
- 易于彩色化（在色谱上可以非常准确地复现）；
- 无电磁辐射（对人体安全，利于信息保密）；
- 长寿命（液晶几乎没有劣化问题，寿命长，但是液晶背光寿命有限，需要更换）。

✚➤ 背光和对比度

液晶是一种介于固态与液态之间的物质，本身不能发光，需借助额外的光源才行，因此，在液晶显示屏背面需要有背光源。同时，LCD 制造时选用的控制电路和滤光板等配件，与液晶显示的对比度有关，对一般的应用，对比度达到 350:1 就可以了。对比度很重要，要看出显示的明暗对比，就要靠对比度的高低来实现。

在调试程序时，如果液晶没有显示数据，不一定是程序的问题，可能是背光或者对比度的调节有问题。这个要注意。

任务一　认识 LCD 模块

目前，LCD 模块（Liquid Crystal Display Module，LCM）主要分为段码型显示和点阵型显示两种。段码型是最早、最普通的显示方式，如计算器，电子表等。随着电子技术的发展，出现了越来越多的数码产品，如 MP3、手机、数码相框等，这些都是点阵型 LCM。点阵型 LCM 又分为字符点阵型和图形点阵型两种，分别如图 8.3（a）和（b）所示。

本章介绍的是字符点阵型液晶显示模块，它是一种专门用于显示字母、数字、符号等的点阵型液晶显示模块。每一个显示的字符（或字母、数字等）均由 5×7 或 5×10 点阵组成。点阵字符位之间有一个点距的间隔，起到字符间距和行距的作用。

图 8.3（a）是一个字符点阵型 LCM 示意图，模块组件内部主要由 LCD 显示屏（LCD Panel）、控制器（Controller）、驱动器（Driver）和偏压产生电路构成。常采用 HITACHI（日立）公司的 HD44780U、SAMSUNG（三星）公司的 KS0066U 或 SUNPLUS（凌阳）公司的 SPLC780D 作为 LCD 的控制器。这 3 种控制器兼容，主要由指令寄存器 IR、数据寄存器 DR、忙标志 BF、地址计数器 AC、显示数据缓冲区 DDRAM、字符发生器 CGROM、CGRAM 及时序发生电路等组成。可以使用 CGRAM 来存储自己定义的最多 8 个 5×8 点阵的图形字符的字模数据。它提供了丰富的指令设置：清显示；光标回原点；显示开/关；光标开/关；显示字符闪烁；光标移位；显示移位等。LCM 可设置为 4 位或 8 位数据传输模式。图 8.3（a）的 LCM 可以显示 2 行，每行显示 16 个点阵字符，俗称 1602。带有字库，能显示所有 ASCII 字符。

（a）1602 字符点阵型 LCM

（b）12864 图形点阵型 LCM

图 8.3　LCM 实物图

8.2　STM32 单片机 LCD 接口编程

（1）1602 LCM 与 STM32 单片机连接

表 8.1 为 1602 LCM 的引脚说明。

V0：接可调电位器，可调对比度。若直接接地，对比度最高。

RS：数据或者命令选择端。当 MCU 要写入指令给 LCM 或者从 LCM 读状态时，应使 RS 为低电平；当 MCU 要写入数据给 LCM 时，应使 RS 为高电平。从 LCM 读数据一般无必要。

R/W：读写控制端。R/W 为高电平时，表示读；R/W 为低电平时，表示写。

E：LCD 模块使能信号控制端。单片机需要通过 RS，RW 和 E 这三个端口来控制 LCD 模块。

D0～D7：8 位数据总线，三态双向，用于接收指令和数据。该模块也可以只使用 4 位数据线，此时 D0～D3 引脚内部是断开的，使用 D4～D7 接口接收数据。在嵌入式系统的实际应用中一般采用 8 位模式，只有当系统引脚不够时，才使用 4 位数据线模式（使用此方式传送数据时，需分两次进行）。

BLA：需要背光时，BLA 串接一个限流电阻后接 V_{CC}，BLK 接地。

BLK：背光源地。

表 8.1　1602 LCM 引脚说明

编　　号	符　　号	引 脚 说 明	编　　号	符　　号	引 脚 说 明
1	GND	电源地	9	D2	双向数据口
2	V_{CC}	电源正极	10	D3	双向数据口
3	V0	对比度调节	11	D4	双向数据口
4	RS	数据/指令选择	12	D5	双向数据口
5	R/W	读/写选择	13	D6	双向数据口
6	E	模块使能端	14	D7	双向数据口
7	D0	双向数据口	15	BLA	背光源正极
8	D1	双向数据口	16	BLK	背光源地

图 8.4 为 1602 LCD 模块引脚与 STM32 单片机连接示意图。

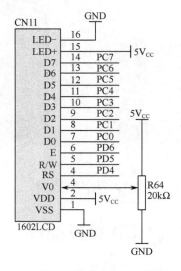

图 8.4　1602 LCD 模块引脚与 STM32 单片机连接示意图

（2）1602 LCD 控制器接口基本操作时序说明

1602 LCD 控制器接口基本操作时序如图 8.5 所示。从图中可以看出，在将 E 置高电平前，须先设置好 RS 和 R/W 信号，在 E 下降沿到来之前，准备好写入的命令字或数据。注意：1602 LCD 模块内部根据命令字进行操作需要一定的时间，此时 LCD 模块处于"Busy"状态（忙），只有当内部操作完成后，即 LCD 模块处于"Not Busy"（空闲）时，才能执行下一步的指令或数据处理操作。因此可以编程查询这个"Busy"状态标记，或者加上适当的延时，再操作，就可以满足要求了。

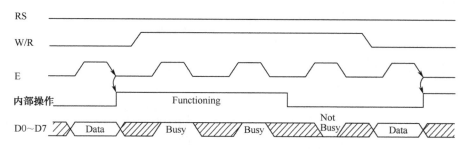

图 8.5　1602LCD 控制器接口基本操作时序图

写指令　输入：RS=L，R/W=L，E=下降沿脉冲，DB0～DB7=指令码
　　　　输出：无
读状态　输入：RS=L，R/W=H，E=H（L：表示低电平，H：表示高电平）
　　　　输出：DB0～DB7=状态字，（状态字的位 7 表示是否"Busy"）
写数据　输入：RS=H，R/W=L，E=下降沿脉冲，DB0～DB7=数据
　　　　输出：无
读数据　输入：RS=H，R/W=H，E=H
　　　　输出：DB0～DB7=数据（从 LCM 读数据一般无必要）

（3）1602 LCD 控制器指令和状态字说明

数据位宽设置

指令码（D0～D7）								功　　能
D7	D6	D5	D4	D3	D2	D1	D0	
0	0	1	DL	N	F	×	×	**DL：数据接口宽度** DL=1，8 位；DL=0，4 位，此时使用 D7～D4，D3～DB0 不用，使用此方式传送数据，需分两次进行。 **N：显示行数设置** N=1，两行显示；N=0，单行显示。 **F：字符点阵字体设置** F=1：5×10 点阵＋光标显示模式；F=0：5×7 点阵＋光标显示模式。 **X：代表任意，下同**

注：一般设为 0x38：8 位数据宽度（0x 表示 16 进制数，下同），2 行显示（采用的 LCM 是 1602），5×7 点阵。

显示开/关及光标设置

指令码（D0～D7）								功　能
D7	D6	D5	D4	D3	D2	D1	D0	
0	0	0	0	1	D	C	B	**D：显示开/关控制** D=1，开显示；D=0，关显示。关显示后，显示数据仍保持在数据显示 DDRAM（Display Data RAM）中，立即开显示可以再现。 **C：光标显示控制** C=1，显示光标；C=0，不显示光标。 显示 5×7 点阵字符时，光标在第 8 行显示；显示 5×10 点阵字符时，光标在第 11 行显示。 **B：闪烁显示控制** B=1，光标闪烁，交替显示字符及其下方的全黑点阵光标，产生闪烁效果，LCM 内部频率为 250kHz 时，闪烁频率为 0.4ms 左右；通过设置，光标可以与其所指位置字符一起闪烁。 B=0，光标不闪烁

注：

① 在对 LCM 初始化时先设为 0x08：关显示；

② 待初始化操作完成后再设为 0x0C：开显示。对于光标的显示和闪烁，可以根据实际应用的需要设置。

光标或显示移位设置

指令码（D0～D7）								功　能
D7	D6	D5	D4	D3	D2	D1	D0	
0	0	0	1	S/C	R/L	×	×	S/C=0，R/L=0：光标向左移，AC 自动减 1 S/C=0，R/L=1：光标向右移，AC 自动加 1 S/C=1，R/L=0：光标和显示一起向左移动，AC 值不变 S/C=1，R/L=1：光标和显示一起向右移动，AC 值不变

注：

① 光标或显示移位指令可使光标或显示在没有读写显示数据的情况下，向左或向右移动；运用此指令可以实现显示的查找或替换；在双行显示方式下，第 1 行和第 2 行会同时移位；当移位越过第 1 行第 40 位时，光标会从第 1 行跳到第 2 行，显示数据只在本行内水平移位；

② 对于光标和显示的移动，可以根据实际应用的需要设置，比如你想移动光标，来修改或设置某个数据时。

清屏及数据指针设置

指令码（D0～D7）								功　能
D7	D6	D5	D4	D3	D2	D1	D0	
0	0	0	0	0	0	0	1	**清屏设置** 清除所有显示，将空位字符码 20H 送入全部 DDRAM 地址中，即清除了全部 DDRAM 中的内容，使显示消失；且 DDRAM 数据地址指针 AC 清零（归位），光标或者闪烁回到原点（显示屏左上角）
0	0	0	0	0	0	1	×	**AC 清零设置** 数据地址指针 AC 清零（归位），但 DDRAM 中的内容不变；X：代表任意

续表

指令码（D0～D7）								功　能
D7	D6	D5	D4	D3	D2	D1	D0	
0	0	0	0	0	1	I/D	S	**I/D：完成一个字符写入或者读出 DDRAM 后 DDRAM 数据地址指针 AC 变化方向设置** I/D=1，光标加 1 右移，AC 自动加 1 I/D=0，光标减 1 左移，AC 自动减 1 **S：显示移位设置** S=1，当写一个字符时，整屏显示左移(I/D=1)或者右移(I/D=0)，以得到光标不移动而屏幕移动的效果。 S=0，当写一个字符时，整屏显示不发生移位

注：

① 在开显示前，给 LCM 发送 0x01 指令，进行清屏操作，即清除 LCD 数据缓冲区保存的数据，并把数据指针清零，指向第一个数据缓冲区地址；

② 如果只想将数据指针清零，而 DDRAM 中的内容不变，则发送 0x02 指令；

③ 为了能让 LCM 在读或写一个字符后，能自动地进行地址指针和光标加一操作，常把 LCM 设为 0x06；在写入或读出一个字符后光标加 1 右移，且地址指针加 1；

④ 对于屏幕是否需要移动，可以根据实际应用设置，比如公交车上或候车（机）室屏幕上文字的左移效果。

状态查询

状态字（D0～D7）								功　能
D7	D6	D5	D4	D3	D2	D1	D0	
BF	A	A	A	A	A	A	A	BF：代表内部操作是否完成（Busy Flag） 1：忙，内部操作未完成 0：空闲，内部操作已完成

对 LCM 每次进行读写操作前，都必须进行 BF 查询；或者加上适当的延时。一般来说，在 LCM 内部频率为 270kHz（有些制造厂家为 250kHz）时，大部分指令执行时间需要 37μs（40μs）左右，只有清屏和 DDRAM 数据地址指针 AC 清零（归位）指令执行时间需要 1.52ms（1.64ms）左右，因此延时值可以取大点（如 5ms），保证操作可靠，以满足要求。

（4）初始化过程（复位过程）

根据上面的指令和状态字说明，1602 LCD 模块的初始化过程（复位过程）如下：

● 写指令 38H：设置 8 位数据宽度（或 28H：4 位数据宽度）；

● 检测忙信号，等待 LCD 控制器内部操作完成（或者延时 5ms）；

（以后每次写指令、读/写数据操作之前均需检测忙信号）

● 写指令 08H：关闭显示；

● 检测忙信号，等待 LCD 控制器内部操作完成（或者延时 5ms）；

● 写指令 06H：数据指针和光标移动设置；

● 检测忙信号，等待 LCD 控制器内部操作完成（或者延时 5ms）；

● 写指令 01H：所有显示清除，且数据指针清零；

● 检测忙信号，等待 LCD 控制器内部操作完成（或者延时 5ms）；

● 写指令 0CH：显示开及光标设置；

● 检测忙信号，等待 LCD 控制器内部操作完成（或者延时 5ms）。

注意：如果系统是在刚上电时就初始化 LCM，需要加入 20ms 以上的延时，否则初始化过程会失败，因为电源电压还没上来前，LCM 尚未准备好接收初始化指令。

（5）数据指针（地址）设置

1602 LCD 控制器内部带有 80×8 位（80 字节）的 DDRAM 缓冲区，其容量的大小决定着模块最多可显示的字符数目。除 4 行显示、每行可显示 40 字符的控制器内部 DDRAM 容量为 2×80×8 位（160 字节）外，其他型号的 DDRAM 容量均为 80×8 位。1602 LCM 中的数据显示 DDRAM 地址映射如图 8.6 所示。从图中可以看出，每行只用了 16 个字节单元，即显示 16 个字符，因为 1602 LCD 每行只做了 16 个液晶显示段。

为什么第二行不接第一行没用完的地址用呢？这是从兼容的角度考虑，使同一个控制器也适用于一行显示 40 个字节单元，这与制造厂家生产的 LCM 每行的液晶显示段数有关，因此这个控制器可以适用于 16×1，16×2，20×1，40×2，16×4，20×4 等，具有通用性。

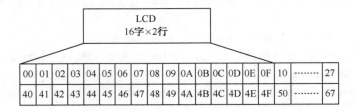

图 8.6　1602LCM 中的数据显示 DDRAM 地址映射

DDRAM 地址指针设置

状态字（D0～D7）								功能
D7	D6	D5	D4	D3	D2	D1	D0	
1	A	A	A	A	A	A	A	A：代表当前数据地址指针的值（D7=1） 将 DDRAM 存储显示字符的地址 ADD6～ADD0 送入 AC 中，于是显示字符的字符码就写入 DDRAM 中了

注：由于 DDRAM 地址设置指令码的最高位 D7＝1，对于 1602 LCM，数据在显示屏第一行显示时，地址范围是：80H+地址码（00H～0FH）；在显示屏第二行显示时，地址范围是：80H+地址码（40H～4FH）。如果采用 40×2 LCD 模块，则内部的 DDRAM 可以用满，在显示屏第一行显示时，地址范围是：80H+地址码（00H～27H）；在显示屏第二行显示时，地址范围是：80H+地址码（40H～67H）。

任务二　编写 LCD 模块驱动程序

在本任务中，你将通过编写程序来驱动 LCD 显示器，使其显示机器人所要显示的字符或字符串，这样你就可以不需要调试终端的帮助而显示字符或者字符串了。

例程：`LCDdisplay.c`

● 输入、保存并运行 LCDdisplay.c；

● 连接 LCD 显示器模块，验证显示器是否显示字符串。

```
#include "stm32f10x_heads.h"
#include "HelloRobot.h"
```

```
/*-------------------------------------------------
            函数名：Write_Command_ LCM ( )，功能：对 LCD 1602 写指令
--------------------------------------------------*/
void Write_Command_LCM(u8 com)
{
    GPIO_ResetBits(GPIOD,GPIO_Pin_5);    //RW=0，写操作
    GPIO_ResetBits(GPIOD,GPIO_Pin_4);    //RS=0，指令
    GPIO_Write(GPIOC, com);
    GPIO_ResetBits(GPIOD,GPIO_Pin_6);    //E=0，形成写脉冲
    delay_nms(5);
    GPIO_SetBits(GPIOD,GPIO_Pin_6)       //E=1，形成写脉冲
    delay_nms(5);
    GPIO_ResetBits(GPIOD,GPIO_Pin_6);    //E=0，下降沿写
}
/*-------------------------------------------
            函数名：Write_Data_LCM ( )，功能：对 LCD 1602 写数据
-----------------------------------------*/
void Write_Data_LCM(u8 info)
{
    GPIO_ResetBits(GPIOD,GPIO_Pin_5);      //RW=0，写操作
    GPIO_ResetBits(GPIOD,GPIO_Pin_6);      //E=0，形成写脉冲
    GPIO_Write(GPIOC, info);
    GPIO_SetBits(GPIOD,GPIO_Pin_4);        //RS=1，数据
    delay_nms(5);
    GPIO_SetBits(GPIOD,GPIO_Pin_6);        //E=1，形成写脉冲
    delay_nms(5);
    GPIO_ResetBits(GPIOD,GPIO_Pin_6);      //E=0，下降沿写
}
/*-------------------------------------------
            函数名：LCM_Init()，功能：对 LCD 1602 初始化
-----------------------------------------*/
void LCM_Init(void) //LCM 初始化
{
    Write_Command_LCM(0x38);            //显示模式设置
    Write_Command_LCM(0x08);            //关闭显示
    Write_Command_LCM(0x01);            //显示清屏
    Write_Command_LCM(0x06);            //显示光标移动设置
    Write_Command_LCM(0x0C);            //显示开及光标设置
}
/*-------------------------------------------
            函数名：Set_xy_LCM ()，功能：设定显示坐标位置
-----------------------------------------*/
void Set_xy_LCM(unsigned char x, unsigned char y)
{
    unsigned char address;
    if( x == 0 )
```

```
                    address = 0x80+y;
            if( x == 1 )
                    address = 0xc0+y;
            Write_Command_LCM(address);
    }
    /*-----------------------------------------
            函数名：Display_List_Char()，功能：按指定位置显示一串字符
    -----------------------------------------*/
    void Display_List_Char(unsigned char x, unsigned char y, unsigned char *s)
    {
        Set_xy_LCM(x,y);
        while(*s)
        {
            Write_Data_LCM(*s);
            s++;
        }
    }

    int main()
    {
        BSP_Init();
        LCM_Init();          //LCM 初始化
        Display_List_Char(0, 0, "www.szopen.cn");
        Display_List_Char(1, 0, "Robot-STM32");

        while(1) ;
    }
```

LCDdiaplay.c 是如何工作的？

程序运行效果如图 8.7 所示。整个工作分为两步：先对 LCD 进行初始化，然后再显示。

图 8.7　程序运行效果

研究初始化函数 LCM_Init 会发现，该函数完全是按照任务一 LCD 的初始化要求编写的。初始化工作完成后，主函数调用函数 Display_List_Char 来显示字符串。在显示字符串之前，需调用函数 Set_xy_LCM 设置写入的位置，根据 DDRAM 数据地址设置指令，若在第一行显示，则写 0x80+y；若在第二行显示，则写 0xc0+y。

传送所要显示的字符的 ASCII 码，就可以通过查找字符发生器 CGROM 里的字模，在 LCD 上显示出字符了。

单片机与 LCM 之间的数据是双向（可读可写）的，那么在 STM32 单片机系统中双向 I/O 端口是如何设置的呢？在 GPIO 初始化函数中，我们将 1602 LCD 模块的 I/O 端口设置成推挽输出，这样 I/O 端口既可以作为输出，也可以作为输入（见本书第 2 章相关内容）。

```
/* Configure LCD1602 IO*/
GPIO_InitStructure.GPIO_Pin = GPIO_Pin_0|GPIO_Pin_1|GPIO_Pin_2|GPIO_Pin_3
                            |GPIO_Pin_4|GPIO_Pin_5|GPIO_Pin_6|GPIO_Pin_7;
GPIO_InitStructure.GPIO_Mode = GPIO_Mode_Out_PP;
GPIO_InitStructure.GPIO_Speed = GPIO_Speed_50MHz;
GPIO_Init(GPIOC, &GPIO_InitStructure);

GPIO_InitStructure.GPIO_Pin = GPIO_Pin_5| GPIO_Pin_6 | GPIO_Pin_4;
GPIO_InitStructure.GPIO_Mode = GPIO_Mode_Out_PP;
GPIO_InitStructure.GPIO_Speed = GPIO_Speed_50MHz;
GPIO_Init(GPIOD, &GPIO_InitStructure);
```

这里，我们用到了 C 语言的指针数据类型。指针是 C 语言中广泛使用的一种数据类型。运用指针编程是 C 语言最主要的风格之一。利用指针变量可以表示各种数据结构，能很方便地使用数组和字符串，并能像汇编语言一样处理内存地址，从而编写出精练而高效的程序。因此嵌入式系统常用到指针。

能否正确理解和使用指针是你是否掌握 C 语言的一个标志。同时，指针也是 C 语言学习中最为困难的一部分，在学习中除了要正确理解基本概念，还必须要多编程，多上机调试。只要做到这些，指针也是不难掌握的。

函数 Display_List_Char(0, 0, "www.szopen.cn")先给字符串定位（0，0），之后再通过指针依次将字符串"www.szopen.cn"的每个字符显示在 LCD 上，直到显示完全部字符。

任务三　用 LCD 显示机器人运动状态

例程 LCDdiaplay.c 仅仅是静态的 LCD 显示，在实际工程应用中没有意义，它应与具体的应用，如机器人的环境探测和运动控制结合起来，如图 8.8 所示。在介绍本任务例程之前，先讲解一下 C 语言的高级功能：预编译处理。

图 8.8　带 LCD 模块的机器人小车

C 语言的编译预处理

在编译系统对程序编译之前，先要对某些程序（这些程序可以是 C 语言提供的标准库函数，也可以是你已经开发好的某些程序）进行预处理，然后再将预处理的结果和源程序一起进行正常的编译处理得到目标代码。通常的预处理命令都用"#"开关，具体的预处理命令包括：

（1）宏定义

即#define 指令，具有如下形式（注意：无分号）：

> #define 名字 替换文本

它是一种最简单的宏替换。出现在程序各处的"名字"都将被"替换文本"替换。#define 指令所定义的名字的作用域从其定义点开始，到被编译的源文件结束。

这个指令在前文就已大量使用了，如：

> #define   LeftIR   GPIO_ReadInputDataBit(GPIOE,GPIO_Pin_3)
> #define   RightIR   GPIO_ReadInputDataBit(GPIOE,GPIO_Pin_2)

（2）文件包含

即#include 指令。在源程序文件中，任何形如（注意：无分号）：#include "文件名"，或#include <文件名>的行都被替换成由文件名所指定的文件的内容。如果文件名由引号（" "）括起来，那么就在源程序所在位置查找该文件；如果在这个位置没有找到该文件，或如果文件名由尖括号（<>）括起来，那么就在安装软件的文件夹下查找。这个指令在本书前面也已大量使用，如#include "HelloRobot.h"。

所谓文件包含就是指一个源文件可以将另一个源文件的全部内容包含进来。但要注意的是，对文件包含并不是把两个文件连接起来，而是在编译时作为一个源程序编译，得到一个目标文件，如 HEX 文件。

被包含的文件常在文件的头部，所以被称为"头文件"，可以以".h"为后缀，也可以以".c"为后缀。

对于比较大的程序，用#include 指令把各个文件放在一起是一种优化程序的方法，也是一种工程化的方法。一个项目可以由几个工程师完成，每个工程师编写自己负责的接口模块，然后集成，这样可以实现项目的并行开发。现在，我们将与 LCD 显示有关的操作函数作为头文件 LCD.h 保存，内容如下：

```
void Write_Command_LCM(u8 com)
{
    … //略，同前
}

void Write_Data_LCM(u8 info)
{
    … //略，同前
}
```

```
void LCM_Init(void) //LCM 初始化
{
    …  //略，同前
}

void Set_xy_LCM(unsigned char x, unsigned char y)
{
    …  //略，同前
}

void Display_List_Char(unsigned char x, unsigned char y, unsigned char *s)
{
    …  //略，同前
}
```

　　下面的例程以第 3 章的例程 NavigationWithSwitch.c 为模板，删除了串口显示语句，添加了 LCD 显示代码。

　　例程：MoveWithLCDDisplay.c

```
#include "stm32f10x_heads.h"
#include "HelloRobot.h"
#include "LCD.h"

void Forward(void)
{
    …  //略，同前
}

void Left_Turn(void)
{
    …  //略，同前
}

void Right_Turn(void)
{
    …  //略，同前
}
void Backward(void)
{
    …  //略，同前
}

int main(void)
{
        char Navigation[10]={'F','L','F','F','R','B','L','B','B','Q'};
```

```
        int address=0;

        BSP_Init();

        while(Navigation[address]!='Q')
        {
            LCM_Init();
            switch(Navigation[address])
            {
                case 'F':Forward();
                        Display_List_Char(0,0,"case:F");
                        Display_List_Char(1,0,"Forward");
                        delay_nms(500);
                        break;
                case 'L':Left_Turn();
                        Display_List_Char(0,0,"case:L");
                        Display_List_Char(1,0,"Turn Left");
                        delay_nms(500);
                        break;
                case 'R':Right_Turn();
                        Display_List_Char(0,0,"case:R");
                        Display_List_Char(1,0,"Turn Right");
                        delay_nms(500);
                        break;
                case 'B':Backward();
                        Display_List_Char(0,0,"case:B");
                        Display_List_Char(1,0,"Backward");
                        delay_nms(500);
                        break;
            }
            address++;
        }
        while(1);
    }
```

MoveWithLCDDisplay.c 是如何工作的？

在理解第 3 章例程 NavigationWithSwitch.c 的基础上，该例程不难理解：switch 处理每个 case 之后，调用 Display_List_Char( ) 函数在 LCD 上显示了相关信息，之后做了 0.5s 的延时，为什么？因为如果不加延时，LCD 显示时间过短，实验效果将不明显。程序运行效果如图 8.9 所示。

图 8.9　程序运行效果

该你了

● 将主函数 main 之前的四个行走子函数做成头文件的形式加入程序，以优化程序；
● 思考为什么不将 LCD 初始化函数 LCM_Init()放在 while 循环体外。

 工程素质和技能归纳

（1）理解 LCD 的原理。如果 LCD 没有显示，可能是什么原因？

（2）在介绍 LCD 数据总线时，说它是"三态双向"，第三态是什么？

（3）单片机与 LCM 之间的数据是双向（可读可写）的，在 STM32 单片机系统中双向 I/O 端口是如何设置的？

（4）STM32 单片机的 LCD 编程，掌握 1602 LCD 的使用方法：初始化和显示信息。

（5）指针作为 C 语言重要的一种数据类型，还有许多用法，复习 C 语言中关于指针的用法，并进行归纳总结。

（6）C 语言编译预处理功能，头文件的制作。

第9章

STM32 单片机模数转换编程及其应用

在单片机应用中，常常需要测量温度、湿度、压力、速度、液位、流量等多种模拟量，而单片机是个数字系统，内部用"0"和"1"的数字量进行运算，因此，模拟量需要通过输入接口，即模数转换器（Analog Digital Converter，ADC）转换成数字量传送给单片机。有时，单片机还需要通过输出接口，即数模转换器（Digital Analog Converter，DAC）将数字量转换成模拟量，才能去控制被控对象或用于数据显示（如模拟式仪表）。

模拟量信号是连续变化的电压、电流信号，与数字量有本质上的区别。模拟量信号往往是一些弱信号，需经过放大、滤波、线性化、信号变换等一系列的电路处理，把检测到的模拟量（电压或电流信息）变换成指定范围的电压信号，通过 A/D 模数转换电路转换成相应的数字量才能输入单片机处理。因此，A/D 技术是单片机应用系统的重要内容之一。本章介绍 STM32 单片机 A/D 模数转换编程，并使用光敏电阻检测光线的强弱，使机器人可以根据光线强弱进行导航。通过本章的学习，你可以掌握 STM32 单片机 A/D 模数转换编程技术。

9.1 A/D 模数转换介绍

模数（A/D）转换，即模拟—数字转换，与数模（D/A）转换相反，是将连续的模拟量（如电压、电流、图像的灰阶等）通过取样转换成离散的数字量。例如，可以将环境温度通过传感器转换成电压，然后再根据电压的大小经 A/D 转换成数字量进行温度监控。又如大家常见的摄像头、数码相机、扫描仪等，采用 CCD（Charge-Coupled Device，电荷耦合元件）将光线感应到像素（pixel）阵列上，然后将每个像素的亮度（灰阶）转换成相应的数字表示，即经过 A/D 转换后构成数字图像。

模拟信号的数字化是对原始信号进行数字近似，它需要用一个时钟和一个模数转换器（ADC）来实现。数字近似是指以 N 位的数字信号代码来量化表示原始信号，这种量化以位为单位。时钟决定对模拟信号波形的采样速度和模数转换器的转换速率。目前，转换精度可以做到 24 位，采样频率也能高达 1GHz 以上。但这两者不可能同时做到，转换精度越高，转换速率越慢。

模数转换的过程包括采样、保持、量化和编码四个过程：

① 对模拟信号进行测量叫做采样，根据香农定理可知：采样频率应该大于或者等于被测

信号频率的 2 倍以上，才能复原信号。

② 通常采样脉冲的宽度是很短的，要把一个采样到的信号数字化，需要将采样所得的瞬时模拟信号保持一段时间，这就是保持。

③ 量化是将连续幅度的采样信号转换成离散时间、离散幅度的数字信号，量化的主要问题就是量化误差。最高有效位（Most Significant Bit，MSB）以最大的尺度量化电压变量；最低有效位（Lest Significant Bit，LSB）则以最小尺度量化电压变量。

④ 编码是将量化后的信号编码成二进制代码输出。

这些过程有些是合并进行的，例如，采样和保持常利用一个电路连续完成，量化和编码也是在转换过程中同时实现的，且所用时间又是保持时间的一部分，即量化和编码的同时进行下一个周期的采样。

模数转换器的主要性能指标有：

① 分辨率（Resolution）：表示输出数字量变化一个最小量时输入模拟信号电压的变化量。定义为满刻度电压与 2^n 之比值，其中，n 为 A/D 转换器的位数。例如，一个 8 位 A/D 转换器，若模拟输入电压的范围是 $0\sim 5\mathrm{V}$，则能分辨的最小电压值为 $5/2^8 \approx 20\mathrm{mV}$。

在同样的输入电压下，ADC 的位数越高，则它的分辨率或转换灵敏度就越高。

② 量化误差（Quantizing Error）：模数转换器对模拟信号进行离散取值（量化）而引起的误差。量化误差一般为 $\pm 1/2 \cdot$ 分辨率，即数字量的最小有效位（Least Significant Bit，LSB）所表示的模拟量的一半。提高分辨率可以减小量化误差。量化误差和分辨率是统一的。

③ 转换精度：模数转换器在量化值上与理想模数转换的差值，可以用两个方式来表示：

● 绝对精度：用最低位（LSB）的倍数表示，如 $\pm 1/2\mathrm{LSB}$ 等；

● 用绝对精度除以满量程值的百分数来表示。

④ 转换时间与转换速率（Conversion Rate）：转换时间为完成一次 A/D 转换所需要的时间，即从输入端采样信号开始到输出端出现相应数字量的时间。转换时间越短，适应输入信号快速变化的能力越强。转换速率是转换时间的倒数，如转换时间长，则表示转换速率低。各种结构类型的 A/D 转换器转换时间有所不同，转换时间最短的为全并行型（纳秒级），其次是逐次逼近型（微秒级），较慢的是双积分式（毫秒级）。

⑤ 采样时间：两次转换的间隔。为了保证转换的正确完成，采样速率（Sample Rate）必须小于或等于转换速率。有人习惯上将转换速率在数值上等同于采样速率，这不是很准确，这两个是不同的概念。采样时间常用单位是 Ksps 和 Msps，表示每秒采样千/百万次（Kilo/Million Samples per Second）。

A/D 转换芯片种类繁多，按其转换原理可分为逐次逼近型、双积分型和 V/F 转换型：

① 逐次逼近型（Successive Approximation Register，SAR）属于直接式 A/D 转换，转换精度高，转换速度快，是目前应用最为广泛的 A/D 转换，缺点是抗干扰能力较差，如并行的 AD0809（8 位）、AD574（12 位），串行的 TLC549（8 位）、TLC1543（10 位/11 路）等。

② 双积分型是一种间接 A/D 转换器，其优点是抗干扰能力强，转换精度高，缺点是转换时间长，速度较慢，如 3 位半的 MC14433 和 4 位半的 ICL7135。

③ V/F 转换型是将模拟电压信号转换成频率信号，转换精度高，抗干扰能力强，如 AD650、LM331 等。

A/D 转换器的选择考虑以下几个方面：

① 转换分辨率、速度及精度，这是 A/D 转换器的基本参数。

② 模拟量的输入通道数，可以根据现场的实际来选择单通道或多通道 A/D 转换器。

③ 与微处理器的数据接口，有并行和串行总线之分。串行的有 SPI、I²C 等协议，但转换速率一般小于并行 AD。

④ 模拟量输入，包括差分还是单端输入，以及输入电平范围等。

任务一　认识传感器

传感器是一种物理装置或生物器官，能够探测、感受外界的信号、物理条件（如光、热、湿度）或化学组成（如烟雾），并将探知的信息传递给其他装置或器官。国家标准 GB7665-87 对传感器下的定义是："能感受规定的被测量并按照一定的规律转换成可用信号的器件或装置，通常由敏感元件和转换元件组成。"

对于嵌入式系统，传感器是能感受到被测量的信息（物理量、化学量、生物量），并将之按一定规律转换成另一种与之有确定对应关系的物理量（通常是电量）的装置，以满足信息的传输、处理、存储、显示、记录和控制等要求。它是实现测量和控制系统中最重要的环节。

传感器的分类主要有两种。按被测量参数的性质来分，有热量类传感器，用于测量温度、热量、比热、压力、流量、风速等；有机械量类传感器，用于测量位移、应力、振动、加速度等；有成分量类传感器，用于测量各种气体、液体的成分、浓度、密度等。按传感器测量原理来分，有电阻式、电感式、电容式、阻抗式、磁电式、光电式、热电式、压电式等。图 9.1 列举了几种常见的传感器。

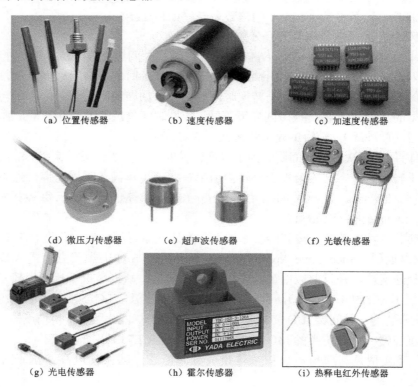

（a）位置传感器　　　　（b）速度传感器　　　　（c）加速度传感器

（d）微压力传感器　　　（e）超声波传感器　　　（f）光敏传感器

（g）光电传感器　　　　（h）霍尔传感器　　　　（i）热释电红外传感器

图 9.1　常见传感器实物图

传感器品种繁多，用途各异，衡量传感器的基本参数主要有：

① 测量范围：传感器能正常工作的范围，在使用中不应使传感器过载，以免损坏元件，或造成大的测量误差。

② 线性度：传感器输入与输出的关系，大部分传感器的输入、输出关系是非线性的，在使用中，要进行线性化处理。在嵌入式系统中，可以采用硬件或软件的方法进行线性化处理，硬件方法处理速度快，电路较复杂；软件方法灵活，效果较好，可以简化电路。

③ 灵敏度：传感器的输出与输入信号之比，灵敏度大的传感器，信号强度好，电路处理方便。

④ 精确度：被测量的测量结果与真值间的一致程度。与 ADC 内部电路、参考电压精度等有关。

⑤ 互换性：传感器生产时由于工艺不可避免地会有微小差异，所以同种传感器的特性参数会不一致。如果传感器的一致性差，会造成互换性差，给应用带来不便。

⑥ 重复性：对同一被测量进行多次全量程连续测量所得特性曲线之间的符合程度。

⑦ 漂移：在输入量不变的情况下，传感器输出量随着时间变化。产生漂移的原因有两个：一是传感器自身结构参数；二是周围环境（如温度、湿度等）。

如果你想对传感器有更多的了解，建议你参考有关书籍或本系列丛书的《现代传感器技术及应用》和《智能传感器应用项目教程》相关章节。

9.2　STM32 单片机 A/D 转换编程

STM32 单片机带有两个独立的 12 位 ADC 控制器，它是一种逐次逼近型（SAR）模拟数字转换器，有 18 个通道，可测量 16 个外部和 2 个内部信号源，其结构如图 9.2 所示。各通道的 A/D 转换可以以单次、连续、扫描或间断模式执行。这意味着：STM32 单片机可以同时对多个模拟量通道进行快速采集。ADC 的结果可以按左对齐或右对齐方式存储在 16 位数据寄存器中。其主要特征如下：

● 12 位分辨率、自校准、带内嵌数据一致的数据对齐；
● 转换结束、注入转换结束和发生模拟看门狗事件时产生中断；
● 单次和连续转换模式，从通道 0 到通道 n 的自动扫描模式；
● 非连续模式，双重模式（带两个 ADC 的器件）；
● ADC 转换速率可达 1MHz，最快 1μs 的转换速度，通道之间采样间隔可编程；
● 规则通道转换期间有 DMA 请求产生；
● VDD 与 VDDA 之间的压差不能大于 300mV，ADC 的工作电压范围为：2.4～3.6V，供电电压 VDD 的范围为：2.0～3.6V。

下面介绍 STM32 单片机模数转换的工作机制和编程流程。

（1）使能 ADC 的时钟。

STM32 系列单片机外设带有的时钟输出使能控制，如 AHB 总线时钟、内核时钟、各种 APB1 外设、APB2 外设等。前面介绍了模数转换是需要时钟的，这个时钟 ADCCLK 决定了对模拟信号波形的采样速度和模数转换器的转换速率。由于 ADC1 和 ADC2 连接在 APB2（高速外设）总线上，因此，当需要使用 ADC 模块时，记得一定要先使能对应的时钟。CLK 控制器为 ADC 时钟提供一个专用的可编程预分频器，见 STM32 时钟结构图。时钟配置寄存器（RCC_CFGR）中的 ADCPRE（位 15:14）存放 ADC 预分频值，在 STM32 单片机上电（或复位）后，预分频值为"00"，表示将 APB2 时钟 2 分频后作为 ADC 时钟（ADCCLK）。若预分频值为"01""10""11"，则对应分频依次为 4 分频、6 分频、8 分频。因此，当系统时钟为 72MHz 时，如果没有分频，则 ADCCLK 为 36MHz。STM32 单片机的 ADC 时钟频率（f_{ADC}）最大为 14MHz。如果设置的 f_{ADC} 超过 14MHz，则 ADC 精度会降低。因此，需要使用固件库函数 RCC_ADCCLKConfig 进行预分频。

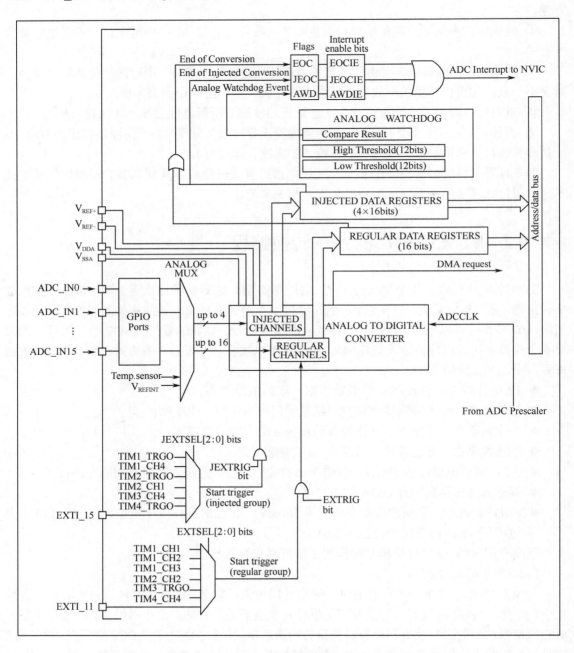

图 9.2　ADC 模块结构

ADC 的时钟使能可以通过固件库函数来完成，在文件 HelloRobot.h 中，函数 RCC_Configuration 使能 ADC1 时钟：

RCC_APB2PeriphClockCmd(RCC_APB2Periph_ADC1, ENABLE);

（2）设置 ADC 复用端口。

STM32 单片机的大部分端口都有第 2 功能，STM32 单片机 ADC 模块可测量 16 个外部通道，它们的具体分布如下：

PA0～PA7：ADC_IN0～ADC_IN7

PB0～PB1：ADC_IN8～ADC_IN9

PC0～PC5：ADC_IN10～ADC_IN15

教学开发板将 PB0 端口设置为模拟量输入，用电位器的分压提供模拟信号，如图 9.3（a）所示。注意：上面的若干 I/O 端口都不具有多功能双向 5V 兼容的能力，仅支持 3.3V。换句话说：模数转换的输入信号量程为 V_{REF-}～V_{REF+}，即 0～3.3V，如图 9.3（b）所示。

根据电路图，我们要将端口 PB0 设置成模拟输入功能：AIN（Analog In）。注意 PB0 输入信号源选择开关的设置，参见附录说明。函数 GPIO_Configuration 初始化这个引脚：

```
/* Configure ADC IO*/
GPIO_InitStructure.GPIO_Pin = GPIO_Pin_0;
GPIO_InitStructure.GPIO_Mode = GPIO_Mode_AIN;
GPIO_Init(GPIOB, &GPIO_InitStructure);
```

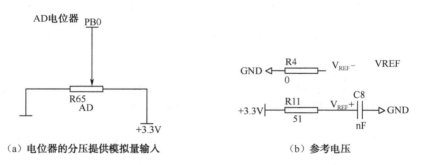

（a）电位器的分压提供模拟量输入　　　　　（b）参考电压

图 9.3　ADC 模拟量输入与参考电压电路图

（3）ADC 寄存器设置。

与 STM32 模数转换编程有关的主要寄存器有：

● ADC 状态寄存器：ADC_SR（status register）；

● ADC 控制寄存器：ADC_CRx（control register），x=1，2；

● ADC 采样时间寄存器：ADC_SMPRx（sample time register），x=1，2；

● ADC 规则转换序列寄存器：ADC_SQRx（regular sequence register），x=1，2，3；

● ADC 注入序列寄存器：ADC_JSQR（injected sequence register）；

● ADC 注入数据寄存器：ADC_JDRx（injected data register），x=1，2，3，4；

● ADC 规则数据寄存器：ADC_DR（regular data register）。

注意：STM32 单片机 ADC 有 16 个外部通道。可以把转换分成两组：规则的和注入的。每个组可以是这 16 个通道中的任意一些通道以任意顺序进行的组合。

规则组最多由多达 16 个转换通道组成。通道和它们的转换顺序在 ADC 规则序列寄存器 ADC_SQRx 中选择。例如，可以按如下顺序完成 AD 转换：通道 3、通道 8、通道 2、通道 0 和通道 15。规则组中转换通道的总数写入 ADC_SQR1 寄存器的 L[3:0]位中。

注入组最多由多达 4 个转换组成。注入通道和它们的转换顺序在 ADC 注入序列寄存器 ADC_JSQR 中选择，注入组中转换通道的总数目写入 ADC_JSQR 寄存器的 JL[1:0]位中。

JL[1:0]=00～11 分别表示 1～4 个规则转换，转换通道在 ADC_JSQR 寄存器中的 JSQxx=1，2，3，4 中定义，每个 JSQx 占 5 位。如果 JL[1:0]的长度小于 4，则转换序列顺序 从（4-JL[1:0]）开始。例如：ADC_JSQR[21:0] = 10 0001 1000 1100 1110 0010，JL[1:0]=2，意 味着扫描转换将按以下通道顺序转换：7、3、3，而不是 2、7、3。

与模数转换寄存器初始化相关的数据结构在库文件"stm32f10x_adc.h"中：

```
typedef struct
{
  u32 ADC_Mode;
  FunctionalState ADC_ScanConvMode;
  FunctionalState ADC_ContinuousConvMode;
  u32 ADC_ExternalTrigConv;
  u32 ADC_DataAlign;
  u8 ADC_NbrOfChannel;
}ADC_InitTypeDef;          /* ADC Init structure definition */
```

我们可以通过函数 ADC_Configuration 进行 ADC 初始化：

```
void ADC_Configuration()
{
  ADC_InitTypeDef ADC_InitStructure;
  /* 将 ADC1 配置在独立转换，连续转换模式下，转换数据右对齐，关闭外部触发 */
  ADC_InitStructure.ADC_Mode = ADC_Mode_Independent;        //每个 ADC 独立工作

  //扫描转换模式开启：ADC 扫描所有 ADC_SQRx 寄存器（规则转换通道）和 ADC_JSQR 寄存器
（注入转换通道，即不规则转换通道）
  ADC_InitStructure.ADC_ScanConvMode = ENABLE;
  ADC_InitStructure.ADC_ContinuousConvMode = ENABLE;        //连续转换模式开启

  /* 关闭 ADC 外部触发，即禁止由外部触发模数转换 */
  ADC_InitStructure.ADC_ExternalTrigConv = ADC_ExternalTrigConv_None;
  ADC_InitStructure.ADC_DataAlign = ADC_DataAlign_Right;    //转换数据右对齐
  ADC_InitStructure.ADC_NbrOfChannel = 1;                   //开启 1 个通道
  ADC_Init(ADC1, &ADC_InitStructure);                       //调用固件库函数完成初始化

  /* 规则组通道设置：将 ADC1 的通道设为 Channel_8(PB0)，采样周期为 71.5 */
  ADC_RegularChannelConfig(ADC1, ADC_Channel_8, 1, ADC_SampleTime_71Cycles5);
  ADC_Cmd(ADC1, ENABLE);                                    //使能 ADC1

  ADC_ResetCalibration(ADC1);                               //ADC1 复位校准
```

```
    while(ADC_GetResetCalibrationStatus(ADC1));              //检测 ADC1 复位校准是否结束

    ADC_StartCalibration(ADC1);                             //启动 ADC1 校准
    while(ADC_GetCalibrationStatus(ADC1));                  //检测 ADC1 校准是否结束

    ADC_SoftwareStartConvCmd(ADC1, ENABLE);                //软件启动 ADC1 进行连续转换
}
```

定义模数转换寄存器组的结构体是 ADC_TypeDef，在文件 "stm32f10x_map.h" 中：

```
/*---------------------- Analog to Digital Converter ----------------------*/
typedef struct
{
    vu32 SR;            //ADC 状态寄存器：status register
    vu32 CR1;           //ADC 控制寄存器 1：control register 1
    vu32 CR2;           //ADC 控制寄存器 2：control register 2
    vu32 SMPR1;         //ADC 采样时间寄存器 1：sample time register 1
    vu32 SMPR2;         //ADC 采样时间寄存器 2：sample time register 2
    vu32 JOFR1;         //ADC 注入通道数据偏移寄存器 1：injected channel data offset register 1
    vu32 JOFR2;         //ADC 注入通道数据偏移寄存器 2：injected channel data offset register 2
    vu32 JOFR3;         //ADC 注入通道数据偏移寄存器 3：injected channel data offset register 3
    vu32 JOFR4;         //ADC 注入通道数据偏移寄存器 4：injected channel data offset register 4
    vu32 HTR;           //ADC 看门狗高阀值寄存器：watchdog high threshold register
    vu32 LTR;           //ADC 看门狗低阀值寄存器：watchdog low threshold register
    vu32 SQR1;          //ADC 规则序列寄存器 1：regular sequence register 1
    vu32 SQR2;          //ADC 规则序列寄存器 2：regular sequence register 2
    vu32 SQR3;          //ADC 规则序列寄存器 3：regular sequence register 3
    vu32 JSQR;          //ADC 注入序列寄存器：injected sequence register
    vu32 JDR1;          //ADC 注入数据寄存器 1：injected data register 1
    vu32 JDR2;          //ADC 注入数据寄存器 2：injected data register 2
    vu32 JDR3;          //ADC 注入数据寄存器 3：injected data register 3
    vu32 JDR4;          //ADC 注入数据寄存器 4：injected data register 4
    vu32 DR;            //ADC 规则数据寄存器：regular data register
} ADC_TypeDef;
…
#define PERIPH_BASE              ((u32)0x40000000)
#define APB1PERIPH_BASE          PERIPH_BASE
#define APB2PERIPH_BASE          (PERIPH_BASE + 0x10000)
#define AHBPERIPH_BASE           (PERIPH_BASE + 0x20000)
…
#define ADC1_BASE                (APB2PERIPH_BASE + 0x2400)
#define ADC2_BASE                (APB2PERIPH_BASE + 0x2800)
…
#ifdef _ADC1
    #define ADC1                 ((ADC_TypeDef *) ADC1_BASE)
#endif
#ifdef _ADC2
```

```
#define ADC2                        ((ADC_TypeDef *) ADC2_BASE)
#endif
```

从上面的宏定义可以看出，在初始化 ADC1 时，编译器的预处理程序将 ADC1 替换成 ((TIM_TypeDef *) 0x40012400)。这个地址是 ADC1 寄存器组的首地址，参见附录 B 中 STM32 处理器的存储映射。ADC 寄存器和复位值见表 9.1。

表 9.1 ADC 寄存器和复位值

偏移	寄存器	31	30	29	28	27	26	25	24	23	22	21	20	19	18	17	16	15	14	13	12	11	10	9	8	7	6	5	4	3	2	1	0
00h	ADC_SR	保留																											STRT	JSTRT	JEOC	EOC	AWD
	复位值																												0	0	0	0	0
04h	ADC_CR1	保留								AWDEN	JAWDEN	保留		DUALMOD[3:0]				DISCNUM[2:0]			JDISCEN	DISCEN	JAUTO	AWDSGL	SCAN	JEOCIE	AWDIE	EOCIF	AWDCH[4:0]				
	复位值									0	0			0	0	0	0	0	0	0	0	0	0	0	0	0	0	0	0	0	0	0	0
08h	ADC_CR2	保留								TSVRFFE	SWSTART	JSWSTART	EXTTRIG	EXTSEL[2:0]			保留	JEXTTRIG	JEXTSEL[2:0]			ALIGN	保留		DMA	保留				RSTCAL	CAL	CONT	ADON
	复位值									0	0	0	0	0	0	0		0	0	0	0	0			0					0	0	0	0
0Ch	ADC_SMPR1	采样时间位 SMPx_x																															
	复位值	0	0	0	0	0	0	0	0	0	0	0	0	0	0	0	0	0	0	0	0	0	0	0	0	0	0	0	0	0	0	0	0
10h	ADC_SMPR2	采样时间位 SMPx_x																															
	复位值	0	0	0	0	0	0	0	0	0	0	0	0	0	0	0	0	0	0	0	0	0	0	0	0	0	0	0	0	0	0	0	0
14h	ADC_JOFR1	保留																				JOFFSET1[11:0]											
	复位值																					0	0	0	0	0	0	0	0	0	0	0	0
18h	ADC_JOFR2	保留																				JOFFSET2[11:0]											
	复位值																					0	0	0	0	0	0	0	0	0	0	0	0
1Ch	ADC_JOFR3	保留																				JOFFSET3[11:0]											
	复位值																					0	0	0	0	0	0	0	0	0	0	0	0
20h	ADC_JOFR4	保留																				JOFFSET411:0]											
	复位值																					0	0	0	0	0	0	0	0	0	0	0	0
24h	ADC_HTR	保留																				HT[11:0]											
	复位值																					0	0	0	0	0	0	0	0	0	0	0	0
28h	ADC_LTR	保留																				LT[11:0]											
	复位值																					0	0	0	0	0	0	0	0	0	0	0	0
2Ch	ADC_SQR1	保留								L[3:0]				规则通道序列 SQx_x 位																			
	复位值									0	0	0	0	0	0	0	0	0	0	0	0	0	0	0	0	0	0	0	0	0	0	0	0
30h	ADC_SQR2	保留		规则通道序列 SQx_x 位																													
	复位值	0	0	0	0	0	0	0	0	0	0	0	0	0	0	0	0	0	0	0	0	0	0	0	0	0	0	0	0	0	0	0	0
34h	ADC_SQR3	保留		规则通道序列 SQx_x 位																													
	复位值	0	0	0	0	0	0	0	0	0	0	0	0	0	0	0	0	0	0	0	0	0	0	0	0	0	0	0	0	0	0	0	0

续表

偏移	寄存器	31	30	29	28	27	26	25	24	23	22	21	20	19	18	17	16	15	14	13	12	11	10	9	8	7	6	5	4	3	2	1	0
38h	ADC_JSQR	保留										JL[1:0]		注入通道序列 JSQx_x 位																			
	复位值											0	0	0	0	0	0	0	0	0	0	0	0	0	0	0	0	0	0	0	0	0	0
3Ch	ADC_JDR1	保留																JDATA[15:0]															
	复位值																	0	0	0	0	0	0	0	0	0	0	0	0	0	0	0	0
40h	ADC_JDR2	保留																JDATA[15:0]															
	复位值																	0	0	0	0	0	0	0	0	0	0	0	0	0	0	0	0
44h	ADC_JDR3	保留																JDATA[15:0]															
	复位值																	0	0	0	0	0	0	0	0	0	0	0	0	0	0	0	0
48h	ADC_JDR4	保留																JDATA[15:0]															
	复位值																	0	0	0	0	0	0	0	0	0	0	0	0	0	0	0	0
4Ch	ADC_DR	ADC2DATA[15:0]																规则 DATA[15:0]															
	复位值	0	0	0	0	0	0	0	0	0	0	0	0	0	0	0	0	0	0	0	0	0	0	0	0	0	0	0	0	0	0	0	0

（4）几点注意。

① 通过设置 ADC 控制寄存器 2（ADC_CR2）的 ADON 位（复位值为"0"）可以打开 ADC。第一次设置 ADON 位（写"1"）时，将把 ADC 从断电状态下唤醒。ADC 上电延迟一段时间后，再次设置 ADON 位（写"1"）时，将启动转换。通过清除 ADON 位（写"0"）可以停止转换，并将 ADC 置于断电模式。在这个模式中，ADC 几乎不耗电，仅几个 μA。

② 如果 ADC_SQRx 或 ADC_JSQR 寄存器在转换期间被更改，则当前的转换被清除，当一个新的启动脉冲到达时，将启动 ADC 以新的组进行转换。

③ STM32 单片机的 ADC 有一个内置自校准模式。利用校准可大幅减小因内部电容器的变化而造成的精度误差。在校准期间，每个电容器上都会计算出一个误差修正码（数字值），这个修正码可用于消除在随后的转换中每个电容器上产生的误差。

通过设置控制寄存器（ADC_CR2）的 CAL 位启动校准。一旦校准结束，CAL 位被硬件复位，可以开始正常转换。建议在每次上电时执行一次 ADC 校准。启动校准前，ADC 必须处于关电状态（ADON="0"）超过至少两个 ADC 时钟周期。校准阶段结束后，校准码储存在数据寄存器（ADC_DR）中。

④ 采样时间越长，转换结果越稳定。可以根据需要将采样时间设置为：1.5 个周期、7.5 个周期、13.5 个周期、28.5 个周期、41.5 个周期、55.5 个周期、71.5 个周期、239.5 个周期。单位周期时间根据 f_{ADC} 的频率计算得到。

⑤ STM32 单片机的 ADC 时钟频率（f_{ADC}）最大为 14MHz。当设置的 f_{ADC} 超过 14MHz 时，则 ADC 精度会降低，误差可能会超过±2 位。

ADC 的完整转换时间 T_{CONV} 由两个参数决定，即采样时间和转换时间之和，而转换时间需要 12.5 个时钟周期，因此有：

T_{CONV} = 采样时间 + 12.5 个 ADC 时钟周期

当 f_{ADC} =14MHz，采样时间设为 1.5 个周期时（107ns）：

T_{CONV} = 1.5 个周期+ 12.5 个周期= 14 个周期 = 1μs

这样，当 f_{ADC} =14MHz 时，可达到 ADC 的最快采样转换速率 1MHz。为保证 ADC 转换精度，f_{ADC} 不要超过 14MHz，因此当系统时钟为 72MHz 时，APB2 时钟为系统时钟，最合适的 f_{ADC} 频率为 12MHz，此时 ADC 的完整转换时间 T_{CONV} 为 1.17μs。

任务二　编写 A/D 程序

例程：模数转换程序 ADC.C

```
#include "stm32f10x_heads.h"
#include "HelloRobot.h"

void ADC_Configuration()
{
… //略，同前
}

int main(void)
{
    int AD_value;
    BSP_Init();
    ADC_Configuration();
    USART_Configuration();
    printf(" Program Running!\r\n");

while(1)
  {
    AD_value=ADC_GetConversionValue(ADC1);        //读取转换的结果
    printf(" AD value = 0x%04X\r\n", AD_value);
    delay_nms(1000);
  }
}
```

在函数 RCC_Configuration 中，使用固件库函数 RCC_ADCCLKConfig 进行预分频：

```
void RCC_Configuration(void)
{
  …
  if(HSEStartUpStatus == SUCCESS)
  {
  …
  RCC_ADCCLKConfig(RCC_PCLK2_Div6);             //配置 ADC 时钟=PCLK2*1/6=12MHz

  RCC_PLLCmd(ENABLE);
  …
  }
  …
```

```
RCC_APB2PeriphClockCmd(RCC_APB2Periph_ADC1, ENABLE);    //使能 ADC 时钟
}
```

程序每隔 1s 读取一次 ADC 转换的结果。调节接在 PB0 端口的电位器，改变分压值，会发现模数转换的结果在变化，如图 9.4 所示。如果不进行分频，采集到的 AD 结果存在一定的波动，而 6 分频后，f_{ADC} =12MHz，AD 结果较为稳定，对比结果如图 9.5 所示。

图 9.4　程序运行结果

图 9.5　不同 A/D 采样时间的程序运行结果对比

以上对比说明，STM32 单片机的 ADC 时钟频率（f_{ADC}）最好不要超过 14MHz。将采样周期分别设为 71.5 个周期和 239.5 个周期，对 A/D 转换结果的稳定性基本没有影响。

在实际系统设计中，往往是已知信号频率来设置采样频率。例如某电力参数测量系统，对交流电信号经霍尔传感器变换和滤波电路处理后，接到 STM32 单片机的某个模拟量输入通道，来分析电力系统参数。这时，输入信号是 50Hz，即周期为 20ms，要求每周期采样 1000 个点，则每两个采样点间隔为：20ms /1000= 20μs。

将 ADC 时钟频率设为 12MHz（6 分频），采样时间设为 239.5 个周期，则采样周期大小

为 239.5/12 = 20μs。

上面的程序所采集到的模拟量并没有具体的含义，只是电位器的分压值。读者可以利用传感器自行搭建一些电路，如利用光敏传感器进行光线感知，实现一个光引导机器人小车；或者根据光线强弱，控制电动窗帘实现一个简单的智能家居系统。

在单片机的应用系统中，常常需要测量温度信息，下面介绍如何利用 STM32 单片机进行环境温度检测。

任务三　环境温度测量

STM32 单片机内置了一个温度传感器，这个温度传感器产生一个随温度线性变化的电压，测量范围为-40～+125℃，精度为±1.5℃。在内部被连接到输入通道 ADC_IN16 上，用于将传感器的输出转换成数字量，如图 9.6 所示。温度传感器模拟输入的采样时间需大于 2.2μs，推荐采样时间（最大）为 17.1μs。在 STM32 单片机教学开发板上，模拟部分的供电电源 VDDA 接 3.3V，模拟地与系统 GND 相连，参见附录 A 说明。

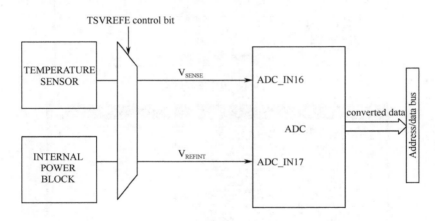

图 9.6　温度传感器结构图

若要使用 STM32 自带的温度传感器，需设置 ADC 控制寄存器 2（ADC_CR2）中的 TSVREFE 控制位，以使能温度传感器 V_{SENSE} 输入通道 ADC_IN16 和内部参考电压 V_{REFINT} 输入通道 ADC_IN17。通过固件库函数来完成这两个通道的使能：

```
/* Enable the temperature sensor and vref internal channel */
ADC_TempSensorVrefintCmd(ENABLE);
```

当 f_{ADC}=14MHz，采样时间设为 239.5 个周期时，则采样时间为 239.5/14=17.1μs，这是推荐（最大）的采样时间。实际系统时钟往往为 72MHz，f_{ADC}=12MHz，可设采样时间为 71.5 个周期，采样时间为 71.5/12=6.0μs。

在 ADC_IN16 通道上读出温度传感器电压与实际温度的对应关系如下：

Temperature (℃) = ((V_{25} - V_{SENSE}) / Avg_Slope) + 25

其中，V_{25} 表示温度传感器在 25℃时的输出电压值，典型值=1.43V；V_{SENSE} 是温度传感器的当前输出电压值。Avg_Slope 是温度与 ADC 数值转换的斜率，典型值=4.3mV/℃。STM32

单片机内置的温度传感器特性见表 9.2。

例如，读到 $V_{SENSE} = 1.40V$，通过计算可得：

$$Temperature\ (℃) = (1.43 - 1.40)*1000/4.3 + 25 = 31.9℃$$

由于 STM32 单片机的 ADC 是 12 位的，模拟部分的供电电源 VDDA 接 3.3V，所以温度传感器的电压值与转换后的数字量（AD_value）的关系为：

$$V_{SENSE} = AD\_value * 3.3 / 4095$$

利用 STM32 单片机内置温度传感器检测环境温度的步骤如下：

（1）初始化 ADC：选择 ADC_IN16 输入通道，设置采样时间等参数。

（2）设置控制寄存器 2（ADC_CR2）中的 TSVREFE 位，开启内置温度传感器和内部参考电压通道。

（3）设置控制寄存器 2（ADC_CR2）中的 ADON 位，软件启动 ADC 转换，也可用外部触发。

（4）读取数据寄存器（ADC_DR）中的结果，如有必要，可进行数字滤波。

（5）计算温度值。

表 9.2　STM32 单片机内置的温度传感器特性

Symbol	Parameter	Min	Typ	Max	Unit
T_L	V_{SENSE} linearity with temperature		±1	±2	℃
Avg_Slope	Average slope	4.0	4.3	4.6	mV/℃
V_{25}	Voltage at 25℃	1.34	1.43	1.52	V
t_{START}	Startup time	4		10	μs
T_{S_temp}	ADC sampling time when reading the temperature		2.2	17.1	μs

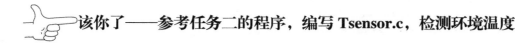

该你了——参考任务二的程序，编写 Tsensor.c，检测环境温度

```
#include "stm32f10x_heads.h"
#include "HelloRobot.h"      //加入 RCC_ADCCLKConfig(RCC_PCLK2_Div6);

void ADC_Configuration(void)
{
    ADC_InitTypeDef ADC_InitStructure;
/* 将 ADC1 配置在独立转换、连续转换模式下，转换数据右对齐，关闭外部触发 */
    ADC_InitStructure.ADC_Mode = ADC_Mode_Independent;
    ADC_InitStructure.ADC_ScanConvMode = ENABLE;
    ADC_InitStructure.ADC_ContinuousConvMode = ENABLE;
    ADC_InitStructure.ADC_ExternalTrigConv = ADC_ExternalTrigConv_None;
    ADC_InitStructure.ADC_DataAlign = ADC_DataAlign_Right;
    ADC_InitStructure.ADC_NbrOfChannel = 1;
    ADC_Init(ADC1, &ADC_InitStructure);

    /* 规则组通道设置：将 ADC1 的通道设为 Channel_16,采样周期为 71.5 */
```

```
        ADC_RegularChannelConfig(ADC1,ADC_Channel_16,1, ADC_SampleTime_71Cycles5);
        ADC_TempSensorVrefintCmd(ENABLE);              //使能内部温度传感器和参考电压
        ADC_Cmd(ADC1, ENABLE);                         //使能 ADC1
        ADC_ResetCalibration(ADC1);                    //ADC1 复位校准
        while(ADC_GetResetCalibrationStatus(ADC1));    //检测 ADC1 复位校准是否结束

        ADC_StartCalibration(ADC1);                    //启动 ADC1 校准
        while(ADC_GetCalibrationStatus(ADC1));         //检测 ADC1 校准是否结束

        ADC_SoftwareStartConvCmd(ADC1, ENABLE);        //软件启动 ADC1 进行连续转换
    }

    int main(void)
    {
        int AD_value;
        float In_Ts_value;

        BSP_Init();
        ADC_Configuration();
        USART_Configuration();
        printf("Program Running!\r\n");

        while(1)
        {
            AD_value=ADC_GetConversionValue(ADC1);     //STM32 内部温度传感器
            In_Ts_value=(1.43-(AD_value)*3.3/4095)*1000/4.3+25;
            printf("Tsensor AD value = 0x%4x,%d\r\n", AD_value,AD_value);
            printf("In_Tsensor value = %0.2f\r\n", In_Ts_value);
            printf("=============================\r\n");
            delay_nms(1000);
        }
    }
```

利用 STM32 单片机内部温度传感器检测温度的程序运行结果如图 9.7 所示。如果测量的温度值超过正常值太多，则可能是如下原因：

● ADC 的参考电压不稳定，这是测控系统常见的问题；

● 使能 ADC 前未做校准，校准可以防止内部电容器的不一致性问题；

● ADC 采样转换过程中受到干扰。

STM32 单片机内置的温度传感器精度不高，而且这是芯片内部（靠近引脚）的温度。温度传感器输出电压随温度线性变化，但由于芯片生产过程的差异，会造成温度变化曲线的偏移在不同芯片上不同。实际使用时，发现室温高于 25℃时，内置温度传感器测出的值高于正常值 1~2℃；室温低于 25℃时，测出的值低于正常值 1~2℃，有一定误差。因而这个内部温度传感器更适合于检测温度的变化，而不是测量绝对温度。如果需要测量精确的温度，应该使用一个外置的温度传感器。

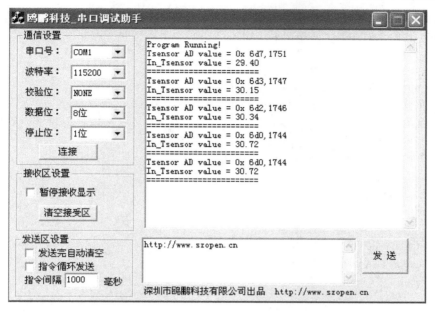

图 9.7　程序运行结果

实际应用时，我们往往更关心环境温度。下面简单介绍一下如何利用数字式温度传感器 DS18B20 来测量环境温度。

DS18B20 的特点如下：

（1）单线（1-Wire）接口方式：DS18B20 与微处理器连接时仅需要一根线即可实现微处理器与 DS18B20 的双向通信，并且支持多点组网功能，多个 DS18B20 可以并联在 1 根线上（外加电源和地），实现多点分布式测温系统。

（2）电压范围：+3.0～+5.5V，可用于 5V 系统和 3.3V 系统。

（3）测温范围：−55～+125℃，分辨率为 0.5℃，超过 STM32 单片机内置温度传感器。

（4）用户可设定非易失性上下限报警值。

（5）采用单总线数据传输方式，对读写操作时序要求严格。

STM32 单片机与数字式温度传感器 DS18B20 接口电路如图 9.8 所示。注意：这里要将外接 DS18B20 的 I/O 端口设置成推挽输出，这样 I/O 端口既可以作为输出，又可以作为输入。由于在电路设计上已将 PB12 端口接上拉电阻，因此也可以将 PB12 端口设置成开漏输出。

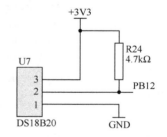

图 9.8　STM32 单片机与数字式
温度传感器 DS18B20 接口电路

例程：TsensorWith18b20.c。

```
#include "stm32f10x_heads.h"
#include "HelloRobot.h"      //加入 RCC_ADCCLKConfig(RCC_PCLK2_Div6);
#include "ds18b20.h"         //DS18B20 函数头文件

void ADC_Configuration(void)
{
    …  //略，同 Tsensor.c
}
```

```c
void GPIO_DS18B20_Configuration(void)
{
    GPIO_InitTypeDef GPIO_InitStructure;
    GPIO_InitStructure.GPIO_Pin = GPIO_Pin_12;
    //GPIO_InitStructure.GPIO_Mode = GPIO_Mode_Out_OD;         //开漏输出
    GPIO_InitStructure.GPIO_Mode = GPIO_Mode_Out_PP;           //推挽输出
    GPIO_InitStructure.GPIO_Speed = GPIO_Speed_50MHz;
    GPIO_Init(GPIOB, &GPIO_InitStructure);
}

int main(void)
{
    int AD_value;
    float In_Ts_value;
    float Ex_Ts_value;

    BSP_Init();
    ADC_Configuration();
    GPIO_DS18B20_Configuration();
    ds18b20_Init();
    USART_Configuration();
    printf("Program Running!\r\n");

    while(1)
    {
        AD_value=ADC_GetConversionValue(ADC1);        //STM32 内部温度传感器
        In_Ts_value=(1.43-(AD_value)*3.3/4095)*1000/4.3+25;
        printf("In_Tsensor value = %0.2f\r\n", In_Ts_value);
        Ex_Ts_value=Get_ds18b20();                     //外部温度传感器 DS18B20
        printf("Ex_Tsensor value = %0.2f\r\n", Ex_Ts_value);;
        printf("===========================\r\n");
        delay_nms(1000);
    }
}
```

  利用外部数字式温度传感器 DS18B20 和 STM32 单片机内部温度传感器检测温度的程序运行结果如图 9.9 所示。从程序运行结果来看，DS18B20 测出的温度与实际环境温度较为相符，而且更加稳定。DS18B20 的代码参考相关资源配套例程。

  尽管 STM32 单片机内部的温度传感器精度不高，但在一些恶劣的应用环境下，可以通过它检测设备的工作环境温度，如果温度过高或者过低，则进入睡眠或者待机模式，从而保证了设备工作的可靠性。

图 9.9　程序运行结果

 工程素质和技能归纳

（1）传感器的基本参数有哪些？

（2）掌握 STM32 单片机的 A/D 转换结构和编程方法，以及注意事项。

（3）掌握 STM32 单片机的内部温度传感器的使用方法与环境温度检测。

第10章

STM32 单片机 DMA 编程及其应用

直接存储器存取（Direct Memory Access，DMA）用于提供在外设和存储器之间或者存储器和存储器之间的高速数据传输。无须 CPU 干预，数据可以通过 DMA 快速地传输，这就节省了 CPU 的时间和内部资源。

在 8/16 位单片机系统中很少有 DMA 的概念，因此这是学习 STM32 单片机的一个难点。本章将介绍某测控系统利用 DMA 技术进行 AD 数据采集，然后通过 USART 将数据传输给上位机，每次传送的数据大小从几十个字节到几百个字节。通过本章的学习可以掌握 STM32 单片机的 DMA 编程技术。

10.1　DMA 介绍

DMA 是一种不经过 CPU 而直接从内存存取数据的数据交换模式。主处理器从外设（USART、AD 等）接收数据，经处理存储起来或者发给其他外设。例如，我们可以把 USART 传来的数据接收并存储起来；或者把 ADC 的结果经处理，然后通过 USART 发送给上位机显示。随着集成度的提高，片内外设资源越来越多，我们常将一个 MCU 内部分为主处理器和外设两个部分。主处理器是解释和执行指令的主要部分，外设则是串口、ADC 等用来实现特定功能的设备。

如果仅仅是数据传输，能否直接在外设和内存之间建立一个通道，而不需要主处理器的干预呢？即让外设和内存直接读/写，这样就释放了主处理器，提高了数据传输效率，让主处理器在这段时间干别的事情，这个东西就是 DMA。

但有个问题：外设和内存之间或者内存和内存之间进行数据传输，要不要经过主处理器的允许呢？答案是肯定的，一是让主处理器知道 DMA 期间，这个外设和内存是不能干预的，否则数据传输会出错；二是主处理器需要协调多个 DMA 的请求，以避免资源冲突。打个比方：微控制器是个公司，其中的主处理器是公司经理，外设是员工，内存是仓库，数据就是仓库里存放的物品。公司小的时候，公司经理直接管理仓库里的物品，员工若需要使用物品，就直接告诉经理，然后经理去仓库里取。员工若采购了物品，也先交给经理，然后经理将之放进仓库里。公司小的时候，经理还忙得过来，但是当公司大了，会有越来越多的员工（外设）和物品

（数据）进出仓库。此时，经理若大部分时间都处理这些事情，就很少有时间做其他事情了，于是经理雇了一个仓库保管员，他专门负责"入库"和"出库"，只要把"入库"和"出库"的请求单给经理过目同意，经理就不再管了。后面的"入库"和"出库"过程，员工只需要和这个仓库保管员打交道就可以了，而仓库保管员正是 DMA。例如计算机系统中的硬盘就工作在 DMA 模式下，CPU 只需向 DMA 控制器下达指令，让 DMA 控制器来处理数据的传送，数据传送完毕再把信息反馈给 CPU，这样就很大程度上减轻了 CPU 资源占有率。

DMA 传输对于高速嵌入式系统和网络是很重要的。DMA 的一个特点是"分散—收集"（Scatter-Gather），它允许在一次单一的 DMA 处理中传输大量数据到存储区域。DMA 传送数据的另一个特点是：数据直接在源地址和目的地址之间传送，不需要中间媒介。如果通过 CPU 把一个字节从外设传送至内存，需要两步操作，首先，CPU 把这个字节从外设读到内部寄存器中，然后再从内部寄存器传送到内存的适当地址。DMA 控制器将这些操作简化为一步，它操作总线上的控制信号，使写字节一次完成，这样大大提高了计算机运行速度和工作效率。

在实现 DMA 传输时，由 DMA 控制器直接掌管总线控制，因此，存在着一个总线控制权转移的问题。即开始 DMA 传输前，CPU 要把总线控制权交给 DMA 控制器，而在结束 DMA 传输后，DMA 控制器应立即把总线控制权再交还给 CPU。一个完整的 DMA 传输过程必须经过下面的 4 个步骤：

（1）DMA 请求：CPU 对 DMA 控制器初始化，并向 I/O 接口发出操作命令，I/O 接口提出 DMA 请求。

（2）DMA 响应：DMA 控制器对 DMA 请求判别优先级及屏蔽，向总线仲裁器提出总线请求。当 CPU 执行完当前总线周期即可释放总线控制权。此时，总线仲裁器输出总线应答，表示 DMA 已经响应，通过 DMA 控制器通知 I/O 接口开始 DMA 传输。

（3）DMA 传输：DMA 控制器获得总线控制权后，CPU 即刻挂起或只执行内部操作，由 DMA 控制器输出读写命令，直接控制 RAM 与 I/O 接口进行 DMA 传输。

（4）DMA 结束：当完成规定的成批数据传送后，DMA 控制器即释放总线控制权，并向 I/O 接口发出结束信号。当 I/O 接口收到结束信号后，一方面停止 I/O 设备的工作，另一方面向 CPU 提出中断请求，使 CPU 从不介入的状态解脱，并执行一段检查本次 DMA 传输操作正确性的代码。最后，带着本次操作结果及状态继续执行原来的程序。

由此可见，DMA 传输方式无须 CPU 直接控制传输，也没有中断处理方式那样保留现场和恢复现场的过程，通过硬件为 RAM 与 I/O 设备开辟了一条直接传送数据的通路，使 CPU 的效率大为提高。在前面的举例中，一个仓库保管员可以管理多个仓库和外设，即 DMA 可以有多个通道。

DMA 传送方式的优先级高于程序中断，两者的区别主要表现在对 CPU 的干扰程度不同。中断请求并不会使 CPU 停下来，而且要 CPU 转去执行中断服务程序为中断请求服务，这个请求包括了对断点和现场的处理，以及 CPU 与外设的传送，所以 CPU 付出了很多的代价；而 DMA 请求仅仅使 CPU 暂停一下，不需要对断点和现场的处理，并且是由 DMA 控制外设与主存之间的数据传送，无须 CPU 的干预，DMA 只是借用了很短的 CPU 时间而已。还有一个区别就是，CPU 对这两个请求的响应时间不同，对中断请求一般都在执行完一条指令的时钟周期末尾响应，而对 DMA 的请求，由于考虑到它的高效性，CPU 在每条指令执行的各个阶段之中都可以让给 DMA 使用，是立即响应。

DMA 主要由硬件来实现，此时高速外设和内存之间进行数据交换不通过 CPU 的控制，而是利用系统总线。DMA 方式是 I/O 系统与系统交换数据的主要方式之一，除此之外还有程序查询方式和中断方式。

在测控系统中，往往需要对 ADC 采集到的一批数据进行滤波处理（如中值滤波），DMA 用在这里就很合适。让 ADC 高速采集，把数据填充到 RAM 中，填充到一定数量，如从几十个字节到几百个字节，然后再传给 MCU 使用。

DMA 技术也有弊端：因为 DMA 允许外设直接访问内存，从而形成对总线的独占。如果 DMA 传输的数据量大，就会造成中断延时过长。这对于一些实时性强（硬实时）的嵌入式系统是不允许的。

10.2　STM32 单片机 DMA 编程

STM32 单片机 DMA 结构如图 10.1 所示，每个 DMA 有若干通道，每个通道可以管理来自于一个或多个外设对存储器访问的请求，由一个仲裁器来协调各个 DMA 请求的优先权。DMA 控制器具有以下特点：

- 每个通道都直接连接专用的硬件 DMA 请求，每个通道都同样支持软件触发；
- 在同一个 DMA 模块上，多个请求间的优先权可以通过软件编程设置（共有四级：很高、高、中等和低），优先权设置相等时由硬件决定（请求 0 优先于请求 1，依此类推）；

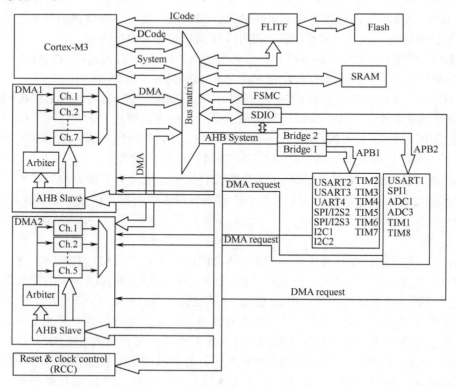

图 10.1　STM32 单片机 DMA 结构

- 独立数据源和目标数据区的传输宽度（字节、半字、全字），源地址和目标地址按数据传输宽度对齐，支持循环的缓冲器管理；
- 每个通道都有 3 个事件标志（DMA 半传输、DMA 传输完成和 DMA 传输出错），这 3 个事件标志逻辑或成为一个单独的中断请求；
- 支持存储器和存储器间的传输，外设和存储器、存储器和外设之间的传输；
- 闪存、SRAM、外设的 SRAM、APB1、APB2 和 AHB 外设均可作为访问的源和目标；
- DMA 传输的数据量是可编程的：最大数据传输数目为 65535。

DMA 控制器和 Cortex-M3 核共享系统数据总线，执行直接存储器数据传输。当 CPU 和 DMA 同时访问相同的目标（RAM 或外设）时，DMA 请求会使得 CPU 停止访问系统总线达若干个周期，此时，总线仲裁器执行循环调度，以保证 CPU 至少可以得到一半的系统总线（存储器或外设）带宽。

下面介绍 STM32 单片机 DMA 的工作机制，每次 DMA 传送由 3 个操作组成：

- 取数据：从外设数据寄存器或者从当前外设/存储器地址寄存器指示的存储器地址取数据，第一次传输时的开始地址是 DMA_CPARx 或 DMA_CMARx 寄存器指定的外设基地址或存储器单元；
- 存数据：存数据到外设数据寄存器或者当前外设/存储器地址寄存器指示的存储器地址，第一次传输时的开始地址是 DMA_CPARx 或 DMA_CMARx 寄存器指定的外设基地址或存储器单元；
- 执行一次 DMA_CNDTRx 寄存器的递减操作，该寄存器包含未完成的操作数目。

STM32 单片机有两个 DMA 控制器，共 12 个通道：DMA1 有 7 个通道，DMA2 有 5 个通道。其中，DMA2 仅存在于大容量的 F103 和互联型的 F105、F107 系列产品中；中小容量的 F103 单片机只有 DMA1。DMA1 请求的各个通道映射见表 10.1。从外设：TIMx（x=1~4）、ADC1、SPI1、SPI2/I²S2、I²Cx（x=1、2）和 USARTx（x=1、2、3）产生的 7 个请求，通过逻辑或输入到 DMA1 控制器，这意味着同时只能有一个请求有效。外设的 DMA 请求，可以通过设置相应外设寄存器中的控制位，被独立地开启或关闭。

表 10.1　STM32 单片机 DMA1 请求的各个通道映射

外　设	通道 1	通道 2	通道 3	通道 4	通道 5	通道 6	通道 7
ADC1	ADC1						
SPI/I²S		SPI1_RX	SPI1_TX	SPI2/I²S2_RX	SPI2/I²S2_TX		
USART		USART3_TX	USART3_RX	USART1_TX	USART1_RX	USART2_RX	USART2_TX
I²C				I²C2_TX	I²C2_RX	I²C1_TX	I²C1_RX
TIM1		TIM1_CH1	TIM1_CH2	TIM1_CH4 TIM1_TRIG TIM1_COM	TIM1_UP	TIM1_CH3	
TIM2	TIM2_CH3	TIM2_UP			TIM2_CH1		TIM2_CH2 TIM2_CH4
TIM3		TIM3_CH3	TIM3_CH4 TIM3_UP			TIM3_CH1 TIM3_TRIG	
TIM4	TIM4_CH1			TIM4_CH2	TIM4_CH3		TIM4_UP

（1）DMA 寄存器设置。

与 STM32 单片机 DMA 编程有关的主要寄存器有：

● DMA 中断状态寄存器：DMA_ISR（interrupt status register）；

● DMA 中断标志清除寄存器：DMA_IFCR（interrupt flag clear register）；

● DMA 通道 x 配置寄存器：DMA_CCRx（channel configuration register），x=1～7；

● DMA 通道 x 传输数量寄存器：DMA_CNDTRx（channel number of data register），x=1～7；

● DMA 通道 x 外设地址寄存器：DMA_CPARx（channel peripheral address register），x=1～7；

● DMA 通道 x 存储器地址寄存器：DMA_CMARx（channel memory address register），x=1～7。

与 DMA 寄存器初始化相关的数据结构在库文件"stm32f10x_dma.h"中：

```
typedef struct
{
  u32 DMA_PeripheralBaseAddr;
  u32 DMA_MemoryBaseAddr;
  u32 DMA_DIR;
  u32 DMA_BufferSize;
  u32 DMA_PeripheralInc;
  u32 DMA_MemoryInc;
  u32 DMA_PeripheralDataSize;
  u32 DMA_MemoryDataSize;
  u32 DMA_Mode;
  u32 DMA_Priority;
  u32 DMA_M2M;
}DMA_InitTypeDef;
```

定义 DMA 寄存器组的结构体是 DMA_TypeDef，在文件"stm32f10x_map.h"中：

```
typedef struct
{
  vu32 CCR;          //DMA 通道 x 配置寄存器：channel configuration register
  vu32 CNDTR;        //DMA 通道 x 传输数量寄存器：channel number of data register
  vu32 CPAR;         //DMA 通道 x 外设地址寄存器：channel peripheral address register
  vu32 CMAR;         //DMA 通道 x 存储器地址寄存器：channel memory address register
} DMA_Channel_TypeDef;
...
typedef struct
{
  vu32 ISR;          //DMA 中断状态寄存器：interrupt status register
  vu32 IFCR;         //DMA 中断标志清除寄存器：interrupt flag clear register
} DMA_TypeDef;
...
#define PERIPH_BASE              ((u32)0x40000000)
#define AHBPERIPH_BASE           (PERIPH_BASE + 0x20000)
#define DMA_BASE                 (AHBPERIPH_BASE + 0x0000)
```

```
#define DMA_Channel1_BASE          (AHBPERIPH_BASE + 0x0008)
…
#ifdef _DMA
  #define DMA                      ((DMA_TypeDef *) DMA_BASE)
#endif
#ifdef _DMA_Channel1
  #define DMA_Channel1             ((DMA_Channel_TypeDef *) DMA_Channel1_BASE)
#endif
```

从上面的宏定义可以看出，DMA 寄存器组的首地址是 0x40020000，其寄存器和复位值见表 10.2。这里只列举了 DMA_CCR1、DMA_CNDTR1、DMA_CPAR1 和 DMA_CMAR1，其余 6 个 DMA1 的相关寄存器结构和复位值与此相同。

其中，DMA_CCRx（x = 1～7）的偏移地址为：0x08 + 20 x（通道编号 - 1）；

DMA_CNDTRx（x = 1～7）的偏移地址为：0x0C + 20 x（通道编号 - 1）；

DMA_CPARx（x = 1～7）的偏移地址为：0x10 + 20 x（通道编号 - 1）；

DMA_CMARx（x = 1～7）的偏移地址为：0x14 + 20 x（通道编号 - 1）。

（2）DMA 通道配置过程。

下面是配置 DMA 通道 x 的过程（x 代表通道号）：

① 在 DMA_CPARx 寄存器中设置外设寄存器的地址。发生外设数据传输请求时，这个地址将是数据传输的源或目标。

② 在 DMA_CMARx 寄存器中设置数据存储器的地址。发生外设数据传输请求时，传输的数据将从这个地址读出或写入这个地址。

③ 在 DMA_CNDTRx 寄存器中设置要传输的数据量。在每个数据传输后，这个数值递减。

④ 在 DMA_CCRx 寄存器的 PL[1:0]位中设置通道的优先级、数据传输的方向、循环模式、外设和存储器的增量模式、外设和存储器的数据宽度，以及 DMA 半传输、DMA 传输完成和 DMA 传输出错是否产生中断。

⑤ 设置 DMA_CCRx 寄存器的 ENABLE 位，启动该通道。

⑥ 一旦启动了 DMA 通道，就可以响应连到该通道上的外设 DMA 请求。

⑦ 当传输一半的数据后，半传输标志（HTIF）被置 1，当设置了允许半传输中断位（HTIE）时，将产生一个中断请求；在数据传输结束后，传输完成标志（TCIF）被置 1，当设置了允许传输完成中断位（TCIE）时，将产生一个中断请求。

表 10.2　DMA 寄存器和复位值

偏移	寄存器	31	30	29	28	27	26	25	24	23	22	21	20	19	18	17	16	15	14	13	12	11	10	9	8	7	6	5	4	3	2	1	0
000h	DMA_ISR	保留				TEIF7	HTIF7	TCIF7	GIF7	TEIF6	HTIF6	TCIF6	GIF6	TEIF5	HTIF5	TCIF5	GIF5	TEIF4	HTIF4	TCIF4	GIF4	TEIF3	HTIF3	TCIF3	GIF3	TEIF2	HTIF2	TCIF2	GIF2	TEIF1	HTIF1	TCIF1	GIF1
	复位值					0	0	0	0	0	0	0	0	0	0	0	0	0	0	0	0	0	0	0	0	0	0	0	0	0	0	0	0
004h	DMA_IFCR	保留				CTEIF7	CHTIF7	CTCIF7	CGIF7	CTEIF6	CHTIF6	CTCIF6	CGIF6	CTEIF5	CHTIF5	CTCIF5	CGIF5	CTEIF4	CHTIF4	CTCIF4	CGIF4	CTEIF3	CHTIF3	CTCIF3	CGIF3	CTEIF2	CHTIF2	CTCIF2	CGIF2	CTEIF1	CHTIF1	CTCIF1	CGIF1
	复位值					0	0	0	0	0	0	0	0	0	0	0	0	0	0	0	0	0	0	0	0	0	0	0	0	0	0	0	0

续表

偏移	寄存器	31	30	29	28	27	26	25	24	23	22	21	20	19	18	17	16	15	14	13	12	11	10	9	8	7	6	5	4	3	2	1	0
008h	DMA_CCR1	\multicolumn{17}{保留}																	MEM2MEM	PL[1:0]		MSIZE[1:0]		PSIZE[1:0]		MINC	PINC	CIRC	DIR	TEIE	HTIE	TCIE	EN
	复位值																		0	0	0	0	0	0	0	0	0	0	0	0	0	0	0
00Ch	DMA_CNDIR1	\multicolumn{16}{保留}																NDT[15:0]															
	复位值																	0	0	0	0	0	0	0	0	0	0	0	0	0	0	0	0
010h	DMA_CPAR1	PA[31:0]																															
	复位值			0	0	0	0	0	0	0	0	0	0	0	0	0	0	0	0	0	0	0	0	0	0	0	0	0	0	0	0	0	0
014h	DMA_CMAR1	MA[31:0]																															
	复位值			0	0	0	0	0	0	0	0	0	0	0	0	0	0	0	0	0	0	0	0	0	0	0	0	0	0	0	0	0	0
018h		\multicolumn{32}{保留}																															

任务一　利用 DMA 方式进行 A/D 数据采集

下面我们来具体介绍如何使用 DMA 来进行 ADC 操作。因为 ADC 规则通道转换的值储存在一个仅有的数据寄存器（ADC_DR）中，所以当转换多个规则通道时，一定要使用 DMA 传输，这可以避免已经存储在 ADC_DR 寄存器中的数据丢失。当规则通道的转换结束时产生 DMA 请求，并将转换的数据从 ADC_DR 寄存器传输到用户指定的目的地址。利用 DMA 方式进行 A/D 数据采集的初始化包括两部分：DMA 初始化函数和 ADC 初始化函数。

注意：只有 ADC1 和 ADC3 拥有 DMA 功能。由 ADC2 转换的数据可以通过双 ADC 模式，利用 ADC1 的 DMA 功能传输，此时 ADC_DR 的高半字包含 ADC2 的转换数据。

例程：DMA.c

```c
#include "stm32f10x_heads.h"
#include "HelloRobot.h"

#define N 20
unsigned short ADC_ConvertedValue[N];

void ADC_Configuration()
{
    ADC_InitTypeDef ADC_InitStructure;
    ADC_InitStructure.ADC_Mode = ADC_Mode_Independent;
    ADC_InitStructure.ADC_ScanConvMode = ENABLE;
    ADC_InitStructure.ADC_ContinuousConvMode = ENABLE;
    ADC_InitStructure.ADC_ExternalTrigConv = ADC_ExternalTrigConv_None;
    ADC_InitStructure.ADC_DataAlign = ADC_DataAlign_Right;
    ADC_InitStructure.ADC_NbrOfChannel = 1;
    ADC_Init(ADC1, &ADC_InitStructure);
```

```
    ADC_RegularChannelConfig(ADC1,ADC_Channel_8,1, ADC_SampleTime_239Cycles5);

    ADC_DMACmd(ADC1, ENABLE);               //将 ADC1 与 DMA 关联，使能 ADC1 的 DMA
    ADC_Cmd(ADC1, ENABLE);                  //使能开启 ADC1

    ADC_ResetCalibration(ADC1);             //重置校准
    while(ADC_GetResetCalibrationStatus(ADC1));     //等待重置校准完成

    ADC_StartCalibration(ADC1);                     //开始 ADC1 校准
    while(ADC_GetCalibrationStatus(ADC1));          //等待校准完成

    ADC_SoftwareStartConvCmd(ADC1, ENABLE);         //启动 ADC 转换
}

//ADC with DMA Init
#define    ADC1_DR_Address    ((u32)0x4001244c)

void ADC_DMAInit()
{
    DMA_InitTypeDef    DMA_InitStruct;
    DMA_DeInit(DMA_Channel1);               //复位开启 DMA1 的第一通道

//DMA 对应的外设基地址
    DMA_InitStruct.DMA_PeripheralBaseAddr = ADC1_DR_Address;

//转换结果的数据大小
    DMA_InitStruct.DMA_PeripheralDataSize = DMA_PeripheralDataSize_HalfWord;

    DMA_InitStruct.DMA_MemoryBaseAddr = (u32)ADC_ConvertedValue;

//DMA 的转换模式：SRC 模式，从外设向内存中传送数据
    DMA_InitStruct.DMA_DIR = DMA_DIR_PeripheralSRC;

//M2M（memory to memory）内存到内存模式禁止
    DMA_InitStruct.DMA_M2M = DMA_M2M_Disable;

//DMA 传送数据的尺寸，ADC 是 12 位的，用 16 位的 HalfWord 存放
DMA_InitStruct.DMA_MemoryDataSize = DMA_MemoryDataSize_HalfWord;

//接收一次数据后，目标内存地址自动后移，用来采集多个数据
DMA_InitStruct.DMA_MemoryInc = DMA_MemoryInc_Enable;

//接收一次数据后，设备地址是否后移，ADC 不用后移，如果是内存需要后移
DMA_InitStruct.DMA_PeripheralInc = DMA_PeripheralInc_Disable;

//转换模式：常用循环缓存模式。Buffer 写满后，自动回到初始地址开始传输
```

```
                //如果 M2M 开启了，则这个模式失效。另一种是 Normal 模式：不循环，仅一次 DMA
                DMA_InitStruct.DMA_Mode   = DMA_Mode_Circular;

                DMA_InitStruct.DMA_Priority = DMA_Priority_High;     //DMA 优先级，高
                DMA_InitStruct.DMA_BufferSize = N;                   //DMA 缓存大小
                DMA_Init(DMA_Channel1,&DMA_InitStruct);

                //在完成 A/D 配置后使能 DMA1 通道 1，之后 ADC 将通过 DMA 不断刷新指定 RAM 区域
                DMA_Cmd(DMA_Channel1, ENABLE);
        }

        int main(void)
        {
            int counter;
            BSP_Init();
            ADC_Configuration();
            ADC_DMAInit();                                    //DMA 的开启要在 ADC 初始化后

            USART_Configuration();
            printf("Program Running!\r\n");

            while(1)
            {
                delay_nms(1000);
                /* Printf message with AD value to serial port every 1 second */
                for(counter=0;counter<N;counter++)
                printf("AD value = 0x%04X\r\n", ADC_ConvertedValue[counter]);
            }
        }
```

AHB 时钟主要供 Flash 与存储器接口、RCC、DMA 等，因此，要注意在复位与初始化函数 RCC_Configuration 中使能 DMA 时钟。

```
        void RCC_Configuration(void)
        {
            …
            RCC_APB2PeriphClockCmd(RCC_APB2Periph_ADC1, ENABLE);
            RCC_AHBPeriphClockCmd(RCC_AHBPeriph_DMA, ENABLE);
        }
```

程序的运行结果如图 10.2 所示。ADC1 寄存器组的首地址在 STM32 单片机存储映射空间的 0x40012400，其数据寄存器（ADC_DR）的存储映射地址为 0x4001244C。

如果定义存放 AD 转换结果的数组 ADC_ConvertedValue[N]的数据类型为 unsigned int（4 个字节），程序的运行结果如图 10.3 所示。思考一下：为什么是这样的？

通过这个程序，我们可以知道 DMA 编程的几个关键点，即 DMA 初始化需要做什么：

① 从哪里开始搬：ADC 外设；搬到哪里去：内存。

图 10.2　程序运行结果（正确）

图 10.3　程序运行结果（错误的数据类型定义）

② 数据源和数据目的的地址自动后移。

③ 以字节方式搬还是半字还是字：半字（16bits）；一共搬多少个：缓存大小。

④ 缓存满后，再循环从初始地址开始传输。

DMA 启动后，CPU 内部就会开始数据传输，传输的过程都不需要 CPU 的介入，唯一要做的是将这些数据传给串口显示。

注意：当 ADC 采样不止一路通道，设置 DMA 为自动触发连续采样多路，如果在初始化 ADC 之前使能 DMA，就会出现数据通道错位现象。这是因为：在 ADC 初始化校准 AD 的时候会将校准码存储在 ADC_DR 寄存器中，这会触发一次 DMA，DMA 误认为这个校准码是第一路通道的数据，于是将这个校准码保存到对应第一路通道的内存中，同时 DMA 目的地址自动加 1；当采样第一路通道的时候，数据就保存到了对应第二路通道的内存中了，从而导致通道错位。因此，校准 AD 前不要启用 DMA。

通道错位

　　如果是开发测控系统，这种通道错位问题会使数据源所表示的含义发生错位，可能会造成严重的事故。务必注意！

　　当采样多路通道时，最好将 ADC 初始化放在 DMA 初始化之前，同时将启动 ADC 转换语句：ADC_SoftwareStartConvCmd(ADC1, ENABLE) 从 ADC 初始化函数中移到 DMA 初始化函数中，把它单独放置到 DMA_Cmd(DMA1_Channel1, ENABLE) 语句的后面，这样就不会出现数据通道错位现象：

```
void ADC_DMAInit()
{
   ...
   DMA_Cmd(DMA_Channel1, ENABLE);
   ADC_SoftwareStartConvCmd(ADC1, ENABLE);
}
```

　　既然我们可以将外设的数据采用 DMA 方式到内存，那么也可以将内存的数据采用 DMA 方式到外设去，如串口。下面的任务是一个综合应用：利用 DMA 方式从 2 路通道采集数据，采用定时器中断，每隔 1s，再将数据缓冲区的数据利用 DMA 方式从串口发送给上位机。

任务二　DMA 与 USART、ADC、定时器综合编程

　　在这个任务中，我们将连接在 A/D 通道 8 的电位器分压值和通道 16 的内部温度传感器作为 2 路数据源进行 A/D 采集，并在定时器的控制下，利用 DMA 方式将 A/D 转换结果发送到上位机。

　　例程：AD_UART_DMA_2CH_TIM.c

```
#include "stm32f10x_heads_t1.h"
#include "HelloRobot.h"
#define N 512
u16 ADC_ConvertedValue[N];

void ADC_Configuration()
{
   ADC_InitTypeDef ADC_InitStructure;
   ADC_InitStructure.ADC_Mode = ADC_Mode_Independent;
   ADC_InitStructure.ADC_ScanConvMode = ENABLE;
   ADC_InitStructure.ADC_ContinuousConvMode = ENABLE;
   ADC_InitStructure.ADC_ExternalTrigConv = ADC_ExternalTrigConv_None;
   ADC_InitStructure.ADC_DataAlign = ADC_DataAlign_Right;
```

```
        ADC_InitStructure.ADC_NbrOfChannel = 2;
        ADC_Init(ADC1, &ADC_InitStructure);

        ADC_RegularChannelConfig(ADC1,ADC_Channel_8,1, ADC_SampleTime_239Cycles5);
        ADC_RegularChannelConfig(ADC1,ADC_Channel_16,2, ADC_SampleTime_239Cycles5);

        ADC_TempSensorVrefintCmd(ENABLE);

        ADC_DMACmd(ADC1, ENABLE);                    //将 ADC1 与 DMA 关联,使能 ADC1 的 DMA
        ADC_Cmd(ADC1, ENABLE);                       //使能开启 ADC1

        ADC_ResetCalibration(ADC1);                  //重置校准
        while(ADC_GetResetCalibrationStatus(ADC1));  //等待重置校准完成

        ADC_StartCalibration(ADC1);                  //开始 ADC1 校准
        while(ADC_GetCalibrationStatus(ADC1));       //等待校准完成
    }

//ADC with DMA Init
#define ADC1_DR_Address        ((u32)0x4001244c)

void ADC_DMAInit()
{
    DMA_InitTypeDef    DMA_InitStruct;
    DMA_DeInit(DMA_Channel1);       //开启 DMA1 的第一通道
    DMA_InitStruct.DMA_PeripheralBaseAddr = ADC1_DR_Address;
    DMA_InitStruct.DMA_PeripheralDataSize = DMA_PeripheralDataSize_HalfWord;
    DMA_InitStruct.DMA_MemoryBaseAddr = (u32)ADC_ConvertedValue;

//DMA 的转换模式：SRC 模式，从外设向内存中传送数据
    DMA_InitStruct.DMA_DIR = DMA_DIR_PeripheralSRC;
    DMA_InitStruct.DMA_M2M = DMA_M2M_Disable;
    DMA_InitStruct.DMA_MemoryDataSize = DMA_MemoryDataSize_HalfWord;
    DMA_InitStruct.DMA_MemoryInc = DMA_MemoryInc_Enable;
    DMA_InitStruct.DMA_PeripheralInc = DMA_PeripheralInc_Disable;
    DMA_InitStruct.DMA_Mode   = DMA_Mode_Circular;
    DMA_InitStruct.DMA_Priority = DMA_Priority_High;      //DMA 优先级，高
    DMA_InitStruct.DMA_BufferSize = N;                    //DMA 缓存大小
    DMA_Init(DMA_Channel1,&DMA_InitStruct);

    //在完成 AD 配置后使能 DMA1 通道 1，之后 ADC 将通过 DMA 不断刷新指定 RAM 区域
    DMA_Cmd(DMA_Channel1, ENABLE);

    ADC_SoftwareStartConvCmd(ADC1, ENABLE);              //启动 ADC 转换
}
```

```
Tim1_Init()
{
    TIM1_TimeBaseInitTypeDef    TIM1_TimeBaseStructure;
    TIM1_DeInit();

    /* Time Base configuration */
    TIM1_TimeBaseStructure.TIM1_Period = 35999;
    TIM1_TimeBaseStructure.TIM1_Prescaler = 1999;
    TIM1_TimeBaseStructure.TIM1_ClockDivision = 0x0;
    TIM1_TimeBaseStructure.TIM1_CounterMode = TIM1_CounterMode_Up;
    TIM1_TimeBaseStructure.TIM1_RepetitionCounter = 0x0;
    TIM1_TimeBaseInit(&TIM1_TimeBaseStructure);

    TIM1_ClearFlag(TIM1_FLAG_Update);                //清除 TIM1 溢出中断标志
    TIM1_ITConfig(TIM1_IT_Update,ENABLE);            //TIM1 溢出中断允许
    TIM1_Cmd(ENABLE);                                //TIM1 counter enable
}

int main(void)
{
    BSP_Init();
    USART_Configuration();

    ADC_Configuration();
    ADC_DMAInit();

    Tim1_Init();                                     //定时器初始化函数

    while(1);
}
```

在复位与初始化函数 RCC_Configuration 中使能 DMA 时钟，在"stm32f10x_it.c"文件中编写 TIM1_UP_IRQHandler 中断函数，如下：

```
#include "stm32f10x_it.h"
#define N 512
extern   u16 ADC_ConvertedValue[N];
...
void TIM1_UP_IRQHandler(void)
{
     #define USART1_DR_Base    0x40013804
     //设置 DMA 源：内存地址；目的：串口数据寄存器地址
     //方向：内存-->外设；每次传输位：8bit
     //地址自增模式：外设地址不增，内存地址自增 1
     //DMA 模式：一次传输，非循环；优先级：中
```

```
    DMA_InitTypeDef DMA_InitStructure;

    DMA_DeInit(DMA_Channel4);
    DMA_InitStructure.DMA_PeripheralBaseAddr = USART1_DR_Base;
    DMA_InitStructure.DMA_MemoryBaseAddr = (u32)ADC_ConvertedValue;

//DMA 的转换模式：DST 模式，从内存向外设传送数据
    DMA_InitStructure.DMA_DIR = DMA_DIR_PeripheralDST;
    DMA_InitStructure.DMA_BufferSize = 8;
    DMA_InitStructure.DMA_PeripheralInc = DMA_PeripheralInc_Disable;
    DMA_InitStructure.DMA_MemoryInc = DMA_MemoryInc_Enable;
    DMA_InitStructure.DMA_PeripheralDataSize = DMA_PeripheralDataSize_Byte;
    DMA_InitStructure.DMA_MemoryDataSize = DMA_MemoryDataSize_Byte;
    DMA_InitStructure.DMA_Mode = DMA_Mode_Normal;
    DMA_InitStructure.DMA_Priority = DMA_Priority_Medium;
    DMA_InitStructure.DMA_M2M = DMA_M2M_Disable;
    DMA_Init(DMA_Channel4, &DMA_InitStructure);

    //这里是开始 DMA 传输前的一些准备工作，将 USART1 模块设置成 DMA 方式工作
    USART_DMACmd(USART1, USART_DMAReq_Tx, ENABLE);
    //开始一次 DMA 传输！
    DMA_Cmd(DMA_Channel4, ENABLE);

    //清除 TIM1 溢出中断标志
    TIM1_ClearFlag(TIM1_FLAG_Update);
}
```

程序运行结果如图 10.4 所示。A/D 转换的结果占两字节：高字节在前，低字节在后。前一个 16 位数据：0x0F**，是连接在 A/D 通道 8 上的电位器分压值 ADC 的结果；后一个 16 位数据：0x06**，是通道 16 的内部温度传感器 ADC 的结果。这两个通道的数据采样没有发生错位。

```
93 0F ED 06 93 0F EE 06 93 0F EE 06 94 0F EE 06 93 0F EE 06 93 0F EE 06
93 0F EE 06 92 0F ED 06 93 0F EE 06 93 0F EE 06 93 0F EF 06 92 0F EE 06
93 0F EE 06 93 0F EF 06 93 0F EF 06 93 0F EE 06 94 0F ED 06 92 0F EE 06
92 0F EE 06 92 0F EE 06 92 0F ED 06 93 0F ED 06 93 0F ED 06 93 0F EE 06
93 0F EE 06 93 0F EE 06 94 0F ED 06 93 0F EE 06 93 0F EE 06 93 0F EE 06
93 0F EE 06 92 0F ED 06 93 0F EE 06 93 0F EE 06 93 0F EE 06 93 0F EE 06
93 0F EE 06 93 0F EE 06 93 0F EE 06 93 0F EE 06 93 0F EE 06 93 0F EF 06
92 0F ED 06 93 0F ED 06 93 0F EE 06 93 0F EE 06 93 0F ED 06 94 0F EE 06
93 0F EE 06 93 0F EE 06 93 0F ED 06 92 0F EE 06 92 0F ED 06 93 0F EE 06
93 0F EE 06 93 0F EE 06 93 0F EE 06 93 0F EE 06 92 0F EE 06 93 0F EE 06
92 0F EE 06 92 0F EE 06 93 0F ED 06 93 0F ED 06 93 0F EE 06 93 0F EE 06
94 0F EE 06 93 0F EE 06 93 0F EE 06 94 0F EE 06 93 0F EE 06 92 0F EE 06
93 0F EE 06 92 0F EE 06 92 0F EE 06 93 0F ED 06 93 0F ED 06 93 0F EE 06
93 0F ED 06 93 0F ED 06 93 0F EE 06 94 0F ED 06 94 0F ED 06 94 0F ED 06
93 0F ED 06 93 0F EE 06 93 0F ED 06 92 0F EE 06 93 0F ED 06 93 0F ED 06
93 0F EE 06 93 0F EE 06 92 0F ED 06 92 0F ED 06 92 0F EE 06 92 0F ED 06
93 0F ED 06 93 0F EE 06 93 0F EE 06 94 0F EE 06 94 0F ED 06 93 0F ED 06
93 0F ED 06 93 0F EC 06 92 0F EE 06 93 0F EE 06 93 0F ED 06 92 0F EE 06
92 0F ED 06 93 0F EE 06 93 0F ED 06 94 0F ED 06 94 0F ED 06 93 0F EE 06
93 0F EE 06 93 0F EE 06 94 0F ED 06 94 0F ED 06 93 0F EE 06 94 0F EE 06
93 0F EE 06 93 0F EE 06 93 0F EE 06 94 0F ED 06 93 0F EE 06 92 0F ED 06
93 0F EE 06 93 0F ED 06 92 0F EA 06 93 0F EA 06 93 0F EA 06 93 0F EB 06
92 0F EA 06 92 0F EA 06 92 0F E9 06 93 0F E9 06 93 0F EA 06 93 0F E9 06
94 0F EA 06 94 0F EA 06 94 0F EA 06 92 0F E9 06 93 0F E9 06 93 0F EA 06
94 0F EA 06 94 0F EA 06 94 0F EA 06 92 0F E9 06 93 0F E9 06 93 0F EA 06
```

图 10.4　程序运行结果

注意： 这个例程设置 DMA 进行 A/D 采集时，采用循环缓存模式，而串口数据传输时采用普通模式（不循环），即仅进行一次 DMA 采集。此外，在设置地址自增模式时，设置外设地址是不自增（固定）的，而内存地址是自增的。因为 DMA 传输方式可以是外设与内存之间，也可以是内存与内存之间。当利用 DMA 方式进行外设与内存之间的数据传输时，要设置外设地址不自增（固定），内存地址自增。也就是说，每次传输数据时，都是同一个外设作为源头或目的，而内存地址要根据数据类型的大小来自增，以使写入的数据不会覆盖上次的数据，或读出的数据不是重复读取上次的数据。当进行内存与内存之间的数据 DMA 传输时，则要设置这两块内存地址都是自增的。

该你了！——可以尝试将 DMA 传输数据给 USART 的缓冲区大小设置得大一些，观察有什么现象？注意串口调试软件数据接收计数值的变化！

在上面的例程中，A/D 是设置为连续采样模式，利用 DMA 将数据写入数组；在定时器中断中，再从数组中读数据通过串口传给上位机。你也可以利用定时器来启动 ADC，待 A/D 转换完后，会自动触发 DMA 读数据，当缓冲区满后，产生 DMA 中断，再发送数据。

当然，你也可以使用双缓存技术：将 A/D 采集的数据通过 DMA 方式写到内存中，比如某个数组：Buf1[512]；写满 512 个字节之后，进入 DMA 中断，此时修改 DMA 的下次内存写入入口地址为另一个数组，如数组：Buf2[512]，并将 Buf1 数组的起始地址作为 USART 传输的数据源内存入口地址，同时标记 Buf1 缓冲区已有数据准备完成，可以通过 DMA 方式发送给上位机。

当下次 A/D 采集将 Buf2 缓冲区写满，进入 DMA 中断时，修改 DMA 的下次内存写入入口地址为 Buf1，并将 Buf2 数组的起始地址作为 USART 传输的数据源内存入口地址，同时标记 Buf2 缓冲区已有数据准备完成，可以通过 DMA 方式发送给上位机。这样就实现了从 2 个缓冲区交替传输数据给上位机。

工程素质和技能归纳

（1）熟悉 STM32 单片机的 DMA 结构和原理。

（2）利用 STM32 单片机 DMA 方法进行数据采集，掌握配置流程和方法。

（3）掌握多通道数据采集的编程方法，以及注意事项。

第**11**章

STM32 单片机实时时钟编程及其应用

实时时钟（Real Time Clock，RTC）是一种能提供日历/时钟及数据存储等功能的专用集成电路，常用做各种计算机和嵌入式系统的时钟信号源和参数设置存储电路。特别是在各种嵌入式系统中用于记录事件发生的时间和相关信息，如通信、电气自动化、工业控制等自动化程度高的领域中的无人值守环境。

在很多单片机系统中都要求带有实时时钟电路，如最常见的数字钟、钟控设备、数据记录仪表，这些仪表往往需要采集带时标的数据，一般情况下它们也会有一些需要保存起来的重要数据，有了这些数据，便于用户后期对数据进行观察、分析。

➤ 11.1 RTC 实时时钟介绍

RTC 具有计时准确、体积小等特点，特别适用于以微控制器为核心的嵌入式系统。能在系统电源关闭的情况下，通过备用电池来供电，耗电低。因此，RTC 都具有独立的电源接口和晶振，教学开发板上的两个晶振，一个是系统晶振，另一个就是 RTC 晶振，如图 11.1 所示。

RTC 能存储秒、分、时、星期、日、月和年等数据（一般是 BCD 数据），并且具有闰年补偿、报警，甚至支持毫秒级的"滴答时间"中断作为实时操作系统（RTOS）的时间滴答功能。既然 RTC 的主要功能是完成年、月、周、日、时、分、秒的计时，那么直接利用微控制器（单片机）的定时器，是不是也可以用软件自己来写时钟、日历程序呢？答案是肯定的，但会有几个问题：首先用软件来写，就会占用单片机的定时器，由于定时器数量有限，故会给应用开发造成困难；而且容易受其他软件模块或者中断的影响，造成计时准确性较差，通常很难达到需要的精度；其次为了使时钟不至于停走，就得在停电时给单片机供电，而相对 RTC 来说，单片机的功耗大很多，电池往往无法长时间工作。因此目前 RTC 的使用已经十分广泛。

由于在需要 RTC 的场合一般不允许时钟停走，所以即使在单片机系统停电的时候，RTC 也必须能正常工作，因此一般都需要电池供电，同时考虑到电池使用寿命，所以有不少 RTC 把电源电路设计成能够根据主电源电压自动切换的形式，自动切换 RTC 使用主电源或后备电池，即当系统上电时，由主电源供电，而断电时，自动切换到后备电池给 RTC 供电。

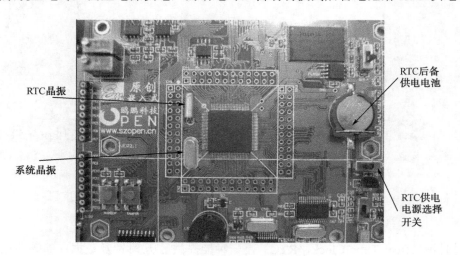

图 11.1　RTC 晶振和后备供电电池

　　实时时钟芯片的主要功能是完成年、月、周、日、时、分、秒的计时，通过外部接口为单片机系统提供日历和时钟，所以一个最基本的实时时钟芯片通常会以下一些部件：电源电路、时钟信号产生电路、实时时钟、数据存储器、通信接口电路、控制逻辑电路等，同时大部分的 RTC 还会提供一些额外的 RAM，如图 11.2 所示。

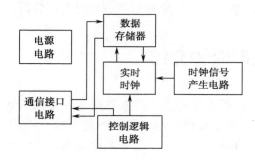

图 11.2　RTC 的基本组成

　　随着芯片集成度的提高，现在的嵌入式处理器已越来越多地内置 RTC，其中就包括STM32 单片机。对于没有内置 RTC 的微控制器，需要外接 RTC 实时时钟芯片，常见的有DS1302、PCF8563、SD2203AP、HT1380、DS12887 和 ISL1208 等，它们的主要特点见表 11.1。为了保证系统后备供电电池可以长时间工作，DS1302 和 DS12887 还增加了电池充电电路，用来对可充电锂电池充电。

表 11.1　常用 RTC 芯片主要特点比较

型　号	生 产 商	接口方式	晶振内置	温度补偿	电池内置	充　电	报警输出
DS1302	Dallas [注]	串行	否	无	否	有	无
PCF8563	Philips [注]	串行	否	无	否	无	有
DS12887	Dallas [注]	并行	是	无	是	有	有

　　注：Maxim（美信）公司于 2001 年收购 Dallas 半导体公司；Philips 半导体于 2006 年更名为 NXP（恩智浦）半导体。

任务一　进一步认识晶振

通常将含有晶体管元件的电路称做"有源电路"（如有源音箱、有源滤波器等），而仅由阻容元件组成的电路称做"无源电路"。晶体振荡器也分为无源晶振和有源晶振两种类型。无源晶振与有源晶振的英文名称不同，无源晶振为 crystal（晶体），而有源晶振则叫做 oscillator（振荡器）。常见晶振如图 11.3 所示。

（a）无源晶振　　　　　　　　　（b）有源晶振　　　　　　　　（c）贴片有源晶振

图 11.3　常见晶振

无源晶振是有两个引脚的无极性元件，需要借助于外接的时钟电路才能产生振荡信号，自身无法振荡起来。无源晶振的信号电压是可变的，由起振电路来决定，可以适用于多种电压，而且价格通常也较低。无源晶振的缺陷是信号质量较差，通常需要精确匹配外围电路（用于信号匹配的电容、电感、电阻等），更换不同频率的晶体时周边配置电路需要做相应的调整。使用时建议采用精度较高的石英晶体，尽可能不要采用精度低的陶瓷晶体。

有源晶振有 4 只引脚，是一个完整的振荡器，里面除了石英晶体外，还有晶体管和阻容元件，因此体积较大，但贴片晶振体积较小。其引脚识别方法为：有标记点的为 1 脚，按逆时针（引脚向下）分别为 2、3、4。有源晶振信号质量好，比较稳定，而且连接方式相对简单，不需要复杂的配置电路，主要是做好电源滤波，通常使用一个电容和电感构成的 PI 型滤波网络，输出端用一个小阻值的电阻过滤信号即可。相对于无源晶体，有源晶振的缺陷是其信号电平是固定的，需要选择好合适的输出电平，灵活性较差，价格相对较高。对于时序要求敏感的应用，有源晶振要好些，因此可以选用比较精密的晶振，甚至是高档的温度补偿晶振。

晶振的精度

在本书第 2 章，简单介绍了一下晶振的作用：给系统提供时钟。RTC 要给系统提供高精度的日历和时间信息，其精度也取决于晶振。描述晶振频率误差一般用 ppm（precision per million，1/100 万）。RTC 常使用 32768Hz 的晶振，如果晶振的误差为 10ppm，则频率误差 Δf 为：0.32768Hz，每秒误差 Δt/秒为：Δf/32768=10/100 万。那么：

一天的误差 $= \Delta t \cdot 24 \cdot 3600 = 0.864\mathrm{s}$

一年的误差 $= \Delta t \cdot 24 \cdot 3600 \cdot 365 = 315.36\mathrm{s} = 5.256\mathrm{min}$

所以，RTC 晶振的精度决定了 RTC 时钟的计时准确度，一般晶振误差在 20ppm 以内（一年的误差是 10min）。对于要求较高的一些场合，晶振误差要在较宽的环境温度（−55～85℃）下保持在 0.5ppm 以内。

那么，在使用过程中如何保证晶振的精度呢？生产厂家会在生产过程中对晶振频率进行校准，主要方法是改变两个从晶振引脚到地的电容值的大小，通过测试 RTC 输出的秒信号的频率，然后把电容改成合适的数值，使误差控制在合理的范围内。目前也有些时钟芯片在片内内置了电容阵列，可以自动调整。此外，晶振精度受温度影响较大，因此有很多产品在采用无内置温度补偿电路的时候，会使用软件进行温度补偿。当然，现在也有些 RTC 内置了温度补偿，甚至还可以为系统提供环境温度值。

晶振的主要参数有标称频率、老化率、频率准确度、频率稳定度、相位噪声和功耗等。

● 标称频率：晶振的标称输出频率；
● 频率准确度：常温（25℃）下，所测晶振频率相对标称频率的差值；
● 频率稳定度：一般是指频率温度稳定度，是指在晶振的工作温度范围内，频率随温度变化的大小，一般用 ppm 或 ppb 来表示，1ppb=0.001ppm。晶振稳定度是最重要的指标，随温度变化越小越好；
● 老化率：随着时间的推移，频率值随着变化的大小，有年老化和日老化两种指标，老化率一般保持在 5ppm，小于 1ppm 的则较贵；
● 相位噪声：信号功率与噪声功率的比率（C/N），是表征频率颤抖的技术指标。一般来说，雷达等设备会对相位噪声有特殊要求。

晶振停振

实际应用中遇到晶振停振，系统不工作，这时要结合实际情况和产品规格来分析。很多晶振不起振的原因是由电路板的杂散电容（stray capacitance）造成的，更换输入/输出电容可能就好了。有时晶振的等效阻值过大，也可能出现停振现象。因此，晶振停振常见的原因有晶振碎裂损坏、本身存在寄生电容、阻抗过大、频率不良。与电路相关的则是负载电容、电路设计或 PCB 造成的杂散电容离散度大、晶体两端电压不足、电路静态工作点等原因。

这里重点介绍一下晶振的负载电容（load capacitance），它是分别接在晶振的两个脚上和对地的电容，它会影响到晶振的谐振频率和输出幅度。晶振的负载电容 C_L 的计算公式：

$$C_L = [(C_{L1} \cdot C_{L2}) / (C_{L1} + C_{L2})] + C_{stray}$$

式中，C_{L1}，C_{L2} 为分别接在晶振的两个脚上的电容，C_{stray} 为杂散电容，其值一般为 2～8pF。

各种微控制器芯片的晶振引脚可以等效为电容三点式振荡器，即晶振的等效电路图其实就是一个 RLC 电路。微控制器晶振引脚的内部通常是一个反相器，或者是奇数个反相器串联。在晶振输出引脚 X_O 和晶振输入引脚 X_I 之间用一个电阻连接，对于 CMOS 芯片通常是数兆欧到数十兆欧之间。很多芯片的引脚内部已经包含了这个电阻，引脚外部就不用接了。这个电阻是为了使反相器在振荡初始时处于线性状态，反相器就如同一个有很大增益的放大器，以便起振。

石英晶体接在晶振引脚的输入和输出之间，等效为一个并联谐振回路，振荡频率应该是石英晶体的并联谐振频率。晶体旁边的两个电容接地，实际上就是电容三点式电路的分压电容，接地点就是分压点。以接地点即分压点为参考点，振荡引脚的输入和输出是反相的，但从并联谐振回路即石英晶体两端来看，形成一个正反馈以保证电路持续振荡。这两个电容值一般是相等的，大小在数皮法到数十皮法，依频率和石英晶体的特性而定。

需要注意的是，这两个电容串联的值是并联在谐振回路上的，会影响振荡频率。当两个电容量相等时，反馈系数是 0.5，一般是可以满足振荡条件的。但如果不易起振或振荡不稳定，则可以减小输入端对地电容量；而增加电容值，则可以提高反馈量，增加稳定性。

单片机一般的外接晶体振荡器接 15～30pF 负载电容；为了获取更快的起振时间，输出引脚 X_O 接电容可以比输入引脚 X_I 接的电容大一点，但同时也降低了环路增益。这个电容还会对晶振频率产生微弱影响，根据 LC 谐振，增大负载电容，频率会微弱减小。一般这两个电容值取一样的。

在本书第 2 章介绍了如何选择晶振。在电路设计时，应注意以下几点：

- 晶振、外接电容要尽量靠近单片机的引脚，使信号线尽可能保持最短。流经晶振振荡器的电流一般非常小，如果线路太长，会使它对 EMC、ESD 与串扰产生非常敏感的影响，而且长线路还会给振荡器增加寄生电容；
- 尽可能将其他时钟线路与频繁切换的信号线路布置在远离晶振连接的位置；
- 注意晶振和地的走线，将晶振外壳接地；
- 如果实际的负载电容配置不当，会引起频率误差；有时会使晶振的振荡幅度下降（不在峰点），从而影响信号强度与信噪。当波形出现削峰、畸变等失真时，可调整负载电阻，并联一个 1MΩ左右的反馈电阻，以稳定波形。

11.2　STM32 单片机 RTC 的结构和寄存器

STM32 单片机的实时时钟（RTC）是一个独立的定时器。RTC 模块拥有一组连续计数的计数器，在相应软件配置下，可提供时钟日历的功能，修改计数器的值可以重新设置系统当前的时间和日期。STM32F10x 系列微控制器片上内置的 RTC 模块结构如图 11.4 所示，主要特性如下：

- 可编程的预分频系数，分频系数最高为 2^{20}；
- 32 位的可编程计数器，可用于长程时间段的测量；
- 两个单独的时钟：用于 APB1 接口的 PCLK1 和 RTC 时钟（此时 RTC 时钟的频率必须小于 PCLK1 时钟的四分之一以上）；
- 可以选择以下三种 RTC 的时钟源：

  HSE（high speed external）时钟除以 128，即高速外部时钟，接石英/陶瓷谐振器，或者接外部时钟源，频率范围为 4～16MHz；

  LSI（low speed internal）振荡器时钟，即低速内部时钟，频率为 40kHz；

  LSE（low speed external）振荡器时钟，即低速外部时钟，接石英晶体，频率为 32.768kHz；

- 2 种独立的复位类型：

  APB1 接口由系统复位；

  RTC 核（预分频器、闹钟、计数器和分频器）只能由备份域复位；

- 3 个专门的可屏蔽中断：

  闹钟中断，用来产生一个软件可编程的闹钟中断；

  秒中断，用来产生一个可编程的周期性中断信号（最长可达 1s）；

  溢出中断，检测内部可编程计数器溢出并回转为 0 的状态。

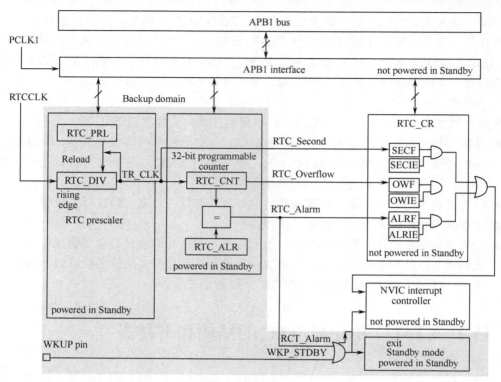

图 11.4　RTC 模块结构

（1）RTC 的结构与寄存器设置。

RTC 由两个主要部分组成。

一部分是 APB1 接口，它用来和 APB1 总线相连，APB1 接口以 APB1 总线时钟为时钟。此单元还包含一组 16 位寄存器，可通过 APB1 总线对其进行读写操作。

另一部分是 RTC 核，它由一系列可编程计数器组成，分成两个主要模块。第一个模块是 RTC 的预分频模块，它可编程产生最长为 1s 的 RTC 时间基准 TR_CLK（time base）。RTC 的预分频模块包含了一个 20 位的可编程分频器（RTC 预分频器：Prescaler）。在每个 TR_CLK 周期中，如果在 RTC_CR 寄存器中设置了相应允许位，则 RTC 产生一个中断（秒中断）。第二个模块是一个 32 位的可编程的计数器，它可被初始化为当前的系统时间。系统时间按 TR_CLK 周期累加，并与存储在 RTC_ALR 报警（Alarm）寄存器中的可编程的时间相比较，如果 RTC_CR 控制寄存器中设置了相应允许位，当相等时会产生一个闹钟中断。

与 STM32 单片机 RTC 编程有关的寄存器主要有：

- RTC 控制寄存器：RTC_CR（control register），分为高位 RTC_CRH 和低位 RTC_CRL。RTC_CRH 主要用于设置秒中断和报警中断是否使能；RTC_CRL 则存放中断标志；
- RTC 预分频装载寄存器：RTC_PRL（prescaler load register），分为高位 RTC_PRLH 和低位 RTC_PRLL；
- RTC 预分频计数余数寄存器：RTC_DIV（prescaler divider register），分为高位 RTC_DIVH 和低位 RTC_DIVL，这个余数寄存器存储 RTC 计数器的当前值（余数）；
- RTC 计数寄存器：RTC_CNT（counter register），分为高位 RTC_CNTH 和低位 RTC_CNTL；

● RTC 规则数据寄存器：RTC_ALR（alarm register），分为高位 RTC_ALRH 和低位 RTC_ALRL。

定义 RTC 寄存器组的结构体是 RTC_TypeDef，在文件"stm32f10x_map.h"中：

```
/*----------------------- Real-Time Clock -----------------------*/
typedef struct
{
  vu16 CRH;                //RTC 控制寄存器高位：control register high
  u16 RESERVED0;
  vu16 CRL;                //RTC 控制寄存器低位：control register low
  u16 RESERVED1;
  vu16 PRLH;               //RTC 预分频装载寄存器高位：RTC prescaler load register high
  u16 RESERVED2;
  vu16 PRLL;               //RTC 预分频装载寄存器低位：RTC prescaler load register low
  u16 RESERVED3;
  vu16 DIVH;               //RTC 预分频器余数寄存器高位：RTC prescaler divider register high
  u16 RESERVED4;
  vu16 DIVL;               //RTC 预分频器余数寄存器低位：RTC prescaler divider register low
  u16 RESERVED5;
  vu16 CNTH;               //RTC 计数器寄存器高位：RTC counter register high
  u16 RESERVED6;
  vu16 CNTL;               //RTC 计数器寄存器低位：RTC counter register low
  u16 RESERVED7;
  vu16 ALRH;               //RTC 闹钟寄存器高位：RTC alarm register high
  u16 RESERVED8;
  vu16 ALRL;               //RTC 闹钟寄存器低位：RTC alarm register low
  u16 RESERVED9;
} RTC_TypeDef;
…
#define PERIPH_BASE              ((u32)0x40000000)
…
#define APB1PERIPH_BASE           PERIPH_BASE
…
#define RTC_BASE                 (APB1PERIPH_BASE + 0x2800)
…
#ifdef _RTC
  #define RTC                    ((RTC_TypeDef *) RTC_BASE)
#endif
…
```

从上面的宏定义可以看出，RTC 寄存器的存储映射地址从 0x40002800 开始，偏移地址为：0x00～0x24。RTC 寄存器和复位值见表 11.2。

表 11.2　RTC 寄存器和复位值

偏移	寄存器	31	30	29	28	27	26	25	24	23	22	21	20	19	18	17	16	15	14	13	12	11	10	9	8	7	6	5	4	3	2	1	0
000h	RTC_CRH	保留																													OWIE	ALRIE	SECIE
	复位值																														0	0	0
004h	RTC_CRL	保留																										RTOFF	CNF	RSF	OWF	ALRF	SECF
	复位值																											0	0	0	0	0	0
008h	RTC_PRLH	保留																												PRL[19:16]			
	复位值																													0	0	0	0
00Ch	RTC_PRLL	保留															PRL[15:0]																
	复位值																1	0	0	0	0	0	0	0	0	0	0	0	0	0	0	0
010h	RTC_DIVH	保留															DIV[31:16]																
	复位值																0	0	0	0	0	0	0	0	0	0	0	0	0	0	0	0
014h	RTC_DIVL	保留															DIV[15:0]																
	复位值																0	0	0	0	0	0	0	0	0	0	0	0	0	0	0	0
018h	RTC_CNTH	保留															CNT[31:16]																
	复位值																0	0	0	0	0	0	0	0	0	0	0	0	0	0	0	0
01Ch	RTC_CNTL	保留															CNT[15:0]																
	复位值																0	0	0	0	0	0	0	0	0	0	0	0	0	0	0	0
020h	RTC_ALRH	保留															ALR[31:16]																
	复位值																1	1	1	1	1	1	1	1	1	1	1	1	1	1	1	1
024h	RTC_ALRL	保留															ALR[15:0]																
	复位值																1	1	1	1	1	1	1	1	1	1	1	1	1	1	1	1

（2）RTC 时钟晶振和后备电源。

这里有个问题：系统掉电、复位或进入待机模式（Standby mode）后，RTC 的数据仍能保存；而且 RTC 还会带有一些额外的 RAM 或寄存器（也叫备份寄存器）以保存一些应用参数。那么，此时维持 RTC 工作和给数据供电的电源从哪儿来？时钟从哪儿来？

如图 11.5 所示，系统掉电、复位或处于待机模式时，后备供电电池（3V 钮扣锂电池）给 RTC 和备份寄存器供电，32.768kHz 的石英晶体给 RTC 提供时钟源。在系统上电正常工作时，可以选择 LSE（low speed external，低速外部时钟）振荡器作为 RTC 时钟源，也就是这个晶振。因此，STM32 单片机内部 RTC 的供电和时钟是可以独立于内核的，RTC 内部寄存器不受系统复位掉电的影响，可以说 RTC 是 STM32 内部独立的一个外设模块，这从图 11.4 所示的 RTC 模块结构也可以看出来，其时钟可以独立于 APB1。

RTC 的供电电源可以选择后备电池供电，也可以选择系统电源供电。如果选择系统电源供电，当系统掉电时，RTC 时间信息将不能得到保存。

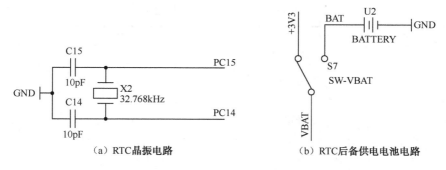

图 11.5　RTC 时钟电路图

> **时钟源与分频**
>
> 　　由于 RTC 没有自带时钟源，但是却要完成时钟的一些基本功能，因此，必须依靠系统内部时钟或外界给它提供一个时钟频率。STM32 单片机可以有三种时钟源：LSI 振荡器时钟、HSE 时钟除以 128 或 LSE 振荡器时钟。LSI 是低速内部时钟，频率为 40kHz；HSE 的时钟一般为 4～16MHz，128 分频后是 31.25～125kHz。LSE 是低速外部时钟，一般由一个外部 32.768kHz 的晶振提供。因为分频系数一般是 2 的 n 次幂，前面 2 种时钟源不能产生 1Hz 整数的秒脉冲，所以 RTC 时钟源一般都是由 32.768kHz 的晶振提供，它正好等于 2^{15}，这样 32.768kHz 的频率经过 15 次分频，可以产生 1Hz 的计时脉冲。
>
> 　　有人可能会问：能不能直接用 1Hz 的时钟源呢？如果这样，那么 1Hz 时钟源的误差会造成 RTC 工作不准确。因此，为了确保 RTC 工作在一个稳定的时钟频率上，避免外界的时钟源有可能会变化或者频率太快不适合自己，这样就需要一个时钟分频器，将 32.768kHz 的频率经过 15 次分频，就产生了 1Hz 的计时脉冲，同时 32.768kHz 晶振频率所带来的误差也会随着分频而变得很小。
>
> 　　有些 RTC 还包括滴答时钟发生器和闰年产生器。

　　RTC 往往还具有写保护功能，当写保护功能有效时，对备份寄存器和 RTC 的数据访问都被禁止。而当系统重新上电或从待机模式唤醒时，还要将电源再切换回主电源，这些备份寄存器、RTC 的访问控制还涉及到其他寄存器。因此，STM32 单片机与 RTC 实时时钟相关的寄存器除了在上面 RTC 专有的存储映射空间外，在备份（BKP）寄存器、电源控制（PWR）寄存器、复位与时钟配置（RCC）寄存器也有相关的位。这一点要注意，这也是 STM32 单片机较为复杂的内容和学习难点之一。

11.3　STM32 单片机的备份寄存器和电源控制寄存器

（1）备份寄存器。

　　所有备份（BKP）寄存器的地址从 0x40006c00 开始，BKP 寄存器和复位值见表 11.3。这里只列举了 10 个备份数据寄存器。后 32 个 16 位（仅使用 32bit 的低 16bit）的备份数据寄存器 BKP_DRx（x=11～42）列表省略，其结构和复位值与前 10 个一样。

表 11.3　BKP 寄存器和复位值

偏移	寄 存 器	31	30	29	28	27	26	25	24	23	22	21	20	19	18	17	16	15	14	13	12	11	10	9	8	7	6	5	4	3	2	1	0
000h		保留																															
004h	BKP_DR1	保留																D[15:0]															
	复位值																	0	0	0	0	0	0	0	0	0	0	0	0	0	0	0	0
008h	BKP_DR2	保留																D[15:0]															
	复位值																	0	0	0	0	0	0	0	0	0	0	0	0	0	0	0	0
00Ch	BKP_DR3	保留																D[15:0]															
	复位值																	0	0	0	0	0	0	0	0	0	0	0	0	0	0	0	0
010h	BKP_DR4	保留																D[15:0]															
	复位值																	0	0	0	0	0	0	0	0	0	0	0	0	0	0	0	0
014h	BKP_DR5	保留																D[15:0]															
	复位值																	0	0	0	0	0	0	0	0	0	0	0	0	0	0	0	0
018h	BKP_DR6	保留																D[15:0]															
	复位值																	0	0	0	0	0	0	0	0	0	0	0	0	0	0	0	0
01Ch	BKP_DR7	保留																D[15:0]															
	复位值																	0	0	0	0	0	0	0	0	0	0	0	0	0	0	0	0
020h	BKP_DR8	保留																D[15:0]															
	复位值																	0	0	0	0	0	0	0	0	0	0	0	0	0	0	0	0
024h	BKP_DR9	保留																D[15:0]															
	复位值																	0	0	0	0	0	0	0	0	0	0	0	0	0	0	0	0
028h	BKP_DR10	保留																D[15:0]															
	复位值																	0	0	0	0	0	0	0	0	0	0	0	0	0	0	0	0
02Ch	BKP_RTCCR	保留																						ASOS	ASOE	CCO	CAL[6:0]						
	复位值																							0	0	0	0	0	0	0	0	0	0
030h	BKP_CR	保留																													TPAL	TPE	
	复位值																														0	0	
034h	BKR_CSR	保留																TIF	TEF	保留										TPIE	CTI	CTE	
	复位值																	0	0											0	0	0	
038h		保留																															
03Ch		保留																															

其中，偏移地址为 0x00～0x03 的第一个寄存器为芯片预留，接下来的地址存放了 42 个 16 位（仅使用 32bit 的低 16bit）的备份数据寄存器 BKP_DRx（x=1～42），可用来存储 84 个字节的用户应用程序数据：

- 前 10 个备份数据寄存器 BKP_DRx（x=1～10）的偏移地址为：0x04～0x28；
- 后 32 个备份数据寄存器 BKP_DRx（x=11～42）的偏移地址为：0x40～0xBC。

这 2 块寄存器组中间区域：0x2C～0x3C 有 5 个寄存器，前 3 个寄存器分别是：

- 备份 RTC 时钟校准寄存器：BKP_RTCCR（clock calibration register），用于 RTC 校准；
- 备份控制寄存器：BKP_CR（control register），用来管理侵入检测；

● 备份控制/状态寄存器：BKP_CSR（control/status register）。

后两个寄存器是芯片预留。

当 VDD 电源被切断，备份寄存器仍然由 VBAT 维持供电。当系统在待机模式下被唤醒，或系统复位或电源复位时，备份寄存器里的数据也不会被复位。除非进行了侵入设置和检测。

 侵入检测

当用电池维持备份寄存器内容时，如果在侵入引脚（PC13）上检测到电平变化，就会把备份寄存器的内容清空，以保护重要的数据不被非法窃取。

（2）电源控制寄存器。

电源控制寄存器的存储映射地址从 0x40007000 开始。电源控制寄存器和复位值见表 11.4，它包含两个寄存器，分别是：

● 电源控制寄存器：PWR_CR（control register）；
● 电源控制/状态寄存器：PWR_CSR（control/status register）。

PWR_CR 寄存器的位[8]，即 DBP 位，用来设置对备份寄存器和 RTC 的访问（Disable Backup Domain Write Protection）。在复位后，RTC 和备份寄存器处于被保护状态，以防被意外写入。设置此位，可以允许写入数据到这些寄存器。

● DBP = 0：禁止写入 RTC 和备份寄存器；
● DBP = 1：允许写入 RTC 和备份寄存器。

注意：如果 RTC 的时钟选择：HSE/128，该位必须保持为"1"。

表 11.4 电源控制寄存器和复位值

偏移	寄存器	31	30	29	28	27	26	25	24	23	22	21	20	19	18	17	16	15	14	13	12	11	10	9	8	7	6	5	4	3	2	1	0
000h	PWR_CR	保留																							DBP	PLS [2:0]			PVDE	CSBF	CWUF	PDDS	LPDS
	复位值																								0	0	0	0	0	0	0	0	0
004h	PWR_CSR	保留																							EWUP	保留			PVDO		SBF	WUF	
	复位值																								0				0		0	0	

（3）相关的复位与时钟配置寄存器。

表 11.5 是与 RTC 有关的两个复位与时钟配置寄存器和复位值，分别是：

表 11.5 与 RTC 有关的两个复位与时钟配置寄存器和复位值

偏移	寄存器	31	30	29	28	27	26	25	24	23	22	21	20	19	18	17	16	15	14	13	12	11	10	9	8	7	6	5	4	3	2	1	0
01Ch	RCC_APBIENR	保留		DACRST	PWREN	BKPEN	保留	CANEN	保留	USBEN	I2C2EN	I2C1EN	UART5EN	UART4EN	USART3EN	USART2EN	保留	SPI3EN	SPI2EN	保留		WWDGEN	保留			TIM7EN	TIM6EN	TIM5EN	TIM4EN	TIM3EN	TIM2EN
	复位值			0	0	0		0		0	0	0	0	0	0	0		0	0			0				0	0	0	0	0	0
020h	RCC_BDCR	保留															BDRST	RTCEN	保留					RTC SEL [1:0]		保留			LSEBYP	LSERDYF	LSEON
	复位值																0	0						0	0				0	0	0

● 外设时钟使能寄存器：RCC_APB1ENR（APB1 peripheral clock enable register）；
● 备份域控制寄存器：RCC_BDCR（Backup Domain Control Register）。

RCC_APB1ENR 寄存器的位[28]即 PWREN，用来设置电源接口时钟使能（Power interface clock enable）：

● PWREN = 0：电源接口时钟关闭；
● PWREN = 1：电源接口时钟开启。

RCC_APB1ENR 寄存器的位[27]即 BKPEN，用来设置备份接口时钟使能（Backup interface clock enable）：

● BKPEN = 0：备份接口时钟关闭；
● BKPEN = 1：备份接口时钟开启。

RCC_BDCR 寄存器的位[15]即 RTCEN，用来设置 RTC 时钟使能（RTC clock enable）：

● RTCEN = 0：RTC 时钟关闭；
● RTCEN = 1：RTC 时钟开启。

RCC_BDCR 寄存器的位[9:8]即 RTCSEL[1:0]，用来设置 RTC 时钟源选择（RTC clock source selection）。一旦 RTC 时钟源被选定，直到下次备份域被复位，它不能再被改变。可通过设置 BDRST（位[16]：Backup domain software reset）来清除。RTC 时钟源选择如下：

● RTCSEL[1:0] = 00：无时钟；
● RTCSEL[1:0] = 01：LSE 振荡器作为 RTC 时钟；
● RTCSEL[1:0] = 10：LSI 振荡器作为 RTC 时钟；
● RTCSEL[1:0] = 11：HSE 振荡器在 128 分频后作为 RTC 时钟。

（4）几点注意。

在系统上电复位或从待机模式唤醒后，RTC 的设置和时间维持不变。上电复位后，对备份寄存器和 RTC 的访问被禁止，即备份域被保护起来，以防止对备份区域（BKP）的意外写操作。执行以下操作后，将允许（使能）访问备份寄存器和 RTC：

● 设置寄存器 RCC_APB1ENR 的 PWREN 和 BKPEN 位，使能电源和后备接口时钟；
● 设置寄存器 PWR_CR 的 DBP 位，允许（使能）对备份寄存器和 RTC 的访问。

> **STM32 单片机复位分为系统复位、电源复位和备份域复位**
>
> 系统复位时，复位除了时钟控制寄存器的复位标志和备份域寄存器以外的所有寄存器。系统复位由 NRST 引脚低电平（外部复位）、窗口看门狗计时到（WWDG Reset）、独立看门狗计时到（IWDG Reset）以及软件复位（SW Reset）和低功耗管理复位等原因引起。
>
> 电源复位由上电/掉电复位（POR 和 PDR）和待机模式退出引起。电源复位将复位除了备份域寄存器以外的所有寄存器。
>
> 备份域复位由软件备份域复位和电源备份域复位两种原因引起。软件备份域复位是指设置 RCC_BDCR 中的 BDRST 位来触发软件复位；电源备份域复位是指 VDD 和 VBAT 都掉电时，其中一个突然上电引起的复位。

任务二　编写 RTC 程序

下面介绍 STM32 单片机 RTC 的配置流程。

（1）设置寄存器 RCC_APB1ENR 的 PWREN 和 BKPEN 位，打开电源管理和备份寄存器时钟。我们可以通过在备份寄存器写固定的数据来判断芯片是否第一次使用 RTC，从而在系统运行 RTC 时提示是否需要重新配置时钟。如果备份寄存器中的数据在，表明系统断电时，RTC 是正常运行的，后备供电电池有电；如果备份寄存器中的数据不是已知的，则表明 RTC 的数据已变化，需要重新配置时钟。

（2）电源控制寄存器（PWR_CR）的 DBP 位置 1，以允许访问备份寄存器和 RTC。因为程序要对 RTC 和备份寄存器操作，所以必须使能 RTC 和备份寄存器的访问（复位时是关闭的）。

（3）使能外部低速晶振 LSE，选择 LSE 为 RTC 时钟，并使能 RTC 时钟。

（4）使能秒中断。程序可以在秒中断服务程序中设置标志位来通知主程序是否更新时间显示，并当 32 位计数器计到 86400（0x15180），即 23：59：59 之后的 1 秒，对 RTC 计数器（RTC_CNT）清零。

（5）设置 RTC 预分频器值产生 1 秒信号。由于 1 秒的时间基准 TR_CLK=RTCCLK/(PRL+1)，因此，我们设置分频系数（RTC_PRL）为 32 767 来产生秒信号。

（6）设定当前的时间。

这里要注意：系统内核是通过 RTC 的 APB1 接口来访问 RTC 内部寄存器的，所以在上电复位或者休眠唤醒后，要先对 RTC 时钟与 APB1 时钟进行重新同步，在同步完成后再对其进行操作，因为上电复位或者休眠唤醒后，程序开始运行，RTC 的 API 接口使用系统 APB1 的时钟。另外，在对 RTC 寄存器操作之前要判断读写操作是否完成，或者用延时。

例程：系统时间显示程序 RTC.c

```c
#include "stm32f10x_heads.h"
#include "HelloRobot.h"

char TimeDisplay = 0;

#define    Hours      11
#define    Minutes    40
#define    Seconds    30

u32 Time_Regulate(void)
{
  u32 Tmp_HH,Tmp_MM,Tmp_SS;
  Tmp_HH = Hours;
  Tmp_MM = Minutes;
  Tmp_SS = Seconds;

  /* Return the value to store in RTC counter register */
  return((Tmp_HH*3600 + Tmp_MM*60 + Tmp_SS));
}

void Time_Display(u32 TimeVar)
{
```

```
    u32 THH = 0, TMM = 0, TSS = 0;
    THH = TimeVar/3600;                /* Compute   hours */
    TMM = (TimeVar % 3600)/60;      /* Compute minutes */
    TSS = (TimeVar % 3600)% 60;     /* Compute seconds */
    printf("Time: %0.2d:%0.2d:%0.2d\r\n",THH, TMM, TSS);
}


void RTC_Configuration()
{
    /* Enable PWR and BKP clocks，打开 PWR 和 BKP 的时钟 */
    RCC_APB1PeriphClockCmd(RCC_APB1Periph_PWR | RCC_APB1Periph_BKP, ENABLE);

    PWR_BackupAccessCmd(ENABLE);        //允许访问后备域

    /* Reset Backup Domain */
    BKP_DeInit();                       //备份域复位

    /* Enable LSE，使能低速外部时钟 32.768kHz*/
    RCC_LSEConfig(RCC_LSE_ON);

    /* Wait till LSE is ready，等待 LSE 稳定，如晶振有问题，这里可能出现死循环*/
//while(RCC_GetFlagStatus(RCC_FLAG_LSERDY) == RESET);

    RCC_RTCCLKConfig(RCC_RTCCLKSource_LSE); //选择 LSE 作为 RTC 时钟源
    RCC_RTCCLKCmd(ENABLE);                        //RTC 时钟源开启

//开启 RTC 后，需要等待 APB1 时钟与 RTC 时钟同步，才能读写寄存器
    //RTC_WaitForSynchro();   //可能出现死循环

    /* Wait until last write operation on RTC registers has finished */
//读写寄存器前，要确定上一个操作已经结束
    //RTC_WaitForLastTask();                        //可能出现死循环

    RTC_ITConfig(RTC_IT_SEC, ENABLE);             //Enable the RTC Second Interrupt

    //RTC_WaitForLastTask();                        //可能出现死循环

    /* 设置 RTC 分频器，使 RTC 时钟为 1Hz */
    RTC_SetPrescaler(32767);   //RTC period = RTCCLK/RTC_PR = (32.768 KHz)/(32767+1)

    /* Wait until last write operation on RTC registers has finished */
    RTC_WaitForLastTask();                        //可能出现死循环

    /* Change the current time */
    RTC_SetCounter(Time_Regulate());              //设置时间
```

```c
        BKP_WriteBackupRegister(BKP_DR1, 0x5A5A);
    }

    char RTC_Configuration_Flag()
    {
        if(BKP_ReadBackupRegister(BKP_DR1) != 0x5A5A) return 1;
        else return 0;
    }

    int main(void)
    {
        BSP_Init();
        USART_Configuration();

        if(RTC_Configuration_Flag())        RTC_Configuration();

        printf("Program Running! \r\n ");

        RTC_ITConfig(RTC_IT_SEC, ENABLE);              //Enable the RTC Second Interrupt

        //Clear reset flag：给 RCC_CSR 的 bit24（RMVF）置 "1" 来清除所有复位标志
        RCC_ClearFlag();

        while(1)
        {
            if(TimeDisplay == 1)          /* If 1s has paased */
            {
                Time_Display(RTC_GetCounter());              /* Display current time */
                TimeDisplay = 0;
            }
        }
    }
```

stm32f10x_it.c 文件中的 RTC 中断函数如下：

```c
    extern char TimeDisplay;
    ...
    void RTC_IRQHandler(void)
    {
        if(RTC_GetITStatus(RTC_IT_SEC) != RESET)
        {
            RTC_ClearITPendingBit(RTC_IT_SEC);            //Clear the RTC Second interrupt Flag

            /* Toggle led connected to PC13 pin each 1s */
            GPIO_WriteBit(GPIOC, GPIO_Pin_13, (BitAction)(1-GPIO_ReadOutputDataBit(GPIOC,
            GPIO_Pin_13)));
```

```
        TimeDisplay = 1;          /* Enable time update */

        /* Wait until last write operation on RTC registers has finished */
        RTC_WaitForLastTask();
        /* Reset RTC Counter when Time is 23:59:59 */
        if(RTC_GetCounter() == 0x00015180)
        {
            RTC_SetCounter(0x0);
            RTC_WaitForLastTask();
        }
    }
}
```

RTC.c 是如何工作的？

程序运行结果如图 11.6 所示。程序通过宏定义来设置当前时间（小时、分钟和秒）。在对开发板进行了初始化后，进行 RTC 设置和串口初始化，并打开 RTC 的秒中断。当 1 秒到时，程序读取 32 位可编程计数器的值以获取时钟信息，通过串口向 PC 发送数据显示时间。在秒中断服务函数中，设置标志位来通知主程序更新时间显示，之后清除时间，更新标志位，等待下一次秒中断到后，再次更新显示的时间。

图 11.6　程序运行结果

在 RTC 的中断服务子程序中，每隔 1s 交替控制发光二极管的亮灭，来表明进入了中断。另外，在中断服务程序中要注意清除中断标志位。

👀**注意**：当备份寄存器中的数据还存在时，表明系统断电期间，RTC 是正常运行的，后备供电电池有电，在系统复位或掉电再上电后，都无须重新配置 RTC，从而避免了每次运行程序时重新设置当前时间。如果备份寄存器中的数据不是已知的，则表明 RTC 的数据已变化，需要重新配置时钟。

当无须重新配置 RTC 时，注意仍需使用 RTC_ITConfig 库函数使能秒中断。因为系统复位或掉电再上电后，将复位除了备份域寄存器以外的所有寄存器，RTC 控制寄存器（RTC_CR）的值恢复为 0x0000，所以要重新使能秒中断，否则不会计时。

▶ 常见问题

STM32 单片机对晶振的要求比较高。如果 RTC 的晶振电路出现问题，程序运行可能会停在上面例程中：注释"可能出现死循环"的语句处，问题往往出在"晶振不起振"。前面介绍了晶振停振主要由电路板的杂散电容（stray capacitance）或者晶振质量造成，因此，RTC 外部晶振和匹配电容的选择很重要，外接的两个电容不要超过 15pF，不能使晶振电路的负载电容为 12.5pF。

系统晶振停振也是这样，系统时钟 HSE 的稳定取决于稳定的外接晶振（比如 8MHz）。对于一个高可靠性的系统设计，尤其设计带有睡眠唤醒（往往用低电压以求低功耗）的系统，晶振的选择非常重要。这是因为低供电电压使提供给晶振的激励功率减少，造成晶振起振很慢或根本就不能起振。这一现象在上电复位时并不特别明显，原因是上电时电路有足够的扰动，很容易建立振荡，而且用后备电池供电时，RTC 计时也可能正常，但在从睡眠唤醒一瞬间时，电路的扰动要比外接电源上电时小得多，起振变得不容易，就很容易出现停振，造成程序运行死机。

另一个问题是，STM32 单片机内置的 RTC 没有时、分、秒、年、月、日和星期等独立的时间寄存器，以及闰年补偿，因此在使用上会复杂一些，需要在程序中计算得到。这时你可以用一些专用的时钟芯片，串行的如 Dallas（Maxim）的 DS1302，Philips（NXP）的 PCF8563 和 Intersil 的 ISL1208，并行的如 DS12887，这些实时时钟芯片的有效范围值为 00～99 年，具有时、分、秒、年、月、日和星期等时间寄存器，且能自动识别闰年。

任务三　RTC 时间设置编程

上面的程序中，我们通过在备份寄存器中保存一些参数，来判断是否需要重新设置时间值。只要备用电池有电，保存在备份寄存器中的参数就不会变化，说明 RTC 在正常运行，当系统复位或掉电再上电后，都无须重新设置时间。而当保存在备份寄存器中的参数发生了变化时，说明备用电池可能没电了或被拔下过，这时就需要重新设置时间值。这与 PC 的主板时间设置类似。同时，上面的程序只能通过修改程序代码（宏）来达到设置 RTC 当前时间的目的，如何使程序可以灵活地根据用户的输入来设置时间，正如我们可以通过键盘更改电脑或手机的时间一样呢？

例程：Set_RTC.c

```
#include "stm32f10x_heads.h"
#include "HelloRobot.h"
char TimeDisplay = 0;


/**********************************************************************
* Function Name   : USART_Scanf
* Description     : Gets numeric values from the hyperterminal.
```

```
*************************************************************************/
u8 USART_Scanf(u32 value)
{
  u32 index = 0;
  u32 tmp[2] = {0, 0};

  while(index < 2)
  {
    /* Loop until RXNE = 1 */
    while(USART_GetFlagStatus(USART1, USART_FLAG_RXNE) == RESET) {   }
    tmp[index++] = (USART_ReceiveData(USART1));
    if( (tmp[index - 1] < 0x30) || (tmp[index - 1] > 0x39) )
    {
      printf("\r\nPlease enter valid number between 0 and 9");
      index--;
    }
  }
  /* Calculate the Corresponding value */
  index = (tmp[1] - 0x30) + ((tmp[0] - 0x30) * 10);

  if(index > value)     //对输入的数进行校验，不能超过时、分、秒的范围
  {
    printf("\r\nPlease enter valid number between 0 and %d", value);
    printf("\r\nPlease enter again ");
    return 0xFF;
  }
  return index;
}
/*************************************************************************
* Function Name    : Time_Regulate
* Description      : Returns the time entered by user, using Hyperterminal.
* Return           : Current time RTC counter value
*************************************************************************/
u32 Time_Regulate(void)
{
  u32 Tmp_HH = 0xFF, Tmp_MM = 0xFF, Tmp_SS = 0xFF;

  printf("\r\n=====Time Settings=====");
  printf("\r\n Please Set Hours(00-23)");
  while(Tmp_HH == 0xFF)     Tmp_HH = USART_Scanf(23);
  printf(":   %d", Tmp_HH);

  printf("\r\n Please Set Minutes");
  while(Tmp_MM == 0xFF)     Tmp_MM = USART_Scanf(59);
  printf(":   %d", Tmp_MM);
```

```c
    printf("\r\n Please Set Seconds");
    while(Tmp_SS == 0xFF)      Tmp_SS = USART_Scanf(59);
    printf(":  %d", Tmp_SS);

    /* Return the value to store in RTC counter register */
    return((Tmp_HH*3600 + Tmp_MM*60 + Tmp_SS));
}
/*************************************************************************
* Function Name   : Time_Adjust
* Description      : Adjusts time.
*************************************************************************/
void Time_Adjust(void)
{
    RTC_SetCounter(Time_Regulate());        /* Change the current time */
}

void RTC_Configuration()
{
    RCC_APB1PeriphClockCmd(RCC_APB1Periph_PWR | RCC_APB1Periph_BKP, ENABLE);
    PWR_BackupAccessCmd(ENABLE);        //后备域解锁
    BKP_DeInit();                       //备份寄存器模块复位
    RCC_LSEConfig(RCC_LSE_ON);
    RCC_RTCCLKConfig(RCC_RTCCLKSource_LSE);
    RCC_RTCCLKCmd(ENABLE);

    RTC_ITConfig(RTC_IT_SEC, ENABLE);
    RTC_SetPrescaler(32767);            //RTC period = RTCCLK/RTC_PR = (32.768 KHz)/(32767+1)
    RTC_WaitForLastTask();
    RTC_SetCounter(Time_Regulate());
}

void Time_Display(u32 TimeVar)
{
    u32 THH = 0, TMM = 0, TSS = 0;
    THH = TimeVar/3600;
    TMM = (TimeVar % 3600)/60;
    TSS = (TimeVar % 3600)% 60;
    printf("\r\nTime: %0.2d:%0.2d:%0.2d",THH, TMM, TSS);
}

int main(void)
{
    BSP_Init();
    USART_Configuration();
    if(BKP_ReadBackupRegister(BKP_DR1) != 0x5A5A)
    {   /* Backup data register value is not correct or not yet programmed (when
```

```
             the first time the program is executed) */
        printf("\r\n\n RTC not yet configured....");

        RTC_Configuration();           /* RTC Configuration */
        printf("\r\n RTC configured....");
        BKP_WriteBackupRegister(BKP_DR1, 0x5A5A);   //Write value to Backup data register
    }
    else
    {
        /* Check if the Power On Reset flag is set */
        if(RCC_GetFlagStatus(RCC_FLAG_PORRST) != RESET)
        {
            printf("\r\n\n Power On Reset occurred....");
        }
        /* Check if the Pin Reset flag is set */
        else if(RCC_GetFlagStatus(RCC_FLAG_PINRST) != RESET)
        {
            printf("\r\n\n External Reset occurred....");
        }
        printf("\r\n No need to configure RTC....");

        RTC_ITConfig(RTC_IT_SEC, ENABLE);        /* Enable the RTC Second */
    }

//Clear reset flag: 给 RCC_CSR 的 bit24（RMVF）置' 1' 来清除所有复位标志
    RCC_ClearFlag();
    while(1)
    {
        if(TimeDisplay == 1)                     //If 1s has passed
        {
            Time_Display(RTC_GetCounter());
            TimeDisplay = 0;
        }
    }
}
```

stm32f10x_it.c 文件中的 RTC 中断函数同前（略）。运行这个程序，可以通过串口调试软件（或超级终端）来设定当前的时间，程序运行结果如图 11.7 所示。

（a）设置一个错误的小时值

（b）设置一个正确的小时值（2 位数）

图 11.7　程序运行结果

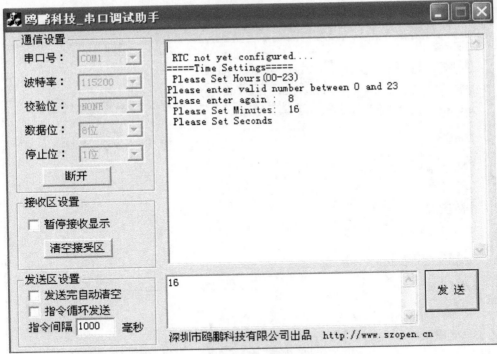

（c）设置一个正确的分钟值

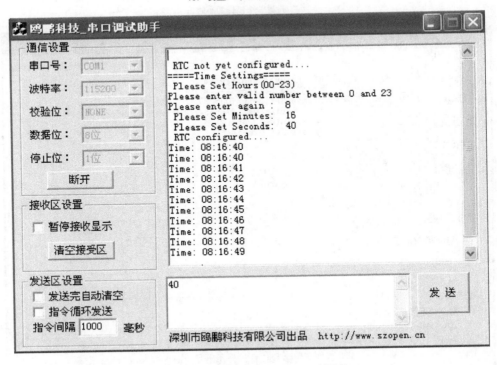

（d）设置一个正确的秒值后，RTC 开始计时

图 11.7　程序运行结果（续）

（e）按复位键后的程序运行结果

（f）断电再上电后的程序运行结果

图 11.7　程序运行结果（续）

Set_RTC.c 是如何工作的？

与 RTC.c 程序主要的区别有两个：

（1）函数 Time_Regulate 通过 USART_Scanf 来获得用户的输入，并对输入的数进行校验判断，是否超过了时、分、秒的范围。

（2）主函数在初次设置 RTC 时，使用库函数 BKP_WriteBackupRegister 对备份寄存器（BKP_DR1）写入某个数据（0x5A5A）。当复位时，再使用库函数 BKP_ReadBackupRegister 读取这个备份寄存器的值，来判断是否发生了变化，据此进行 RTC 设置。若没有变化，则不重设 RTC，并进一步判断是按键复位还是上电复位。

STM32 单片机复位分为系统复位（外部复位、窗口看门狗复位、独立看门狗复位、软件复位和低功耗管理复位）、电源复位和备份域复位。那么如何判断是哪种复位呢？通过库函数 RCC_GetFlagStatus 查询复位与时钟寄存器组中的控制/状态寄存器（RCC_CSR），可以知道发生了哪种复位，见表 11.6。

表 11.6　控制/状态寄存器（RCC_CSR）中的复位标志

位 31	LPWRRSTF：低功耗复位标志（Low-power reset flag）
	在低功耗管理复位发生时由硬件置"1"，由软件通过写 RMVF 位清除。
	0：无低功耗管理复位发生　　　　　　1：发生低功耗管理复位
位 30	WWDGRSTF：窗口看门狗复位标志（Window watchdog reset flag）
	在窗口看门狗复位发生时由硬件置"1"，由软件通过写 RMVF 位清除。
	0：无窗口看门狗复位发生　　　　　　1：发生窗口看门狗复位
位 29	IWDGRSTF：独立看门狗复位标志（Independent watchdog reset flag）
	在独立看门狗复位发生在 VDD 区域时由硬件置"1"，由软件通过写 RMVF 位清除。
	0：无独立看门狗复位发生　　　　　　1：发生独立看门狗复位
位 28	SFTRSTF：软件复位标志（Software reset flag）
	在软件复位发生时由硬件置"1"，由软件通过写 RMVF 位清除。
	0：无软件复位发生　　　　　　　　　1：发生软件复位
位 27	PORRSTF：上电/掉电复位标志（POR/PDR reset flag）
	在上电/掉电复位发生时由硬件置"1"，由软件通过写 RMVF 位清除。
	0：无上电/掉电复位发生　　　　　　　1：发生上电/掉电复位
位 26	PINRSTF：NRST 引脚复位标志（PIN reset flag）
	在 NRST 引脚复位发生时由硬件置"1"，由软件通过写 RMVF 位清除。
	0：无 NRST 引脚复位发生　　　　　　1：发生 NRST 引脚复位
位 25	保留，读操作返回 0
位 24	RMVF：清除复位标志（Remove reset flag）
	由软件置"1"来清除复位标志。
	0：无作用　　　　　　　　　　　　　1：清除复位标志

该你了！

上面的代码是通过串口调试软件（或超级终端）设置 RTC 时间，将当前准确的时间信息设置到 STM32 单片机的 RTC 寄存器中。当系统复位或掉电再上电后，也无须重新设置时间值，除非备用电池没电或被拔下。

在嵌入式产品上，经常需要将时间信息显示出来。你可以根据前面章节中的 LCDdisplay.c 例程，编写如图 11.8 所示的时间显示程序：LCD_RTC.c。

图 11.8　RTC 在 LCD 上显示

例程：LCD_RTC.c

这里仅列出 Time_Display 函数代码，完整程序参见本书配套例程。注意：为了在 LCD 上显示时间值，需要分离出时间的十位和个位数字，并将其转换为字符 ASCII 码。

```
void Time_Display(u32 TimeVar)
{
    u8 THH = 0, TMM = 0, TSS = 0;
    THH = TimeVar/3600;
    TMM = (TimeVar % 3600)/60;
    TSS = (TimeVar % 3600)% 60;
    printf("\r\nTime: %0.2d:%0.2d:%0.2d",THH, TMM, TSS);

    Display_List_Char(0, 0, "The Real Time is:");
    Set_xy_LCM(1,0);
    Write_Data_LCM(THH/10+'0');        //小时的十位，数字+0x30=对应字符 ASCII 码
    Write_Data_LCM(THH%10+'0');        //小时的个位
    Write_Data_LCM(':');
    Write_Data_LCM(TMM/10+'0');        //分钟的十位
    Write_Data_LCM(TMM%10+'0');        //分钟的个位
    Write_Data_LCM(':');
    Write_Data_LCM(TSS/10+'0');        //秒的十位
    Write_Data_LCM(TSS%10+'0');        //秒的个位
}
```

任务四　闹钟提醒机器人编程

本任务中，你将搭建一个具有闹钟提醒功能的机器人，元件包括：1 个蜂鸣器、1 个 9013 三极管、两个 100Ω 电阻（色环：棕—黑—黑—黑）。

搭建蜂鸣器闹钟提醒电路

参照图 11.9 所示电路，在智能机器人教学开发板的面包板上搭建起实际电路。实际搭建电路时注意：

● 确认电路板电源断开，等搭建好电路后，再开电源开关；

● 蜂鸣器控制引脚是 PE0；

● 蜂鸣器引脚长的是正极（+），短的是负极（-）。

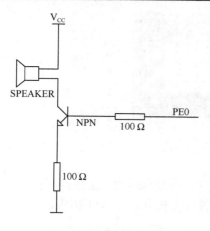

（a）蜂鸣器控制电路图

（b）实际搭建好的电路

图 11.9　闹钟提醒电路

例程：RTC_ALR.c

```c
#include "stm32f10x_heads.h"
#include "HelloRobot.h"
char TimeDisplay = 0, AlarmFlag = 0;

#define    Hours    16
#define    Minutes 50
#define    Seconds    36
#define    Hours_ALR        16
#define    Minutes_ALR      50
#define    Seconds_ALR      40

u32 Time_Regulate(void)
{
    …      //同前，略
}

u32 Time_ALR(void)
{
    u32 Tmp_HH_ALR = 0xFF, Tmp_MM_ALR = 0xFF, Tmp_SS_ALR = 0xFF;

    Tmp_HH_ALR = Hours_ALR;
    Tmp_MM_ALR = Minutes_ALR;
    Tmp_SS_ALR = Seconds_ALR;

    /* Return the value to store in RTC counter register */
    return((Tmp_HH_ALR*3600 + Tmp_MM_ALR*60 + Tmp_SS_ALR));
}

void RTC_Configuration()
```

```
{
    …    //同前，略
  RTC_SetCounter(Time_Regulate());              //设置当前时间
  RTC_SetAlarm(Time_ALR());                     //设置报警时间
}

void Time_Display(u32 TimeVar)
{
    …    //同前，略
}

int main(void)
{
  BSP_Init();
  RTC_Configuration();
  USART_Configuration();
  printf("\r\nProgram Running!");

  RTC_ITConfig(RTC_IT_SEC, ENABLE);             //Enable the RTC Second Interrupt
  RTC_ITConfig(RTC_IT_ALR, ENABLE);             //Enable the ALR Interrupt
  RCC_ClearFlag();                              //Clear reset flags

  while(1)
  {
    if(TimeDisplay == 1)                        /* If 1s has passed */
    {
      Time_Display(RTC_GetCounter());           //* Display current time
      TimeDisplay = 0;

      if(GPIO_ReadInputDataBit(GPIOC, GPIO_Pin_13)==0)
          GPIO_SetBits(GPIOC, GPIO_Pin_13);
      else
          GPIO_ResetBits(GPIOC,GPIO_Pin_13);
    }
    if(AlarmFlag == 1)                          /* If Alarm time is up */
    {
      printf("\r\nAlarm Open!");
      GPIO_SetBits(GPIOE, GPIO_Pin_0);          //Speaker On
      AlarmFlag = 0;
    }
  }
}
```

stm32f10x_it.c 文件中的 RTC 中断函数如下：

```
extern char TimeDisplay;
extern char AlarmFlag;
```

```
...
void RTC_IRQHandler(void)
{
  if(RTC_GetITStatus(RTC_IT_SEC) != RESET)
  {
    RTC_ClearITPendingBit(RTC_IT_SEC);            //Clear the RTC Second interrupt Flag
    TimeDisplay = 1;

    RTC_WaitForLastTask();
    if(RTC_GetCounter() == 0x00015180)
    {
      RTC_SetCounter(0x0);
      RTC_WaitForLastTask();
    }
  }

  if(RTC_GetITStatus(RTC_IT_ALR) != RESET)
  {
      RTC_ClearITPendingBit(RTC_IT_ALR);          //Clear the RTC Alarm interrupt Flag
      AlarmFlag = 1;
      GPIO_SetBits(GPIOB, GPIO_Pin_8);            //Led off
  }
}
```

RTC_ALR.c 是如何工作的？

程序运行结果如图 11.10 所示。与前面程序的主要区别是：

图 11.10　程序运行结果

（1）主函数不仅使能了秒中断，还使能了报警中断。如果设置的时间到了，则让蜂鸣器报警。

（2）由于秒中断和报警中断共用一个中断响应服务函数，因此在 RTC 中断服务子程序中，要查询是哪个中断引起了中断响应，然后才能做出相应处理。在中断服务子程序的报警中断处理代码中，我们可以通过改变某个（接在 PB8 端口）发光二极管的状态来表明是否进入了中断，这种方法在调试中断程序时较为常用。

11.4　STM32 单片机的侵入检测

当用电池维持备份寄存器内容时，如果在侵入引脚 TAMPER（PC13）上检测到电平变化，就会把备份寄存器的内容清空，以保护重要的数据不被非法窃取。

当 TAMPER 引脚上的信号从 0 变成 1 或者从 1 变成 0（取决于备份控制寄存器 BKP_CR 的 TPAL 位）时，会产生一个侵入检测事件。侵入检测事件将所有数据备份寄存器内容清除。

然而为了避免丢失侵入事件，侵入检测信号是边沿检测的信号与侵入检测允许位的逻辑与，从而在侵入检测引脚被允许前发生的侵入事件也可以被检测到。

- 当 TPAL=0 时：如果在启动侵入检测 TAMPER 引脚前（通过设置 TPE 位）该引脚已经为高电平，一旦启动侵入检测功能，就会产生一个额外的侵入事件（尽管在 TPE 位置 "1" 后并没有出现上升沿）；
- 当 TPAL=1 时：如果在启动侵入检测引脚 TAMPER 前（通过设置 TPE 位）该引脚已经为低电平，一旦启动侵入检测功能，就会产生一个额外的侵入事件（尽管在 TPE 位置 "1" 后并没有出现下降沿）。

设置 BKP_CSR 寄存器的 TPIE 位为 "1"，当检测到侵入事件时就会产生一个中断。在一个侵入事件被检测到并被清除后，侵入检测引脚 TAMPER 应该被禁止。然后，在再次写入备份数据寄存器前重新用 TPE 位启动侵入检测功能。这样，可以阻止软件在侵入检测引脚上仍然有侵入事件时对备份数据寄存器进行写操作。这相当于对侵入引脚 TAMPER 进行电平检测。

注意：当 VDD 电源断开时，侵入检测功能仍然有效。为了避免不必要的复位数据备份寄存器，TAMPER 引脚应该在片外连接到正确的电平上。

任务五　侵入检测编程

例程：TAMPER.c

```
#include "stm32f10x_heads.h"
#include "HelloRobot.h"

int main(void)
{
    NVIC_InitTypeDef NVIC_InitStructure;
```

```
    BSP_Init();
    USART_Configuration();
    printf("\r\nProgram Running!");

    /* Enable TAMPER IRQChannel */
    NVIC_InitStructure.NVIC_IRQChannel = TAMPER_IRQChannel;
    NVIC_InitStructure.NVIC_IRQChannelPreemptionPriority = 0;
    NVIC_InitStructure.NVIC_IRQChannelSubPriority = 0;
    NVIC_InitStructure.NVIC_IRQChannelCmd = ENABLE;
    NVIC_Init(&NVIC_InitStructure);

    /* Enable PWR and BKP clock */
    RCC_APB1PeriphClockCmd(RCC_APB2Periph_ALL |RCC_APB1Periph_ALL, ENABLE);

    BKP_DeInit();
    /* Enable write access to Backup domain */
    PWR_BackupAccessCmd(ENABLE);

    /* Clear Tamper pin Event(TE) pending flag */
    BKP_ClearFlag();

    /* Tamper pin active on low level */
    BKP_TamperPinLevelConfig(BKP_TamperPinLevel_Low);

    /* Enable Tamper pin */
    BKP_TamperPinCmd(ENABLE);

    /* Enable Tamper interrupt */
    BKP_ITConfig(ENABLE);

    /* Write data to Backup DRx registers */
    BKP_WriteBackupRegister(BKP_DR1,0xA53C);

    printf("\r\nThe Data in the BKP_DR1 is 0x%.4X",BKP_ReadBackupRegister(BKP_DR1));

    GPIO_SetBits(GPIOB, GPIO_Pin_8);

    while(1)
    {
      if(BKP_ReadBackupRegister(BKP_DR1) == 0)
      {
          GPIO_ResetBits(GPIOB,GPIO_Pin_8);
      }
    }
}
```

stm32f10x_it.c 文件中的侵入中断函数如下：

```
void TAMPER_IRQHandler(void)
{
    if(BKP_GetITStatus() != RESET)
    { /* Tamper detection event occured */
        /* Clear Tamper pin interrupt pending bit */
        BKP_ClearITPendingBit();
        printf("\r\nTAMPER OCCURED!");
        printf("\r\nThe Data in the BKP_DR1 is 0x%.4X",BKP_ReadBackupRegister(BKP_DR1));
        printf("\r\nData lose!");
        /* Clear Tamper pin Event(TE) pending flag */
        BKP_ClearFlag();
    }
}
```

注意，在 HelloRobot.h 文件中，将 PC13 端口的模式设置为浮空输入：

```
GPIO_InitStructure.GPIO_Pin=GPIO_Pin_13;
GPIO_InitStructure.GPIO_Mode=GPIO_Mode_IN_FLOATING;
```

TAMPER.c 是如何工作的？

程序首先进行侵入检测中断设置，选通侵入检测通道作为中断源，设置抢占式优先级和副优先级，并使能侵入检测引脚（PC13）作为中断源，调用 NVIC_Init 固件库函数进行设置。然后使能电源管理和备份寄存器时钟、允许访问后备域。接着，程序需初始化侵入引脚的相关设置，包括清除侵入检测引脚事件的处理标志位、设置低电平时侵入激活、使能侵入引脚 PC13，并打开侵入检测中断。

在备份域寄存器 BKP_DR1 中写入一个数据，当按下侵入按钮后，进入侵入中断服务子程序，通过串口提示数据丢失。教学开发板上 PB8 端口的发光二极管状态也会发生变化，程序运行结果如图 11.11 所示。注意：在侵入中断服务程序中不仅要清除侵入中断标志位，还要清除侵入检测引脚事件的处理标志位。

图 11.11　侵入检测程序运行结果

11.5　STM32 单片机的电源控制

ARM Cortex-M 系列内核主要用于微控制器单片机（MCU）领域，是为那些对功耗和成本非常敏感，同时对性能要求不断增加的嵌入式应用（如微控制器系统、汽车电子与车身控制系统、各种家电、工业控制、医疗器械、玩具和无线网络等）而设计与实现的。

Cortex-M3 核的功耗是 0.19W/MHz，其处理能力为 1.25 DMIPS/MHz。若要达到 5 DMIPS 的性能，则 Cortex-M3 核的 MCU 只需要 4MHz 的工作频率，功耗为 0.76W。而标准 51 核（12 个时钟频率为 1 个机器周期）的性能为 0.083 DMIPS/MHz，若要达到 5 DMIPS 的性能，则需要约 60MHz 的频率。51 核的功耗约为 0.5W/MHz，则频率为 60MHz 时，功耗约为 30W，是 Coretex-M3 内核的 39～40 倍。即使以 51 为核的增强型 MCU 可以达到 1 个时钟频率为 1 个机器周期，若要达到 5 DMIPS 的性能，功耗也是 Coretex-M3 内核的 3 倍以上。STM32F103 处理器的系统频率为 72MHz，处理器性能可达 90DMIPS，Cortex-M3 核的功耗约为 14W，可见，基于 ARM Cortex-M3 内核的 STM32F103 微控制器在性能与功耗上达到了很好的平衡。加之，AHB 和 APB 总线时钟可以独立控制，使 STM32F10xxx 系列单片机系统可以实现很低的功耗水平，因而特别适用于低功耗的无线领域。

STM32 单片机的电源供电图如图 11.12 所示。工作电压（VDD）为 2.0～3.6V。通过内置的电压调节器提供所需的 1.8V 电源，因此，STM32 单片机内核是 1.8V，I/O 端口电压是 3.3V。当主电源 VDD 掉电后，通过 VBAT 脚为实时时钟（RTC）和备份寄存器提供电源。

为了提高转换的精确度，ADC 使用一个独立的电源供电，过滤和屏蔽来自印制电路板上的毛刺干扰。ADC 的电源引脚为 VDDA，还有独立的电源地（VSSA）；VREF+ 的电压范围为 2.4V～V_{DDA}。如果有 VREF- 引脚（根据封装而定），它必须连接到 VSSA 上。

使用电池或其他电源连接到 VBAT 脚上，当 VDD 断电时，可以保存备份寄存器的内容和维持 RTC 的功能。VBAT 脚也为 RTC、LSE 振荡器和 PC13（侵入检测：Tamper Detection）至 PC15（RTC 晶振频率输出）供电，这保证了当主要电源被切断时 RTC 能继续工作。切换到 VBAT 供电由复位模块中的掉电复位功能控制。如果应用中没有使用外部电池，VBAT 必须连接到 VDD 引脚上。

STM32 微控制器的电源管理包括：

（1）上电复位（POR）和掉电复位（PDR）。

STM32 单片机内部有一个完整的上电复位和掉电复位电路，当供电电压达到 2V 时系统即能正常工作。

（2）可编程电压监测器（PVD）。

通过设置电源控制寄存器（PWR_CR）的 PVDE 位来使能 PVD。用户可以利用 PVD 对 VDD 电压与 PWR_CR 中的 PLS[2:0] 位进行比较来监控电源，这 3 位选择监控电压的阈值，从 2.2V 到 2.9V。电源控制/状态寄存器（PWR_CSR）中的 PVDO 标志用来表明 VDD 是高于还是低于 PVD 的电压阈值。该事件在内部连接到外部中断的第 16 线，如果该中断在外部中断寄存器中是使能的，该事件就会产生中断。当 VDD 下降到 PVD 阈值以下和（或）当 VDD 上升到 PVD 阈值以上时，根据外部中断第 16 线的上升/下降边沿触发设置，就会产生 PVD 中断。例如，这一特性可用于执行紧急关闭任务。

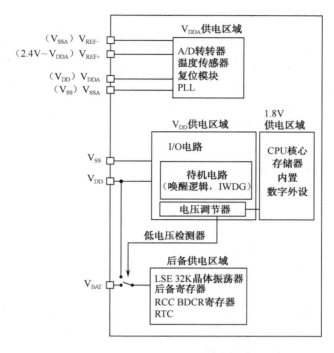

图 11.12　STM32 单片机的电源供电图

STM32 微控制器复位后，电压调节器总是使能的，根据应用方式，它以 3 种不同的模式工作：

● 运行模式（Run mode）：调节器以正常功耗模式提供 1.8V 电源（内核、内存和外设）；

● 停止模式（Stop mode）：调节器以低功耗模式提供 1.8V 电源，以保存寄存器和 SRAM 中的内容；

● 待机模式（Standby mode）：调节器停止供电。除了备用电路和备份域外，寄存器和 SRAM 的内容全部丢失。

（1）运行模式。

在系统或电源复位以后，微控制器处于运行状态。运行状态下由 HCLK 为 STM32 单片机提供时钟。在运行模式下，可以通过以下方式降低功耗：

● 降低系统时钟：在运行模式下，通过对预分频寄存器进行编程，可以降低任意一个系统时钟（SYSCLK、HCLK、PCLK1、PCLK2）的速度。进入睡眠模式前，也可以利用预分频器来降低外设的时钟。这由时钟配置寄存器（RCC_CFGR）完成。

● 关闭 APB 和 AHB 总线上未被使用的外设时钟：通过设置 AHB 外设时钟使能寄存器（RCC_AHBENR）、APB2 外设时钟使能寄存器（RCC_APB2ENR）和 APB1 外设时钟使能寄存器（RCC_APB1ENR）来开关各个外设模块的时钟。

（2）低功耗模式。

当 CPU 不需继续运行时，可以利用多种低功耗模式来节省功耗。如等待某个外部事件时，我们可以根据最低电源消耗、最快速启动时间和可用的唤醒源等条件，选定一个最佳的低功耗模式。STM32F10xxx 有 3 种低功耗模式，这 3 种模式的进入和退出方法见表 11.7。

表 11.7 低功耗模式一览表

低功耗模式	进 入 方 法	退 出 方 法	对 1.8V 区域 时钟的影响	对 V_{DD} 区域时钟的影响	电压调节器
睡眠 （SLEEP-NOW 或 SLEEP-ON-EXIT）	WFI	任一中断	CPU 时钟关，对其他时钟和 ADC 时钟无影响	无	开
	WFE	唤醒事件			
停止	PDDS 和 LPDS 位 +SLEEPDEEP 位 +WFI 或 WFE	任一外部中断（在外部中断寄存器中设置）	关闭所有 1.8V 区域的时钟	HSI 和 HSE 的振荡器关闭	开启或处于低功耗模式，依据电源控制寄存器（PWR_CR）的设定
待机	PDDS 位 +SLEEPDEEP 位 +WFI 或 WFE	WKUP 引脚的上升沿、RTC 闹钟事件、NRST 引脚上的外部复位、IWDG 复位			关

- 睡眠低功耗模式（Sleep mode）：Cortex-M3 内核停止，但电压调节器仍开启，所以所有外设，包括 Cortex-M3 核的外设，如 NVIC、系统时钟（SysTick）等仍在运行，所有的 I/O 引脚都保持它们在运行模式时的状态。

- 停止低功耗模式（Stop mode）：所有的时钟都已停止。停止模式是在 Cortex-M3 的深睡眠模式基础上结合了外设的时钟控制机制，在停止模式下电压调节器可运行在正常或低功耗模式。此时在 1.8V 供电区域的所有时钟都被停止，PLL、HSI 和 HSE RC 振荡器的功能被禁止，SRAM 和寄存器内容被保留下来。同时，所有 I/O 引脚也都保持它们在运行模式时的状态。

- 待机低功耗模式（Standby mode）：1.8V 电源关闭。待机模式可实现系统的最低功耗，该模式是在 Cortex-M3 深睡眠模式时关闭电压调节器。整个 1.8V 供电区域被断电，PLL、HSI 和 HSE 振荡器也被断电，SRAM 和寄存器内容丢失。只有备份的寄存器和待机电路维持供电。

（3）低功耗模式下的自动唤醒（AWU）。

自动唤醒模式是指：RTC 可以在不需要依赖外部中断的情况下唤醒低功耗模式下的微控制器。RTC 提供一个可编程的时间基数，可用于周期性从停止或待机模式下唤醒。通过对备份区域控制寄存器（RCC_BDCR）的 RTCSEL[1:0]位的编程，3 个 RTC 时钟源中的两个时钟源可以选做实现此功能：

- 低功耗 32.768kHz 外部晶振（LSE）：该时钟源提供了一个低功耗且精确的时间基准（在典型情形下消耗小于 1μA）；
- 低功耗内部 RC 振荡器（LSI RC）：使用该时钟源，节省了一个 32.768kHz 晶振的成本。但是 RC 振荡器将少许增加电源消耗。

为了用 RTC 闹钟事件将系统从停止模式下唤醒，必须进行如下操作：

- 配置外部中断线 17 为上升沿触发；
- 配置 RTC 使其可产生 RTC 闹钟事件。

如果要从待机模式中唤醒，不必配置外部中断线 17。

任务六　电源控制编程

例程：RTC_PWR_BUTTON.c

```c
#include "stm32f10x_heads.h"
#include "HelloRobot.h"

void RTC_Configuration()
{
  /* Check if the StandBy flag is set */
  if(PWR_GetFlagStatus(PWR_FLAG_SB) != RESET)
  { /* System resumed from STANDBY mode */
    GPIO_SetBits(GPIOB, GPIO_Pin_8);

    PWR_ClearFlag(PWR_FLAG_SB);          //Clear StandBy flag

    RTC_WaitForSynchro();                //Wait for RTC APB registers synchronisation
    /* No need to configure the RTC as the RTC configuration(clock source, enable,
prescaler,...) is kept after wake-up from STANDBY */
  }
  else
  { /* StandBy flag is not set */
    /* RTC clock source configuration */
    BKP_DeInit();   //Reset Backup Domain

    GPIO_ResetBits(GPIOB, GPIO_Pin_8);

    RCC_LSEConfig(RCC_LSE_ON);           //Enable LSE OSC
    while(RCC_GetFlagStatus(RCC_FLAG_LSERDY) == RESET)   {       }

    RCC_RTCCLKConfig(RCC_RTCCLKSource_LSE); //* Select the RTC Clock Source
    RCC_RTCCLKCmd(ENABLE);               //Enable the RTC Clock

    /* RTC configuration */
    RTC_WaitForSynchro();                //Wait for RTC APB registers synchronisation
    RTC_SetPrescaler(32767);             //Set the RTC time base to 1s

     /* Wait until last write operation on RTC registers has finished */
    RTC_WaitForLastTask();
  }
}

void SysTick_Configuration(void)
{  /* Select HCLK/8 as SysTick clock source */
  SysTick_CLKSourceConfig(SysTick_CLKSource_HCLK_Div8);
```

```
    SysTick_SetReload(180000-1);                    //SysTick interrupt each 20ms with 9MHz
    SysTick_ITConfig(ENABLE);                       //Enable the SysTick Interrupt
    SysTick_CounterCmd(SysTick_Counter_Enable);     //Enable the SysTick Counter
}

int main(void)
{
    BSP_Init();
    GPIO_SetBits(GPIOB, GPIO_Pin_8);                //turn off led
    GPIO_SetBits(GPIOB, GPIO_Pin_9);                //turn off led
    GPIO_SetBits(GPIOC, GPIO_Pin_12);               //turn off led
    GPIO_SetBits(GPIOC, GPIO_Pin_13);               //turn off led

    /* Enable PWR and BKP clocks */
    RCC_APB1PeriphClockCmd(RCC_APB1Periph_PWR | RCC_APB1Periph_BKP, ENABLE);

    PWR_WakeUpPinCmd(ENABLE);                        //使能 WAKE-UP 引脚
    PWR_BackupAccessCmd(ENABLE);

    RTC_Configuration();                             //Configure RTC clock source and prescaler
    SysTick_Configuration();                         //Configure the SysTick interrupt

    USART_Configuration();
    printf("\r\nProgram Running!");

    while(1)
    {
    }
}
```

stm32f10x_it.c 文件中的中断函数如下：

```
int counter=0;
…
void SysTickHandler(void)
{
    counter++;
    if(counter>=25)
    {
        counter=0;
        GPIO_WriteBit(GPIOC,GPIO_Pin_13,
        (BitAction)(1-GPIO_ReadOutputDataBit(GPIOC,GPIO_Pin_13)));
    }
}
…
void EXTI9_5_IRQHandler(void)
```

```
    {
        if(EXTI_GetITStatus(EXTI_Line9) != RESET)
        {
            EXTI_ClearITPendingBit( EXTI_Line9) ;          //中断结束时清中断标志位
            GPIO_ResetBits(GPIOC, GPIO_Pin_12);

            RTC_ClearFlag(RTC_FLAG_SEC);                    //Wait till RTC Second event occurs
            while(RTC_GetFlagStatus(RTC_FLAG_SEC) == RESET);

            //Request to enter STANDBY mode (Wake Up flag is cleared in PWR_EnterSTANDBYMode
function)
            PWR_EnterSTANDBYMode();              //进入待机模式，LED 全灭
            GPIO_ResetBits(GPIOB, GPIO_Pin_9); //STANDBYMode 和 STOPMode 都不会执行这条语句
        }
    }
```

RTC_PWR_BUTTON.c 是如何工作的？

程序首先关断所有发光二极管、使能电源管理和备份寄存器时钟、使能 WAKE-UP 引脚、允许访问后备域；接着进行 RTC 的相关设置，并点亮 PB8 端口的发光二极管；然后进行系统节拍定时器 SysTick（System Tick Timer）的相关设置，使其产生 20ms 的定时中断；之后，通过串口提示程序开始运行，并进入 while(1)循环。其中，系统节拍定时器的有关知识将在下一章再做介绍。

程序每隔 20ms 会进入系统节拍定时中断服务子程序，使 PC13 端口的发光二极管每秒钟闪烁一下，表明程序正常运行。当按下 PC9 端口的按键时，进入外部按键中断服务子程序，点亮 PC12 端口的发光二极管，当 RTC "秒事件" 到来时，即 1s 后，进入待机模式，此时发光二极管会都熄灭，因为待机模式会关闭电压调节器、所有 1.8V 区域的时钟，以及 HSI 和 HSE 的振荡器，所以，PWR_EnterSTANDBYMode()语句后面的代码不会执行，即 PB9 端口的发光二极管永远不会亮。

当按下 "WAKEUP" 按键唤醒时，系统重新开始运行，程序判断是从待机模式唤醒，而不是系统上电复位，因此，不会执行 RTC 初始化相关设置，PB8 端口的发光二极管也不会亮。

注意，要将 STM32 教学开发板的 PA0 端口功能选择开关设置成 "wakeup"。PA0 端口也可设置为外接模拟信号输入，参见附录 A 说明。

也可以通过 RTC 闹钟事件（例如 5s 后）将系统从待机模式下唤醒，修改程序如下：

```
    int main(void)
    {
        ...
        PWR_WakeUpPinCmd(DISABLE);          //禁止 WAKE-UP 引脚
        PWR_BackupAccessCmd(ENABLE);
        ...
    }

    void EXTI9_5_IRQHandler(void)
```

```
    {
      if(EXTI_GetITStatus(EXTI_Line9) != RESET)
      {
        …
        RTC_ClearFlag(RTC_FLAG_SEC);                //Wait till RTC Second event occurs
        while(RTC_GetFlagStatus(RTC_FLAG_SEC) == RESET);

        RTC_SetAlarm(RTC_GetCounter()+ 5);         //Set the RTC Alarm after 5s
        RTC_WaitForLastTask();

        PWR_EnterSTANDBYMode();                    //进入待机模式，LED 全灭
        GPIO_ResetBits(GPIOB, GPIO_Pin_9);
      }
    }
```

注意：在调试 STANDBY 和 STOP 模式时，不要使用任何优化编译设置，否则编译器编译 PWR_EnterSTANDBYMode 或 PWR_EnterSTOPMode 库函数时，将不产生 WFI 或 WFE 代码，不能进入 STANDBY 模式或 STOP 模式。另外，当系统进入停机模式时，将无法使用仿真器进行调试。

在低功耗模式下，为了更省电，可以将 GPIO 配置为带上拉的输出模式，输出电平由外部电路决定。

工程素质和技能归纳

（1）RTC 的作用，为什么要接晶振？使用晶振时应注意什么？

（2）熟悉 STM32 单片机的实时时钟 RTC 结构，掌握 RTC 的配置流程和方法。

（3）熟悉 STM32 单片机的备份寄存器的作用。

（4）掌握 RTC 的编程及注意事项。

（5）熟悉 STM32 单片机的低功耗模式，掌握其电源控制方法。

第12章

STM32 单片机看门狗编程及其应用

单片机测控系统在工业自动化、生产过程控制、智能化仪器仪表等领域得到广泛的应用，单片机嵌入式系统常常会受到来自外界电磁场的干扰，造成程序的"跑飞"现象，从而使正常的程序运行被打断，这样，由单片机控制的对象无法继续工作，会造成整个系统陷入停滞状态，发生不可预料甚至灾难性的后果，所以对单片机系统的运行状态需要进行实时监测，于是便产生了一种专门用于监测程序运行状态的电路或芯片，俗称看门狗（Watchdog）。

看门狗的作用是在微控制器受到干扰进入错误状态后，使系统在一定时间间隔内复位。因此，看门狗是保证系统长期、可靠和稳定运行的有效措施。目前大部分的嵌入式芯片内都集成了看门狗定时器来提高系统运行的可靠性。通过本章的介绍，你将掌握如何利用 STM32 单片机看门狗技术来提高系统的可靠性和抗干扰能力。

12.1 看门狗介绍

单片机应用系统的工作环境往往是比较恶劣和复杂的，作为系统的"大脑"，单片机不可避免地会受到来自内部和外部的各种电气干扰的影响，这时单片机可能会出现输入、输出错误，甚至会干扰到程序指针（PC），使其发生错误，那就有可能误将非操作码当作操作码来执行，造成程序执行混乱甚至进入死循环，使系统无法正常运行。因此，如何发现 CPU 受到干扰，如何拦截失去控制的程序流向，使程序纳入正常轨道是单片机应用系统中必须解决的问题。通常采取的方法有软件陷阱、指令冗余和看门狗技术。软件陷阱和指令冗余技术可以使大多数失控的程序走向正常，但是当失控程序形成了死循环，指令冗余技术和软件陷阱技术就无能为力了，只有复位（人工的或自动的）才能使系统脱离死循环。这种程序失控后，能自动复位单片机的技术就是看门狗。

指令冗余和软件陷阱

单片机操作时序完全由程序计数器 PC 控制，一旦 PC 因干扰出现错误，程序便脱离正常轨道，出现"乱飞"、改变操作数数值，以及将操作数误认为操作码等错误操作。为了使"乱飞"的程序迅速重回正轨，采用单字节指令，并在关键地方插入一些空操作指令（如 51 单片机系统，可插入两条 NOP 指令）或将有效单字节指令重写（在指令后面重复同样的指令），这种方法叫做指令冗余。

当"乱飞"的程序进入非程序区或表格区时，无法用冗余指令使程序入轨，此时可以加入软件陷阱程序，拦截"乱飞"的程序，将其迅速引向一个指定位置，在那里有程序运行出错处理程序（如强迫系统复位语句：(* (void (*) ( )) 0) ( ) 或(* (void (*) ( )) main) ( )，将程序纳入正轨。前一条语句用于程序从 flash 地址 0 开始执行，后一条语句用于从 main 函数开始执行。这种方法涉及函数指针的用法：

void (*0) ( )：是一个返回值为 void，参数为空的函数指针 0；

(void (*) ( ))0：是把 0 转变成一个返回值为 void，参数为空的函数指针；

*(void (*) ( ))0：是一个返回值为 void，参数为空，并且起始地址为 0 的函数的名字；

(*(void (*) ( ))0) ( )：函数调用；

因此，你也可以编写下面的代码，用于软件陷阱。

```
void (*RET)(void);
RET=(void(*)())0;      //Ret=(void(*)())main;
RET();
```

注意：函数指针在 PC 应用软件开发中使用较少（C++语言的多态特性用到函数指针），但在 PC 底层中断、硬件驱动（如 Linux 驱动）开发中使用较多。深刻理解函数指针的用法对于嵌入式系统工程师来说非常重要。

通过这种方法也可以由程序控制单片机复位。

看门狗可以分为独立于单片机外部的看门狗芯片和单片机片内集成的看门狗外设模块两种。对于独立于单片机的外部看门狗芯片，其工作原理是：看门狗芯片和单片机的一个 I/O 引脚相连，该 I/O 引脚通过单片机程序控制它定时地往看门狗的这个引脚上送入高电平（或低电平），这一程序语句是分散地放在单片机其他控制语句中间的，一旦单片机由于干扰造成程序跑飞而陷入某一程序段，就会进入死循环状态，向看门狗芯片发送高电平（或低电平）的程序便不能被执行，看门狗电路就会由于得不到单片机送来的信号，而向单片机的复位引脚发送一个复位信号，从而使单片机发生复位，即程序从程序存储器的起始位置开始重新执行，这样便实现了单片机的自动复位。从上面的原理可以看出，外部看门狗芯片实际上是个单稳态电路，如果不在单稳态电路的暂态电平时间内向它发出触发脉冲，那么这个单稳态电路的输出电平状态就会发生变化，由暂态电平变为稳态电平，如果单片机的有效复位电平与稳态电平一直，就使得单片机自动复位。当然，这个稳态电平还需变回暂态电平，否则单片机一直处于复位状态，就失去看门狗的意义了。

随着芯片集成度的提高，现在的微控制器大都在片内集成了看门狗模块，作为一个外设。程序运行时，看门狗模块需要程序每隔一段时间给它一个信号，用以清空它的 WDT 计数器（Watchdog Timer），如果没有这个信号，计数器溢出，则会向微控制器或微处理器产生一个复位信号，使系统强制复位，这样可以避免死机。因此，看门狗的应用使单片机系统可以在无人状态下实现连续工作，提高了系统的可靠性。

无论是单片机外部的看门狗芯片还是片内集成的看门狗外设模块，一般都需要有一个输入信号，也称"喂狗"，一个输出信号，连接到 MCU 的复位端（RST）。MCU 正常工作时，每隔一段时间，就输出一个信号（喂狗），给 WDT 清零，重新计时。如果超过规定的时间不喂狗（表明程序跑飞，PC 指针不可控），WDT 定时器继续计数直至溢出，就会输出一个信号（可以形象地认为：没有喂狗后，狗会开始叫唤），MCU 发生复位，程序指针清零，于是从程序存储器的起始位置开始重新执行，这就防止了 MCU 死机。

由上面的看门狗工作原理可以知道：在系统运行后启动了看门狗的计数器，看门狗就开始自动计数，如果到了一定的时间还不去清看门狗，那么看门狗计数器就会溢出，从而引起看门狗中断，造成系统复位。因此，程序设计者必须清楚看门狗的溢出时间以决定在合适的时候清看门狗。清看门狗也不能太过频繁，否则会造成资源浪费。程序正常运行时，软件每隔一定的时间（小于定时器的溢出周期）给定时器清零，即可预防溢出中断而引起的误复位。

> **硬件看门狗**
>
> 对于片内没有看门狗的微控制器，可以采用硬件看门狗来监控主程序的运行。常用的 WDT 芯片有 MAX813、IMP813 等，硬件看门狗芯片往往带有复位控制。如果不用硬件看门狗，也可用软件的方法实现看门狗技术，但这需要占用定时器的资源，这里不再赘述。

STM32F10xxx 内置两个看门狗：独立看门狗和窗口看门狗，使用均较为灵活。这两个看门狗模块可用来检测和解决由软件错误引起的故障，当计数器达到给定的超时值时，触发中断（仅适用于窗口看门狗）或产生系统复位。

12.2　STM32 单片机独立看门狗编程

独立看门狗（Independent watchdog，IWDG）的时钟系统是由一个 12 位的递减计数器和一个 8 位的预分频器构成的，时钟由一个独立的、40kHz 的内部低速 LSI（Low Speed Internal）RC 振荡器提供。因为这个 LSI 时钟是独立于系统之外的，所以称为独立看门狗。它可运行于停机和待机模式，即使主时钟发生故障（如晶振停振），或者 CPU 进入了休眠待机模式，仍然有效。IWDG 也可以作为一个自由定时器为应用程序提供超时管理。由于 LSI 的精度不高，其频率范围在 30～60kHz，因此，IWDG 适合应用于那些需要看门狗作为一个在主程序之外，能够完全独立工作，并且对时间精度要求较低的场合。如果对定时精度要求高，可采用窗口看门狗。

STM32 单片机的 IWDG 结构如图 12.1 所示，相关的寄存器有：
- IWDG 键寄存器：IWDG_KR（key register）；
- IWDG 重装载寄存器：IWDG_RLR（reload register）；
- IWDG 预分频寄存器：IWDG_PR（prescaler register）；
- IWDG 状态寄存器：IWDG_SR（status register）。

独立看门狗的工作原理是：在键寄存器（IWDG_KR）中写入 0xCCCC，开始启用独立看门狗，此时计数器开始从其复位值 0xFFF 递减计数。当计数器计数到 0 时，会产生一个复位信号（IWDG_RESET）。无论何时，向键寄存器 IWDG_KR 中写入 0xAAAA，重装载寄存器（IWDG_RLR）中的值就会被重新加载到计数器，从而避免产生看门狗复位。

IWDG_PR 和 IWDG_RLR 寄存器具有写保护功能。要修改这两个寄存器的值，必须先向 IWDG_KR 寄存器中写入 0x5555。以不同的值写入这个寄存器将会打乱操作顺序，寄存器将重新被保护。重装载操作（即写入 0xAAAA）也会启动写保护功能。状态寄存器指示预分频值和递减计数器是否正在被更新。

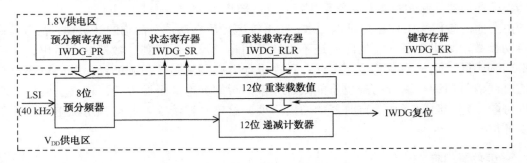

图 12.1　STM32 单片机的 IWDG 结构

当 STM32 微控制器进入调试模式时，根据调试模块中的 DBG_IWDG_STOP 配置位的状态，IWDG 的计数器能够继续工作或被冻结。

当 CPU 进入休眠模式时，IWDG 可以作为一个 CPU 的定时唤醒闹钟，以达到超低功耗，并定时醒来。低速内部时钟 LSI 的典型频率为 40kHz，IWDG 的最大预分频系数为 256，看门狗定时器的计数器是 12 位的，最大可以设置到 0xFFF，所以最长的定时时间约为 26s，可用于 CPU 的自动定时唤醒。

独立看门狗的超时时间见表 12.1，这些时间是按照 40kHz 时钟给出的。由于内部 RC 的频率会在 30kHz 到 60kHz 之间变化，所以 IWDG 适合用于对时间精度要求较低的场合。此外，即使 RC 振荡器的频率是精确的，确切的时序仍然依赖于 APB 接口时钟与 RC 振荡器时钟之间的相位差，因此总会有一个完整的 RC 周期是不确定的。

表 12.1　独立看门狗超时时间

预分频系数	PR[2:0]位	最短时间（ms）RL[11:0]=0×000	最长时间（ms）RL[11:0]=0×FFF
/4	0	0.1	409.6
/8	1	0.2	819.2
/16	2	0.4	1638.4
/32	3	0.8	3276.8
/64	4	1.6	6553.6
/128	5	3.2	13107.2
/258	(6 或 7)	6.4	26214.4

注意：如果使用大容量和互联型的 STM32 单片机则可以进行 LSI 校准，得到精确的独立看门狗（IWDG）超时时间，以及 RTC 时间基数。方法是通过校准 LSI 来补偿其频率偏移，使用 TIM5 的输入时钟（TIM5_CLK）测量 LSI 时钟频率实现，因为给 TIM5 提供时钟的 HSE 精度高。

定义 IWDG 和 WWDG 寄存器组的结构体分别是 IWDG_TypeDef 和 WWDG_TypeDef，在文件"stm32f10x_map.h"中：

```
typedef struct
{
    vu32 KR;
    vu32 PR;
    vu32 RLR;
    vu32 SR;
} IWDG_TypeDef;
…
typedef struct
{
    vu32 CR;
    vu32 CFR;
    vu32 SR;
} WWDG_TypeDef;
…
#define PERIPH_BASE              ((u32)0x40000000)
#define APB1PERIPH_BASE          PERIPH_BASE
…
#define WWDG_BASE                (APB1PERIPH_BASE + 0x2C00)
#define IWDG_BASE                (APB1PERIPH_BASE + 0x3000)
…
#ifdef _WWDG
    #define WWDG                ((WWDG_TypeDef *) WWDG_BASE)
#endif
#ifdef _IWDG
    #define IWDG                ((IWDG_TypeDef *) IWDG_BASE)
#endif
```

从上面的宏定义可以看出：STM32 单片机的 IWDG 寄存器组的首地址是 0x40003000，其寄存器和复位值见表 12.2。

表 12.2　IWDG 寄存器和复位值

偏移	寄存器	31	30	29	28	27	26	25	24	23	22	21	20	19	18	17	16	15	14	13	12	11	10	9	8	7	6	5	4	3	2	1	0
000h	IWDG_KR	保留																KEY[15:0]															
	复位值																	0	0	0	0	0	0	0	0	0	0	0	0	0	0	0	0
004h	IWDG_PR	保留																													PR[2:0]		
	复位值																														0	0	0
008h	IWDG_RLR	保留																				RL[11:0]											
	复位值																					1	1	1	1	1	1	1	1	1	1	1	1
00Ch	IWDG_SR	保留																														RVU	PVU
	复位值																															0	0

任务一　独立看门狗编程

下面我们来具体介绍如何使用 IWDG 进行检测和解决由系统错误引起的故障。程序正常时，每隔一定的时间重新装载 IWDG 计数器，即"喂狗"一次，假设程序进入某个代码片段，如按键中断，发生了死循环，不能退出来，那么"喂狗"程序无法执行，当 IWDG 计数器递减到 0 时，达到了给定的超时值，产生系统复位。

例程：IWDG.c

```c
#include "stm32f10x_heads.h"
#include "HelloRobot.h"

void SysTick_Configuration(void)
{
    SysTick_CounterCmd(SysTick_Counter_Disable);      //Disable SysTick Counter

    SysTick_ITConfig(DISABLE);                        //Disable the SysTick Interrupt

    /* Select HCLK/8=9MHz as SysTick clock source */
    SysTick_CLKSourceConfig(SysTick_CLKSource_HCLK_Div8);

    SysTick_SetReload(270000-1);                      //SysTick interrupt each 30ms

    SysTick_CounterCmd(SysTick_Counter_Enable);       //Enable the SysTick Counter
    SysTick_ITConfig(ENABLE);                         //Enable the SysTick Interrupt
}

void IWDG_Config(void)
{
    /* 向 IWDG_KR 中写入 0x5555，解除 IWDG_PR 和 IWDG_RLR 写保护 */
    IWDG_WriteAccessCmd(IWDG_WriteAccess_Enable);

    IWDG_SetPrescaler(IWDG_Prescaler_256);            //IWDG 预分频系数: 40kHz/256
    IWDG_SetReload(300);                              //300*256/40k=1.92，不能大于 4095

    /* 向键寄存器 IWDG_KR 中写入 0xAAAA，Reload IWDG counter，喂狗 */
    IWDG_ReloadCounter();

    /* 在 IWDG_KR 中写入 0xCCCC，使能 LSI RC 振荡器，启用独立看门狗；*/
    IWDG_Enable();
}

int main(void)
{
    BSP_Init();                                       //开发板初始化
```

```
    USART_Configuration();

    /* Check if the system has resumed from IWDG reset */
    if(RCC_GetFlagStatus(RCC_FLAG_IWDGRST) != RESET)
    {
        GPIO_ResetBits(GPIOC, GPIO_Pin_13);          //Turn on led connected to PC.13
        printf("IWDG Reset...\r\n");
        RCC_ClearFlag();                             //Clear reset flags
    }
    else
    {
        GPIO_SetBits(GPIOC,GPIO_Pin_13);             //Turn off led connected to PC.13
        printf("PowerOn or ExtKey Reset\r\n");
    }

    /* Configure SysTick to generate an interrupt each 30ms to clear IWDG*/
    SysTick_Configuration();

    IWDG_Config();                                   //Configure   IWDG

    while (1)
    {
        delay_nms(1000);
        printf("Program Normal\r\n");
    }
}
```

这里，我们使用了系统时钟（SYSCLK），通过 SysTick 初始化函数：SysTick_ Configuration 配置 SysTick 产生 30ms 的定时中断，重新装载 IWDG 计数器，即"喂狗"一次。SysTick 中断属于 ARM Cortex-M3 内核的中断，其优先级较高，可以保证中断服务函数的执行。在 "stm32f10x_it.c.c"文件中，SysTick 中断响应服务函数 SysTickHandler 每隔 30ms 重新装载 IWDG 计数器，即"喂狗"一次。当按键中断响应服务函数 EXTI9_5_IRQHandler 中发生了死循环，不能退出来时，则"喂狗"程序无法执行，从而发生系统复位。

```
    void SysTickHandler(void)
    {
    /*  向键寄存器 IWDG_KR 中写入 0xAAAA, Reload IWDG counter, 喂狗  */
        IWDG_ReloadCounter();
    }
    …
    void EXTI9_5_IRQHandler(void)
    {
        if(EXTI_GetITStatus(EXTI_Line9) != RESET)
        {
            EXTI_ClearITPendingBit( EXTI_Line9) ;   //清中断标志位
            while(1);                               //程序死循环，不再喂狗
```

```
        }
    }
```

IWDG.c 程序是如何工作的？

下面具体介绍一下如何利用 IWDG 进行检测和解决由系统错误引起的故障。独立看门狗程序功能如图 12.2 所示。当程序正常运行时，每隔 30ms 会重新装载 IWDG 计数器，即"喂狗"一次，所以不会产生 IWDG 复位，如图 12.3（a）所示；假设程序进入某个代码片段，比如在按键中断服务程序中发生了死循环，不能退出来，那么"喂狗"程序无法执行，当 IWDG 计数器递减到 0 时，达到了给定的超时值，发生系统复位。复位之后，程序检测到复位与时钟配置寄存器组中的控制/状态寄存器（RCC_CSR）标志位"IWDGRSTF"为 1，表明发生了独立看门狗复位，则点亮 LED，并在串口调试软件上提示，如图 12.3（b）所示。

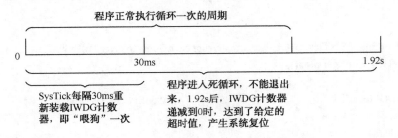

图 12.2　独立看门狗程序功能示意图

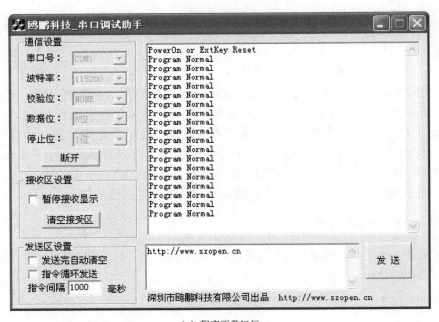

（a）程序正常运行

图 12.3　程序运行结果

（b）程序发生了死循环，IWDG 计数器超时，产生系统复位

图 12.3　程序运行结果（续）

编写独立看门狗程序时要注意：

（1）因为独立看门狗使用的是 LSI，所以最好在复位与时钟初始化函数 RCC_Configuration 中加入：

```
void RCC_Configuration(void)
{
    …
    RCC_LSICmd(ENABLE);//打开 LSI
    while(RCC_GetFlagStatus(RCC_FLAG_LSIRDY)==RESET);//等待直到 LSI 稳定
}
```

（2）喂狗周期要小于独立看门狗 IWDG 计数超时值；同时，这个超时值也要大于程序正常执行循环一次的周期，否则程序正常执行一次循环还没完，就发生复位了。

（3）IWDG 初始化程序要在 SysTick 的初始化之后。

（4）独立看门狗使用 SysTick 中断来重新装载计数器。为了不影响 SysTick 的其他应用，在 "stm32f10x_it.c.c" 文件中，可加入下面的代码：

```
int Tic_IWDG;              //喂狗循环程序的频率判断变量
…
void SysTickHandler(void)
{
    Tic_IWDG++;            //变量递增
    if(Tic_IWDG>=10)      //每 10 个 SysTick 周期，喂狗一次
    {
        IWDG_ReloadCounter();                 //Reload IWDG counter，喂狗
        Tic_IWDG=0;                           //变量清零
    }
}
```

任务二　认识系统节拍定时器

ARM Cortex-M3 内核集成了一个系统节拍定时器 SysTick（System Tick Timer），它是一个 24 位递减计数器，SysTick 设定初值并使能后，每经过 1 个系统时钟周期，计数值就减 1，减到 0 时，SysTick 计数器自动重装初值并继续计数，同时内部的 COUNTFLAG 标志会置位，触发中断。

系统节拍定时器有独立的中断向量，可以供操作系统或系统管理软件用来每隔固定的时间产生一次中断，中断响应属于 ARM Cortex-M3 内核，异常号为 15。SysTick 寄存器的定义在文件"stm32f10x_map.h"中，对应地址是：0xE000 E010～0xE000 E01C，见表 12.3。

```
/*----------------------- SystemTick -----------------------------------*/
typedef struct
{
  vu32 CTRL;        //Control and Status Register
  vu32 LOAD;        //Reload Value Register
  vu32 VAL;         //Current Value Register
  vuc32 CALIB;      //Calibration Value Register
} SysTick_TypeDef;
…
/* System Control Space memory map */
#define SCS_BASE            ((u32)0xE000E000)
#define SysTick_BASE        (SCS_BASE + 0x0010)
#define NVIC_BASE           (SCS_BASE + 0x0100)
#define SCB_BASE            (SCS_BASE + 0x0D00)
…
#ifdef _SysTick
  #define SysTick           ((SysTick_TypeDef *) SysTick_BASE)
#endif /*_SysTick */
```

表 12.3　系统节拍定时器寄存器

名　称	类　型	地　址	复 位 值
Control and Status Register	读/写	0xE000 E010	0x0000 0004
Reload Value Register	读/写	0xE000 E014	不确定
Current Value Register	读/写	0xE000 E018	不确定
Calibration Value Register	只读	0xE000 E01C	校准值

操作系统一般需要一个硬件定时器来产生操作系统需要的周期性滴答中断，作为整个系统的时基，以维持操作系统"心跳"的节律。因此，这个 SysTick 主要是用来给嵌入式操作系统提供任务切换和时间管理的定时器，只要不将它在 SysTick 控制及状态寄存器中的使能位清除，它就永不停息。所有基于 ARM Cortex-M3 的微控制器都带有这个定时器，这样便于嵌入式操作系统（如 μCOS）或应用软件在不同的器件之间进行移植。SysTick 定时器除了能服务于操作系统之外，还能用于其他目的，如作为一个闹铃，用于测量时间等。要注意的是，当处理器在调试期间被喊停（halt）时，SysTick 定时器也将暂停运行。

注意： SysTick 的具体时钟源由芯片生产厂家决定，因此不同产品之间的时钟频率可能会不相同，使用时需要查看芯片数据手册。

尝试一下，使用 SysTick 编写 LED 闪烁程序。

12.3　STM32 单片机窗口看门狗编程

嵌入式系统中的看门狗，大部分是独立看门狗 IWDG，程序可以在它产生复位前的任意时刻刷新看门狗，但这有一个隐患，有可能程序跑乱了又跑回到正常的地方，或跑乱的程序正好执行了刷新看门狗操作，这样的情况下一般的看门狗就检测不出来了。如果使用窗口看门狗，可以根据程序正常执行的时间设置刷新看门狗的一个时间窗口，保证不会提前刷新看门狗，也不会滞后刷新看门狗，这样可以检测出程序没有按照正常的路径运行非正常地跳过了某些程序段的情况。

窗口看门狗（Window Watchdog，WWDG）通常被用来监测由外部干扰或不可预见的逻辑条件造成的应用程序背离正常的运行序列而产生的软件故障。WWDG 由 APB1 时钟分频后得到的时钟驱动，通过可配置的时间窗口来检测应用程序非正常的过迟或过早操作。WWDG 有一个 7 位的递减计数器，被当成看门狗用于在发生问题时复位整个系统。WWDG 具有早期预警中断功能，在调试模式下，WWDG 的计数器可以被冻结。WWDG 最适合那些要求看门狗在精确计时窗口起作用的应用程序。

独立看门狗与窗口看门狗的区别

独立看门狗 IWDG 有独立的时钟，它不受系统硬件影响，可以作为系统故障探测程序用，主要用于监视硬件的错误。而窗口看门狗 WWDG 的时钟与系统相同，可以认为是系统内部的故障探测器。如果系统时钟不走了，这个窗口看门狗也就失去作用了，主要用于监视软件错误。WWDG 计数器达到给定的超时值时，会触发中断，这是给应用程序最后一次喂狗的机会。

通常这个中断不是让应用程序执行喂狗操作，因为既然进入到这个中断，就表示应用程序在其他地方的喂狗操作不能奏效，所以发生这种现象时，肯定是系统出问题了，或者是程序有 Bug，或者是碰到了干扰。因此在这种情况下，WWDG 中断是为了让应用程序在发生复位前，安排一些紧急处理的任务：保存重要的数据和状态参数，或做系统刹车（如电梯控制）等操作。由此看出，简单地在 WWDG 中断服务程序中"喂狗"，既没有发挥 WWDG 相对于 IWDG 的优势，又因为在 WWDG 中断中喂狗而为系统留下了隐患，发生不可预料甚至灾难性的后果，达不到看门狗的作用。

STM32 单片机的窗口看门狗模块结构如图 12.4 所示，相关的寄存器有：
- WWDG 控制寄存器：WWDG_CR（control register），递减计数器被包含在这个寄存器中，其初值为 0x7F；
- WWDG 配置寄存器：WWDG_CFR（configuration register），其初值为 0x7F；
- WWDG 状态寄存器：WWDG_SR（status register）。

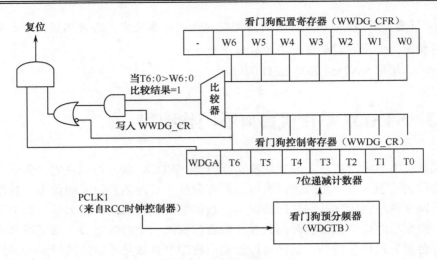

图 12.4　窗口看门狗模块结构

窗口看门狗会在两种情况下产生复位：

① 如果 7 位的递减计数器（在控制寄存器 WWDG_CR 中）的值在 T6 位变成 0 之前没有被刷新，即未被重置，那么看门狗电路在达到预置的时间周期时，会产生一个 MCU 复位。也就是说，递减计数器由初值 0x7F 开始递减，当计数器值小于 0x40（T6 位变成 0：从 0x40 减到 0x3F）时，则产生复位。这可以理解为"过迟"复位。

② 在递减计数器达到窗口寄存器（在配置寄存器 WWDG_CFR 中）数值之前，也就是大于这个设定数值时，如果递减计数器数值被刷新，即递减计数器在窗口外被重新装载，那么也将产生一个 MCU 复位。这可以理解为"过早"复位。

因此，WWDG 的递减计数器需要在一个有限的时间窗口中被刷新，其值"过早"刷新和"过迟"没有被刷新，都会产生 MCU 复位，这就是窗口看门狗名称的由来。STM32 单片机的窗口看门狗其实是一种软件复位，其时序如图 12.5 所示。

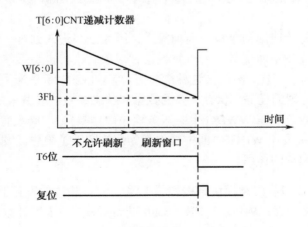

图 12.5　窗口看门狗时序图

WWDG 递减计数器的范围

由于 WWDG 的 7 位递减计数器的值在 T6 位变成 0 时会产生一个 MCU 复位，因此递减计数器的数值在 0x7F 和 0x40 之间，其有效计数范围是 6 位：T[5:0]，所以有些资料上说 WWDG

的递减计数器是 6 位，也是正确的。

WWDG 递减计数器的数值在 0x7F 和 0x40 之间，根据 WWDG 预分频器的设置，可以对 PCLK1/4096 进行 1、2、4、8 分频，因此计算 WWDG 超时值的公式如下：

$$T_{WWDG} = T_{PCLK1} \times 4096 \times 2^{WDGTB} \times (T[5:0] + 1)$$

其中，T_{WWDG}：WWDG 超时时间；T_{PCLK1}：APB1 时钟周期。

窗口看门狗的超时范围见表 12.4。

表 12.4　窗口看门狗超时范围（PCLK1=36MHz）

WDGTB[1:0]	最小超时值（T[6:0] = 0x40）	最大超时值（T[6:0] = 0x7F）
00：PCLK1/4096 进行 1 分频	113μs	7.28ms
01：PCLK1/4096 进行 2 分频	227μs	14.56ms
10：PCLK1/4096 进行 4 分频	455μs	29.12ms
11：PCLK1/4096 进行 8 分频	910μs	58.25ms

将 WWDG_CR 寄存器中的 WDGA 位置"1"，看门狗被启动。如果启动了看门狗并且允许中断，当递减计数器等于 0x40 时产生早期唤醒中断（EWI），即窗口看门狗中断。它可以被用于重装载计数器，以避免 WWDG 复位（但通常不这么做，见前面的分析）。从窗口看门狗的时序图可以知道，当出现下面两种情况时，窗口看门狗将产生复位：

① 当递减计数器从 0x40 翻转到 0x3F，即 T6 位清零时，产生一个复位。

② 当计数器值大于窗口寄存器中的数值时，被重新装载，也将产生一个复位。

这与前面的分析是一致的。所以，应用程序在正常运行过程中必须定期地写入 WWDG_CR 寄存器以防止 MCU 发生复位。而这个写入时机很重要，只能在窗口看门狗时序图中的刷新窗口期间，即只有当递减计数器的值大于等于 0x40，且小于窗口寄存器的值时，才能进行写操作（刷新），防止复位发生。

因此，储存在 WWDG_CR 寄存器中的数值必须在 0xFF 和 0xC0 之间，递减计数器的数值在 0x7F 和 0x40 之间。

- 启动看门狗：在系统复位后，看门狗总是处于关闭状态，将 WWDG_CR 寄存器的 WDGA 位置"1"开启看门狗，随后它不能再被关闭，除非发生复位；
- 控制递减计数器：递减计数器处于自由运行状态，即使看门狗被禁止，递减计数器仍继续递减计数。当看门狗被启用时，T6 位必须被设置，以防立即产生一个复位。T[5:0] 位包含了看门狗产生复位之前的计时数目（T[5:0]=T[6:0]−0x40）；复位前的延时时间在一个最小值和一个最大值之间变化，这是因为写入 WWDG_CR 寄存器时，预分频值 WDGTB（在配置寄存器 WWDG_CFR 中）是未知的；
- 配置寄存器（WWDG_CFR）中包含窗口的上限值：要避免产生复位，递减计数器必须在其值小于窗口寄存器的数值并且大于 0x3F 时被重新装载。另一个重装载递减计数器的方法是利用早期唤醒中断（EWI），设置 WWDG_CFR 寄存器中的 EWI 位开启该中断，在 WWDG_SR 寄存器中写"0"可以清除该中断（注意是写"0"清除，而不是写"1"清除）。当递减计数器到达 0x40 时，则产生此中断，相应的中断服务程序可以用来重装递减计数器的值以防 WWDG 复位。但是这种重新装载是无意义的，因为进入这个中断表明应用程序在其他地方的喂狗操作不能奏效，所以发生这种现象时，肯定是系统有问题了，或者是程序有 Bug，或者是碰到了干扰。因此，在这个中断程序中，不应该重装递减计数器，而是保存一些重要数据和状态参数或做系统刹车（如电梯控制）等操作。

WWDG 寄存器组的首地址是 0x40002C00，其寄存器和复位值见表 12.5。

表 12.5　WWDG 寄存器和复位值

偏移	寄存器	31	30	29	28	27	26	25	24	23	22	21	20	19	18	17	16	15	14	13	12	11	10	9	8	7	6	5	4	3	2	1	0
000h	WWDG_CR										保留															WDGA			T[6:0]				
	复位值																									0	1	1	1	1	1	1	1
004h	WWDG_CFR										保留													EWI	WDGTB1	WDGTB0			W[6:0]				
	复位值																							0	0	0	1	1	1	1	1	1	1
008h	WWDG_SR										保留																						EWIF
	复位值																																0

任务三　窗口看门狗编程

下面我们来具体介绍如何使用 WWDG 进行检测和解决由系统错误引起的故障。程序正常时，每隔一定的时间重新装载 WWDG 计数器，即"喂狗"一次，假设程序进入某个代码段，如按键中断，发生了死循环，不能退出来，那么"喂狗"程序无法执行，当 WWDG 计数器递减到 0x3F 时，达到了给定的超时值，产生系统复位。

例程：WWDG-1.c

```c
#include "stm32f10x_heads.h"
#include "HelloRobot.h"

void SysTick_Configuration(void)
{
… //略，同前
}

void WWDG_Config(void)
{
    /* Enable WWDG clock，窗口看门狗时钟允许 */
    RCC_APB1PeriphClockCmd(RCC_APB1Periph_WWDG, ENABLE);

    /* WWDG clock：(PCLK1/4096)/8 = 1098.6 Hz (910.2us)  */
    WWDG_SetPrescaler(WWDG_Prescaler_8);

    //Enable WWDG and set counter value to 0x7F, timeout = 910.2us * 64 = 58.25 ms
    WWDG_Enable(0x7F);
```

```
    //只能在窗口寄存器值为 0x70 至 0x40 这段时间喂狗，早了晚了都会产生复位
    WWDG_SetWindowValue(0x70);      //910.2us * 16=14.56 ms

    WWDG_ClearFlag();          /* Clear EWI flag, 清中断标记 */

//使能 EW interrupt，当计数器减到 0x40 时产生这个中断
    WWDG_EnableIT();
}

int main(void)
{
    int counter=0;
    BSP_Init();                    //开发板初始化
    USART_Configuration();

    if(RCC_GetFlagStatus(RCC_FLAG_WWDGRST) != RESET)
    {
      GPIO_ResetBits(GPIOC, GPIO_Pin_13);        //Turn on led connected to PC.13
      printf("WWDG Reset...\r\n");
      RCC_ClearFlag();                          /* Clear reset flags */
    }
    else
    {
      GPIO_SetBits(GPIOC,GPIO_Pin_13);          //Turn off led connected to PC.13
      printf("PowerOn or ExtKey Reset\r\n");
    }

    /* Configure SysTick to generate an interrupt each 30ms to clear WWDG*/
    SysTick_Configuration();

    WWDG_Config();              /* Configure   WWDG */

    while (1)
    {
      delay_nms(1000);
      printf("Program Normal\r\n");
    }
}
```

这里，我们用到了系统时钟（SYSCLK），通过 SysTick 初始化函数：SysTick_ Configuration 配置 SysTick 产生 30ms 的定时中断，重新装载 WWDG 计数器，即"喂狗"一次。另外，需要在"HelloRobot.h"文件的中断初始化函数 NVIC_Configuration 中设置 WWDG 中断。

```
    void NVIC_Configuration(void)
    {
    ...
```

```
        NVIC_InitStructure.NVIC_IRQChannel = WWDG_IRQChannel;
        NVIC_InitStructure.NVIC_IRQChannelPreemptionPriority = 0;      //抢占中断优先级
        NVIC_InitStructure.NVIC_IRQChannelSubPriority = 0;             //响应中断优先级
        NVIC_Init(&NVIC_InitStructure);
    }
```

在"stm32f10x_it.c.c"文件中，SysTick 中断响应服务函数 SysTickHandler 每隔 30ms 重新装载 WWDG 计数器，即"喂狗"一次。在按键中断响应服务函数 EXTI9_5_IRQHandler 中发生了死循环，不能退出来，那么"喂狗"程序无法执行，而发生系统复位。

```
        void SysTickHandler(void)
        {
          WWDG_SetCounter(0x7F);           /* Update WWDG counter */
          WWDG_ClearFlag();                /* Clear EWI flag */
        }
        void WWDG_IRQHandler(void)
        {   //保存重要的数据和状态参数或做系统刹车（比如电梯控制）
        }
        …
        void EXTI9_5_IRQHandler(void)
        {
          if(EXTI_GetITStatus(EXTI_Line9) != RESET)
          {
              EXTI_ClearITPendingBit( EXTI_Line5) ;        //清中断标志位
              while(1);                                     //程序死循环，不再喂狗
          }
        }
```

WWDG-1.c 程序是如何工作的？

窗口看门狗程序功能如图 12.6 所示。当程序正常运行时，每隔 30ms 会重新装载 WWDG 计数器，即"喂狗"一次，此时 WWDG 计数器的值为 0x5F，满足 WWDG 递减计数器必须在其值小于窗口寄存器的数值（0x70）并且大于 0x3F 时才能被重新装载的条件，所以不会产生 WWDG 复位，如图 12.7（a）所示。

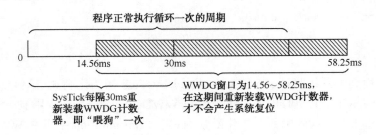

图 12.6　窗口看门狗程序功能示意图

假设程序进入某个代码段，比如在按键中断服务程序中发生了死循环，不能退出来，那么"喂狗"程序无法执行，当 WWDG 计数器从 0x40 递减到 0x3F 时，发生系统复位。这是

"过迟"复位。复位之后，程序检测到复位与时钟配置寄存器组中的控制/状态寄存器（RCC_CSR）标志位"WWDGRSTF"为 1，表明发生了窗口看门狗复位，点亮 LED，并在串口调试软件上提示，如图 12.7（b）所示。

（a）程序正常运行

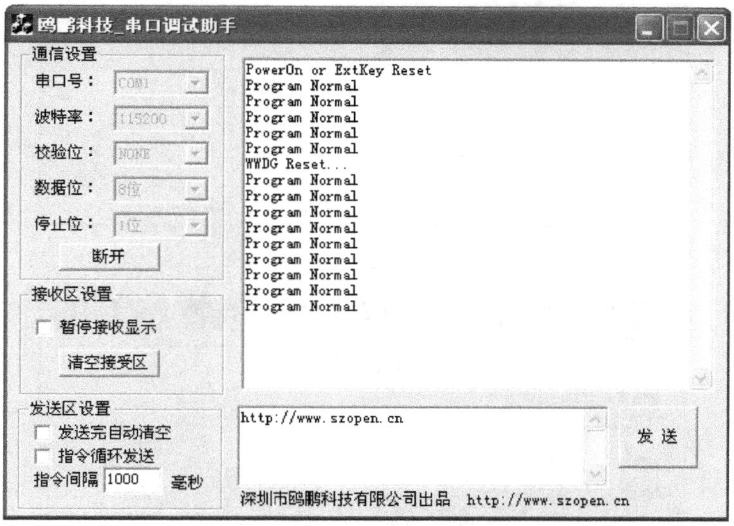

（b）程序发生了死循环，WWDG 计数器超时，产生系统复位

图 12.7　程序运行结果

下面我们将主函数 while(1)中的循环代码修改如下：

```
while (1)
{
    delay_nms(1000);
    printf("Program Normal\r\n");
    counter++;
```

```
        if(counter>=8)
        {
            while(1) WWDG_Enable(0x7F);
        }
    }
```

这样修改后，在程序运行 8s 后，频繁重新装载 WWDG 计数器的值，发生了复位现象，如图 12.8（a）所示。这是"过早"复位，即 WWDG 计数器的值还没有递减到窗口寄存器数值（0x70）之前，也就是大于这个设定数值时，WWDG 递减计数器的数值就被刷新（重新装载）了，从而产生 MCU 复位。

当然，在这 8s 内，按下按键使程序进入死循环，也会发生 MCU 复位，如图 12.8（b）所示。这是由于程序不能从死循环退出来，WWDG 计数器从 0x40 递减到 0x3F 时，发生的系统复位，这是"过迟"复位。

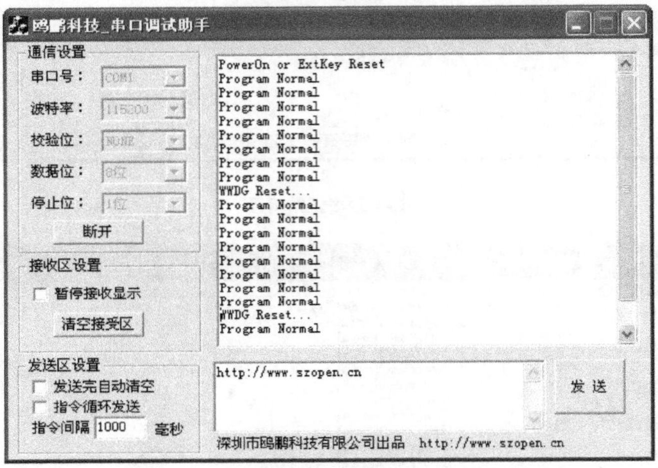

（a）WWDG"过早"复位

（b）WWDG"过迟"复位和"过早"复位

图 12.8　程序运行结果

这个窗口范围值是：0x70～0x40，对应窗口时间是：14.56～58.25ms，只有在这期间重新装载 WWDG 计数器，才不会产生系统复位。注意这两种 WWDG 复位的区别。

如果主函数不再进行 SysTick 初始化，即每隔 30ms 不再重新装载 WWDG 计数器，且 while(1)中的循环代码不做修改，而在 WWDG 中断服务函数中添加复位 WWDG 看门狗的代码，那么会发生什么现象呢？

例程：WWDG-2.c

```
int main(void)
{
  …
  //SysTick_Configuration();
  WWDG_Config();   /* Configure   WWDG */
  while (1)
  {
    delay_nms(1000);
    printf("Program Normal\r\n");
  }
  …
}
```

在"stm32f10x_it.c"文件的 WWDG 中断响应服务函数中，添加如下代码：

```
void WWDG_IRQHandler(void)
{
  WWDG_SetCounter(0x7F);              /* Update WWDG counter */
  WWDG_ClearFlag();                   /* Clear EWI flag */
  GPIO_WriteBit(GPIOB,GPIO_Pin_8,
          (BitAction)(1-GPIO_ReadOutputDataBit(GPIOB,GPIO_Pin_8)));
}
```

这样修改后，由于程序运行期间没有每隔一定时间去重新装载 WWDG 计数器，因此当这个计数器递减到 0x40 时，会进入 WWDG_IRQHandler 中断服务函数，重新装载 WWDG 递减计数器，防止 WWDG 产生系统复位，程序运行结果如图 12.9 所示。

这样，不让看门狗复位，当中断服务程序返回后，接着又会进入这个中断重新装载 WWDG 递减计数器，如此反复，连接在 PB8 端口的 LED 灯闪烁（周期是 58.25ms）。因此，程序出现的问题没有得到解决，还是处于有问题的状态。由此看出，简单地在 WWDG 中断服务程序中"喂狗"，既没有发挥 WWDG 相对于 IWDG 的优势，又因为在 WWDG 中断中"喂狗"而为系统留下了隐患，发生不可预料甚至灾难性的后果，达不到看门狗的作用。

所以，在这个 WWDG 中断服务程序中，不应该重装递减计数器，而是让应用程序在发生复位前，安排一些紧急处理的任务：保存一些重要数据和状态参数，或做系统刹车（如电梯控制）等操作。

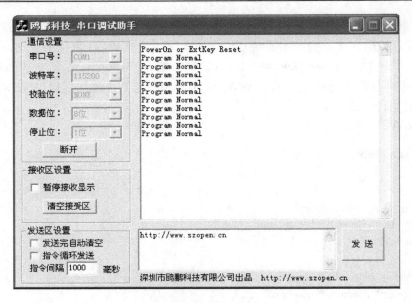

图 12.9　程序运行结果

 窗口看门狗特性

在窗口寄存器值之前重新装载计数器（喂狗），即太快了，会发生复位；在递减计数器 T6 位从"1"变为"0"之间，没有重新装载计数器（喂狗），即太慢了，也会发生复位；在递减计数器为 0x40 时，进入中断进行紧急处理。

工程素质和技能归纳

（1）复习 C 语言中的函数指针内容，掌握其在嵌入式系统中的应用。

（2）理解看门狗的作用，掌握 STM32 单片机独立看门狗的工作机制、配置流程和方法。

（3）掌握 STM32 单片机窗口看门狗的工作机制、配置流程和方法，以及注意事项。

第13章

STM32 单片机数模转换编程及其应用

在单片机一些应用中，如信号发生器，常常需要输出某些波形的模拟量，而单片机内部用"0"和"1"的数字量进行运算，需要通过输出接口，即数模转换器（Digital to Analog Converter，DAC）将数字量转换成模拟量输出，以此控制被控对象或用于数据显示（如模拟式仪表）。因此，数模转换器又称 D/A 转换器，简称 DAC，它是将数字量转换成模拟量的器件。

DAC 用途广泛，例如：安全警报、蓝牙耳机、发声玩具、答录机、人机接口及低成本的音乐播放器。因此，D/A 技术是单片机应用系统的重要环节之一。A/D 转换器和 D/A 转换器已成为计算机系统中不可缺少的接口电路。本章介绍 STM32 单片机 D/A 数模转换结构、工作原理及其应用编程，并且结合第 9 章 A/D 的内容，用 ADC 来采样 DAC 的输出，然后将采样值通过串口发送给上位机显示出来。

13.1 D/A 数模转换介绍

随着数字技术，特别是计算机技术的飞速发展与普及，在现代控制、通信及检测等领域，为了提高系统的性能指标，对信号的处理广泛采用了数字计算机技术。由于系统的实际对象往往都是一些模拟量（如温度、压力、位移、图像等），要使计算机或数字仪表能识别、处理这些信号，必须首先将这些模拟信号转换成数字信号；而经计算机分析、处理后输出的数字量也往往需要将其转换为相应的模拟信号才能为执行机构所接受。数模转换就是将离散的数字量转换为连接变化的模拟量。

D/A 转换器主要由数字寄存器、位权网络、求和运算放大器、基准电源（电压源或恒流源）和模拟开关组成。用存于数字寄存器的数字量的各位数码，分别控制对应位的模拟电子开关，使数码为 1 的位在位权网络上产生与其位权成正比的电流值，再由运算放大器对各电流值求和，就得到与数字量成正比的模拟量输出电流（或电压），从而实现数字量与模拟量的转换。

为了改善精度，D/A 转换器往往将恒流源放入器件内部。由于电流开关的切换误差小，故大多采用电流开关型电路。电流开关型电路如果直接输出生成的电流，则为电流输出型 D/A 转换器。电压开关型电路为直接输出电压型 D/A 转换器。

➕➤ DAC 分类

一般按输出是电流还是电压及能否作乘法运算等进行分类。

电压输出型 DAC（如 TLC5615、TLC5620）直接从电阻阵列输出电压，但一般采用内置输出放大器以低阻抗输出。直接输出电压的器件仅用于高阻抗负载，由于无输出放大器部分的延迟，故常作为高速 DAC 使用。

电流输出型 DAC（如 DAC0832、AD7520）很少直接利用电流输出，大多外接电流—电压转换电路得到电压输出，有两种方法：一是只在输出引脚上接负载电阻而进行电流—电压转换，二是外接运算放大器。用负载电阻进行电流—电压转换的方法，虽可在电流输出引脚上出现电压，但必须在规定的输出电压范围内使用，而且由于输出阻抗高，所以必须外接运算放大器。当外接运算放大器进行电流—电压转换时，则电路构成基本上与内置放大器的电压输出型相同，这时由于在 D/A 转换器的电流建立时间上加入了运算放入器的延迟，故使响应变慢。由于运算放大器因输出引脚的内部电容而容易振荡，故有时必须作相位补偿。

乘算型 DAC（如 AD7533）中有使用恒定基准电压的，也有在基准电压输入上加交流信号的。后者由于能得到数字输入和基准电压输入相乘的结果而输出，因而称为乘算型 DAC。乘算型 DAC 一般不仅可以进行乘法运算，而且可以作为使输入信号数字化地衰减的衰减器及对输入信号进行调制的调制器使用。

一位型 DAC：一位型 D/A 转换器将数字值转换为脉冲宽度调制或频率调制输出，然后用数字滤波器作平均化得到一般的电压输出（又称位流方式），常用于音频场合。

位权网络是 D/A 转换器的重要组成，按其构成方式不同，电压型 DAC 有权电阻网络、T 型电阻网络和树形开关网络等；电流型 DAC 有权电流型电阻网络和倒 T 型电阻网络等。

- 权电阻网络 DAC 的转换精度取决于基准电压 VREF，以及模拟电子开关、运算放大器和各权电阻值的精度。它的缺点是各权电阻的阻值都不相同，位数多时，其阻值相差甚远，这给保证精度带来很大困难，特别是对于集成电路的制作很不利，因此在集成的 DAC 中很少单独使用该电路。
- R–2R 倒 T 型电阻网络 DAC 由若干个相同的 R、2R 网络节组成，每节对应于一个输入位。节与节之间串接成倒 T 型网络。R–2R 倒 T 型电阻网络 DAC 是工作速度较快、应用较多的一种。和权电阻网络比较，由于它只有 R、2R 两种阻值，从而克服了权电阻阻值多，且阻值差别大的缺点。
- 电流型网络 DAC 则是将恒流源切换到电阻网络中，恒流源内阻极大，相当于开路，所以连同电子开关在内，对它的转换精度影响都比较小，又因电子开关大多采用非饱和型的 ECL 开关电路，因此这种 DAC 可以实现高速转换，转换精度较高。

数模转换器的主要性能指标有以下几个。

① 分辨率（Resolution）：指数字量变化一个最小量（Least Significant Bit，LSB）时模拟信号的变化量。在实际使用中，表示分辨率的大小通常也用输入数字量的位数来表示：最小输出电压（对应的输入数字量只有最低有效位为"1"）与最大输出电压（对应的输入数字量所有有效位全为"1"）之比。如 n 位 D/A 转换器，其分辨率为 $1/(2^n-1)$。

如果不考虑其他 D/A 转换误差，则 D/A 的转换精度就是分辨率的大小，因此要获得高精度的 D/A 转换结果，首先要保证选择有足够分辨率的 D/A 转换器。同时 D/A 转换精度还与外接电路有关，当外部电路器件或电源误差较大时，也会造成较大的 D/A 转换误差，当这些误差超过一定程度时，D/A 转换就产生错误。

② 转换速率（Conversion Rate）：转换速率一般由建立时间决定。从输入由全"0"突变为全"1"时（满量程/满刻度：Full Scale Range，FSR）开始，到输出电压稳定在 FSR±½LSB 范围（或以 FSR±x%FSR 指明范围）内为止，这段时间称为建立时间，它是 DAC 的最大响应时间，所以用它衡量转换速度的快慢。

③ 线性度（Linearity）：D/A 转换器的输入/输出传递特性曲线与理想直线的最大偏移，称为线性度。实际应用时，也用非线性误差的大小表示 D/A 转换的线性度，把理想的输入/输出特性的偏差与满刻度输出之比的百分数定义为非线性误差。

④ 失调误差：数字输入全为"0"时，模拟输出值与理想输出值的偏差值。

⑤ 增益误差：D/A 转换器的输入/输出传递特性曲线的斜率称为 D/A 转换增益或标度系数，而实际转换的增益与理想增益之间的偏差称为增益误差（或称标度误差）。

⑥ 满刻度误差：满刻度输出时对应的输入信号与理想输入信号值之差。

D/A 转换器的选择包括以下几个方面。

① 转换精度与转换速率是衡量 D/A 转换器（和 A/D 转换器）的重要技术指标。随着集成技术的发展，现已研制和生产出许多单片或混合集成型的 D/A 转换器（和 A/D 转换器），它们具有越来越先进的技术指标。在 D/A 转换过程中，影响转换精度的主要因素有失调误差、增益误差、非线性误差和微分非线性误差。

② 与微处理器的数据接口，有并行和串行总线之分。串行的有 SPI、I²C 等协议，但转换速率一般小于并行 D/A。

③ 电流型输出还是电压型输出。

温度系数

在满刻度输出的条件下，温度每升高 1℃，输出变化的百分数定义为温度系数。

一般情况下，影响 D/A 转换精度的主要环境和工作条件因素是温度和电源电压变化。由于工作温度会对运算放大器、加权电阻网络等产生影响，所以只有在一定的工作范围内才能保证额定精度指标。较好的 D/A 转换器的工作温度范围为-40℃～85℃，普通的 D/A 转换器的工作温度范围为 0℃～70℃。大多数器件其静态、动态指标均是在 25℃的工作温度下测得的，工作温度对各项精度指标的影响用温度系数来描述，如失调温度系数、增益温度系数、微分线性误差温度系数等。

13.2　STM32 单片机 D/A 结构和编程方法

STM32 的数/模转换模块（DAC）是 12 位数字输入、电压型输出的数/模转换器。它可以配置成 8 位或者 12 位模式，也可以与 DMA 控制器配合使用。DAC 工作在 8 位模式下是固定右对齐（无须配置）。DAC 工作在 12 位模式时，数据可以设置成左对齐，也可以设置成右对齐。

STM32 的 DAC 有 2 个输出通道，分别对应 PA4（通道 1）和 PA5（通道 2），每个通道都有单独的转换器，可以工作在双 DAC 模式。在此模式下，可以同步地更新 2 个通道的输出，这 2 个通道的转换可以同时进行，也可以分别进行。DAC 可以通过外部引脚输入高精度的参考电压 VREF+，以获得更精确的转换结果。STM32 的 DAC 主要特征如下：

- 2 个 DAC 转换器：1 个输出通道对应 1 个转换器；
- 8 位或者 12 位单调输出；
- 12 位模式下数据左对齐或者右对齐；
- 同步更新功能；
- 具有噪声波形生成和三角波形生成；
- 双 DAC 通道可以同时或者分别转换，每个通道都有 DMA 功能；
- 外部触发转换；
- 输入参考电压 VREF+。

表 13.1 给出了 STM32 单片机 D/A 引脚的说明。

表 13.1　STM32 单片机 D/A 引脚说明

名称	型号类型	注释
VREF+	输入，正模拟参考电压	DAC 使用的高端/正极参考电压，2.4V ≤ VREF+ ≤ VDDA　（3.3 V）
VDDA	输入，模拟电源	模拟电源
VSSA	输入，模拟电源地	模拟电源的地线
DAC_OUTx	模拟输出信号	DAC 通道 x 的模拟输出

注意：一旦使能 DAC 通道，相应的 GPIO 引脚（PA4 或者 PA5）就会自动与 DAC 的模拟输出相连（DAC_OUTx）。为了避免寄生干扰和额外的功耗，引脚 PA4 或者 PA5 在之前应当设置成模拟输入（AIN）。

单个 DAC 通道的结构如图 13.1 所示。

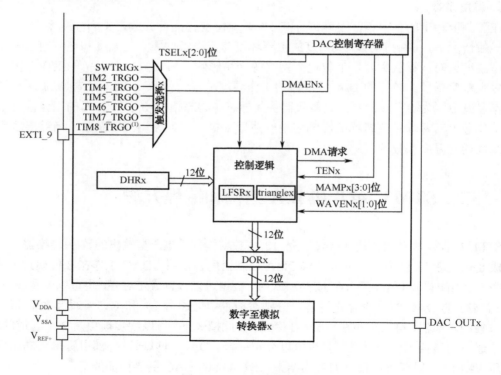

图 13.1　DAC 通道结构图

下面介绍 STM32 单片机数模转换的工作机制和编程流程。

（1）使能 DAC 的时钟。

STM32 系列单片机外设带有时钟输出使能控制，如 AHB 总线时钟、内核时钟、各种 APB1 外设、APB2 外设等。因此，当需要使用 DAC 模块时，要使能时钟控制寄存器 RCC_APB1ENR 中的 DACEN 位。

DAC 时钟的使能通过固件库函数来完成，在函数 RCC_Configuration 中使能 DAC 时钟：

```
RCC_APB1PeriphClockCmd(RCC_APB1Periph_DAC, ENABLE );    //使能 DAC 通道时钟
```

（2）设置 I/O 口为模拟输入。

为了避免寄生干扰和额外的功耗，引脚 PA4 或者 PA5 在之前应当设置成模拟输入（AIN）。因此在使用 DAC 之前首先设置 GPIO 口的功能，同样配置 GPIO 口前，需要使能对应的时钟，代码如下：

```
RCC_APB2PeriphClockCmd(RCC_APB2Periph_GPIOA, ENABLE );    //使能 PORTA 通道时钟
GPIO_InitStructure.GPIO_Pin = GPIO_Pin_4;                 //端口配置
GPIO_InitStructure.GPIO_Mode = GPIO_Mode_AIN;             //模拟输入
GPIO_InitStructure.GPIO_Speed = GPIO_Speed_50MHz;
GPIO_Init(GPIOA, &GPIO_InitStructure);
GPIO_SetBits(GPIOA,GPIO_Pin_4);                           //PA.4 设为高
```

（3）配置 DAC 功能模块，使能 DAC 转换通道。

通过对 DAC 控制寄存器 DAC_CR 的设置实现 DAC 功能模块的配置，包括触发方式、是否使用波形发生器、幅值设置、输出缓冲是否关闭等。

与 DAC_CR 对应的数据结构是 DAC_InitTypeDef，定义在库文件"STM32F10x_DAC.h"中：

```
typedef struct
{
  u32 DAC_Trigger;                              //触发选择
  u32 DAC_WaveGeneration;                       //波形发生
  u32 DAC_LFSRUnmask_TriangleAmplitude;         //幅值选择
  u32 DAC_OutputBuffer;                         //输出缓冲控制
}DAC_InitTypeDef;
```

① DAC 触发方式。

如果 DAC_CR 的 TENx 位被置 1，则 DAC 转换可以由某外部事件触发（定时器/计数器、外部中断线）。配置控制 DAC_CR 的 TSELx[2:0]可以选择 8 个触发事件之一触发 DAC 转换。触发源如表 13.2 所示。

表 13.2　DAC 外部触发源

触　发　源	类　　型	TSELx[2:0]
定时器 6 TRGO 事件	来自片上定时器的内部信号	000
互联型产品为定时器 3 TRGO 事件 或大容量产品为定时器 8 TRGO 事件		001

续表

触 发 源	类 型	TSELx[2:0]
定时器 7 TRGO 事件		011
定时器 5 TRGO 事件		011
定时器 4 TRGO 事件	来自片上定时器的内部信号	100
定时器 2 TRGO 事件		101
EXTI 线路 9	外部引脚	110
SWTRIG（软件触发）	软件控制位	111

每次 DAC 接口侦测到来自选中的定时器 TRGO 输出，或者外部中断线 9 的上升沿，最近存放在寄存器 DAC_DHRx 中的数据会被传送到寄存器 DAC_DORx 中。在 3 个 APB1 时钟周期后，寄存器 DAC_DORx 更新为新值。

如果选择软件触发，当软件触发寄存器 DAC_SWTRIGR 的 SWTRIGx 位置 1，转换即开始。当数据从 DAC_DHRx 寄存器传送到 DAC_DORx 寄存器后，SWTRIG 位由硬件自动清 0。

常见的触发方式有以下几种，代码如下：

```
DAC_InitType.DAC_Trigger=DAC_Trigger_None;        //不使用触发功能，TEN1=0
DAC_InitType.DAC_Trigger=DAC_Trigger_Tx_TRGO;     //设置触发方式为 TIMx 触发
DAC_InitType.DAC_Trigger=DAC_Trigger_Ext_IT9;     //设置触发方式为外部中断线路 9 触发
DAC_InitType.DAC_Trigger=DAC_Trigger_Software;    //设置触发方式为软件触发
```

注意：

● DAC_InitType 是 DAC_InitTypeDef 的实例变量。
● 不能在使能 DAC 控制寄存器 DAC_CR 的 ENx 为 1 时改变 TSELx[2:0]位。
● 如果选择软件触发，数据从寄存器 DAC_DHRx 传送到寄存器 DAC_DORx 只需要一个 APB1 时钟周期。

② DAC 波形生成。

STM32 单片机的 DA 可生成三角波、噪声或用户自定义波形，通过设置 DAC_CR 的 WAVEx[1:0]位来选择，代码如下：

```
DAC_InitType.DAC_WaveGeneration=DAC_WaveGeneration_Triangle;  //设置为三角波
DAC_InitType.DAC_WaveGeneration=DAC_WaveGeneration_Noise;     //设置为噪声
DAC_InitType.DAC_WaveGeneration=DAC_WaveGeneration_None;      //不使用波形发生
```

③ 幅值设置。

通过设置 DAC_CR 寄存器的 MAMPx[3:0]位来进行幅值设置，具体与设置的波形类型有一定关系，后面我们通过三个任务实例来解释。

④ DAC 转换过程。

不能直接对寄存器 DAC_DORx 写入数据，任何输出到 DAC 通道 x 的数据都必须写入 DAC_DHRx 寄存器（数据实际写入 DAC_DHR8Rx、DAC_DHR12Lx、DAC_DHR12Rx、DAC_DHR8RD、DAC_DHR12LD、DAC_DHR12RD 寄存器）。如果没有选中硬件触发，即外部事件触发（寄存器 DAC_CR1 的 TENx 位置 0），存入寄存器 DAC_DHRx 的数据会在一个 APB1 时钟周期后自动传至寄存器 DAC_DORx，如图 13.2 所示。

如果选中硬件触发，即外部事件触发（寄存器 DAC_CR1 的 TENx 位置 1），在触发发生 3 个 APB1 时钟周期后，寄存器 DAC_DORx 更新为新值。

一旦数据从 DAC_DHRx 寄存器装入 DAC_DORx 寄存器，在经过时间 $t_{SETTLING}$ 之后，输出即有效，如图 13.2 所示。这段时间的长短依电源电压和模拟输出负载的不同会有所变化。

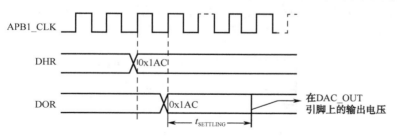

图 13.2　TEN=0 触发使能时转换的时序图

数字量输入经过 DAC 被线性地转换为模拟电压输出，其范围为 0 到 VREF+。任一 DAC 通道引脚上的输出电压满足下面的关系：

DAC 输出　= VREF × (DOR/4095)。

⑤ 使能 DAC 输出缓冲。

DAC 集成了 2 个输出缓冲，可以用来减少输出阻抗，增加驱动能力，无须外部运放即可直接驱动外部负载。每个 DAC 通道输出缓冲可以通过设置 DAC_CR 的 BOFFx 位来使能或者关闭。当 DAC 输出外部有大负载，且输出缓冲被禁止时，输出电压可能达不到预期值。

⑥ 使能 DAC 通道。

完成几步的 DAC 相关寄存器设置后，将 DAC_CR 寄存器的 ENx 位置 1 时，即可打开对 DAC 通道 x 的供电。经过一段启动时间 t_{WAKEUP}，DAC 通道 x 即被使能。

注意：ENx 位只会使能 DAC 通道 x 的模拟部分，即使该位被置 0，DAC 通道 x 的数字部分仍然工作。数字接口部分由时钟控制寄存器 RCC_APB1ENR 中的 DACEN 位控制。

（4）设置 DAC 输出值。

设置 DAC 输出值可以通过下面的语句实现：

```
DAC_SetChannel1Data(DAC_Align_12b_R,temp);   //12 位右对齐数据格式，设置 DAC 值为 temp
```

每次设置数据时，都必须考虑数据格式，因此数据格式尤为重要。对于单 DAC 通道 x，数据按 3 种情况写入指定的寄存器，如图 13.3 所示：

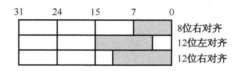

图 13.3　单 DAC 通道模式的数据格式

● 8 位数据（固定右对齐）：将数据写入寄存器 DAC_DHR8Rx[7:0]位（实际是存入寄存器 DHRx[11:4]位）。

● 12 位数据左对齐：将数据写入寄存器 DAC_DHR12Lx[15:4]位（实际是存入寄存器 DHRx[11:0]位）。

- 12 位数据右对齐：将数据写入寄存器 DAC_DHR12Rx[11:0]位（实际是存入寄存器 DHRx[11:0]位）。

根据对 DAC_DHRyyyx 寄存器的操作，经过相应的移位后，写入的数据被转存到 DHRx 寄存器中（DHRx 是内部的数据保存寄存器）。随后，DHRx 寄存器的内容或被自动地传送到 DORx 寄存器，或通过软件触发或外部事件触发被传送到 DORx 寄存器。

对于双 DAC 通道，有 3 种排列情况，如图 13.4 所示。

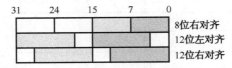

图 13.4　双 DAC 通道模式的数据格式

- 8 位数据（固定右对齐）：将 DAC 通道 1 数据写入寄存器 DAC_DHR8RD[7:0]位（实际是存入寄存器 DHR1[11:4]位），将 DAC 通道 2 数据写入寄存器 DAC_DHR8RD[15:8]位（实际是存入寄存器 DHR2[11:4]位）。
- 12 位数据左对齐：将 DAC 通道 1 数据写入寄存器 DAC_DHR12LD[15:4]位（实际是存入寄存器 DHR1[11:0]位），将 DAC 通道 2 数据写入寄存器 DAC_DHR12LD[31:20]位（实际是存入寄存器 DHR2[11:0]位）。
- 12 位数据右对齐：将 DAC 通道 1 数据写入寄存器 DAC_DHR12RD[11:0]位（实际是存入寄存器 DHR1[11:0]位），将 DAC 通道 2 数据写入寄存器 DAC_DHR12RD[27:16]位（实际是存入寄存器 DHR2[11:0]位）。

根据对 DAC_DHRyyyD 寄存器的操作，经过相应的移位后，写入的数据被转存到 DHR1 和 DHR2 寄存器中（DHR1 和 DHR2 是内部的数据保存寄存器）。随后，这 2 个寄存器的内容或被自动地传送到 DORx 寄存器，或通过软件触发或外部事件触发被传送到 DORx 寄存器。

对于需要 2 个 DAC 同时工作的情况，为了更有效地利用总线带宽，DAC 集成了 3 个供双 DAC 模式使用的寄存器：DHR8RD、DHR12RD 和 DHR12LD，只需要访问一个寄存器即可完成同时驱动 2 个 DAC 通道的操作。对于双 DAC 通道转换和这些专用寄存器，共有 11 种转换模式可用，如下所述。

- 不使用波形发生器的独立触发；
- 使用相同 LFSR（线性反馈移位寄存器：Linear Feedback Shift Register）的独立触发；
- 使用不同 LFSR 的独立触发；
- 产生相同三角波的独立触发；
- 产生不同三角波的独立触发；
- 同时软件启动；
- 不使用波形发生器的同时触发；
- 使用相同 LFSR 的同时触发；
- 使用不同 LFSR 的同时触发；
- 使用相同三角波发生器的同时触发；
- 使用不同三角波发生器的同时触发。

这些转换模式在只使用一个 DAC 通道的情况下，仍然可通过独立的 DHRx 寄存器操作。详见 STM32 参考手册。

在函数 DAC_Configuration 中实现 DAC 的初始化，通过设置 DAC 结构体变量，再将结构体变量传给 DAC_init 库函数，完成数模转换相关寄存器的初始化设置。

```
void DAC_Configuration()
{   DAC_InitTypeDef   DAC_InitType;
    RCC_APB1PeriphClockCmd(RCC_APB1Periph_DAC, ENABLE );              //使能 DAC 时钟
    //使能 GPIO 时钟，并设置 PA.4 为模拟输入
    RCC_APB2PeriphClockCmd(RCC_APB2Periph_GPIOA, ENABLE );
    GPIO_InitStructure.GPIO_Pin = GPIO_Pin_4;
    GPIO_InitStructure.GPIO_Mode = GPIO_Mode_AIN;
    GPIO_InitStructure.GPIO_Speed = GPIO_Speed_50MHz;
    GPIO_Init(GPIOA, &GPIO_InitStructure);
    GPIO_SetBits(GPIOA, GPIO_Pin_4);
    //配置 DAC
    DAC_InitType.DAC_Trigger=DAC_Trigger_None;                        //不使用触发功能，TEN1=0
    DAC_InitType.DAC_WaveGeneration=DAC_WaveGeneration_None;          //不使用波形发生
    DAC_InitType.DAC_LFSRUnmask_TriangleAmplitude=DAC_LFSRUnmask_Bit0; //幅值设置
    DAC_InitType.DAC_OutputBuffer=DAC_OutputBuffer_Disable ; //DAC1 输出缓冲关闭,BOFF1=1
    DAC_Init(DAC_Channel_1,&DAC_InitType);    //初始化 DAC 通道 1
    DAC_Cmd(DAC_Channel_1, ENABLE);           //使能 DAC 通道 1
    DAC_SetChannel1Data(DAC_Align_12b_R, 0); //12 位右对齐数据格式设置 DAC 值，初值为 0
}
```

定义 DAC 寄存器组的结构体是 DAC_TypeDef，在文件"stm32f10x_map.h"中：

```
typedef struct
{
    vu32 CR;
    vu32 SWTRIGR;
    vu32 DHR12R1;
    vu32 DHR12L1;
    vu32 DHR8R1;
    vu32 DHR12R2;
    vu32 DHR12L2;
    vu32 DHR8R2;
    vu32 DHR12RD;
    vu32 DHR12LD;
    vu32 DHR8RD;
    vu32 DOR1;
    vu32 DOR2;
} DAC_TypeDef;
…
#define PERIPH_BASE            ((u32)0x40000000)
#define APB1PERIPH_BASE          PERIPH_BASE
#define APB2PERIPH_BASE          (PERIPH_BASE + 0x10000)
#define AHBPERIPH_BASE           (PERIPH_BASE + 0x20000)
….
```

```
#define DAC_BASE                    (APB1PERIPH_BASE + 0x7400)
…
#ifdef _DAC
  #define DAC                       ((DAC_TypeDef *) DAC_BASE)
#endif /*_DAC */
```

从上面的宏定义可以看出，DAC 寄存器的首地址是 0x40007400，这个地址是 DAC 寄存器组的首地址，参见附录 STM32 处理器的存储映射。DAC 寄存器和复位值如表 13.3 所示。

表 13.3　DAC 寄存器和复位值

偏移	寄存器	31	30	29	28	27	26	25	24	23	22	21	20	19	18	17	16	15	14	13	12	11	10	9	8	7	6	5	4	3	2	1	0
0x00	DAC_CR	保留			DMAEN2	MAMP2[3:0]				WAVE2[1:0]		TSEL2[2:0]			TEN2	BOFF2	EN2	保留			DMAEN1	MAMP1[3:0]				WAVE1[1:0]		TSEL1[2:0]			TEN1	BOFF1	EN1
	复位值				0	0	0	0	0	0	0	0	0	0	0	0	0				0	0	0	0	0	0	0	0	0	0	0	0	0
0x04	DAC_SWTRIGR	保留																														SWTRIG2	SWTRIG1
	复位值																																
0x08	DAC_DHR12R1	保留																				DACC1DHR[11:0]											
	复位值																					0	0	0	0	0	0	0	0	0	0	0	0
0x0C	DAC_DHR12L1	保留																DACC1DHR[11:0]												保留			
	复位值																	0	0	0	0	0	0	0	0	0	0	0	0				
0x10	DAC_DHR8R1	保留																								DACC1DHR[7:0]							
	复位值																									0	0	0	0	0	0	0	0
0x14	DAC_DHR12R2	保留																				DACC2DHR[11:0]											
	复位值																					0	0	0	0	0	0	0	0	0	0	0	0
0x18	DAC_DHR12L2	保留																DACC2DHR[11:0]												保留			
	复位值																	0	0	0	0	0	0	0	0	0	0	0	0				
0x1C	DAC_DHR8R2	保留																								DACC2DHR[7:0]							
	复位值																									0	0	0	0	0	0	0	0
0x20	DAC_DHR12RD	保留				DACC2DHR[11:0]												保留				DACC1DHR[11:0]											
	复位值					0	0	0	0	0	0	0	0	0	0	0	0					0	0	0	0	0	0	0	0	0	0	0	0
0x24	DAC_DHR12LD	DACC2DHR[11:0]												保留				DACC1DHR[11:0]												保留			
	复位值	0	0	0	0	0	0	0	0	0	0	0	0					0	0	0	0	0	0	0	0	0	0	0	0				
0x28	DAC_DHR8RD	保留																DACC2DHR[7:0]								DACC1DHR[7:0]							
	复位值																	0	0	0	0	0	0	0	0	0	0	0	0	0	0	0	0
0x2C	DAC_D0R1	保留																				DACC1DOR[11:0]											
	复位值																					0	0	0	0	0	0	0	0	0	0	0	0
0x30	DAC_DOR2	保留																				DACC2DOR[11:0]											
	复位值																					0	0	0	0	0	0	0	0	0	0	0	0

（5）STM32 单片机 DAC 的 DMA 功能。

任一 DAC 通道都具有 DMA 功能。2 个 DMA 通道可分别用于 2 个 DAC 通道的 DMA 请求。如果 DAC_CR 寄存器的 DMAENx 位置 1，一旦有外部触发（而不是软件触发）发生，则产生一个 DMA 请求，然后 DAC_DHRx 寄存器的数据被传送到 DAC_DORx 寄存器。

在双 DAC 模式下，如果 2 个通道的 DMAENx 位都为 1，则会产生 2 个 DMA 请求。如果实际只需要一个 DMA 传输，则应只选择其中一个 DMAENx 位置 1。这样，程序可以在只使用一个 DMA 请求，一个 DMA 通道的情况下，处理工作在双 DAC 模式的 2 个 DAC 通道。

DAC 的 DMA 请求不会累计，因此如果第 2 个外部触发发生在响应第 1 个外部触发之前，则不能处理第 2 个 DMA 请求，也不会报告错误。

➕➤ 数模转换小结

（1）使能 DAC 时钟。

同其他 STM32 单片机外设一样，要想使用 DAC，必须先开启相应的时钟。STM32 的 DAC 模块时钟是由 APB1 提供的，通过调用函数 RCC_APB1PeriphClockCmd() 使能 DAC 模块的时钟。

（2）设置 PA4 为模拟输入。

DAC 通道 1 在 PA4 上，需要使能 GPIO 时钟，然后设置 PA4 为模拟输入。DAC 本身是输出，但是为什么端口要设置为模拟输入模式呢？因为一但使能 DACx 通道之后，相应的 GPIO 引脚（PA4 或者 PA5）会自动与 DAC 的模拟输出相连，设置为输入，是为了避免额外的干扰。

（3）配置 DAC 功能模块，使能 DAC 转换通道。

通过对 DAC 控制寄存器 DAC_CR 的设置实现 DAC 功能模块的配置，包括触发方式、是否使用波形发生器、幅值设置、输出缓冲是否关闭等。初始化 DAC 之后，使能 DAC 转换通道。

（4）设置 DAC 输出值。

通过前面几个步骤的设置，DAC 就可以开始工作了。如使用 12 位右对齐数据格式，通过设置 DHR12R1，就可以在 DAC 输出引脚（PA4）得到不同的电压值。

STM32 单片机的 DA 转换工作流程如图 13.5 所示。

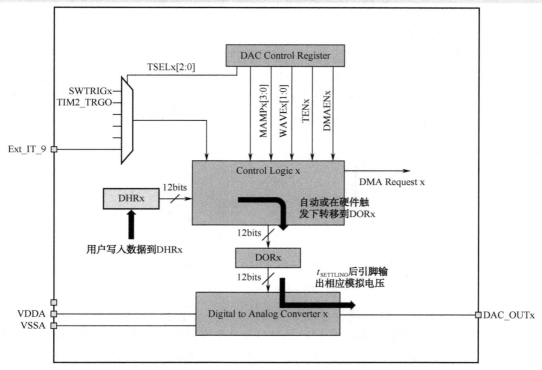

图 13.5　STM32 单片机的 DA 转换工作流程图

13.3 STM32 单片机 D/A 转换编程

DA 输出是模拟量，如果身边没有示波器，我们怎么看波形呢？既然 STM32 单片机电路板上有 AD 输入接口，只要信号的电压幅值在 STM32 单片机规定的 AD 输入电压范围内，我们可以将 STM32 单片机电路板上的 DAC 通道 1 输出端子（PA4 信号源的选择开关 S1 选择 2-3 连接，即 DA 输出）通过外接信号线连接到 ADC 输入端子（见本书第 9 章：PB0 信号源的选择开关 S4 选择 2-3 连接，即外部 AD 输入），用 ADC 来采样 DAC 的输出，然后把采样值通过串口发送给上位机显示出来。电路如图 13.6 所示。

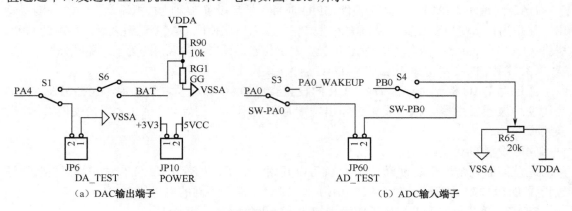

图 13.6　DAC 输出端子与 ADC 输入端子电路图

任务一　三角波生成

STM32 单片机 DAC 提供三角波生成功能。设置 DAC_CR 寄存器的 WAVEx[1:0]位为"10"选择 DAC 的三角波生成功能，设置 DAC_CR 寄存器的 MAMPx[3:0]位来选择三角波的幅度，如图 13.7 所示。内部三角波计数器在每次触发事件之后 3 个 APB1 时钟周期后累加 1，如图 13.8 所示。

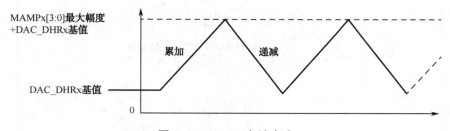

图 13.7　DAC 三角波生成

计数器的值与 DAC_DHRx 寄存器的数值相加并丢弃溢出位后写入 DAC_DORx 寄存器。当传入 DAC_DORx 寄存器的数值小于 MAMP[3:0]位定义的最大幅度时，三角波计数器逐步累加。一旦达到设置的最大幅度，则计数器开始递减，达到 0 后再开始累加，周而复始。

将 WAVEx[1:0]位置"00"可以复位三角波的生成。

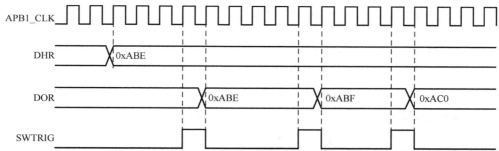

图 13.8　带三角波生成的 DAC 转换（软件使能触发）

注意：

● 为了产生三角波，必须使能 DAC 触发，即设 DAC_CR 寄存器的 TENx 位为 1。

● MAMP[3:0]位必须在使能 DAC 之前设置，否则其值不能修改。

下面的程序是采用 STM32 单片机内部提供的三角波生成功能，由软件触发实现三角波输出。

例程：DACTriangle.c

```c
#include "stm32f10x_heads.h"
#include "HelloRobot.h"
void ADC_Configuration()
{
  ADC_InitTypeDef   ADC_InitStructure;
  /* ADC1 configuration ------------------------------------------------*/
  ADC_InitStructure.ADC_Mode = ADC_Mode_Independent;
  ADC_InitStructure.ADC_ScanConvMode = ENABLE;
  ADC_InitStructure.ADC_ContinuousConvMode = ENABLE;
  ADC_InitStructure.ADC_ExternalTrigConv = ADC_ExternalTrigConv_None;
  ADC_InitStructure.ADC_DataAlign = ADC_DataAlign_Right;
  ADC_InitStructure.ADC_NbrOfChannel = 1;
  ADC_Init(ADC1, &ADC_InitStructure);

  /* ADC1 regular channel_8 configuration */
  ADC_RegularChannelConfig(ADC1, ADC_Channel_8, 1, ADC_SampleTime_71Cycles5);

  /* Enable ADC1 */
  ADC_Cmd(ADC1, ENABLE);

  /* Enable ADC1 reset calibration register */
  ADC_ResetCalibration(ADC1);
  /* Check the end of ADC1 reset calibration register */
  while(ADC_GetResetCalibrationStatus(ADC1));

  /* Start ADC1 calibration */
  ADC_StartCalibration(ADC1);
  /* Check the end of ADC1 calibration */
```

```
        while(ADC_GetCalibrationStatus(ADC1));

    /* Start ADC1 Software Conversion */
    ADC_SoftwareStartConvCmd(ADC1, ENABLE);
}


void DAC_Configuration()
{       DAC_InitTypeDef    DAC_InitType;
        RCC_APB1PeriphClockCmd(RCC_APB1Periph_DAC, ENABLE );
        RCC_APB2PeriphClockCmd(RCC_APB2Periph_GPIOA, ENABLE );
        GPIO_InitStructure.GPIO_Pin = GPIO_Pin_4;
        GPIO_InitStructure.GPIO_Mode = GPIO_Mode_AIN;
        GPIO_InitStructure.GPIO_Speed = GPIO_Speed_50MHz;
        GPIO_Init(GPIOA, &GPIO_InitStructure);
        GPIO_SetBits(GPIOA,GPIO_Pin_4);//PA.4

    //配置 DAC 输出三角波
    DAC_InitType.DAC_Trigger=DAC_Trigger_Software;              //设置触发方式为软件触发
    DAC_InitType.DAC_WaveGeneration=DAC_WaveGeneration_Triangle;   //设置为三角波
    DAC_InitType.DAC_LFSRUnmask_TriangleAmplitude=DAC_TriangleAmplitude_2047;
//设置三角波幅值最大为 2047，即 3.3V*2047/4095 = 1.65V
    DAC_InitType.DAC_OutputBuffer=DAC_OutputBuffer_Disable ;

    DAC_Init(DAC_Channel_1, &DAC_InitType);
    DAC_Cmd(DAC_Channel_1, ENABLE);
    DAC_SetChannel1Data(DAC_Align_12b_R, 0);
    DAC_WaveGenerationCmd(DAC_Channel_1, DAC_Wave_Triangle, ENABLE);
}

int main(void)
{
    int AD_value,DA_Value=0;
    int Status=0;
    BSP_Init();
    ADC_Configuration();
    USART_Configuration();

    DAC_Configuration();
    DAC_SetChannel1Data(DAC_Align_12b_R, DA_Value);        //修改 Value

    printf("Program Running!\r\n");
    while(1)
    {
      DAC_SoftwareTriggerCmd(DAC_Channel_1, ENABLE);     //软件触发
      Status++;
      if(Status>100)                            //当 Status=100 时进行一次 AD 采集，并发送到上位机
```

```
        {
            Status=0;
            AD_value=ADC_GetConversionValue(ADC1);
            printf("result = \t%.4f\n",(float)3.3*AD_value / 4095);
        }
        delay_nus(200);                    //此延时可以控制三角波的周期
    }
}
```

程序的运行结果如图 13.9 所示。串口接收 STM32 单片机发来的数据，如图 13.9（a）所示。然后将接收到的数据复制到 Excel 文件中，再使用绘图命令，即可以看到 DAC 的输出结果，如图 13.9（b）所示。

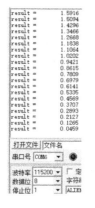

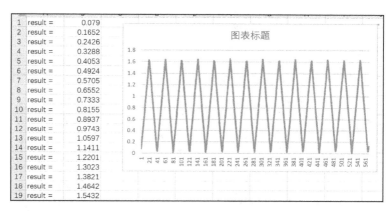

（a）上位机接收到的数据　　　　　　　　　（b）利用 Excel 绘图命令生成的波形

图 13.9　软件触发三角波生成程序运行结果

尝试一下

- 修改 main()函数中的语句：DAC_SetChannel1Data(DAC_Align_12b_R, DA_Value); 里面的 DA_Value 值，例如改为 1000，生成的三角波有什么变化？
- 通过调用函数 DAC_GetDataOutputValue(DAC_Channel_1)，可以读取 DAC 通道里的值，也就是 DOR 里的数值。你可以与 ADC 得到的值对比一下，看看是否相等。

该你了！——上述程序是采用软件触发三角波的生成，即通过延时去控制触发的周期。可以试一试使用定时器触发方式，参考任务一的程序，编写 DACTriangleTimer.C，看看有什么优势。

例程：DACTriangleTimer.c

```
#include "stm32f10x_heads.h"
#include "HelloRobot.h"
void ADC_Configuration()
{
    …  //同前
}
```

```
void TIM2_configuration()
{
    TIM_TimeBaseStructInit(&TIM_TimeBaseStructure);   //初始化时钟的结构体
    TIM_TimeBaseStructure.TIM_Period=1;//计数值
    TIM_TimeBaseStructure.TIM_Prescaler=7199; //预分频 即 72/7200MHz 即 0.1ms 计数一次,
即三角波周期为 0.1ms*2048*2=400ms 左右,2.5Hz
    TIM_TimeBaseStructure.TIM_ClockDivision=0;
    TIM_TimeBaseStructure.TIM_CounterMode=TIM_CounterMode_Up;//计数方式
    TIM_TimeBaseInit(TIM2,&TIM_TimeBaseStructure);
    TIM_SelectOutputTrigger(TIM2,TIM_TRGOSource_Update);//TIM2 触发更新
}

void DAC_Configuration()
{
    …  //同前
    DAC_InitType.DAC_Trigger=DAC_Trigger_T2_TRGO;         //设置触发方式为 TIM2 触发
    …  //同前
}
int main(void)
{
    int AD_value, DA_Value=0;
    BSP_Init();
    ADC_Configuration();
    USART_Configuration();

    TIM2_configuration();
    DAC_Configuration();
    DAC_SetChannel1Data(DAC_Align_12b_R, DA_Value);

    printf("Program Running!\r\n");
    TIM_Cmd(TIM2,ENABLE);   //使能 TIM2
    while(1)
    {
        AD_value=ADC_GetConversionValue(ADC1);
        printf("result = \t%.4f\n",(float)3.3*AD_value / 4095);
        delay_nms(10);                                  //延迟 10ms
    }
}
```

　　程序的运行结果如图 13.10 所示。串口接收 STM32 单片机发来的数据，如图 13.10（a）
所示。然后将接收到的数据复制到 Excel 文件中，再使用绘图命令，即可以看到 DAC 的输出
结果，如图 13.10（b）所示。

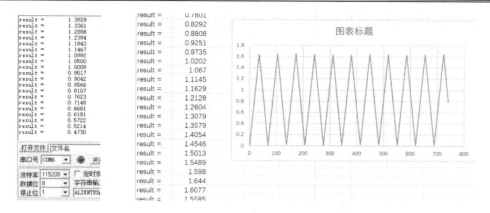

（a）上位机接收到的数据　　　　　　（b）利用 Excel 绘图命令生成的波形

图 13.10　定时器触发三角波生成程序运行结果

DACTriangleTimer.c 程序是如何工作的？

在上述例程中，内部三角波计数器在每次 TIM2 定时器触发事件之后 3 个 APB1 时钟周期后累加 1。采用定时器触发的优势在于可以用定时器精确控制三角波的频率，通过给定时器配置不同的参数，则 DAC 值自加 1 的间隔时间不同，从而可以控制三角波的频率。

任务二　噪声生成

可以利用线性反馈移位寄存器（LFSR：Linear Feedback Shift Register）产生幅值随机变化的伪噪声，如图 13.11 所示。设置 WAVEx[1:0]位为"01"选择 DAC 噪声生成功能。寄存器 LFSR 的预装入值为 0xAAA，按照特定的噪声生成算法，在每次触发事件之后 3 个 APB1 时钟周期后更新该寄存器的值，如图 13.12 所示。

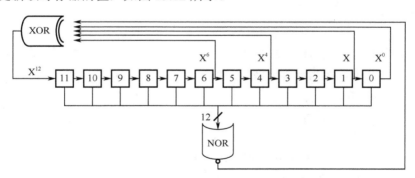

图 13.11　STM32 单片机 DAC 的 LFSR 算法

设置 DAC_CR 寄存器的 MAMPx[3:0]位可以屏蔽部分或者全部 LFSR 的数据，这样得到的 LSFR 值与 DAC_DHRx 的数值相加，去掉溢出位之后即被写入 DAC_DORx 寄存器。如果寄存器 LFSR 值为 0x000，则会注入 1（防锁定机制）。

将 WAVEx[1:0]位置"00"可以复位 LFSR 波形的生成算法。

注意：为了产生噪声，必须使能 DAC 触发，即设 DAC_CR 寄存器的 TENx 位为 1。

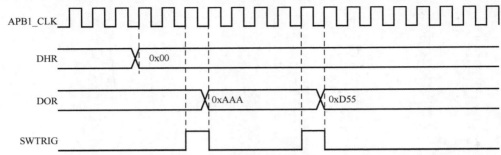

图 13.12　带 LFSR 波形生成的 DAC 转换（软件使能触发）

参考任务一的程序：软件触发三角波的生成，通过延时去控制触发的周期，编写噪声生成程序 DACNoise.C，程序运行结果如图 13.13 所示。

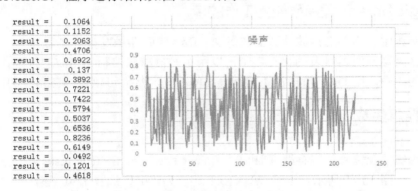

图 13.13　软件触发噪声生成程序运行结果

任务三　自定义波形生成

我们可以编写程序利用 STM32 的 DAC 输出自定义波形。下面的程序是输出右锯齿波，可以参考这个程序生成左锯齿波、方波等波形。

例程：DACZigzag.c

```
#include "stm32f10x_heads.h"
#include "HelloRobot.h"
#define DA_MAX_DATA 4040      //限定最大值为 4040
void ADC_Configuration()
{
    …  //同前
}
void DAC_Configuration()
{   DAC_InitTypeDef   DAC_InitType;
    RCC_APB1PeriphClockCmd(RCC_APB1Periph_DAC, ENABLE );        //使能 DAC 时钟
    //使能 GPIO 时钟，并设置 PA.4 为模拟输入
    RCC_APB2PeriphClockCmd(RCC_APB2Periph_GPIOA, ENABLE );
```

```
            GPIO_InitStructure.GPIO_Pin = GPIO_Pin_4;
            GPIO_InitStructure.GPIO_Mode = GPIO_Mode_AIN;
            GPIO_InitStructure.GPIO_Speed = GPIO_Speed_50MHz;
            GPIO_Init(GPIOA, &GPIO_InitStructure);
            GPIO_SetBits(GPIOA, GPIO_Pin_4) ;

            //配置 DAC
            DAC_InitType.DAC_Trigger=DAC_Trigger_None;              //不使用触发功能，TEN1=0
            DAC_InitType.DAC_WaveGeneration=DAC_WaveGeneration_None;       //不使用波形发生
            //对于波形选择为 None 时，幅值设置没有意义，为了防止产生误解，一般设为 0
            DAC_InitType.DAC_LFSRUnmask_TriangleAmplitude=DAC_LFSRUnmask_Bit0; //幅值设置
            DAC_InitType.DAC_OutputBuffer=DAC_OutputBuffer_Disable ; //DAC1 输出缓冲关闭，
BOFF1=1

            DAC_Init(DAC_Channel_1,&DAC_InitType);     //初始化 DAC 通道 1
            DAC_Cmd(DAC_Channel_1, ENABLE);            //使能 DAC 通道 1
            DAC_SetChannel1Data(DAC_Align_12b_R, 0);   //12 位右对齐数据格式设置 DAC 值，初值为 0
        }

        int main(void)
        {
            int AD_value,DA_Value=0;
            BSP_Init();
            ADC_Configuration();
            USART_Configuration();

            DAC_Configuration();
            DAC_SetChannel1Data(DAC_Align_12b_R,DA_Value);               //修改 Value

            printf("Program Running!\r\n");
            while(1)
            {
                    if (DA_Value >=DA_MAX_DATA)      DA_Value =0;        //超过范围，重置为 0

                    DA_Value=DA_Value+40;
                    DAC_SetChannel1Data(DAC_Align_12b_R, DA_Value);      //改变 DAC 的值
                    AD_value=ADC_GetConversionValue(ADC1);
                    printf("result = \t%.4f\n",(float)3.3*AD_value / 4095);
                    delay_nms(50);
            }
```

　　程序的运行结果如图 13.14 所示。串口接收 STM32 单片机发来的数据，如图 13.14（a）所示。然后将接收到的数据复制到 Excel 文件中，再使用绘图命令，即可以看到 DAC 的输出结果，如图 13.14（b）所示。

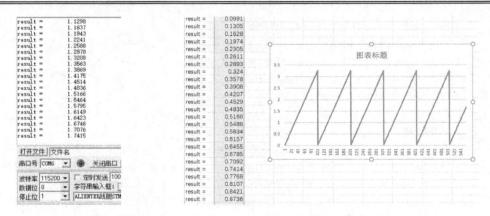

（a）上位机接收到的数据   （b）利用 Excel 绘图命令生成的波形

图 13.14　锯齿波生成程序运行结果

工程素质和技能归纳

（1）掌握 STM32 单片机的 D/A 转换结构和编程方法，以及注意事项。

（2）复习 STM32 单片机的 A/D 编程方法，掌握 D/A 与 A/D 混合编程方法，编写程序生成方波。

附录 A

本书所用 STM32 教学开发板主要电路图

STM32F103 教学开发板是深圳中科鸥鹏智能科技有限公司推出的基于 ARM Cortext-M3 内核的 32 位单片机教学开发实验平台，充分考虑了多种使用目的和应用需求，功能强大，可作为自动控制、仪器仪表、电子通信、电力电子、机电一体化等专业的教学实验平台和开发平台，或供个人爱好者使用，如图 A.1 所示。例如，将教学开发板接上机器人小车，并加上面包板，可以作为典型的工程对象，引导大家学习 STM32 系列微控制器单片机原理与应用开发，通过亲手搭建传感器以探测周边环境，控制电机运动，完成一个智能机器人小车所需具备的基本能力；也可通过红外进行遥控，或通过麦克风语音控制；A/D 接口可以应用于数据采集领域；大容量的 Flash 芯片可以作为数据存储器、中文字库，也可以存储音乐应用于多媒体；外接 SD 卡或 U 盘可以将存放的图片在触摸屏上显示；板载的 RS-485、CAN、以太网接口满足各类通信的需要；加上无线通信模块还可以作为无线传感器网络接口，用于物联网领域。

本书通过"学中做、做中学"，即 DIY（Do It Yourself）和 LBD（Learning By Doing）的方式完成各种任务，使大家在无限的乐趣之中，掌握 STM32F103xx 系列微控制器的外围引脚特性、内部结构原理、片上外设资源、开发设计方法和应用软件编程等技术。

图 A.1　STM32F103xx 增强型微控制器教学开发板

STM32F103xx 教学开发板包含 JTAG、RS-232 串口接口、RS-485 总线接口、CAN 总线

接口、USB 接口、SD 卡接口、LCD 和 TFT 触摸屏接口、音频输入输出、Flash 存储器、RTC、
I^{2}C /EEPROM、A/D、D/A、Key、LED、蜂鸣器、数字温度传感器、一体式红外、以太网接
口及无线通信接口等，覆盖范围极广。开发板电路如图 A.2～图 A.15 所示，硬件规格如下：

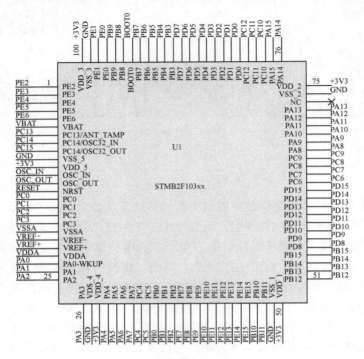

图 A.2　STM32F103xx 引脚图

- 由于 STM32F103xx 系列微控制器具有全兼容性，因此可以选用 100 个引脚的
  STM32F103Vx 系列单片机，如中小容量的 V8 和 VB，或者大容量的 VC、VD、VE，
  以获得更多存储空间和片上资源；
- 引出所有 I/O 引脚，方便扩展和二次开发；
- 2 个 RS-232 电平串行接口，其中一个支持 CTS/RTS；
- 1 个 LVTTL 电平串行接口；
- 1 个一体式红外传感器；
- 1 个 CAN 总线接口；
- 1 个 485 接口；
- 1 个 USB 2.0 全速通信接口，1 个主 USB 或从 USB 接口；
- 1 个 SD 存储卡接口；
- 1 个 10M IEEE 802.3 兼容以太网接口；
- 2 种无线传感器网络接口：CC1100/CC1101 和 NRF24L01，满足物联网应用；
- 3 种 LCD 接口：1602 字符型 LCD、12864 点阵型、触摸式 TFT LCD；
- 4 个 LED 状态灯，1 个下载指示灯，2 个串口通信指示灯，1 个芯片上电指示灯；
- 1 个带开关控制的蜂鸣器；
- 4 个独立通用 I/O 按键；
- 1 个复位按键，1 个 TAMPER 入侵检测按键，1 个 WAKEUP 唤醒按键；

- 4 路电机（舵机）控制接口；
- 2 个外部 A/D 输入接口，其中 1 路可选择板载电位器 AD 测试输入；
- 1 个复用 A/D 输入接口或 D/A 接口（选用 STM32F103VC/D/E）；
- 1 个基于光敏电阻的光线明暗测量 A/D 输入接口，也可选择 RTC 电池电压值监测；
- 1 个扬声器音频输出接口；
- 1 个板载麦克风音频输入，或外接音频输入接口；
- 纽扣后备电池，支持 RTC；
- 1 线制数字温度传感器 DS18B20；
- I^2C 接口 EEPROM AT24Cxx；
- SPI 接口 2M Flash 数据存储器，以及 128M 或 256M NAND Flash 数据存储器；
- JTAG 调试接口，支持 U-Link、J-Link、ISP 3 种程序下载方式；
- 3 种启动方式选择设置；
- 支持多种电源接口：电池、USB、电源适配器，支持 5～12V 宽电源供电；
- 扩展出 16 个可编程 I/O 口以及面包板，方便用户自己搭建电路，进一步扩展传感器或执行机构：LED 灯、胡须（碰撞）传感器、红外传感器、光敏传感器、蜂鸣器、电机、灭火风扇、超声测距、红外测距、继电器及电继阀等。

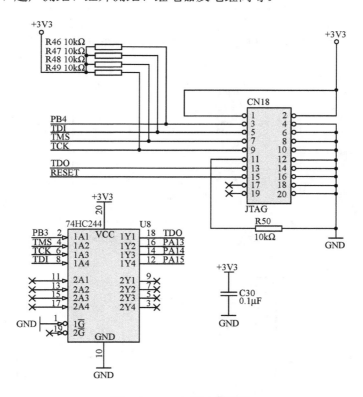

图 A.3　JTAG 接口电路图

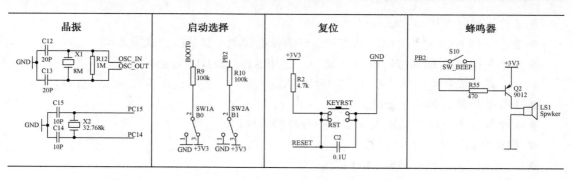

图 A.4　晶振、启动选择开关、复位、蜂鸣器电路图

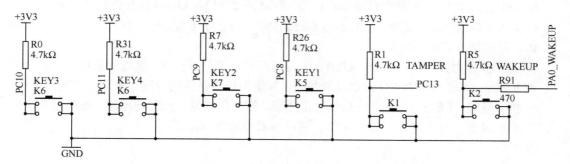

图 A.5　用户按键、TAMPER 按键和 WAKEUP 按键电路图

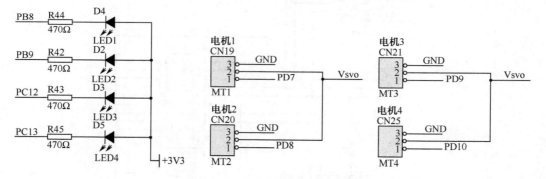

图 A.6　LED、电机接口电路图

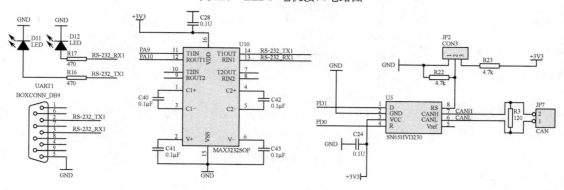

图 A.7　RS-232 串口 1、CAN 总线接口电路图

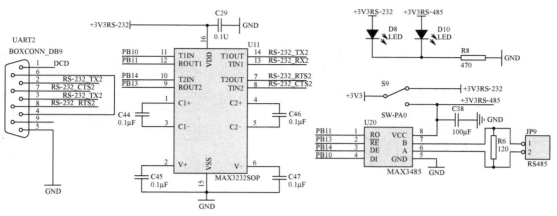

图 A.8　RS-232 串口 3、RS-485 总线接口电路图

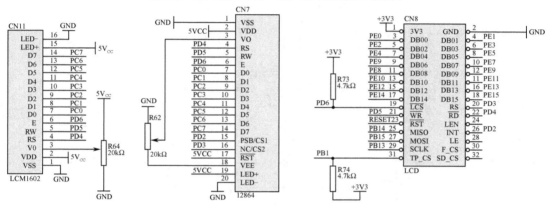

图 A.9　1602 字符型 LCD、12864 点阵型 LCD、TFT 触摸 LCD

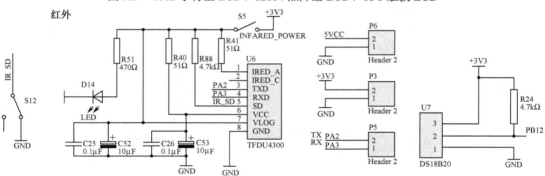

图 A.10　一体式红外传感器、串口 2、单线制温度传感器电路图

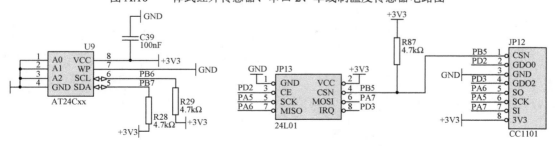

图 A.11　I²C EEPROM、无线模块接口电路图

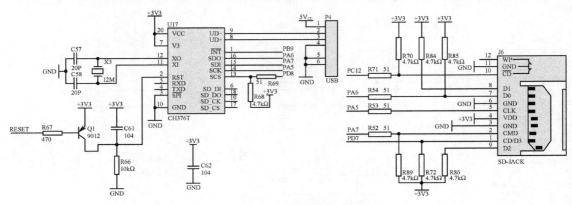

图 A.12　USB、SD 扩展接口电路图

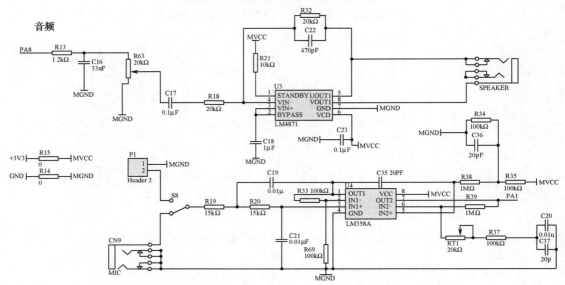

图 A.13　扬声器及麦克风接口电路图

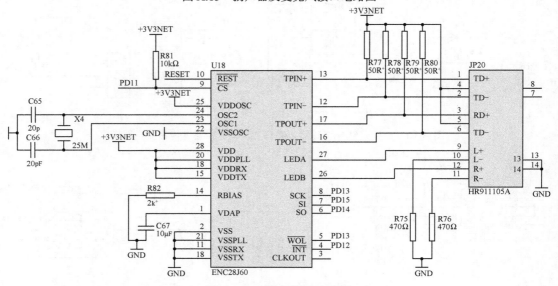

图 A.14　以太网接口电路图

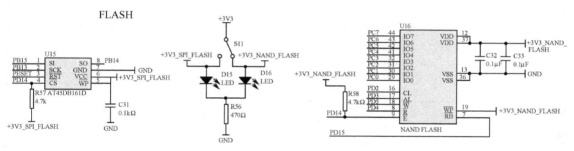

图 A.15   扩展 Flash 电路图

STM32 单片机教学开发板电路模块结构如图 A.16 所示，开关和跳线说明见表 A.1。

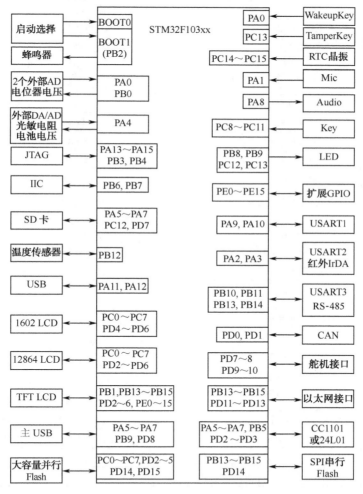

图 A.16   STM32 单片机教学开发板电路模块结构图

表 A.1   开关和跳线说明

标识名称	开关或跳线说明	水平：从左往右依次为 1-2-3
		垂直：从上往下依次为 1-2-3
S1	PA4 信号源 择开关	1-2：板载 AD 信号源测试输入
		2-3：外接 AD 输入或 DA 输出

续表

标识名称	开关或跳线说明	水平：从左往右依次为 1-2-3 垂直：从上往下依次为 1-2-3
S2	网络使能 选择开关	1-2：使能网络接口
		2-3：禁止网络接口
S3	PA0 功能 选择开关	1-2：WakeUp 功能
		2-3：外接 AD 输入
S4	PB0 信号源 选择开关	1-2：板载电位器 AD 测试输入
		2-3：外接 AD 输入
S5	红外与外接串口 选择开关	1-2：选择外接串口，禁止板载一体化红外传感器
		2-3：使能板载一体化红外传感器
S6	PA4 信号源 选择开关	1-2：板载 RTC 电池电压监测 AD 测试输入
		2-3：板载光敏电阻 AD 测试输入
S7 SW-VBAT	RTC 供电选择开关	1-2：后备电池供电
		2-3：系统电源供电
S8	MIC 输入信号源 选择开关	1-2：板载 MIC 音频信号输入
		2-3：外接音频信号输入
S9	RS-232/RS-485 选择开关	1-2：使能 RS-232 接口
		2-3：使能 RS-485 接口
S10 SW-BEEP	蜂鸣器使能 选择开关	1-2：使能蜂鸣器
		2-3：禁止蜂鸣器
S11	Flash 选择开关	1-2：选择并行 NAND Flash 芯片
		1-2：选择 SPI 接口 Flash 芯片
S12	红外 ShutDown 模式选择开关	1-2：高电平 ShutDown 模式
		2-3：低电平 ShutDown 模式
SW1A/SW2A	启动模式选择开关	BOOT0=1-2，BOOT1=ANY：从内置 Flash 启动 BOOT0=2-3，BOOT1=1-2：从系统 Flash 启动 BOOT0=2-3，BOOT1=2-3：从内置 SRAM 启动 每种启动方式的详细说明见表 B.2
JP2	CAN 工作 模式选择跳线	悬空：CAN 工作在斜率控制模式
		1-2：RS=0，CAN 工作在高速模式
		2-3：RS=1，CAN 工作在等待模式
JP4	STM32 单片机 USB 使能选择开关	1-2：使能 STM32 单片机 USB 接口
		2-3：禁止 STM32 单片机 USB 接口
JP5	舵机电源选择开关	1-2：+5V 供电
		2-3：INVCC 供电

基于ARM Cortex-M3的STM32微控制器原理归纳

B.1 基于 ARM Cortex-M3 内核的 STM32F10x 微控制器结构

微处理器是单芯片 CPU，而微控制器则集成了 CPU 和其他外设电路，构成了一个完整的嵌入式系统。微控制器的一个重要特点是内建的中断系统。作为面向控制的设备，微控制器经常要实时响应外界的激励（中断）。微控制器必须执行快速上下文切换，挂起一个进程去执行另一个进程。ARM Cortex-M3 内核可以认为是单芯片的 CPU，没有外设电路，其结构如图 B.1 所示。

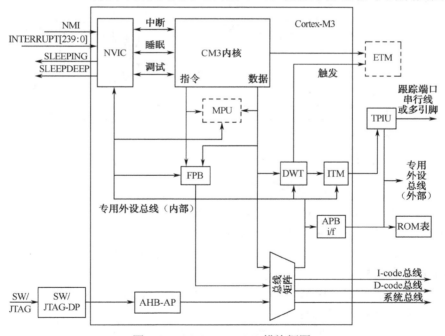

图 B.1　ARM Cortex-M3 模块框图

基于 ARM7 处理器的系统只支持访问对齐的数据，只有沿着对齐的字边界才可以对数据进行访问和存储。Cortex-M3 处理器采用非对齐数据访问方式，使非对齐数据可以在单核访问中进行传输。当使用非对齐传输时，这些传输将转换为多个对齐传输，但这一过程不为程序员所见。

Cortex-M3 处理器除了支持单周期 32 位乘法操作外，还支持带符号的和不带符号的除法操作，这些操作使用 SDIV 和 UDIV 指令，根据操作数大小的不同在 2～12 个周期内完成。如果被除数和除数大小接近，那么除法操作可以更快地完成。Cortex-M3 处理器凭借着在数值运算能力方面的改进，成为了众多高数字处理强度应用（如传感器读取和取值或硬件在环仿真系统）的理想选择。

STM32F10xx 微控制器系统结构如图 B.2 所示，由以下几部分组成：

- 四个主动单元：Cortex-M3 内核的 ICode 总线（I-bus），DCode 总线（D-bus），系统总线（S-bus），通用 DMA1、DMA2 及以太网 DMA（互联型产品）。
- 四个被动单元：内部 SRAM、内部闪存存储器、FSMC、AHB 到 APB 的桥（AHB2APBx），它连接所有的 APB 设备。

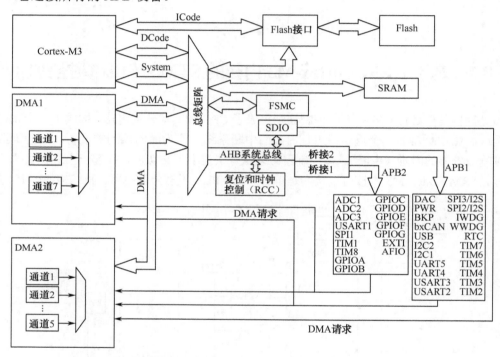

图 B.2　STM32F10xx 系统结构

这些都是通过一个多级的 AHB 总线构架相互连接的。各个单元的主要功能如下：

- ICode 总线：将 Cortex-M3 内核的指令总线与 Flash 闪存指令接口相连接，用于指令预取；
- DCode 总线：将 Cortex-M3 内核的 DCode 总线与闪存存储器的数据接口相连接，用于常量加载和调试访问；
- 系统总线：连接 Cortex-M3 内核的系统总线（外设总线）到总线矩阵，总线矩阵协调着内核和 DMA 间的访问；
- DMA 总线：将 DMA 的 AHB 主控接口与总线矩阵相连，总线矩阵协调着 CPU 的 DCode 和 DMA 到 SRAM、闪存和外设的访问；
- 总线矩阵：总线矩阵协调内核系统总线和 DMA 主控总线之间的访问仲裁，仲裁采用轮换算法，AHB 外设通过总线矩阵与系统总线相连，允许 DMA 访问。总线矩阵包含 DCode、系统总线、DMA1 总线和 DMA2 总线，以及 4 个被动单元：闪存存储器接口

（FLITF）、SRAM、FSMC 和 AHB 到 APB 的桥（AHB2APBx）；

● AHB 到 APB 的桥：两个 AHB/APB 桥在 AHB 和两个 APB 总线间提供同步连接。APB1 操作速度限于 36MHz，APB2 操作于全速（最高 72MHz）。

闪存的指令和数据访问是通过 AHB 总线完成的。预取模块是用于通过 ICode 总线读取指令的。仲裁作用在闪存接口，并且 DCode 总线上的数据访问优先。DMA 在 DCode 总线上访问闪存存储器，它的优先级比 ICode 上的取指高。DMA 在每次传送完成后具有一个空余的周期。有些指令可以和 DMA 传输一起执行。

STM32F10x 内部结构如图 B.3 所示，不同型号的具体配置有所不同。

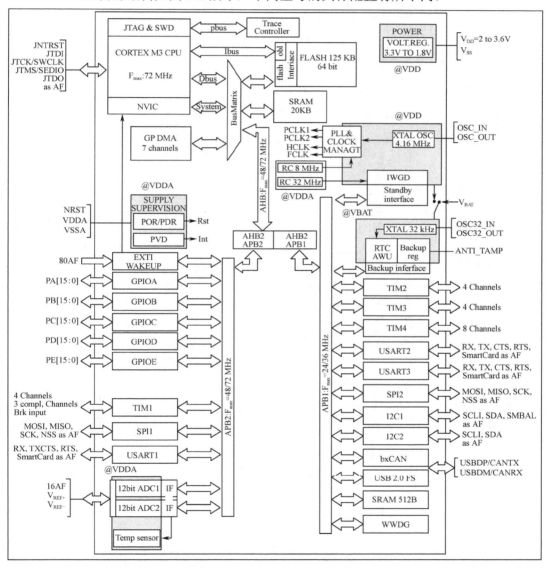

图 B.3　STM32F10x 内部结构图

在系统每一次复位以后，所有除 SRAM 和 FLITF 以外的外设都被关闭，因此在使用一个外设之前，必须设置寄存器 RCC_AHBENR 来打开该外设的时钟。

STM32F10x 单片机的时钟系统框图如图 B.4 所示。

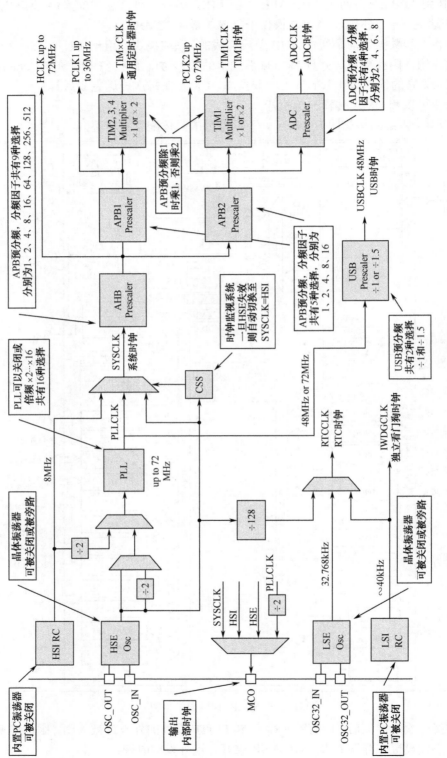

图 B.4　STM32F10x 单片机的时钟系统框图

B.2　存储映像地址

Cortex-M3 处理器的存储系统采用统一的编址方式，具有 4GB 的可寻址存储空间，分为 8 块：block 0～block 7，每块 512M，如图 B.5 所示。这些空间为代码（代码空间）、SRAM（存储空间）、寄存器、片上外设、外部存储器和外部外设提供了预定义的专用地址，以小端方式存放，也即一个字的最低有效字节被存放在该字的最低地址字节中。

Flash 模块由 Main Block 和 Information Block 组成，见表 B.1。Main Block 用于存放用户程序，最高达 512KB，地址范围为 0x0800 0000～0x0807 FFFF。Information Block 又包括 System Memory 和 Option Bytes 两部分。System Memory 地址范围为 0x1FFFF F000～ 0X1FFFF F7FF，共计 2KB，用于存放通过串口进行 ISP 编程的 Bootloader 程序；Option Bytes 包含 16 个字节，地址范围为 0x1FFFF F800～0X1FFFF F80F。

SRAM：最高达 64KB，地址范围为 0x2000 0000～0x2000 FFFF。

另外，在存储器映像地址的最高部分还有一个特殊区域，专门供厂家使用。

表 B.1　Flash 模块的组织

块	名　称	地　址　范　围	长度（字节）
主存储器	页 0	0×0800 0000～0×0800 03FF	1
	页 1	0×0800 0400～0×0800 07FF	1
	页 2	0×0800 0800～0×0800 0BFF	1
	页 3	0×0800 0C00～0×0800 0FFF	1
	页 4	0×0800 1000～0×0800 13FF	1
	⋮	⋮	⋮
	页 127	0×0801 FC00～0×0801 FFFF	1
信息块	系统存储器	0×1FFF F000～0×1FFF F7FF	2
	选项字节	0×1FFF F800～0×1FFF F80F	16
闪存存储器接口寄存器	FLASH_ACR	0×4002 2000～0×4002 2003	4
	FLASH_KEYR	0×4002 2004～0×4002 2007	4
	FLASH_OPTKEYR	0×4002 2008～0×4002B	4
	FLASH_SR	0×4002 200C～0×4002 200F	4
	FLASH_CR	0×4002 2010～0×4002 2013	4
	FLASH_AR	0×4002 2014～0×4002 2017	4
	保留	0×4002 2018～0×4002 201B	4
	FLASH_OBR	0×4002 201C～0×4002 201F	4
	FLASH_WRPR	0×4002 2020～0×4002 2023	4

闪存模块的组织，随着容量的大小而不同：

● 小容量产品（16～32K）主存储块最大为 4K×64 位，每个存储块划分为 32 个 1K 字节的页；

● 中容量产品（64～128K）主存储块最大为 16K×64 位，每个存储块划分为 128 个 1K 字节的页；

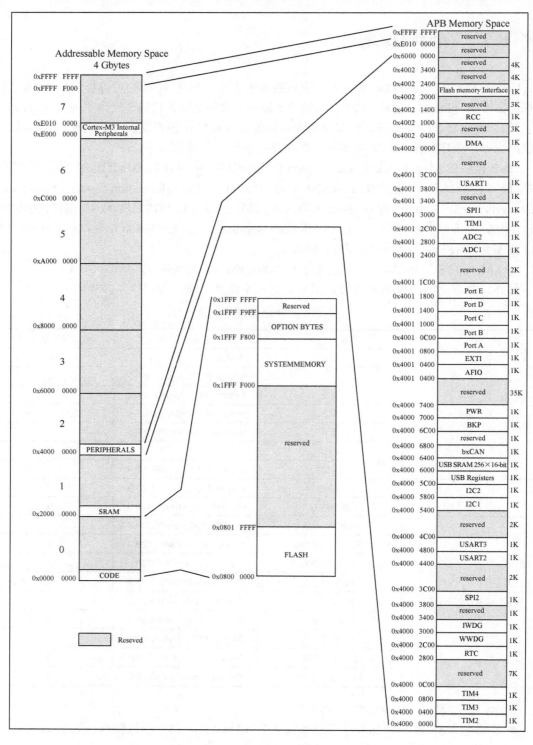

图 B.5 STM32 的存储映像图

● 大容量产品（256～512K）主存储块最大为 64K×64 位，每个存储块划分为 256 个 2K 字节的页；

● 互联型产品（F105XX 和 F107XX）主存储块最大为 32K×64 位，每个存储块划分为 128 个 2K 字节的页。

对于 STM32F10X 系列微控制器，可以通过配置 BOOT[1:0]选择 3 种不同的启动模式，见表 B.2。本书所用 STM32 单片机教学开发板的启动模式选择开关如图 B.6 所示。

表 B.2　启动模式

启动模式选择引脚		启动模式	说　明
BOOT1	BOOT0		
X	0	从内置的 Flash 闪存存储器启动	地址范围：0x0800 0000～0x0807 FFFF，容量为 512K。闪存存储器被选为启动区，这是正常的工作模式
0	1	从内置的 Flash 系统存储器启动	地址范围：0x1FFFF F000～0x1FFFF F7FF，容量为 2K。系统存储器被选为启动区，这种模式启动的程序功能由厂家设置，一般用于存放通过 UART1 进行 ISP 编程的 Bootloader
1	1	从内置的 SRAM 启动	地址范围：0x2000 0000～0x2000 FFFF，容量为 64K。内置 SRAM 被选为启动区域，这种模式可以用于调试

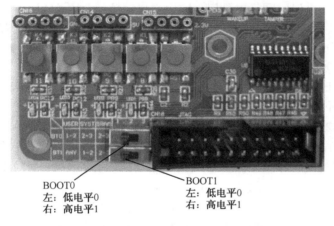

BOOT0
左：低电平0
右：高电平1

BOOT1
左：低电平0
右：高电平1

图 B.6　STM32 单片机教学开发板的启动模式选择开关

几点说明：

（1）0x0000 0000～0x0007 FFFF，这个 512KB 的地址范围是在 STM32 上电后开始执行代码的地址区域。STM32 上电后，从位于 0x0000 0000 地址处的启动区开始执行代码。注意，这个地址范围既没有 FLASH，也没有 SRAM，是通过设置 BOOT0 和 BOOT1 两个引脚动态地把上面的存储区域映射到 0x0000 0000～0x0007 FFFF 这个区域中，即将对应的启动模式的不同物理地址映像到第 0 块（启动存储区）。在系统复位后，SYSCLK 的第 4 个上升沿，BOOT 引脚的值将被锁存。用户可以通过设置 BOOT1 和 BOOT0 引脚的状态来选择复位后的启动模式。在经过启动延迟后，CPU 从位于 0x0000 0000 开始的启动存储区执行代码。即使被映像到启动存储区，仍然可以在它原先的存储器空间内访问相关的存储器。

在从待机模式退出时，BOOT 引脚的值将被重新锁存；因此，在待机模式下 BOOT 引脚应保持为需要的启动配置。在启动延迟之后，CPU 从地址 0x0000 0000 获取堆栈顶的地址，并从启动存储器的 0x0000 0004 指示的地址开始执行代码。

（2）代码区始终从地址 0x0000 0000 开始（通过 Icode 总线和 DCode 总线访问），而数据区（SRAM）始终从地址 0x2000 0000 开始（通过系统总线访问）。Cortex-M3 内核始终从 ICode 总线获取复位向量，启动从内置的 Flash 闪存存储器开始，这是典型的启动方式。

同时，STM32F10xxx 微控制器实现了一个特殊的机制，系统可以不仅仅从 Flash 存储器或系统存储器启动，还可以从内置的 SRAM 启动。根据选定的启动模式不同，主闪存存储器、系统存储器或 SRAM 可以按照以下方式访问：

- 从主闪存 Flash 存储器启动：主闪存 Flash 存储器被映射到启动空间（0x0000 0000），但仍然能够在它原有的地址（0x0800 0000）访问它，即闪存存储器的内容可以在两个地址区域访问：0x0000 0000 或 0x0800 0000；
- 从系统存储器启动：系统存储器被映射到启动空间（0x0000 0000），但仍然能够在它原有的地址（互联型产品原有地址为 0x1FFF B000，其他产品原有地址为 0x1FFF F000）访问它。系统存储器是芯片内部一块特定的区域，芯片出厂时在这个区域预置了一段 Bootloader，就是通常说的 ISP 程序，也叫自举程序，用于通过串口对闪存进行编程。这个区域的内容在芯片出厂后不能被修改或擦除，它是一个 ROM 区；
- 从内置 SRAM 启动：只能在 0x2000 0000 开始的地址区访问 SRAM。

（3）PB2 端口是复用引脚，该复用功能用于启动选择（BOOT1）。一般情况下，BOOT0 和 BOOT1 都设为 0（地）。如果使用串口 ISP 下载方式下载程序，就需要用到两种启动模式：

BOOT1=*，BOOT0=1，进入 ISP 编程模式。

BOOT1=0，BOOT0=0，运行程序。

一般我们常将 BOOT1 设为 0（地），这样只需要改变 BOOT0 这 1 根线就可以改变启动模式了。因此，如果不使用 U-Link 或者 J-Link 下载程序，而使用串口 ISP 下载，PB2 端口就必须保持低电平。PB2 如果做普通 I/O 用，那么不要用做输入，因为输入状态是外部决定的，除非有跳线设置，强行拉低。如做输出用，需注意使用下拉电阻（10～100kΩ），下拉电阻阻值由 PB2 所接外设决定，不同的外设下拉不同（注意，有的 100k 是拉不低的）。一般说来，STM32 的 I/O 端口足够多，因此建议 PB2 只用做 BOOT1。

如果使用 ISP 方式下载程序，需要将 STM32 单片机教学开发板的 BOOT0 开关拨向右边，此时 BOOT0=1，BOOT1=0，然后按复位按钮，STM32 单片机进入 ISP 编程模式；当程序成功下载到目标芯片上后，将 BOOT0 开关拨回到左边，即 BOOT0=0，BOOT1=0 状态。然后按复位按钮，下载到 STM32 单片机里的程序开始执行。

ISP 下载完后要注意关闭 ISP 下载软件，否则使用串口调试软件会有冲突；同理，在使用串口调试软件后，也注意要断开连接，否则会与 ISP 下载软件有冲突。

（4）一般不使用内置 SRAM 启动（BOOT1=1，BOOT0=1），因为 SRAM 掉电后数据会丢失。多数情况下 SRAM 只是在调试时使用，也可以做其他一些用途，如做故障的局部诊断，写一段小程序加载到 SRAM 中诊断板上的其他电路，或用此方法读写板上的 Flash 或 EEPROM 等。还可以通过这种方法解除内部 Flash 的读写保护，但解除读写保护的同时，Flash 的内容也被自动清除，以防恶意的软件复制。

注意：当从内置 SRAM 启动时，在应用程序的初始化代码中，必须使用 NVIC 的异常表和偏移寄存器，重新映射向量表到 SRAM 中。

外设存储地址见表 B.3。

表 B.3 外设存储地址表

Boundary address	Peripheral	Bus
0x5000 0000- 0x5003 FFFF	USB OTG FS	AHB
0x4003 0000- 0x4FFF FFFF	Reserved	AHB
0x4002 8000 - 0x4002 9FFF	Ethernet	AHB
0x4002 3400- 0x4002 7FFF	Reserved	AHB
0x4002 3000 - 0x4002 33FF	CRC	AHB
0x4002 2000 - 0x4002 23FF	Flash memory interface	AHB
0x4002 1 400 - 0x4002 1FFF	Reserved	AHB
0x4002 1 000 - 0x4002 13FF	Reset and clock control RCC	AHB
0x4002 0800 - 0x4002 0FFF	Reserved	AHB
0x4002 0400 - 0x4002 07FF	DMA2	AHB
0x4002 0000 - 0x4002 03FF	DMA1	AHB
0x4001 8400 - 0x4001 FFFF	Reserved	AHB
0x4001 8000 - 0x4001 83FF	SDIO	AHB
Ox4001 5800 - 0x4001 7FFF	Reserved	APB2
0x4001 5400 - 0x4001 57FF	TIM11 timer	APB2
0x4001 5000 - 0x4001 53FF	TIM10 timer	APB2
0x4001 4C00- 0x4001 4FFF	TIM9 timer	APB2
0x4001 4000- 0x4001 4BFF	Reserved	APB2
0x4001 3C00- 0x4001 3FFF	ADC3	APB2
0x4001 3800 - 0x4001 3BFF	USART1	APB2
0x4001 3400 - 0x4001 37FF	TIM8 timer	APB2
0x4001 3000 - 0x4001 33FF	SPI1	APB2
0x4001 2C00 – 0x4001 2 FFF	TlM1 timer	APB2
0x4001 2800- 0x4001 2BFF	ADC2	APB2
0x4001 2400 - 0x4001 27FF	ADC1	APB2
0x4001 2000 - 0x4001 23FF	GPIO Port G	APB2
0x4001 1C00 - 0x4001 1 FFF	GPIO Port F	APB2
0x4001 1800 - 0x4001 1BFF	GPIO Port E	APB2
0x4001 1400 - 0x4001 1 7FF	GPIO Port D	APB2
0x4001 1000 - 0x4001 1 3FF	GPIO Port C	APB2
0x4001 0C00 - 0x4001 0FFF	6PlO Port B	APB2
0x4001 0800- 0x4001 0BFF	GPIO Po rt A	APB2
0x4001 0400 - 0x4001 07FF	EXTI	APB2
0x4001 0000 - Ox4001 03FF	AFIO	APB2
0x4000 7800 - 0x4000 FFFF	Reserved	APB1
0x4000 7400 - 0x4000 77FF	DAC	APB1
0x4000 7000 - 0x4000 73FF	Power control PWR	APB1
0x4000 6C00 - 0x4000 6FFF	Backup registers(BKP)	APB1

续表

Boundary address	Peripheral	Bus
0x4000 6800 - 0x4000 6BFF	BxCAN2	
0x4000 6400 - 0x4000 67FF	BxCAN1	
0x4000 6000- 0x4000 63FF	Shared USB/CAN SRAM 512 bytes	
0x4000 5C00 - 0x4000 5FFF	USB device FS registers	
0x4000 5800 - 0x4000 5BFF	I2C2	
0x4000 5400 - 0x4000 57FF	I2C1	
0x4000 5000 - 0x4000 53FF	UART5	
0x4000 4C00 - 0x4000 4FFF	UART4	
0x4000 4800 - 0x4000 4BFF	USART3	
0x4000 4400 - 0x4000 47FF	USART2	
0x4000 4000 - 0x4000 43FF	Reserved	
0x4000 3C00 -0x4000 3FFF	SPI3/I2S	
0x4000 3800 - 0x4000 3BFF	SPI2/12S	
0x4000 3400 - 0x4000 37FF	Reserved	APB1
0x4000 3000 - 0x4000 33FF	Independent watchdog(IWDG)	
0x4000 2C00 - 0x4000 2FFF	Window watchdog(WWDG)	
0x4000 2800 - 0x4000 2BFF	RTC	
0x4000 2400 - 0x4000 27FF	Reserved	
0x4000 2000 - 0x4000 23FF	TIM14 timer	
0x4000 1 C00 - 0x4000 1FFF	TIM13 timer	
0x4000 1800 - 0x4000 1BFF	TIM12 timer	
0x4000 1400 - 0x4000 17FF	TIM7 timer	
0x4000 1000 - 0x4000 13FF	TIM6 timer	
0x4000 0C00 - 0x4000 0FFF	TIM5 timer	
0x4000 0800 - 0x4000 0BFF	TIM4 timer	
0x4000 0400 - 0x4000 07FF	TIM3 timer	
0x4000 0000 - 0x4000 03FF	TIM2 timer	

　　STM32 系列微控制器的外设在芯片引脚都有对应，通过 GPIO 的复用功能实现具体外设的功能。

存储器映像位段、别名

　　在 51 单片机系统中有位操作，可以以某个 Bit 位为数据对象进行操作。例如，对 P1 口的第 2 位置 1 操作：P1.2=1。在 STM32 单片机中，位段区（bit-band）就实现了这样的功能，对象可以是 SRAM 和 I/O 外设地址空间。ARM Cortex-M3 存储器映像包括两个位段区，其中一个是 SRAM 区的最低 1MB 范围：0x2000 0000～0x200F FFFF；另一个是片内外设区的最低 1MB 范围：0x4000 0000～0x400F FFFF。这两个区中的地址除了可以像普通的 RAM 一样使用外，它们还都有自己的"位段别名区"。位段别名区把每个比特膨胀成一个 32 位的字，这样 1M 的地址范围就扩展成了 32M 的地址范围。

　　因此，STM32 单片机的 SRAM 地址从 0x2000 0000 开始，最低 1MB 范围为位段，其别名区地址范围从 0x2200 0000 开始。片内外设地址从 0x4000 0000 开始，最低 1MB 范围为位段，其别名区地址范围从 0x4200 0000 开始。

从这两个地址开始，每一个字（32Bit）就对应 SRAM 或片内外设的一位。对别名区空间开始的某一字操作（置 0 或置 1），就等于它映射的 SRAM 或片内外设相应的某个字节的某个比特位的操作。也就是说，位段区将别名存储器区中的每个字映射到位段存储器区的一个位，在别名存储区写入一个字具有对位段区的目标位相同的操作效果。

注意：位段别名区的存储器是以 32 位的方式进行的，但其有效的仅仅是 Bit0 位，因此，Bit0 位的值才对应到相应普通存储区域的比特位上，其他位无效。

记某个位段区字节地址为 A，位序号为 n，与之对应的别名区的地址为：

$$AliasAddr = bit\_band\_alias + ((A - bit\_band) \times 8 + n) \times 4$$
$$= bit\_band\_alias + (A - bit\_band) \times 32 + n \times 4$$
$$= bit\_band\_alias + byte\_offset \times 32 + n \times 4$$
$$= bit\_band\_alias + ((A \& 0xFFFFF) << 5) + n << 2$$

上式中，"×8"表示一个字节中有 8 个比特，"×4"表示一个字包含 4 个字节。

其中：AliasAddr 是别名存储器区中字的地址，它映射到某个目标位。

bit_band_alias 是位段别名区的起始地址，SRAM 的位段别名区起始地址为 0x2200 0000；片上外设的位段别名区起始地址为 0x4200 0000。

bit_band 是位段的起始地址，SRAM 的位段起始地址为 0x2000 0000；片上外设的位段起始地址为 0x4000 0000。

byte_offset 是包含目标位的字节在位段里的序号。n 是目标位所在位置（0~7）。

例如，映射 SRAM 位段区的地址为 0x2000 0300 的字节中的位 2，其别名区的地址为：

0x2200 6008 = 0x2200 0000 + (0x300×32) + (2×4)。

这样，对 0x2200 6008 地址的写操作与对 SRAM 中地址 0x2000 0300 字节的位 2 执行读—改—写操作有着相同的效果；读 0x2200 6008 地址返回 SRAM 中地址 0x2000 0300 字节的位 2 的值（0x01 或 0x00）。

利用位段别名区，可以缩小代码量，并防止错误的写入，操作更安全。合理使用位段，将大大简化程序，例如下面的程序：将 SRAM 地址 0x2000 4000 开始的 512 字节数据通过 PA0 引脚输出（GPIOA 寄存器组的首地址是：0x4001 0800，其输出数据寄存器偏移地址是 0x0c）。

```c
/* 不使用位段的代码 */
u8 *pBuffer = (u8 *)0x2000 4000;
for(u16 cnt=0;cnt<512;cnt++)
{
   for(u8 num=0;num<8;um++)
{
    if( ((*pBuffer)>>num)&0x01 )          GPIOA->BSRR=1;
else       GPIOA->BRR=1;
}
pBuffer++;
}

/* 使用位段的代码 */
```

```
u32 *pBuffer = (u32 *)0x2208 0000;          //0x2208 0000 = 0x2200 0000+0x4000*32
u16 cnt=512*8;
while(cnt--)
(*((u32 *)0x42210180))=*pBuffer++;          //0x4221 0180 = 0x4200 0000+0x1080c*32
```

通过上面的代码可以看出，使用位段简化了对外设寄存器和 SRAM 的操作，使程序代码量减少了。

✈ B.3 芯片编号和引脚说明

STM32F103xx 是一个完整的系列，其成员之间是完全地脚对脚兼容，软件和功能上也兼容，STM32F10x 系列单片机芯片编号说明如图 B.7 所示。

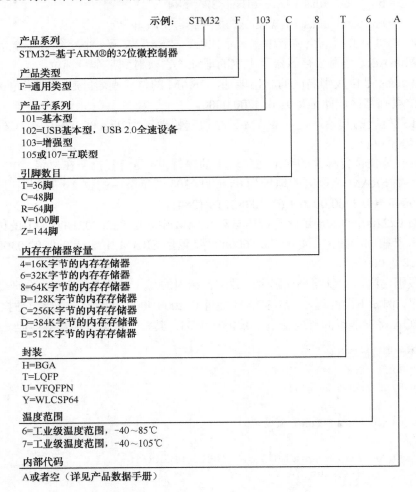

图 B.7 STM32F10x 系列单片机芯片编号说明

STM32F103x4 和 STM32F103x6 被归为小容量产品，STM32F103x8 和 STM32F103xB 被归为中等容量产品，STM32F103xC、STM32F103xD 和 STM32F103xE 被归为大容量产品。全

系列脚对脚、外设及软件具有高度的兼容性。这种全兼容性带来的好处是：电路设计不用做任何修改，可以根据应用和成本的需要，使用不同存储容量系列的微控制器，为用户在产品开发中提供了更大的自由度。同时，STM32F103xx 增强型产品与现有的 STM32F101xx 基本型和 STM32F102xx USB 基本型产品也全兼容。STM32F10x 系列单片机外设配置见表 B.4。在第 1 章列举了中小容量的 STM32F103xx 系列单片机的外设资源，表 B.5 是大容量 STM32F10x 系列单片机外设资源。中小容量的 STM32F10x 单片机引脚功能见表 B.6。

表 B.4 STM32F10x 系列单片机外设配置

引脚数目	小容量产品		中等容量产品		大容量产品		
	16K 闪存	32K 闪存	64K 闪存	128 闪存	256K 闪存	384 闪存	512 闪存
	6K RAM	10K RAM	20K RAM	20K RAM	48K RAM	64K RAM	64K RAM
144					5 个 USART+2 个 UART 4 个 16 位定时器、2 个基本定时器 3 个 SPI、2 个 I²S、2 个 I²C、USB、CAN、2 个 PWM 定时器 3 个 ADC、1 个 DAC、1 个 SDIO FSMC（100 脚和 144 脚封装）		
100			3 个 USART 3 个 16 位定时器 2 个 SPI、2 个 I²C、USB、CAN、 1 个 PWM 定时器 1 个 ADC				
64	2 个 USART 2 个 16 位定时器 1 个 SPI、1 个 I²C、USB、CAN、 1 个 PWM 定时器 2 个 ADC						
48							
36							

表 B.5 STM32F103xx 增强型微控制器（大容量）各系列的外设资源

外设		STM32F103Rx			STM32F103Vx			STM32F103Zx		
闪存（K 字节）		256	384	512	256	384	512	256	384	512
SRAM（K 字节）		48	64		48	64		48	64	
FSMC（静态存储器控制器）		无			有			有		
定时器	通用	4 个（TIM2、TIM3、TIM4、TIM5）								
	高级控制	2 个（TIM1、TIM8）								
	基本	2 个（TIM6、TIM7）								
通信	SPI（I²S）	3 个（SPI1、SPI2、SPI3），其中 SPI2 和 SPI3 可作为 I²S 通信								
	I²C	2 个（I²C1、I²C2）								
	USART/UART	5 个（USART1、USART2、USART3、UART4、UART5）								
	USB	1 个（USB2.0 全速）								
	CAN	1 个（2.0B 主动）								
	SDIO	1 个								
GPIO 端口		51			80			112		
12 位 ADC 模块（通道数）		3（16）			3（16）			3（21）		
12 位 DAC 转换器（通道数）		2（2）								
CPU 频率		72MHz								
工作电压		2.0～3.6V								
工作温度		环境温度：-40～+85℃/-40～+105℃ 温度：-40～+125℃								
封装形式		LQFP64，WLCSP64			LQFP100，BGA100			LQFP144，BGA144		

表 B.6　中小容量的 STM32F10x 系列单片机引脚功能

脚位			引脚名称	类型	I/O 电平	主功能（复位后）	默认的其他功能
LQFP48	LQFP64	LQFP100					
—	—	1	PE2/TRACECK	I/O	FT	PE2	TRACECK
—	—	2	PE3/TRACED0	I/O	FT	PE3	TRACED0
—	—	3	PE4/TRACED1	I/O	FT	PE4	TRACED1
—	—	4	PE5/TRACED2	I/O	FT	PE5	TRACED2
—	—	5	PE6/TRACED3	I/O	FT	PE6	TRACED3
1	1	6	VBAT	S		VBAT	
2	2	7	PCl3-ANTI_TAMP	I/O		PC13	ANTI_TAMP
3	3	8	PC14-OSC32_IN	I/O		PC14-OSC32_IN	
4	4	9	PC15-OSC32_OUT	I/O		PC15-OSC32_OUT	
—	—	10	VSS_5	S		VSS_5	
—	—	11	VDD_5	S		VDD_5	
5	5	12	OSC_IN	I		OSC_IN	
6	6	13	OSC_OUT	O		OSC_OUT	
7	7	14	NRST	I/O		NRST	
—	8	15	PC0/ADC_IN10	I/O		PC0	ADC_IN10
—	9	16	PC1/ADC_IN11	I/O		PC1	ADC_INll
—	10	17	PC2/ADC_IN12	I/O		PC2	ADC_IN12
—	11	18	PC3/ADC_IN14	I/O		PC3	ADC_IN13
8	12	19	VSSA	S		VSSA	
—	—	20	VREF-	S		VREF-	
—	—	21	VREF+	S		VREF+	
9	13	22	VDDA	S		VDDA	
10	14	23	PA0-WKUP/USART2_CTS/ ADC_IN0/TIM2_CH1_ETR	I/O		PA0	WKUP/USART2_CTS ADC_IN0/TIM2_CH1_ETR
11	15	24	PA1/USART2_RTS/ ADC_IN1/TIM2_CH2	I/O		PA1	USART2_RTS/ADC_IN1/ TIM2_CH2
12	16	25	PA2/USART2_TX/ ADC_IN2/TIM2_CH3	I/O		PA2	USART2_TX/ADC_IN2/ TIM2_CH3
13	17	26	PA3/USART2_RX/ ADC_IN3/TIM2._CH4	I/O		PA3	USART2_RX/ADC_IN3 / TIM2_CH4
	18	27	VSS_4	S		VSS_4	
—	19	28	VDD_4	S		VDD_4	
14	20	29	PA4/SPI 1_NSS/ USART2_CK/ADC_IN4	I/O		PA4	SP11_NSS/USART2_CK/ ADC_IN4
15	21	30	PA5/SPI1_SCK/ADC_IN5	I/O		PA5	SPI1_SCK/ADC_IN5
16	22	31	PA6/SPI 1_MISO/ ADC_IN6/TIM3_CH1	I/O		PA6	SPI1_MISO/ADC_IN6/ TIM3_CH1
17	23	32	PA7/SPI 1_MOSI/ ADC_IN7/TIM3_CH2	I/O		PA7	SPI1_MOSI/ADC_IN7/ TIM3_CH2

续表

脚位			引脚名称	类型	I/O 电平	主功能 (复位后)	默认的其 他功能
LQFP48	LQFP64	LQFP100					
—	24	33	PC4/ADC_IN14	I/O		PC4	ADC_IN14
—	25	34	PC5/ADC_IN15	I/O		PC5	ADC_IN15
18	26	35	PB0/ADC_IN8/TIM3_CH3	I/O		PB0	ADC_IN8/TIM3_CH3
19	27	36	PB1/ADC_IN9/TIM3_CH4	I/O		PB1	ADC_IN9/TIM3_CH4
20	28	37	PB2/BOOT1	I/O	FT	PB2/BOOT1	
—	—	38	PE7	I/O	FT	PE7	
—	—	39	PE8	I/O	FT	PE8	
—	—	40	PE9	I/O	FT	PE9	
—	—	41	PE10	I/O	FT	PE10	
—	—	42	PE11	I/O	FT	PE11	
—	—	43	PE12	I/O	FT	PE12	
—	—	44	PE13	I/O	FT	PE13	
—	—	45	PE14	I/O	FT	PE14	
—	—	46	PE15	I/O	FT	PE15	
21	29	47	PB10/I2C2_SCL USART3_TX	I/O	FT	PB10	I2C2_SCL[1]/USART3_TX[1]
22	30	48	PB11/I2C2_SDA USART3_RX	I/O	FT	PB11	I2C2_SDA[1]/USART3_RX[1]
23	31	49	VSS_1	I/O	FT	VSS_1	
24	32	50	VDD_1	S		VDD_1	
25	33	51	PB12/SPI2_NSS/I2C2_SMBA1/USART3_CK/TIM1 BKIN	S		PB12	SPI2_NSS[1]/I2C2_SMBA1[1]/USART3_CK[1]/TIM1_BKIN
26	34	52	PB13/SPI2_SCK/USART3_CTS/TIM1_CH1N	I/O	FT	PB13	SPI2_SCK[1]/USART3_CTS[1]/TIM1_CH1N
27	35	53	PB14/SPI2_MISO/USART3_RTS/TIM1_CH2N	I/O	FT	PB14	SPI2_MISO[1]/USART3_RTS[1]/TIMI_CH2N
28	36	54	PB15/SPI2_MOSI/TIM1_CH3N	I/O	FT	PB15	SPI2_MOSI[1]/TIM1_CH3N
—	—	55	PD8	I/O	FT	PD8	
—	—	56	PD9	I/O	FT	PD9	
—	—	57	PD10	I/O	FT	PD10	
—	—	58	PD11	I/O	FT	PD11	
—	—	59	PD12	I/O	FT	PD12	
—	—	60	PD13	I/O	FT	PD13	
—	—	61	PD14	I/O	FT	PD14	
—	—	62	PD15	I/O	FT	PD15	
—	37	63	PC6	I/O	FT	PC6	
—	38	64	PC7	I/O	FT	PC7	
—	39	65	PC8	I/O	FT	PC8	

续表

脚位			引脚名称	类型	I/O 电平	主功能（复位后）	默认的其他功能
LQFP48	LQFP64	LQFP100					
—	40	66	PC9	I/O	FT	PC9	
29	41	67	PA8/USART1_CK/TIM1_CH1/MCO	I/O	FT	PA8	USART1_CK/TIM1_CH1/MCO
30	42	68	PA9/USART1_TX/TIM1_CH2	I/O	FT	PA9	USART1_TX/TIM1_CH2
31	43	69	PA10/USART1_RX/TIM1_CH3	I/O	FT	PA10	USART1_RX/TIM1_CH3
32	44	70	PA11/USART1_CTS/CANRX/USBDM/TIM1_CH4	I/O	FT	PA11	USART1_CTS/CANRX/USBDM/TIM1_CH4
33	45	71	PA12/USART1_RTS/CANTX/USBDP/TIM1_ETR	I/O	FT	PA12	USART1_RTS/CANTX/USBDP/TIM1_ETR
34	46	72	PA13/JTMS/SWDI0	I/O	FT	JTMS/SWDIO	PA13
—	—	73	未连接				
35	47	74	VSS_2	S		VSS_2	
36	48	75	VDD_2	S		VDD_2	
37	49	76	PA14/JTCK/SWCLK	I/O	FT	JTCK/SWCLK	PA14
38	50	77	PA15/JTDI	I/O	FT	JTDI	PA15
—	51	78	PC10	I/O	FT	PC10	
—	52	79	PC11	I/O	FT	PC11	
—	53	80	PC12	I/O	FT	PC12	
5	5	81	PD0	I/O	FT	PD0	
6	6	82	PD1	I/O	FT	PD1	
—	54	83	PD2/TIM3_ETR	I/O	FT	PD2	TIM3_ETR
—		84	PD3	I/O	FT	PD3	
—	—	85	PD4	I/O	FT	PD4	
		86	PD5	I/O	FT	PD5	
		87	PD6	I/O	FT	PD6	
—	—	88	PD7	I/O	FT	PD7	
39	55	89	PB3/JTDO/TRACESWO	I/O	FT	JTD0	PB3/TRACESWO
40	56	90	PB4/JTRST	I/O	FT	JNTRST	PB4
41	57	91	PB5/I2C1_SMBA1	I/O		PB5	I2C1_SMBA1
42	58	92	PB6/I2C1_SCL/TIM4_CH1	I/O	FT	PB6	I2C1_SCL/TIM4_CH1[1]
43	59	93	PB7/I2C1_SDA/TIM4_CH2	I/O	FT	PB7	I2C1_SDA/TIM4_CH2[1]
44	60	94	BOOT0	I		BOOT0	
45	61	95	PB8/TIM4_CH3	I/O	FT	PB8	TIM4_CH3[1]
46	62	96	PB9/TIM4_CH4	I/O	FT	PB9	TIM4_CH4[1]
—	—	97	PE0/T IM4_ETR	I/O	FT	PE0	TIM4_ETR[1]
—	—	98	PE1	I/O	FT	PE1	
47	63	99	VSS_3	S		VSS_3	
48	64	100	VDD_3	S		VDD_3	

注：带有标注 1 的表示：这些功能只在 Flash 容量大于 32K 字节产品中。

随着处理器速度的日益增长，用于构建处理器的晶体管尺寸在持续缩小，以更低的成本实现更高的集成度，因此，随着尺寸的减小，晶体管承受的电压变得更低，同时对于器件的功耗也要求越来越低，对于高密度器件而言，不可避免地将电源电压从 5V 降至 3.3V，甚至 1.8V。但问题是绝大多数接口电路仍然是为 5V 电源而设计的。这就意味着，作为设计人员，常面临着连接 3.3V 和 5V 系统的问题。STM32F103xx 单片机的很多 I/O 端口具有多功能双向 5V 兼容能力，表中的 FT 就代表是否具有双向 5V 兼容能力，这些端口是：

- PA 口：PA8～PA15；
- PB 口：PB2～PB4，PB6～PB15；
- PC 口：PC6～PC12；
- PD 口：PD0～PD15，即 16 个 I/O 端口全部支持；
- PE 口：PE0～PE15，即 16 个 I/O 端口全部支持。

而下面的 I/O 端口不具有多功能双向 5V 兼容的能力，仅支持 3.3V：

- PA 口：PA0～PA7，可做 ADC_IN0～ADC_IN7；
- PB 口：PB0，PB1 和 PB5。其中，PB0 和 PB1 可做 ADC_IN8～ADC_IN9；
- PC 口：PC0～PC5，PC13～PC15。其中，PC0～PC5 可做 ADC_IN10～ADC_IN15。

注意：标准 51 单片机属于 5V 系统，而 C8051 单片机和 STM32 单片机属于 3.3V 系统，其 VDD 电压最高为 3.6V，其内部也没有升压电路，因此 STM32 单片机 I/O 端口并不是 5V 输出，而是 3.3V 输出。这里所说的 I/O 端口兼容 5V，是指支持外部提供 5V 上拉。

STM32 单片机的输入/输出引脚可配置成多种模式，I/O 端口的基本结构如图 B.8 所示。

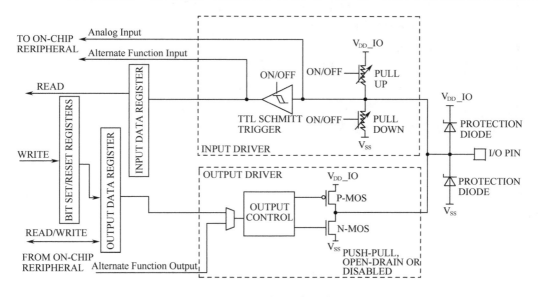

图 B.8　I/O 端口基本结构

（1）当 I/O 端口配置为输入时：

- 输出缓冲器被禁止；
- 施密特触发输入被激活；
- 根据输入配置（上拉，下拉或浮动）的不同，弱上拉和下拉电阻被连接；
- 出现在 I/O 引脚上的数据在每个 APB2 时钟被采样到输入数据寄存器；

- 对输入数据寄存器的读访问可得到 I/O 状态。

（2）当 I/O 端口被配置为输出时：

- 输出缓冲器被激活；

  开漏模式：输出寄存器上的 0 激活 N-MOS，而输出寄存器上的 1 将端口置于高阻状态（P-MOS 从不被激活）；

  推挽模式：输出寄存器上的 0 激活 N-MOS，而输出寄存器上的 1 将激活 P-MOS；

- 施密特触发输入被激活；
- 弱上拉和下拉电阻被禁止；
- 出现在 I/O 引脚上的数据在每个 APB2 时钟被采样到输入数据寄存器；
- 在开漏模式时，对输入数据寄存器的读访问可得到 I/O 状态；
- 在推挽模式时，对输出数据寄存器的读访问得到最后一次写的值。

（3）当 I/O 端口被配置为复用功能时：

- 在开漏或推挽配置中，输出缓冲器被打开；
- 内置外设的信号驱动输出缓冲器（复用功能输出）；
- 施密特触发输入被激活；
- 弱上拉和下拉电阻被禁止；
- 在每个 APB2 时钟周期，出现在 I/O 引脚上的数据被采样到输入数据寄存器；
- 在开漏模式时，读输入数据寄存器时可得到 I/O 口状态；
- 在推挽模式时，读输出数据寄存器时可得到最后一次写的值；
- 复用功能 I/O 寄存器组允许用户把一些复用功能重新映像到不同的引脚。

（4）当 I/O 端口被配置为模拟输入时：

- 输出缓冲器被禁止；
- 施密特触发输入被禁止，实现了每个模拟 I/O 引脚上的零消耗，施密特触发输出值被强置为 0；
- 弱上拉和下拉电阻被禁止；
- 读取输入数据寄存器时值为 0。

附录 C

STM32 固件库说明

固件（Firmware）介于软件（Software，RAM 中的程序，断电后会消失）和硬件（Hardware，物理电路）之间。固件一般是永久性地存储在 ROM 中，如 PC 的 BIOS 程序。软件和硬件之间的差别类似于纸张（硬件）和写在纸上的字（软件），固件则可比喻为一封为了特定目的而设计的标准格式的信。STM32 固件库给开发者访问底层硬件（时钟、寄存器、外设等）提供了一个中间的 API，大大提高了应用程序的开发效率。

ST 公司于 2007 年 10 月发布了 V1.0 版的 STM32 固件库，MDK3.22 及之前的版本均支持该库。2008 年 6 月发布了 V2.0 版的固件库，从 2008 年 9 月推出的 MDK3.23 开始使用 V2.0 版的固件库。参见 MDK 安装目录下的\ARM\INC\ST\STM32F10x 中的固件库头文件，以及\ARM\RV31\LIB\ST\STM32F10x 中的固件库源代码。

本书提供了基于 V1.0 和 V2.0 版 STM32 固件库（FWLib）的参考例程，书中各章例程基于 V1.0 版固件库，但由于 STM32 固件库的优秀架构，使得用户应用程序的代码无须修改或少量修改，就可以在这两个版本固件库下运行。基于 V2.0 版固件库的各章例程放在配套资源库中供读者参考。目前（2016 年 9 月）STM32 单片机最新版本的固件库为 V4.0 版，相比 V1.0 和 V2.0，从 V3.0 版开始，固件库改动较大。若要升级到目前常用的 V3.5 版或 V4.0 版固件库，可参考 ST 公司的在线资料（www.stmcu.com.cn 和 www.st.com），以及关注微信号：STM32 单片机。

STM32 的固件库采用 CMSIS（Cortex-M3 microcontroller software interface standard）结构，以解决用户在基于 Cortex-M0/Cortex-M1 或者 Cortex-M3 内核的微控制器上进行软件开发时可能遇到的种种问题。CMSIS 还可以扩展，应用在将来的 Cortex-M 系列处理器内核上。CMSIS 是 ARM 公司与多家不同的芯片和软件供应商一起紧密合作定义的，提供了内核与外设、实时操作系统和中间设备之间的通用接口。CMSIS 的层次结构如图 C.1 所示。

CMSIS 可以分为多个软件层次，ARM 提供了下列部分，可用于多种编译器。

● 内核设备访问层：包含了用来访问内核的寄存器设备的名称定义、地址定义和助手函数。同时也为 RTOS（实时操作系统）定义了独立于微控制器的接口，该接口包括调试通道定义；

● 中间设备访问层：为软件提供了访问外设的通用方法。芯片供应商需修改中间设备访问层，以适应中间设备组件用到的微控制器上的外设。目前中间设备访问层仍处于开发过程中，本文不做详述。

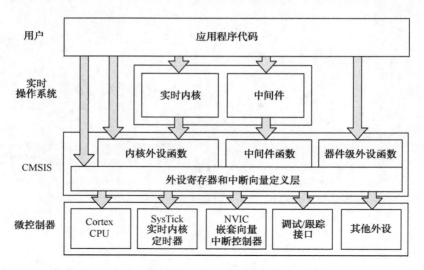

图 C.1　CMSIS 层次结构

芯片供应商扩展下列软件层：

● 微控制器外设访问层：提供片上所有外设的定义；

● 外设的访问函数（可选）：为外设提供额外的助手函数。

CMSIS 为 Cortex-Mx 微控制器系统定义了：

● 访问外设寄存器的通用方法和定义异常向量的通用方法；

● 内核设备的寄存器名称和内核异常向量的名称；

● 独立于微控制器的 RTOS 接口，带调试通道；

● 中间设备组件接口（如 TCP/IP 协议栈，闪存文件系统）。

从 V3.0 版本开始，STM32F10xxx 标准外设库的源代码采用了新的格式，所有源文件都按照 Doxygen 格式书写，用这种书写格式的代码能够很便利地生成更加规范且内在关联性更强的文档。由 Doxygen 生成的 CHM 文件完整地描述了 TM32F10xxx 标准外设库的全部组件，增强了程序的可维护性、可读性。为代码写注释一直是大多数项目开发和程序员困扰的事情：在哪些地方写注释，注释如何写，写多少等问题。更头痛的是维护文档的问题：编写或者改动代码时修改相应的注释，但之后需要修正相应的文档却比较困难。

使用 Doxygen 能把遵守这种格式的注释自动转化为对应的文档。如果能从注释直接转化成文档，对开发人员无疑是一种福音。Doxygen 是基于 GPL 的开源项目，是一个非常优秀的文档系统，可以运行在 Linux/Unix、Windows、Mac 系统上，完全支持 C++、C、Java 等语言，部分支持 PHP 和 C#语言，已被广泛使用。输出格式包括 HTML、latex、RTF、ps、PDF、压缩的 HTML 和 unix manpage。在 Java 中就可以用 Javadoc 工具生成 HTML 格式的 doxygen 文档系统。Doxygen 在嵌入式开发中使用不多，从开发的角度来讲，嵌入式应用程序与底层硬件息息相关，更应使用这种技术，增强程序的可维护性、可读性。

STM32 单片机的固件函数库使用的文件见表 C.1，其体系结构图见图 C.2。

表 C.1　固件函数库文件描述

文 件 名	描　　述
stm32f10x_conf.h	参数设置文件，起到应用和库之间界面的作用。用户必须在运行自己的程序前修改该文件。可以利用模板使能或者失能外设，也可以修改外部晶振的参数，或是用该文件在编译前使能 Debug 或者 release 模式
main.c	主函数体示例
stm32f10x_it.h	头文件，包含所有中断处理函数原型
stm32f10x_it.c	外设中断函数文件。用户可以加入自己的中断程序代码。对于指向同一个中断向量的多个不同中断请求，可以利用函数通过判断外设的中断标志位来确定准确的中断源。固件函数库提供了这些函数的名称
stm32f10x_lib.h	包含了所有外设的头文件的头文件。它是唯一一个用户需要包括在自己应用中的文件，起到应用和库之间界面的作用
stm32f10x_lib.c	Debug 模式初始化文件。它包括多个指针的定义，每个指针指向特定外设的首地址，以及在 Debug 模式被使能时，被调用的函数的定义
stm32f10x_map.h	该文件包含了存储器映像和所有寄存器物理地址的声明，既可以用于 Debug 模式，也可以用于 release 模式。所有外设都使用该文件
stm32f10x_type.h	通用声明文件。 包含所有外设驱动使用的通用类型和常数
stm32f10x_ppp.c	由 C 语言编写的外设 PPP 的驱动源程序文件
stm32f10x_ppp.h	外设 PPP 的头文件。包含外设 PPP 函数的定义和这些函数使用的变量
cortexm3_macro.h	文件 cortexm3_macro.s 的头文件
cortexm3_macro.s	Cortex-M3 内核特殊指令的指令包装

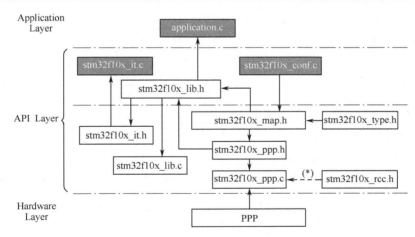

图 C.2　固件函数库文件体系结构图

表 C.2～表 C.17 是本书各章所用外设固件函数简介（以 V2.0 版为例）。

表 C.2　RRC 固件库函数

函 数 名	描　　述
RCC_DeInit	将外设 RCC 寄存器重设为默认值
RCC_HSEConfig	设置外部高速晶振（HSE）
RCC_WaitForHSEStartUp	等待 HSE 起振
RCC_AdjustHSICalibrationValue	调整内部高速晶振（HIS）校准值

续表

函 数 名	描 述
RCC_HSICmd	使能或者失能内部高速晶振（HIS）
RCC_PLLConfig	设置 PLL 时钟源及倍频系数
RCC_PLLCmd	使能或者失能 PLL
RCC_SYSCLKConfig	设置系统时钟（SYSCLK）
RCC_GetSYSCLKSource	返回用作系统时钟的时钟源
RCC_HCLKConfig	设置 AHB 时钟（HCLK）
RCC_PCLK1Config	设置低速 AHB 时钟（PCLK1）
RCC_PCLK2Config	设置高速 AHB 时钟（PCLK2）
RCC_ITConfig	使能或者失能指定的 RCC 中断
RCC_USBCLKConfig	设置 USB 时钟（USBCLK）
RCC_ADCCLKConfig	设置 ADC 时钟（ADCCLK）
RCC_LSEConfig	设置外部低速晶振（LSE）
RCC_LSICmd	使能或者失能内部低速晶振（LSI）
RCC_RTCCLKConfig	设置 RTC 时钟（RTCCLK）
RCC_RTCCLKCmd	使能或者失能 RTC 时钟
RCC_GetClocksFreq	返回不同片上时钟的频率
RCC_AHBPeriphClockCmd	使能或者失能 AHB 外设时钟
RCC_APB2PeriphClockCmd	使能或者失能 APB2 外设时钟
RCC_APB1PeriphClockCmd	使能或者失能 APB1 外设时钟
RCC_APB2PeriphResetCmd	强制或者释放高速 APB（APB2）外设复位
RCC_APB1PeriphResetCmd	强制或者释放低速 APB（APB1）外设复位
RCC_BackupResetCmd	强制或者释放后备域复位
RCC_ClockSecuritySystemCmd	使能或者失能时钟安全系统
RCC_MCOConfig	选择在 MCO 引脚上输出的时钟源
RCC_GetFlagStatus	检查指定的 RCC 标志位设置与否
RCC_ClearFlag	清除 RCC 的复位标志位
RCC_GetITStatus	检查指定的 RCC 中断发生与否
RCC_ClearITPendingBit	清除 RCC 的中断待处理位

表 C.3 GPIO 固件库函数

函 数 名	描 述
GPIO_DeInit	将外设 GPIOx 寄存器重设为默认值
GPIO_AFIODeInit	将复用功能（重映射事件控制和 EXTI 设置）重设为默认值
GPIO_Init	根据 GPIO_InitStruct 中指定的参数初始化外设 GPIOx 寄存器
GPIO_StructInit	把 GPIO_InitStruct 中的每一个参数按默认值填入
GPIO_ReadInputDataBit	读取指定端口引脚的输入
GPIO_ReadInputData	读取指定的 GPIO 端口输入
GPIO_ReadOutputDataBit	读取指定端口引脚的输出
GPIO_ReadOutputData	读取指定的 GPIO 端口输出
GPIO_SetBits	设置指定的数据端口位

续表

函 数 名	描 述
GPIO_ResetBits	清除指定的数据端口位
GPIO_WriteBit	设置或者清除指定的数据端口位
GPIO_Write	向指定 GPIO 数据端口写入数据
GPIO_PinLockConfig	锁定 GPIO 引脚设置寄存器
GPIO_EventOutputConfig	选择 GPIO 引脚用作事件输出
GPIO_EventOutputCmd	使能或者失能事件输出
GPIO_PinRemapConfig	改变指定引脚的映射
GPIO_EXTILineConfig	选择 GPIO 引脚用作外部中断线路

表 C.4 NVIC 固件库函数

函 数 名	描 述
NVIC_DeInit	将外设 NVIC 寄存器重设为默认值
NVIC_SCBDeInit	将外设 SCB 寄存器重设为默认值
NVIC_PriorityGroupConfig	设置优先级分组：先占优先级和从优先级
NVIC_Init	根据 NVIC_InitStruct 中指定的参数初始化外设 NVIC 寄存器
NVIC_StructInit	把 NVIC_InitStruct 中的每一个参数按默认值填入
NVIC_SETPRIMASK	使能 PRIMASK 优先级：提升执行优先级至 0
NVIC_RESETPRIMASK	失能 PRIMASK 优先级
NVIC_SETFAULTMASK	使能 FAULTMASK 优先级：提升执行优先级至−1
NVIC_RESETFAULTMASK	失能 FAULTMASK 优先级
NVIC_BASEPRICONFIG	改变执行优先级从 N（最低可设置优先级）提升至 1
NVIC_GetBASEPRI	返回 BASEPRI 屏蔽值
NVIC_GetCurrentPendingIRQChannel	返回当前待处理 IRQ 标识符
NVIC_GetIRQChannelPendingBitStatus	检查指定的 IRQ 通道待处理位设置与否
NVIC_SetIRQChannelPendingBit	设置指定的 IRQ 通道待处理位
NVIC_ClearIRQChannelPendingBit	清除指定的 IRQ 通道待处理位
NVIC_GetCurrentActiveHandler	返回当前活动的 Handler（IRQ 通道和系统 Handler）的标识符
NVIC_GetIRQChannelActiveBitStatus	检查指定的 IRQ 通道活动位设置与否
NVIC_GetCPUID	返回 ID 号码，Cortex-M3 内核的版本号和实现细节
NVIC_SetVectorTable	设置向量表的位置和偏移
NVIC_GenerateSystemReset	产生一个系统复位
NVIC_GenerateCoreReset	产生一个内核（内核+NVIC）复位
NVIC_SystemLPConfig	选择系统进入低功耗模式的条件
NVIC_SystemHandlerConfig	使能或者失能指定的系统 Handler
NVIC_SystemHandlerPriorityConfig	设置指定的系统 Handler 优先级
NVIC_GetSystemHandlerPendingBitStatus	检查指定的系统 Handler 待处理位设置与否
NVIC_SetSystemHandlerPendingBit	设置系统 Handler 待处理位
NVIC_ClearSystemHandlerPendingBit	清除系统 Handler 待处理位
NVIC_GetSystemHandlerActiveBitStatus	检查系统 Handler 活动位设置与否
NVIC_GetFaultHandlerSources	返回表示出错的系统 Handler 源
NVIC_GetFaultAddress	返回产生表示出错的系统 Handler 所在位置的地址

表 C.5　EXTI 固件库函数

函　数　名	描　　述
EXTI_DeInit	将外设 EXTI 寄存器重设为默认值
EXTI_Init	根据 EXTI_InitStruct 中指定的参数初始化外设 EXTI 寄存器
EXTI_StructInit	把 EXTI_InitStruct 中的每一个参数按默认值填入
EXTI_GenerateSWInterrupt	产生一个软件中断
EXTI_GetFlagStatus	检查指定的 EXTI 线路标志位设置与否
EXTI_ClearFlag	清除 EXTI 线路挂起标志位
EXTI_GetITStatus	检查指定的 EXTI 线路触发请求发生与否
EXTI_ClearITPendingBit	清除 EXTI 线路挂起位

表 C.6　TIM 固件库函数

函　数　名	描　　述
TIM_DeInit	将外设 TIMx 寄存器重设为默认值
TIM_TimeBaseInit	根据 TIM_TimeBaseInitStruct 中指定的参数初始化 TIMx 的时间基数单位
TIM_OCInit	根据 TIM_OCInitStruct 中指定的参数初始化外设 TIMx
TIM_ICInit	根据 TIM_ICInitStruct 中指定的参数初始化外设 TIMx
TIM_TimeBaseStructInit	把 TIM_TimeBaseInitStruct 中的每一个参数按默认值填入
TIM_OCStructInit	把 TIM_OCInitStruct 中的每一个参数按默认值填入
TIM_ICStructInit	把 TIM_ICInitStruct 中的每一个参数按默认值填入
TIM_Cmd	使能或者失能 TIMx 外设
TIM_ITConfig	使能或者失能指定的 TIM 中断
TIM_DMAConfig	设置 TIMx 的 DMA 接口
TIM_DMACmd	使能或者失能指定的 TIMx 的 DMA 请求
TIM_InternalClockConfig	设置 TIMx 内部时钟
TIM_ITRxExternalClockConfig	设置 TIMx 内部触发为外部时钟模式
TIM_TixExternalClockConfig	设置 TIMx 触发为外部时钟
TIM_ETRClockMode1Config	配置 TIMx 外部时钟模式 1
TIM_ETRClockMode2Config	配置 TIMx 外部时钟模式 2
TIM_ETRConfig	配置 TIMx 外部触发
TIM_SelectInputTrigger	选择 TIMx 输入触发源
TIM_PrescalerConfig	设置 TIMx 预分频
TIM_CounterModeConfig	设置 TIMx 计数器模式
TIM_ForcedOC1Config	置 TIMx 输出 1 为活动或者非活动电平
TIM_ForcedOC2Config	置 TIMx 输出 2 为活动或者非活动电平
TIM_ForcedOC3Config	置 TIMx 输出 3 为活动或者非活动电平
TIM_ForcedOC4Config	置 TIMx 输出 4 为活动或者非活动电平
TIM_ARRPreloadConfig	使能或者失能 TIMx 在 ARR 上的预装载寄存器
TIM_SelectCCDMA	选择 TIMx 外设的捕获比较 DMA 源
TIM_OC1PreloadConfig	使能或者失能 TIMx 在 CCR1 上的预装载寄存器
TIM_OC2PreloadConfig	使能或者失能 TIMx 在 CCR2 上的预装载寄存器
TIM_OC3PreloadConfig	使能或者失能 TIMx 在 CCR3 上的预装载寄存器
TIM_OC4PreloadConfig	使能或者失能 TIMx 在 CCR4 上的预装载寄存器

函　数　名	描　　述
TIM_OC1FastConfig	设置 TIMx 捕获比较 1 快速特征
TIM_OC2FastConfig	设置 TIMx 捕获比较 2 快速特征
TIM_OC3FastConfig	设置 TIMx 捕获比较 3 快速特征
TIM_OC4FastConfig	设置 TIMx 捕获比较 4 快速特征
TIM_ClearOC1Ref	在一个外部事件时清除或者保持 OCREF1 信号
TIM_ClearOC2Ref	在一个外部事件时清除或者保持 OCREF2 信号
TIM_ClearOC3Ref	在一个外部事件时清除或者保持 OCREF3 信号
TIM_ClearOC4Ref	在一个外部事件时清除或者保持 OCREF4 信号
TIM_UpdateDisableConfig	使能或者失能 TIMx 更新事件
TIM_EncoderInterfaceConfig	设置 TIMx 编码界面
TIM_GenerateEvent	设置 TIMx 事件由软件产生
TIM_OC1PolarityConfig	设置 TIMx 通道 1 极性
TIM_OC2PolarityConfig	设置 TIMx 通道 2 极性
TIM_OC3PolarityConfig	设置 TIMx 通道 3 极性
TIM_OC4PolarityConfig	设置 TIMx 通道 4 极性
TIM_UpdateRequestConfig	设置 TIMx 更新请求源
TIM_SelectHallSensor	使能或者失能 TIMx 霍尔传感器接口
TIM_SelectOnePulseMode	设置 TIMx 单脉冲模式
TIM_SelectOutputTrigger	选择 TIMx 触发输出模式
TIM_SelectSlaveMode	选择 TIMx 从模式
TIM_SelectMasterSlaveMode	设置或者重置 TIMx 主/从模式
TIM_SetCounter	设置 TIMx 计数器寄存器值
TIM_SetAutoreload	设置 TIMx 自动重装载寄存器值
TIM_SetCompare1	设置 TIMx 捕获比较 1 寄存器值
TIM_SetCompare2	设置 TIMx 捕获比较 2 寄存器值
TIM_SetCompare3	设置 TIMx 捕获比较 3 寄存器值
TIM_SetCompare4	设置 TIMx 捕获比较 4 寄存器值
TIM_SetIC1Prescaler	设置 TIMx 输入捕获 1 预分频
TIM_SetIC2Prescaler	设置 TIMx 输入捕获 2 预分频
TIM_SetIC3Prescaler	设置 TIMx 输入捕获 3 预分频
TIM_SetIC4Prescaler	设置 TIMx 输入捕获 4 预分频
TIM_SetClockDivision	设置 TIMx 的时钟分割值
TIM_GetCapture1	获得 TIMx 输入捕获 1 的值
TIM_GetCapture2	获得 TIMx 输入捕获 2 的值
TIM_GetCapture3	获得 TIMx 输入捕获 3 的值
TIM_GetCapture4	获得 TIMx 输入捕获 4 的值
TIM_GetCounter	获得 TIMx 计数器的值
TIM_GetPrescaler	获得 TIMx 预分频值
TIM_GetFlagStatus	检查指定的 TIM 标志位设置与否
TIM_ClearFlag	清除 TIMx 的待处理标志位

函 数 名	描　述
TIM_GetITStatus	检查指定的 TIM 中断发生与否
TIM_ClearITPendingBit	清除 TIMx 的中断待处理位

表 C.7　TIM1 固件库函数

函 数 名	描　述
TIM1_DeInit	将外设 TIM1 寄存器重设为默认值
TIM1_TIM1BaseInit	根据 TIM1_TIM1BaseInitStruct 中指定的参数初始化 TIM1 的时间基数单位
TIM1_OC1Init	根据 TIM1_OCInitStruct 中指定的参数初始化 TIM1 通道 1
TIM1_OC2Init	根据 TIM1_OCInitStruct 中指定的参数初始化 TIM1 通道 2
TIM1_OC3Init	根据 TIM1_OCInitStruct 中指定的参数初始化 TIM1 通道 3
TIM1_OC4Init	根据 TIM1_OCInitStruct 中指定的参数初始化 TIM1 通道 4
TIM1_BDTRConfig	设置刹车特性，死区时间，锁电平，OSSI，OSSR 状态和 AOE（自动输出使能）
TIM1_ICInit	根据 TIM1_ICInitStruct 中指定的参数初始化外设 TIM1
TIM1_PWMIConfig	根据 TIM1_ICInitStruct 中指定的参数设置外设 TIM1 工作在 PWM 输入模式
TIM1_TIM1BaseStructInit	把 TIM1_TIM1BaseInitStruct 中的每一个参数按默认值填入
TIM1_OCStructInit	把 TIM1_OCInitStruct 中的每一个参数按默认值填入
TIM1_ICStructInit	把 TIM1_ICInitStruct 中的每一个参数按默认值填入
TIM1_BDTRStructInit	把 TIM1_BDTRInitStruct 中的每一个参数按默认值填入
TIM1_Cmd	使能或者失能 TIM1 外设
TIM1_CtrlPWMOutputs	使能或者失能 TIM1 外设的主输出
TIM1_ITConfig	使能或者失能指定的 TIM1 中断
TIM1_DMAConfig	设置 TIM1 的 DMA 接口
TIM1_DMACmd	使能或者失能指定的 TIM1 的 DMA 请求
TIM1_InternalClockConfig	设置 DMA 内部时钟
TIM1_ETRClockMode1Config	配置 TIM1 外部时钟模式 1
TIM1_ETRClockMode2Config	配置 TIM1 外部时钟模式 2
TIM1_ETRConfig	配置 TIM1 外部触发
TIM1_ITRxExternalClockConfig	设置 TIM1 内部触发为外部时钟模式
TIM1_TIxExternalClockConfig	设置 TIM1 触发为外部时钟
TIM1_SelectInputTrigger	选择 TIM1 输入触发源
TIM1_UpdateDisableConfig	使能或者失能 TIM1 更新事件
TIM1_UpdateRequestConfig	设置 TIM1 更新请求源
TIM1_SelectHallSensor	使能或者失能 TIM1 霍尔传感器接口
TIM1_SelectOnePulseMode	设置 TIM1 单脉冲模式
TIM1_SelectOutputTrigger	选择 TIM1 触发输出模式
TIM1_SelectSlaveMode	选择 TIM1 从模式
TIM1_SelectMasterSlaveMode	设置或者重置 TIM1 主/从模式
TIM1_EncoderInterfaceConfig	设置 TIM1 编码界面
TIM1_PrescalerConfig	设置 TIM1 预分频
TIM1_CounterModeConfig	设置 TIM1 计数器模式

续表

函　数　名	描　　述
TIM1_ForcedOC1Config	置 TIM1 输出 1 为活动或者非活动电平
TIM1_ForcedOC2Config	置 TIM1 输出 2 为活动或者非活动电平
TIM1_ForcedOC3Config	置 TIM1 输出 3 为活动或者非活动电平
TIM1_ForcedOC4Config	置 TIM1 输出 4 为活动或者非活动电平
TIM1_ARRPreloadConfig	使能或者失能 TIM1 在 ARR 上的预装载寄存器
TIM1_SelectCOM	选择 TIM1 外设的通信事件
TIM1_SelectCCDMA	选择 TIM1 外设的捕获比较 DMA 源
TIM1_CCPreloadControl	设置或者重置 TIM1 捕获比较控制位
TIM1_OC1PreloadConfig	使能或者失能 TIM1 在 CCR1 上的预装载寄存器
TIM1_OC2PreloadConfig	使能或者失能 TIM1 在 CCR2 上的预装载寄存器
TIM1_OC3PreloadConfig	使能或者失能 TIM1 在 CCR3 上的预装载寄存器
TIM1_OC4PreloadConfig	使能或者失能 TIM1 在 CCR4 上的预装载寄存器
TIM1_OC1FastConfig	设置 TIM1 捕获比较 1 快速特征
TIM1_OC2FastConfig	设置 TIM1 捕获比较 2 快速特征
TIM1_OC3FastConfig	设置 TIM1 捕获比较 3 快速特征
TIM1_OC4FastConfig	设置 TIM1 捕获比较 4 快速特征
TIM1_ClearOC1Ref	在一个外部事件时清除或者保持 OCREF1 信号
TIM1_ClearOC2Ref	在一个外部事件时清除或者保持 OCREF2 信号
TIM1_ClearOC3Ref	在一个外部事件时清除或者保持 OCREF3 信号
TIM1_ClearOC4Ref	在一个外部事件时清除或者保持 OCREF4 信号
TIM1_GenerateEvent	设置 TIM1 事件由软件产生
TIM1_OC1PolarityConfig	设置 TIM1 通道 1N 极性
TIM1_OC1NPolarityConfig	设置 TIM1 通道 1N 极性
TIM1_OC2PolarityConfig	设置 TIM1 通道 2 极性
TIM1_OC2NPolarityConfig	设置 TIM1 通道 2N 极性
TIM1_OC3PolarityConfig	设置 TIM1 通道 3 极性
TIM1_OC3NPolarityConfig	设置 TIM1 通道 3N 极性
TIM1_OC4PolarityConfig	设置 TIM1 通道 4 极性
TIM1_SetCounter	设置 TIM1 计数器寄存器值
TIM1_CCxCmd	使能或者失能 TIM1 捕获比较通道 x
TIM1_CCxNCmd	使能或者失能 TIM1 捕获比较通道 xN
TIM1_SelectOCxM	选择 TIM1 输出比较模式。本函数在改变输出比较模式前失能选中的通道。用户必须使用函数 TIM1_CCxCmd 和 TIM1_CCxNCmd 来使能这个通道
TIM1_SetAutoreload	设置 TIM1 自动重装载寄存器值
TIM1_SetCompare1	设置 TIM1 捕获比较 1 寄存器值
TIM1_SetCompare2	设置 TIM1 捕获比较 2 寄存器值
TIM1_SetCompare3	设置 TIM1 捕获比较 3 寄存器值
TIM1_SetCompare4	设置 TIM1 捕获比较 4 寄存器值
TIM1_SetIC1Prescaler	设置 TIM1 输入捕获 1 预分频
TIM1_SetIC2Prescaler	设置 TIM1 输入捕获 2 预分频
TIM1_SetIC3Prescaler	设置 TIM1 输入捕获 3 预分频

续表

函　数　名	描　　述
TIM1_SetIC4Prescaler	设置 TIM1 输入捕获 4 预分频
TIM1_SetClockDivision	设置 TIM1 的时钟分割值
TIM1_GetCapture1	获得 TIM1 输入捕获 1 的值
TIM1_GetCapture2	获得 TIM1 输入捕获 2 的值
TIM1_GetCapture3	获得 TIM1 输入捕获 3 的值
TIM1_GetCapture4	获得 TIM1 输入捕获 4 的值
TIM1_GetCounter	获得 TIM1 计数器的值
TIM1_GetPrescaler	获得 TIM1 预分频值
TIM1_GetFlagStatus	检查指定的 TIM1 标志位设置与否
TIM1_ClearFlag	清除 TIM1 的待处理标志位
TIM1_GetITStatus	检查指定的 TIM1 中断发生与否
TIM1_ClearITPendingBit	清除 TIM1 的中断待处理位

表 C.8　USART 固件库函数

函　数　名	描　　述
USART_DeInit	将外设 USARTx 寄存器重设为默认值
USART_Init	根据 USART_InitStruct 中指定的参数初始化外设 USARTx 寄存器
USART_StructInit	把 USART_InitStruct 中的每一个参数按默认值填入
USART_Cmd	使能或者失能 USART 外设
USART_ITConfig	使能或者失能指定的 USART 中断
USART_DMACmd	使能或者失能指定 USART 的 DMA 请求
USART_SetAddress	设置 USART 节点的地址
USART_WakeUpConfig	选择 USART 的唤醒方式
USART_ReceiverWakeUpCmd	检查 USART 是否处于静默模式
USART_LINBreakDetectLengthConfig	设置 USART LIN 中断检测长度
USART_LINCmd	使能或者失能 USARTx 的 LIN 模式
USART_SendData	通过外设 USARTx 发送单个数据
USART_ReceiveData	返回 USARTx 最近接收到的数据
USART_SendBreak	发送中断字
USART_SetGuardTime	设置指定的 USART 保护时间
USART_SetPrescaler	设置 USART 时钟预分频
USART_SmartCardCmd	使能或者失能指定 USART 的智能卡模式
USART_SmartCardNackCmd	使能或者失能 NACK 传输
USART_HalfDuplexCmd	使能或者失能 USART 半双工模式
USART_IrDAConfig	设置 USART IrDA 模式
USART_IrDACmd	使能或者失能 USART IrDA 模式
USART_GetFlagStatus	检查指定的 USART 标志位设置与否
USART_ClearFlag	清除 USARTx 的待处理标志位
USART_GetITStatus	检查指定的 USART 中断发生与否
USART_ClearITPendingBit	清除 USARTx 的中断待处理位

表 C.9   ADC 固件库函数

函 数 名	描 述
ADC_DeInit	将外设 ADCx 的全部寄存器重设为默认值
ADC_Init	根据 ADC_InitStruct 中指定的参数初始化外设 ADCx 的寄存器
ADC_StructInit	把 ADC_InitStruct 中的每一个参数按默认值填入
ADC_Cmd	使能或者失能指定的 ADC
ADC_DMACmd	使能或者失能指定的 ADC 的 DMA 请求
ADC_ITConfig	使能或者失能指定的 ADC 的中断
ADC_ResetCalibration	重置指定的 ADC 的校准寄存器
ADC_GetResetCalibrationStatus	获取 ADC 重置校准寄存器的状态
ADC_StartCalibration	开始指定 ADC 的校准程序
ADC_GetCalibrationStatus	获取指定 ADC 的校准状态
ADC_SoftwareStartConvCmd	使能或者失能指定的 ADC 的软件转换启动功能
ADC_GetSoftwareStartConvStatus	获取 ADC 软件转换启动状态
ADC_DiscModeChannelCountConfig	对 ADC 规则组通道配置间断模式
ADC_DiscModeCmd	使能或者失能指定的 ADC 规则组通道的间断模式
ADC_RegularChannelConfig	设置指定 ADC 的规则组通道，设置它们的转化顺序和采样时间
ADC_ExternalTrigConvConfig	使能或者失能 ADCx 的经外部触发启动转换功能
ADC_GetConversionValue	返回最近一次 ADCx 规则组的转换结果
ADC_GetDuelModeConversionValue	返回最近一次双 ADC 模式下的转换结果
ADC_AutoInjectedConvCmd	使能或者失能指定 ADC 在规则组转化后自动开始注入组转换
ADC_InjectedDiscModeCmd	使能或者失能指定 ADC 的注入组间断模式
ADC_ExternalTrigInjectedConvConfig	配置 ADCx 的外部触发启动注入组转换功能
ADC_ExternalTrigInjectedConvCmd	使能或者失能 ADCx 的经外部触发启动注入组转换功能
ADC_SoftwareStartinjectedConvCmd	使能或者失能 ADCx 软件启动注入组转换功能
ADC_GetsoftwareStartinjected ConvStatus	获取指定 ADC 的软件启动注入组转换状态
ADC_InjectedChannleConfig	设置指定 ADC 的注入组通道，设置它们的转化顺序和采样时间
ADC_InjectedSequencerLengthConfig	设置注入组通道的转换序列长度
ADC_SetinjectedOffset	设置注入组通道的转换偏移值
ADC_GetInjectedConversionValue	返回 ADC 指定注入通道的转换结果
ADC_AnalogWatchdogCmd	使能或者失能指定单个/全体，规则/注入组通道上的模拟看门狗
ADC_AnalogWatchdong ThresholdsConfig	设置模拟看门狗的高/低阈值
ADC_AnalogWatchdong SingleChannelConfig	对单个 ADC 通道设置模拟看门狗
ADC_TampSensorVrefintCmd	使能或者失能温度传感器和内部参考电压通道
ADC_GetFlagStatus	检查指定 ADC 标志位置 1 与 0
ADC_ClearFlag	清除 ADCx 的待处理标志位
ADC_GetITStatus	检查指定的 ADC 中断是否发生
ADC_ClearITPendingBit	清除 ADCx 的中断待处理位

表 C.10　DMA 固件库函数

函　数　名	描　　　述
DMA_DeInit	将 DMA 的通道 x 寄存器重设为默认值
DMA_Init	根据 DMA_InitStruct 中指定的参数初始化 DMA 的通道 x 寄存器
DMA_StructInit	把 DMA_InitStruct 中的每一个参数按默认值填入
DMA_Cmd	使能或者失能指定的通道 x
DMA_ITConfig	使能或者失能指定的通道 x 中断
DMA_GetCurrDataCounte	返回当前 DMA 通道 x 剩余的待传输数据数目
DMA_GetFlagStatus	检查指定的 DMA 通道 x 标志位设置与否
DMA_ClearFlag	清除 DMA 通道 x 待处理标志位
DMA_GetITStatus	检查指定的 DMA 通道 x 中断发生与否
DMA_ClearITPendingBit	清除 DMA 通道 x 中断待处理标志位

表 C.11　RTC 固件库函数

函　数　名	描　　　述
RTC_ITConfig	使能或者失能指定的 RTC 中断
RTC_EnterConfigMode	进入 RTC 配置模式
RTC_ExitConfigMode	退出 RTC 配置模式
RTC_GetCounter	获取 RTC 计数器的值
RTC_SetCounter	设置 RTC 计数器的值
RTC_SetPrescaler	设置 RTC 预分频的值
RTC_SetAlarm	设置 RTC 闹钟的值
RTC_GetDivider	获取 RTC 预分频分频因子的值
RTC_WaitForLastTask	等待最近一次对 RTC 寄存器的写操作完成
RTC_WaitForSynchro	等待 RTC 寄存器（RTC_CNT, RTC_ALR and RTC_PRL）与 RTC 的 APB 时钟同步
RTC_GetFlagStatus	检查指定的 RTC 标志位设置与否
RTC_ClearFlag	清除 RTC 的待处理标志位
RTC_GetITStatus	检查指定的 RTC 中断发生与否
RTC_ClearITPendingBit	清除 RTC 的中断待处理位

表 C.12　BKP 固件库函数

函　数　名	描　　　述
BKP_DeInit	将外设 BKP 的全部寄存器重设为默认值
BKP_TamperPinLevelConfig	设置侵入检测引脚的有效电平
BKP_TamperPinCmd	使能或者失能引脚的侵入检测功能
BKP_ITConfig	使能或者失能侵入检测中断
BKP_RTCOutputConfig	选择在侵入检测引脚上输出的 RTC 时钟源
BKP_SetRTCCalibrationValue	设置 RTC 时钟校准值
BKP_WriteBackupRegister	向指定的后备寄存器中写入用户程序数据
BKP_ReadBackupRegister	从指定的后备寄存器中读出数据
BKP_GetFlagStatus	检查侵入检测引脚事件的标志位被设置与否
BKP_ClearFlag	清除侵入检测引脚事件的待处理标志位

续表

函 数 名	描 述
BKP_GetITStatus	检查侵入检测中断发生与否
BKP_ClearITPendingBit	清除侵入检测中断的待处理位

表 C.13　PWR 固件库函数

函 数 名	描 述
PWR_DeInit	将外设 PWR 寄存器重设为默认值
PWR_BackupAccessCmd	使能或者失能 RTC 和后备寄存器访问
PWR_PVDCmd	使能或者失能可编程电压探测器（PVD）
PWR_PVDLevelConfig	设置 PVD 的探测电压阈值
PWR_WakeUpPinCmd	使能或者失能唤醒引脚功能
PWR_EnterSTOPMode	进入停止（STOP）模式
PWR_EnterSTANDBYMode	进入待命（STANDBY）模式
PWR_GetFlagStatus	检查指定 PWR 标志位设置与否
PWR_ClearFlag	清除 PWR 的待处理标志位

表 C.14　IWDG 固件库函数

函 数 名	描 述
IWDG_WriteAccessCmd	使能或者失能对寄存器 IWDG_PR 和 IWDG_RLR 的写操作
IWDG_SetPrescaler	设置 IWDG 预分频值
IWDG_SetReload	设置 IWDG 重装载值
IWDG_ReloadCounter	按照 IWDG 重装载寄存器的值重装载 IWDG 计数器
IWDG_Enable	使能 IWDG
IWDG_GetFlagStatus	检查指定的 IWDG 标志位被设置与否

表 C.15　SYSTICK 固件库函数

函 数 名	描 述
SysTick_CLKSourceConfig	设置 SysTick 时钟源
SysTick_SetReload	设置 SysTick 重装载值
SysTick_CounterCmd	使能或者失能 SysTick 计数器
SysTick_ITConfig	使能或者失能 SysTick 中断
SysTick_GetCounter	获取 SysTick 计数器的值
SysTick_GetFlagStatus	检查指定的 SysTick 标志位设置与否

表 C.16　WWDG 固件库函数

函 数 名	描 述
WWDG_DeInit	将外设 WWDG 寄存器重设为默认值
WWDG_SetPrescaler	设置 WWDG 预分频值
WWDG_SetWindowValue	设置 WWDG 窗口值
WWDG_EnableIT	使能 WWDG 早期唤醒中断（EWI）
WWDG_SetCounter	设置 WWDG 计数器值
WWDG_Enable	使能 WWDG 并装入计数器值

续表

函　数　名	描　　述
WWDG_GetFlagStatus	检查 WWDG 早期唤醒中断标志位被设置与否
WWDG_ClearFlag	清除早期唤醒中断标志位

表 C.17　DAC 固件库函数

函　数　名	描　　述
DAC_DeInit	DAC 外围寄存器默认复位值
DAC_Init	根据外围初始化指定的 DAC
DAC_StructInit	把 DAC_StructInit 中的每一个参数按默认值填入
DAC_Cmd	使能或使能指定的 DAC 通道
DAC_DMACmd	使能或者失能指定的 DAC 通道 DMA 请求
DAC_SoftwareTriggerCmd	使能或者失能用选定的 DAC 通道软件触发
DAC_DualSoftwareTriggerCmd	使能或者失能双软件触发命令
DAC_WaveGenerationCmd	使能或者失能选定的 DAC 通道波的产生
DAC_SetChannel1Data	设置通道 1 的数据
DAC_SetChannel2Data	设置通道 2 的数据
DAC_SetDualChannelData	设置双通道的数据
DAC_GetDataOutputValue	返回选定 DAC 通道最后的数据输出值

附录 D

本书所使用的器材清单

序　号	名　　称	单位和规格	数　量
1	U-Link（或 J-Link）下载工具	块	1
2	USB 线（带屏蔽：下载用）	条	1
3	USB 线（不带屏蔽：供电用）	条	1
4	串口线（调试和通信用）	条	1
5	STM32 教学开发板	块	1
6	1602 LCD 模块	块	1
7	光盘	张	1
8	电子元件 跳线帽	块	3
	排针	3-pin/个	4
	EL-1L1 φ5 红外发射器	个	4
	HS0038B/1938 红外接收器	个	4
	蜂鸣器	个	1
	绿色 LED 灯	个	1
	9013 三极管	个	4
	感光传感器：光敏电阻	个	2
	瓷片电容（103）	0.01uF/个	2
	瓷片电容（104）	0.1uF/个	2
	电阻 220Ω	220Ω/个	4
	电阻 470Ω	470Ω/个	10
	电阻 1kΩ	1kΩ/个	4
	电阻 2kΩ	2kΩ/个	4
	电阻 10kΩ	10kΩ/个	4
	连接导线（红色、黑色、蓝色、白色）	根	20

续表

序　　号	名　　称		单位和规格	数　　量
9	机械部件和工具	机器人小车底盘（带 2 驱动前轮和后平衡轮）	套	1
		连续旋转伺服舵机	套	2
		电池盒（带五号电池 4 节）	套	1
		电路板连接柱子	25mm/个	4
		触觉传感器连接柱子	13mm/个	2
		触觉传感器	个	2
		盘头螺钉	M3×8	22
		螺母	M3	18
		沉头螺钉	M3×8	4
		螺钉	M3×20	5
		两用螺丝刀（十字和一字）	把	1
		尖嘴钳	把	1

参 考 文 献

[1] ARM Limited. Cortex-M3 Technical Reference Manual(r2p0). ARM DDI 0337G. www.arm.com 2008.

[2] ARM Limited. CoreSight Technology System Design Guide(r1p0). ARM DGI 0012B. www.arm.com 2007.

[3] ARM Limited. CoreSight Components Technical Reference Manual. ARM DDI 0314H. www.arm.com 2009.

[4] ARM Limited. ARM Architecture Reference Manual Thumb-2 Supplement. ARM DGI 0308D. www.arm.com 2005.

[5] ST Mircoelectronics Limited. STM32F103x8/STM32F103xB Datasheet(Rev11). www. st.com 2009.

[6] ST Mircoelectronics Limited. STM32F103xC/STM32F103xD/STM32F103xE Datasheet (Rev7). www.st.com 2009.

[7] ST Mircoelectronics Limited. Reference manual: STM32F101xx, STM32F102xx, STM32F103xx, STM32F105xx and STM32F107xx advanced ARM-based 32-bits MCUs(Rev11). RM0008. www.st.com 2010.

[8] ST Mircoelectronics Limited. User manual: ARM-based 32-bit MCU STM32F101xx and STM32F103xx firmware library(ver6). UM0427. www.st.com 2008.

[9] ST Mircoelectronics Limited. STM32F10xxx Cortex-M3 programming manual(Rev3). PM0056. www.st.com 2010.

[10] ST Mircoelectronics Limited. http://www.stmicroelectronics.com.cn/stonline/mcu/ MCU_ Pages.htm

[11] Joseph Yiu. The Definitive Guide to the ARM Cortex-M3. Elsevier 2007.

[12] Joseph Yiu 著，宋岩译．ARM Cortex-M3 权威指南[M]．北京：北京航空航天大学出版社，2009.

[13] 王永虹，徐炜，郝立平．STM32 系列 ARM Cortex-M3 微控制器原理与实践［M］．北京：北京航空航天大学出版社，2008.

[14] 李宁．基于 MDK 的 STM32 处理器开发应用［M］．北京：北京航空航天大学出版社，2008.

参考文献